Hugh Aldersey-Williams

Das wilde Leben der Elemente

Hugh Aldersey-Williams

DAS WILDE LEBEN DER ELEMENTE

Eine Kulturgeschichte der Chemie

Aus dem Englischen von Friedrich Griese

Titel der Originalausgabe:
Periodic Tales. The Curious Lifes of the Elements.
London, Penguin Books 2011.

Lizenzausgabe
für die Wissenschaftliche Buchgesellschaft

ISBN 978-3-534-24972-5

2011 Carl Hanser Verlag
Lizenzausgabe mit Genehmigung des Deutschen Taschenbuch Verlags
© Deutscher Taschenbuch Verlag GmbH & Co. KG, München 2011

Herstellung: Thomas Gerhardy
Druck und Bindung: Friedrich Pustet, Regensburg

Printed in Germany

www.wbg-wissenverbindet.de

Inhalt

Prolog

Die Tabelle mit dem Periodensystem der chemischen Elemente gehört wie das Alphabet oder der Tierkreis zu den grafischen Bildern, die sich für immer in unserem Gedächtnis festgesetzt haben. Die, an die ich mich noch aus der Schulzeit erinnern kann, hing hinter dem Lehrerpult an der Wand wie ein Altarbild, und ihr glänzendes vergilbendes Papier legte Zeugnis ab von langjährigen chemischen Attacken. Es ist ein Bild, das ich nicht habe abschütteln können, obwohl ich mich schon seit Jahren nicht mehr in ein Labor getraut habe. Jetzt hängt es bei mir an der Wand.

Oder zumindest eine Version davon. Da ist die vertraute gestufte Skyline, da sind die säuberlich aufgestapelten Kästchen, eines für jedes Element. Jedes Kästchen enthält das Symbol und die Atomzahl, die zu dem Element an dieser Stelle gehören. Doch nicht alles in dieser Tabelle ist so, wie es sein sollte. Denn wo der Name des Elements stehen sollte, steht ein ganz anderer, der mit der Welt der Wissenschaft nichts zu tun hat. Das Symbol O steht nicht für Sauerstoff, sondern für den Gott Orpheus; Br bedeutet nicht Brom, sondern den Künstler Bronzino. Viele der übrigen Felder sind, Gott weiß warum, mit Gestalten aus dem Kino der fünfziger Jahre besetzt.

Diese Tabelle der chemischen Elemente ist eine Lithographie des britischen Künstlers Simon Patterson. Ihn faszinieren die Diagramme, mit deren Hilfe wir unsere Welt organisieren. Sein Arbeitsprinzip ist, die Bedeutung des Dinges als Ordnungssymbol anzuerkennen und dann seine Inhalte durcheinanderzuwürfeln. Sein bekanntestes Werk ist eine Karte der Londoner U-Bahn, in der die Stationen umbenannt sind nach Heiligen und Forschungsreisenden und Fußballspielern. Dort, wo verschiedene Linien sich kreuzen, geschehen seltsame Dinge.

Dass er den Wunsch hatte, dieses Spiel auch mit dem Periodensystem zu spielen, ist nicht erstaunlich. Er hat düstere Erinnerungen an seine Schule, wo man es auswendig lernen musste. „Für den Lehrer war das bequem, aber ich konnte es mir nie einprägen", sagt Simon. Doch die Idee, die dahinter steckt, hat er sich gemerkt. Zehn Jahre nachdem er die Schule verlassen hatte, produzierte er eine Reihe von Variationen über die Tabelle, in denen die Symbole der Elemente eine falsche Assoziation auslösen. Cr ist nicht Chrom, sondern Julie Christie, Cu nicht Kupfer, sondern Tony Curtis; und dann wird auch dieses kryptische System noch sabotiert, denn Ag, das Symbol für Silber, ist nicht etwa Jenny Agutter oder Agatha Christie, sondern natürlich Phil Silvers. Es gibt neckische Momente scheinbarer Logik in dieser neuen Tabelle: Die benachbarten Elemente Beryllium und Bor (Symbole Be und B) sind die Bergmans, Ingrid respektive Ingmar. Kim Novak (Na; Natrium) und Grace Kelly (K; Kalium) stehen in der Tabelle in der gleichen Spalte – beide waren bei Hitchcock *femmes fatales*. Doch im Großen und Ganzen gibt es kein System, sondern nur die Verbindungen, die man selbst herstellt: Ich fand es zum Beispiel erheiternd, dass Po, das Symbol für Polonium, jenes radioaktive Element, das Marie Curie entdeckte und nach ihrem Heimatland Polen benannte, stattdessen den polnischen Regisseur Roman Polanski bezeichnet.

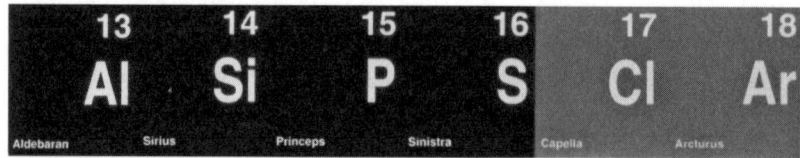

Bild 1: Simon Patterson, *Untitled*, Detail: Zeile Al, Si, P

Heute gefällt mir die spielerische Respektlosigkeit dieses Werkes, aber der, der ich war, als ich noch zur Schule ging, hätte diesen Unfug sicherlich verachtet. Während Simon sich verrückte neue Assoziationen einfallen ließ, nahm ich nur die Informationen auf, die ich aufnehmen sollte. Ich begriff, dass die Elemente die universalen und fundamentalen Bestandteile jeglicher Materie waren. Die Dinge, die aus Elementen gemacht wurden, kamen gar nicht vor. Doch die Tabelle, in die der russische Chemiker Dmitri Mendelejew sie einsortiert hatte, war mehr als die Summe dieser bemerkenswerten Teile. Sie brachte Ordnung in die zügellose Vielfalt der Elemente, indem sie sie anhand ihrer Atomzahl (also der Zahl der Protonen in den Kernen ihrer Atome) hintereinander in Zeilen derart anordnete, dass ihre chemische Verwandtschaft sofort ins Auge sprang (diese Verwandtschaft ist *periodisch*, was sich in der Anordnung des Spalten äußert.) Mendelejews System schien ein Eigenleben zu führen. Für mich war es eines der großen und unbezweifelbaren Systeme der Welt. Es erklärte so vieles, es erschien so natürlich, als sei es schon immer da gewesen; es konnte unmöglich eine junge Erfindung der modernen Wissenschaft sein (obwohl es, als ich es zum ersten Mal sah, noch keine hundert Jahre alt war). Seine Macht als Ikone erkannte ich an, und doch begann ich mich auf meine zögerliche Art zu fragen, was es eigentlich bedeutete. Die Tabelle schien ihren eigenen Inhalt auf eine merkwürdige Art zu entwerten. Mit ihrer unerbittlichen Logik der Reihung und der Ähnlichkeit machte sie die Elemente selbst in ihrer regellosen Stofflichkeit beinahe überflüssig.

Tatsächlich hatte mir das Periodensystem in der Schule keine Vorstellung davon vermittelt, wie die einzelnen Elemente aussahen. Dass sich hinter diesen Chiffren eine reale Substanz verbarg, erkannte ich erst vor der großen beleuchteten Tafel der chemischen Elemente im Londoner Science Museum. Sie enthielt echte Proben. In jedem Kästchen des bereits vertrauten Rasters steckte ein kleiner Glasballon mit einer Probe des entsprechenden Elements. Man konnte nicht erkennen, ob sie alle echt waren, aber mir fiel auf, dass die Kuratoren etliche der seltenen und radioaktiven Elemente nicht aufgenommen hatten, so dass man getrost annehmen konnte, dass der Rest authentisch war. Hier wurde anschaulich, was man uns in der Schule gesagt hatte: dass die gasförmigen Elemente überwiegend in den oberen Reihen der Tabelle zu finden waren; dass die Metalle den mittleren und linken Bereich einnahmen, darunter die schwereren in den unteren Reihen – sie waren überwiegend grau, wenngleich eine Spalte, die Kupfer, Silber und Gold enthielt, einen Hauch Farbe hineinbrachte –; und dass die in Farbe und Textur vielfältigeren Nichtmetalle in der oberen rechten Ecke steckten.

Damit war klar: Ich musste mir eine eigene Sammlung zulegen. Es würde nicht einfach sein. Nur wenige Elemente findet man im Reinzustand in der Natur. Gewöhnlich sind sie in Mineralen und Erzen chemisch gebunden. Deshalb begann ich im Haus herumzustöbern, die Tatsache nutzend, dass man sie seit Jahrhunderten aus den Erzen herausgelöst und in Dienst gestellt hatte. Ich zerbrach kaputte Glühbirnen, sezierte die Wolframfäden heraus und steckte sie in ein Glasfläschchen. Aluminium beschaffte ich aus der Küche in Gestalt von Folie, Kupfer aus der Garage in Form von elektrischen Adern. Eine ausländische Münze, von der ich gehört hatte, dass sie aus Nickel bestand, zerschnitt ich in grobe Brocken. In dieser Form erschien sie mir wertvoller. Sie wurde dadurch, nun ja, elementarer. Ich entdeckte, dass mein Vater seit seiner Jugendzeit Blattgold aufbewahrt hatte – er hatte daraus dekorative Buchstaben gemacht. Ich holte etwas davon aus der Schublade, in der es dreißig Jahre lang im Dunkeln gelegen hatte, und ließ es erneut glänzen.

Das war eine entschiedene Verbesserung gegenüber dem Science Museum. Ich konnte meine Proben nicht nur aus der Nähe betrachten, sondern auch prüfen, ob sie sich warm oder kalt anfühlten, und in der Hand wiegen – ein schimmernder kleiner Barren Zinn, den ich aus einer geschmolzenen Rolle Lötdraht gegossen hatte, war erstaunlich schwer. Ich konnte die Proben in dem Glas schütteln und ihre spezifische Klangfarbe wahrnehmen. Schwefel hatte die Farbe von Primeln mit einem leichten Funkeln, und man konnte ihn schütten und löffeln wie Streuzucker. Für mich wurde seine Schönheit durch seinen leicht stechenden Geruch in keiner Weise beeinträchtigt. Ich habe mich vor kurzem an diesen Geruch erinnert, als ich eine Dose Schwefel bei einer Gärtnerei erwarb, wo sie als Mittel zum Ausräuchern von Gewächshäusern verkauft wird. Der trockene Holzgeruch hängt noch an meinen Fingern, während ich tippe, und er wirkt auf mich nicht höllisch, wie die Bibel lehrt, sondern ruft nur Erinnerungen an Kindheitsexperimente wach.

Andere Elemente erforderten mehr Arbeit. Zink und Kohlenstoff gewann ich aus Batterien – das Zink aus dem Gehäuse, das als eine Elektrode fungiert, und den Kohlenstoff aus dem Graphitstab innen, der die andere Elektrode bildet. Quecksilber holte ich auch aus Batterien. Die kostspieligeren Quecksilberbatterien wurden als Stromquelle für verschiedene elektronische

Geräte benutzt. Wenn sie verbraucht waren, war das Quecksilberoxid, das den Strom geliefert hatte, zu metallischem Quecksilber reduziert. Ich schnitt die Enden der Batterien mit einer Metallsäge ab und schüttete die Flüssigkeit in einen Kolben. Durch Erhitzen des Kolbens konnte ich das Metall abdestillieren und beobachten, wie aus den dichten toxischen Dämpfen winzige glitzernde Tröpfchen kondensierten und dann zu einer einzigen hyperaktiven silbrigen Perle verschmolzen. (Heute wäre dieses Experiment aus gesundheitlichen Gründen verboten, ebenso wie es die Batterien sind.)

Einige der Elemente konnte man in jenen unschuldigen Zeiten noch einfach so kaufen, beim Apotheker. Auf diese Weise kam ich an mein Jod. Andere kamen von einem kleinen Chemikalienlieferanten in Tottenham, der längst aus dem Geschäft getrieben wurde durch Beschränkungen des Verkaufs von Dingen, die natürlich die Rohmaterialien für Bomben und Gifte waren – und für alles andere. So sehr meine Eltern auch Verständnis für meine Leidenschaft aufbrachten und mich dort hinfuhren, hatten diese Fahrten zu dem schäbigen Laden, dessen Aromen ebenso verlockend waren wie jeder Gewürzmarkt, doch immer etwas Verbotenes an sich.

Ich kam mit meiner Sammlung gut voran. Die Tabelle der Elemente hatte ich mir auf eine Sperrholzplatte gezeichnet und an der Zimmerwand aufgehängt. Wenn ich eine neue Probe bekam, füllte ich sie in ein Fläschchen, das ich an der entsprechenden Stelle in dem Raster befestigte. Oft waren die reinen Elemente selbst chemisch ziemlich nutzlos. Das erkannte ich. Die nützlichen Chemikalien – diejenigen, die reagierten oder explodierten oder schöne Farben abgaben – waren überwiegend die chemischen Verbindungen von Elementen, und die bewahrte ich in einem Schrank im Badezimmer auf, wo ich meine Experimente machte. Die Elemente waren eine Sammlerleidenschaft. Sie hatten einen Anfang und eine zwingende Folge. Sie schienen auch ein Ende zu haben. (Wenig wusste ich damals von dem heftigen kalten Krieg zwischen amerikanischen und sowjetischen Wissenschaftlern, die zu den einhundertdrei Elementen, die ich mir fest eingeprägt hatte, durch Synthese neue hinzufügen wollten.) Mein Ziel als Sammler, mochte es auch so unerreichbar sein, war natürlich der vollständige Satz. Aber es ging um weit mehr als um das Sammeln als Selbstzweck. Ich war dabei, die Bausteine der Welt, des ganzen Universums zusammenzustellen.

Meine Sammlung hatte nichts von der Künstlichkeit von Briefmarken oder Fußballbildchen, wo die Spielregeln willkürlich von anderen Sammlern oder, schlimmer noch, von den Herstellerfirmen der Artikel bestimmt wurden. Diese Sammlung hatte etwas Fundamentales. Die Elemente waren ewig. Sie waren gleich nach dem Urknall entstanden, und sie würden noch da sein, wenn die Menschheit längst untergegangen sein würde, ja selbst dann noch, wenn die anschwellende rote Sonne den ganzen Planeten verschlungen haben würde.

Dies war das System der Welt, für das ich mich entschied – ein System, das so vollständig war wie kein anderes im Angebot. Geschichte, Geographie, die Gesetze der Physik, die Literatur – sie waren nach Maßgabe ihrer jeweiligen Einsicht allumfassend. Alles, was sich in der Geschichte ereignet, hat seinen Platz in der Geographie, lässt sich ausschließlich auf die Wechselwirkung von Energie und Materie zurückführen. Zugleich wird es aber materiell durch die Elemente konstituiert, nicht mehr und nicht weniger: der Große Afrikanische Grabenbruch, das Feld des Güldenen Tuches, Newtons Prisma, die *Mona Lisa* – das alles ist ohne die Elemente unmöglich.

In der Schule nahmen wir um diese Zeit den *Kaufmann von Venedig* durch. Ich war für fünfundvierzig Minuten Bassanio, keine schlechte Rolle, obwohl ich ungern vorlas. Wir kamen endlich zu der Szene, in der es an Bassanio war, dasjenige von drei Kästchen zu wählen, das das Ebenbild Porzias enthält, so dass er sie freien kann. Der unglückliche Bursche, der Porzia war, plapperte daher, derweil ich ängstlich auf meinen Auftritt wartete. „Lasst mich wählen, / Denn wie ich jetzt bin, leb ich auf der Folter", intonierte ich ohne die geringste Regung. Dann musste ich zwischen den imaginären Kästchen wählen. Bestimmt konnte aus meinem eintönigen Vortrag niemand etwas über die Gemütsregungen des von mir Dargestellten entnehmen, als ich zunächst das „gleißend Gold" verwarf und dann das Silber, „gemeiner, bleicher Botenläufer / Von Mann zu Mann", bevor ich mich für „magres Blei" entschied. Aber irgendwo in meinem Kopf machte etwas Klick. Drei von den Elementen! War Shakespeare Chemiker? (Später fand ich heraus, dass auch T.S. Eliot Chemiker war, ein Spektroskopiker sogar: in *Das wüste Land* präsentiert er nämlich ein eindrückliches Bild: die nagelgespickten Planken eines Schiffes, „mit Kupfer genährt,/ Brannten grün und orange" – grün von dem Kupfer, orange von dem Natrium im Meersalz.)

Dunkel begann ich zu ahnen, dass die Elemente etwas erzählen, nämlich Geschichten mit einem kulturellen Hintergrund. Gold bedeutete etwas. Silber bedeutete etwas anderes, Blei noch einmal etwas anderes. Außerdem ergaben sich diese Bedeutungen praktisch aus der Chemie. Gold ist kostbar, weil es selten ist, aber es gilt auch als prächtig, als eines der wenigen Elemente, die in der Natur in ihrem Elementarzustand vorkommen, nicht mit anderen verbunden, nicht verborgen als Erz, sondern kühn glitzernd. Hatten vielleicht alle Elemente eine solche Mythologie?

Oft verrieten schon ihre Namen einen historischen Hintergrund. Die während der Aufklärung entdeckten Elemente trugen Namen, die der griechischen Mythologie entstammten: Titan, Niob, Palladium, Uran und dergleichen mehr. Die im 19. Jahrhundert gefundenen Elemente drückten in ihren Namen dagegen die Tatsache aus, dass sie bzw. ihre Entdecker Söhne und Töchter einer bestimmten Scholle waren. Der deutsche Chemiker Clemens Winkler isolierte Germanium. Der Schwede Lars Nilson nannte seine Entdeckung Skandium. Marie und Pierre Curie fanden das Polonium und benannten es – nicht ohne auf Widerstände zu stoßen – nach Maries innig geliebtem Heimatland. Bald darauf breitete sich unter Wissenschaftlern der gemeinschaftliche Gedanke aus. Im Jahr 1901 wurde das Europium benannt, und als das Jahrhundert zu Ende ging, kam ein humorvoller Bürokrat auf die Idee, Verbindungen dieses Elements für die lumineszierenden Farben zu verwenden, die in Euro-Banknoten eingearbeitet sind, um Fälschungen leichter zu entdecken. Wer hätte das gedacht? Selbst das kaum bekannte Europium hat seinen Kulturtag.

Die Elemente sind also Teil unserer Kultur. Das sollte uns eigentlich nicht überraschen, denn sie stecken ja in allen Dingen. Überraschen sollte uns dagegen, wie selten wir davon Notiz nehmen. An dieser verpassten Verbindung sind auch die Chemiker schuld, weil sie sich die Freiheit nehmen, ihr Fach in erhabener Abgeschiedenheit von der Welt zu studieren und zu lehren. Die Geisteswissenschaften sind jedoch mitschuldig: Erstaunt nahm ich beispielsweise zur Kenntnis, dass die Verfasserin einer Matisse-

Biographie ihr Werk beenden konnte, ohne ein Wort über die Pigmente zu verlieren, die der Künstler benutzte. Vielleicht tanze ich mit diesem Standpunkt aus der Reihe, aber andererseits bin ich sicher, dass dieses Thema für Matisse keinesfalls Nebensache war.

Doch anders als im Periodensystem nehmen die Elemente in unserer Kultur nicht eine bestimmte Stelle ein. Sie steigen und fallen auf der Woge der kulturellen Launen. Jedes Element begibt sich vom Moment seiner Entdeckung an auf eine Reise in unsere Kultur. Möglicherweise wird es dann irgendwann überall sichtbar, wie Eisen oder der Kohlenstoff in Kohle. Vielleicht erlangt es auch wirtschaftlich oder politisch eine große Bedeutung und bleibt dabei doch weitgehend unsichtbar, wie Silizium oder Plutonium. Vielleicht schafft es aber auch wie das Europium einen besonders schönen Anschlag, der nur von Kennern erkannt wird.

In dem Maße, wie das Element assimiliert wird, verstehen wir es besser. Seine Bedeutung erhält es durch die Erfahrung derer, die es ausgraben, schmelzen, formen und auf den Markt bringen. Es sind diese muskulären Prozesse, durch die wir das Gewicht eines Elements erfassen und seinen Widerstand ermessen, und wenn Shakespeare dann von Gold und Silber und Blei spricht, weiß er, dass seine Zuschauer ihn verstehen werden.

Es sind nicht nur die altbekannten Elemente, die auf diese Weise kulturell aufgeladen werden. Auch moderne Künstler und Schriftsteller haben relativ neu entdeckte Elemente wie Chrom und Neon benutzt, um bestimmte Signale zu senden, so wie Shakespeare die zu seiner Zeit bekannten Elemente benutzte. Diese Elemente, die vor fünfzig Jahren den unschuldigen Glanz der Konsumgesellschaft zum Ausdruck brachten, erscheinen uns heute als abgeschmackt und voller leerer Versprechungen. Den einstigen Platz von „Chrom" nimmt heute vielleicht ein neueres Element ein, „Titan", das modische Kleidung und Computer kennzeichnet. Die Bedeutung des Elements löst sich in solchen Fällen fast vollständig vom Element selbst, denn sicherlich gibt es weit mehr Platinblonde und Platin-Kreditkarten (die beide kein Platin enthalten) als Platinringe. Selbst Elemente, die einst hoch geschätzt wurden, unterliegen diesem Wandel. „Radium" war einmal sehr beliebt, teils stofflich, teils nur dem Namen nach, als Bezeichnung für allerlei Gesundheitsmittelchen.

Würde ich heute mein Periodensystem noch einmal zusammenstellen, hätte ich immer noch den Wunsch, von jedem Element eine Probe zu besitzen, aber ich würde außerdem seine Reise durch die Kultur nachzeichnen wollen. Ich bin überzeugt, dass die Elemente auf der Leinwand unserer Zivilisation große farbige Striche hinterlassen. Das Schwarz von Holzkohle und Kohle, das Weiß von Kalzium in Kreide und Marmor und Perlen, das intensive Blau von Kobalt in Glas und Porzellan ziehen kühne Striche durch Raum und Zeit, Geographie und Geschichte. Den Anfang dieser Sammlung macht *Das wilde Leben der Elemente*.

Es ist daher ein Buch von Geschichten: Geschichten über Entdeckungen und Entdecker; Geschichten über Rituale und Werte; Geschichten über Ausbeutung und Feste; Geschichten über Aberglauben und Wissenschaft. Es ist kein Chemiebuch – es enthält ebenso viel Geschichte, Biographie und Mythologie, wie es Chemie enthält, und dazu reichliche Portionen von Ökonomie, Geographie, Geologie, Astronomie und Religion. Ich habe absichtlich darauf verzichtet, auf die Stellung der Elemente im Periodensystem einzugehen oder ihre Eigenschaften und Nutzungen zu beschreiben. Das wird von anderen Büchern gut erledigt. Es tut dem Periodensystem nach meiner Überzeugung nicht gut, dass es zu einer so machtvollen Ikone geworden ist. Das geordnete Raster von Kästchen mit seinen schäbigen Ecken, die seltsamen Namen und kryptischen Symbole, die Art der Aufreihung der Elemente, die einerseits fixiert und andererseits scheinbar willkürlich ist wie die Buchstaben des Alphabets – all diese Dinge sind auf eigentümliche Weise bezwingend. Sie bieten endlosen Rohstoff für Quizsendungen im Fernsehen: Welches Element liegt direkt südöstlich von Zink? Wen sollte das interessieren? Nicht einmal Chemiker benutzen das System auf diese Weise.

Das eigentlich Interessante sind die Elemente. Hielt ich das Periodensystem einst für unbezweifelbar, so weiß ich heute, dass es im Grunde gar nicht existiert. Einige Chemiker mögen das bestreiten, aber es ist wirklich nur ein Konstrukt, eine Gedächtnisstütze, die die Elemente auf ausgesprochen raffinierte Weise so anordnet, dass bestimmte Gemeinsamkeiten zwischen ihnen deutlich werden. Dabei gibt es kein Gesetz, das verbieten würde, die Elemente nach anderen Regeln zu arrangieren.

Ich möchte die *kulturellen* Themen entdecken, welche die Elemente neu ordnen würden, und das Periodensystem so anlegen, als hätte es ein Anthropologe sortiert. Zu diesem Zweck habe ich fünf Generalthemen gewählt: Macht, Feuer, Handwerk, Schönheit und Erde.

Imperiale Macht stützte sich schon immer auf den Besitz der Elemente. Das römische Reich war auf Bronze errichtet, das spanische auf Gold, das britische auf Eisen und Kohle. Das Gleichgewicht der Supermächte des 20. Jahrhunderts wurde durch ein nukleares Arsenal aufrechterhalten, das auf Uran und dem daraus hergestellten Plutonium beruhte. In dem mit „Macht" betitelten Teil betrachte ich einige dieser Elemente, die als Reichtümer angehäuft und letztlich als Mittel benutzt wurden, um Kontrolle auszuüben.

In dem Teil „Feuer" erörtere ich jene Elemente, deren brennendes Licht oder korrodierende Wirkung für uns der Schlüssel zu ihrem Verständnis sind. Wir mögen aus der Schule etwa noch wissen, dass Natrium ein Element ist, das bei Kontakt mit Wasser auf unterhaltsame Weise explodiert, aber wir *kennen* es vor allem als die mangogelbe Farbe unserer Straßenlampen – ein ganz besonderes Licht, das viele Schriftsteller als Indiz eines allgemeinen großstädtischen Unbehagens aufgegriffen haben.

Letztlich leitet sich die kulturelle Bedeutung, die ein Element annimmt, von seinen fundamentalen Eigenschaften her. Das erkennt man ganz klar bei jenen Elementen, die von Handwerkern als Rohmaterial gewählt wurden. Was vielen metallischen Elementen zu ihrer Bedeutung verholfen hat, sind die Jahrhunderte oder Jahrtausende des Hämmerns und Ziehens, Gießens und Polierens. Im Teil „Handwerk" erfährt man, warum Blei für uns ernst ist, Zinn billig und Silber jungfräuliche Unschuld ausstrahlt.

Die Menschheit hat die Elemente nicht nur ihrer Nützlichkeit wegen manipuliert, sondern auch wegen der bloßen Freude, sie anzuschauen. Der Teil „Schönheit" zeigt, wie die Verbindungen vieler der Elemente – und das Licht anderer – unsere Welt bunter machen. Im Teil „Erde" reise ich schließlich nach Schweden, um zu entdecken, dass viele der Elemente von bestimmten Orten geprägt wurden und diese Orte ihrerseits von dem Glücksfall geprägt wurden, dass dort ein Element gefunden wurde.

Meine eigene Reise hat mich zu Bergwerken und in Künstlerateliers, in Fabriken und Kathedralen, in die Wälder und hinunter ans Meer geführt.

Ich habe Experimente aus vergangenen Zeiten nachgemacht, um selbst einige der Elemente herzustellen. Mit Freude habe ich zur Kenntnis genommen, dass die Elemente auch in der Literatur in Hülle und Fülle präsent sind; so hält Jean-Paul Sartre es für angebracht, sich zur Konstanz des Schmelzpunktes von Blei zu äußern (335 Grad, sagt er), und Vladimir Nabokov schreibt dem Kohlenstoffatom „mit seinen vier Wertigkeiten" eine Bedeutung zu, als handele es sich um ein Mandala. Unterwegs im Londoner Stadtteil Shoreditch, um die Künstlerin Cornelia Parker zu besuchen, die es zu ihrer Sache gemacht hat, uns an die kulturelle Bedeutung vieler der Elemente zu erinnern, wurde mein Blick durch eine Skulptur in einem Schaufenster gefesselt, deren Schöpfer, unbekannte Künstler aus einem Atomkraftwerk, den witzigen Einfall hatten, Limonengelee in leuchtendes Uranglas zu gießen. Es war klar. Die Elemente gehören nicht in ein Labor; sie sind unser aller Besitz. *Das wilde Leben der Elemente* ist das Protokoll einer Reise, die zu unternehmen ich nie den Mut fand, als ich noch Chemiker war. Kommen Sie mit: Es wird Feuerwerk geben.

TEIL 1: MACHT

El Dorado

Das Britische Museum gab 2008 eine lebensgroße Skulptur des Models Kate Moss in Auftrag. Das Kunstwerk mit dem Titel *Sirene* besteht aus purem Gold, und angeblich ist es die größte Goldskulptur, die seit den Zeiten des alten Ägypten geschaffen wurde, eine Aussage, die allerdings nicht überprüfbar ist. Beim ersten Blick auf das ansonsten vertraute Bild von Kate Moss erscheint sie mir winzig, ein Eindruck, der durch die Tatsache verstärkt wird, dass sie zu einer ausgesprochen unbequem wirkenden Yogastellung verknotet ist; aber das kann eine optische Täuschung sein, weil wir es nicht gewohnt sind, eine solche Menge des schimmernden Metalls auf einmal zu sehen. Das Gold, stelle ich enttäuscht fest, ist nicht auf Hochglanz poliert, sondern hat ein stählernes, gebürstetes Finish, das den Körnern der strukturierten Oberfläche ein starkes Funkeln entlockt und nicht den geglätteten Schimmer, den ich erwartet hatte. Die einzigartigen Vorzüge des Metalls, denen es in allen Kulturen seit der Antike seine Wertschätzung verdankt, scheinen nicht angemessen berücksichtigt zu sein. Nur das Gesicht ist vollkommen glatt, und es erinnert zugleich an die Totenmaske von Tutenchamun. Das leblos starrende Antlitz hat den angesichts des hohen Bekanntheitsgrades der Dargestellten unerwarteten Effekt, den Betrachter aus der Zeit herauszureißen: Hier wird nicht mehr eine Berühmtheit des 21. Jahrhunderts dargestellt, sondern eine entpersönlichte, entzeitlichte Gestalt, deren spitze Nase und schmollende Lippen eher zu einer Totenmaske oder einer Votivstatuette gehören als zu einem lebenden Menschen.

Bild 2: Quinn, *Sirene*

Der Preis der Statue betrug 1,5 Millionen £. Es war die Marotte des Künstlers Marc Quinn, das Werk aus der gleichen Masse Gold herzustellen, wie sie das Model mit seinen fünfzig Kilogramm auf die Waage bringt, so dass man sagen könnte, dass sie nicht nur lebensgroß erscheint, sondern auch ihr Gewicht in Gold repräsentiert. In gediegenem Gold wäre Kate nach meiner Schätzung auf die Größe eines Gartenornaments geschrumpft; Quinns Kunstwerk muss daher hohl sein, worin man auch so etwas wie einen künstlerischen Kommentar sehen kann. Zwar ist Gold das einzige angegebene Material, aus dem das Werk gemacht ist, doch ich denke, dass eine Art Innengerüst das Gewicht des weichen Metalls tragen muss, das sonst in sich zusammensinken würde. Hinterher mache ich mich kundig, was Gold kostet. Die *Sirene* wurde zwar während einer weltweiten Finanzkrise ausgestellt, in der sich der Goldpreis verdoppelt hatte, aber er betrug trotzdem nur 15.000 £ pro Kilo, womit das Kunstwerk einen – wenn man so sagen darf – Schrottwert von 750.000 £ hätte. Der Rest der 1,5 Millionen £ ist vermutlich für die Deckung der Arbeitskosten gedacht.

Ich betrachte die Leute, die Schlange stehen, um Fotos von der goldenen Moss zu machen. Die einen knipsen nur das Kunstwerk, während andere ihre Partnerin daneben Aufstellung nehmen lassen und wer weiß was für Vergleiche anstellen. Ich wüsste gern, was sie stärker zu der Skulptur hingezogen hat: der Kult der Berühmtheit oder der Kult des Goldes? Es sind vorwiegend Männer gekommen, um diese moderne Aphrodite anzubeten. Einige tun so, als bewunderten sie die bildhauerischen Qualitäten des Werkes. Andere wurden tatsächlich von der Macht der Berühmtheit angelockt, aber sie sind eher Fans von Quinn als von Moss. Ich frage die Freundin eines gerade abgelenkten Polen, was sie davon hält. „Schön ist es ja", räumt sie ein, so als wäre es inakzeptabel, etwas anderes zu sagen, „aber es gehört nicht hierher." Eine andere Frau, die das Werk mit ihrem Handy fotografiert, meint abschätzig: „Ich brauche ein bisschen Gold für mein Handy – als Wallpaper."

Mehr als jedem anderen der altbekannten Elemente hat man Gold einen zeitlosen Zauber zugesprochen. Diese Überlegenheit wurde ihm von keinem der Elemente streitig gemacht, die die moderne Wissenschaft entdeckte. Aber was ist das ganz Besondere an diesem Metall?

Gold ist normalerweise gelb. Bei einer Blume mag man dieses Gelb anziehend finden oder auch nicht – Schönheit ist Geschmackssache. Doch bei Gold scheint uns die einzigartige Kombination dieser Farbe mit dem metallischen Glanz keine Wahl zu lassen: Wir fühlen uns davon angezogen.

Selbst der Soziologe Thorstein Veblen, von dem man eine gewisse professionelle Zurückhaltung erwarten könnte, ist dem Zeug verfallen. In einem Kapitel über die „Normen des Geschmacks" in seinem Klassiker *Theorie der feinen Leute* (1899) schreibt er, Gold besitze „ein hohes Maß an sinnlicher Schönheit", so als sei sie eine objektive Tatsache und liege nicht im Auge des Betrachters.[1]

Hinzu kommt die Tatsache, dass diese Farbe und dieser Glanz Bestand haben, weil Gold der Korrosion durch Luft, Wasser und fast alle sonstigen chemischen Reagenzien widersteht. Plinius der Ältere glaubt, es sei diese einzigartige Eigenschaft der Beständigkeit und nicht seine Farbe, die unsere Liebe zum Gold erklärt: „Es ist der einzige Stoff, der im Feuer nichts verliert", bemerkt er.[2] Dank dieser Beständigkeit verbinden wir das Gold mit Unsterblichkeit. Der Buddha wird vergoldet als Hinweis auf Erleuchtung und Vollkommenheit, und die Unzerstörbarkeit des Metalls inspiriert zu einer Fülle anderer Ideale: dem goldenen Schnitt, der goldenen Mitte, der goldenen Regel.

Etwas Besonderes ist Gold auch wegen seiner großen Dichte, seiner Form- und Dehnbarkeit – durch Hämmern kann man es so dünn machen wie ein Haar und „lang genug, um ein ganzes Dorf damit zu umschließen", wie ein westafrikanisches Sprichwort sagt.[3] Jedenfalls bedeutet vor allem die Schwere des Goldes etwas Wertvolles, wie es bei dichten Materialien unabhängig von ihrer Zusammensetzung oft der Fall ist, weil das relative Gewicht ein Gefühl von schierer Masse vermittelt. Auch der Widerstand des Goldes gegen chemische Angriffe, also seine Fähigkeit, seinen Reinzustand zu bewahren, bedeutet Wert, weil wir Dingen, die beständig sind, Wert beimessen. Es sind diese sekundären Eigenschaften des Elements, die Veblen Anlass geben, sich überhaupt darüber zu äußern. Die seltsame Gleichsetzung von Schönheit und Wert bestimmt unser Verständnis des Goldes.

Die Menschen im Altertum nutzten Gold nicht sehr häufig, nicht einmal als Schmuck, und um Waffen daraus zu machen, war es zu weich. Auch dort, wo es relativ häufig ist, beispielsweise in Australien und Neuseeland, wurde es von den Ureinwohnern oft ignoriert. In Europa, Afrika und Asien wurde das Metall aber im Allgemeinen bald sehr geschätzt und für Schmuck und Münzen benutzt. Die ersten Münzen wurden im siebten Jahrhundert v.u.Z. in Lydien aus Elektrum geprägt, einer natürlich vorkommenden Legierung von Gold und Silber. Um das Jahr 550 v.u.Z. prägte König Krösus dann reinere Silber- und Goldmünzen, und seither bedient sich der Mensch, wenn er großen Reichtum bekunden möchte, am liebsten des gelben Metalls. Damit das Gold als Münze seinen höheren Wert gegen das natürlich vorkommende Elektrum behaupten konnte, musste es rein sein, und seine Reinheit musste durch eine Metallprobe bestimmbar sein. So wurde Gold zum Gegenstand einer vergleichenden Prüfung und Bewertung und zum absoluten Kultgegenstand.

Sechshundert Jahre später wettert Plinius gegen den verderblichen Einfluss des Goldes, von dem er wünschte, es „könne aus dem Leben ganz und gar verbannt werden".[4] Er verurteilt die, die es tragen, ebenso wie die, die damit handeln: „Die erste Person, die sich Gold an die Finger steckte, beging das schwerste Verbrechen gegen das menschliche Leben."[5] „Das zweite Verbrechen gegen die Menschheit wurde von demjenigen begangen, der als Erster einen goldenen Denar prägte."[6] Das natürliche Gold mag das Licht der Sonne enthalten, doch das gemünzte Gold wird zu einem „Symbol der Perversion und der Lobpreisung unreiner Begierden".[7] Thomas Morus bekräftigt diese moralische Unterscheidung in seinem Roman *Utopia*, in dem das Gold nicht für Glanz und Gloria benutzt wird, sondern der Herstellung von Nachttöpfen vorbehalten bleibt.

Realisten wussten immer schon, dass Gold der Schlüssel zur Macht ist. Hatten die Pharaonen nicht drei Jahrtausende lang regiert und sich mit ihrem Gold die raffinierteren Sumerer und Babylonier vom Leib gehalten? Waren die Römer nicht durch ihre Gier nach dem Gold, das die Gallier, die Karthager und die Griechen besaßen, zu Eroberungen getrieben worden?

Weil das Gold einen so hohen monetären Wert besitzt, erlangen seine natürlichen Lagerstätten leicht eine derart blendende Aura, dass sie sich bald von jeder realen Geographie lösen. Ophir war die biblische Quelle von Salomos Gold. Strabos *Geographica* erwähnt Goldförderung am afrikanischen Ufer des Roten Meeres, vermutlich eine Quelle des Goldes der Ägypter. Zu Zeiten des portugiesischen Seefahrers Vasco da Gama wurde

Ophir am ehesten im südlichen Afrika vermutet, ungefähr dort, wo sich heute Zimbabwe befindet, oder möglicherweise auf den Philippinen. Kolumbus meinte, Ophir sei auf der Insel Hispaniola zu finden.

Mit den spanischen Expeditionen in die Neue Welt kamen neue Geschichten von sagenhaften Goldschätzen und ein neuer Mythos von El Dorado. El Dorado, wörtlich „der Vergoldete", war angeblich ein Stammespriester, der für die Durchführung eines heiligen Rituals in Gold gehüllt wurde, aber in der Phantasie der westlichen Forschungsreisenden wurde daraus ein weiterer auf keiner Karte verzeichneter Ort reicher Schätze, ein neues Ophir.

1519 brach Hernando Cortés zu einer solchen Expedition auf, als er mit elf Schiffen und sechshundert Mann Besatzung ablegte, um das Festland von Mexiko und seine Schätze für die spanische Krone zu beanspruchen. Nach mehreren Gefechten erreichte Cortés die Azteken-Hauptstadt Tenochtitlán, wo er und seine Männer von Kaiser Montezuma II. feierlich empfangen und mit Geschenken aus Gold überschüttet wurden. Den Spaniern gelang es durch eine List, Montezuma gefangen zu nehmen; bald war das Aztekenreich gefallen, und Spanien herrschte über den größten Teil Mexikos. Cortés' Männer hatten zwar gesiegt, fanden aber abgesehen von den Geschenken, die sie von ihren Gastgebern erhalten hatten, wenig Gold. Es blieb späteren Siedlern überlassen, die mexikanischen Silberbergwerke auszubauen, die das spanische Reich finanzieren sollten.

Dreizehn Jahre später   brach Francisco Pizarro auf der Suche nach dem Schatz der Inkas nach Peru auf. Die Konquistadoren führten, abermals unter Missbrauch der ihnen erwiesenen Gastfreundschaft, einen Überraschungsangriff durch und nahmen den Inkaherrscher Atahualpa gefangen. Sie gedachten die Herrschaft über das Territorium in der üblichen Weise auszuüben, nämlich indem sie ihn als ihren Vasallenherrscher benutzten. Doch Atahualpa hatte eine andere Idee: Er wollte sich mit einem Lösegeld freikaufen, das den Spaniern gefallen musste – ein Raum von sechs mal fünf Metern sollte bis zu der Höhe, die er mit ausgestreckter Hand erreichen konnte, einmal mit Gold und zweimal mit Silber gefüllt werden. Dieser „Lösegeld-Raum" hat sich in Cajamarca, Peru, bis heute erhalten. Es ist klar, dass er nicht buchstäblich gefüllt gewesen sein kann. Gleichwohl schmolzen die Spanier rund elf Tonnen schön gestalteter Objekte aus Gold ein, um sie in Form von Barren nach Spanien zu bringen. Als die Schiffe in See stachen, brachen sie das mit Atahualpa geschlossene Abkommen und töteten ihn.

Sie hatten große Beute gemacht. Aber wo war El Dorado? Die Suche ging weiter. Pizarros Halbbruder Gonzalo brach 1541 von Quito in Ecuador ins Landesinnere auf, aber eine Stadt aus Gold fand er nicht. Anderen spanischen Abenteurern kamen Geschichten vom Volk der Muiscas in Kolumbien zu Ohren, die goldene Opfergaben in einen Bergsee warfen, um den goldenen Gott zu beschwichtigen, der angeblich auf dem Grund des Sees wohnte. Als sie den See erreichten, begannen sie, ihn rücksichtslos trockenzulegen, doch in vierhundert Jahren sind nur wenige Stücke Gold zutage gefördert worden. Im Jahr 1596 segelte Walter Raleigh nach Venezuela, und wenn er auch wenig Gold mitbrachte, so blieb doch sein Glaube an El Dorado unbeschädigt.

Zwischen 1520 und 1660 importierte Spanien 200 Tonnen Gold, die jedoch nicht in einem leicht zugänglichen Schatzhaus gefunden, sondern durch verstärkte Bergbautätigkeit in allen Territorien der Neuen Welt gefördert wurden. El Dorado war nie ein Ort, sondern immer nur eine Idee.

Die Gemeinsamkeit der genannten Beispiele besteht, abgesehen von der Gier und Heimtücke der Europäer, in der Annahme, alle seien sich einig, dass Gold die wertvollste Substanz ist, die der Mensch kennt. Das war keineswegs der Fall. Die Azteken, die Inkas und andere Völker der Neuen Welt brachten den Göttern goldene Opfergaben dar, aber sie benutzten das Metall nicht als Geld, so dass es kaum einen handelbaren Wert besaß, und es kam vor, dass andere Metalle selbst für religiöse Zwecke begehrter waren.

Die auf Hispaniola, Kuba und Puerto Rico beheimateten Taíno zum Beispiel wiesen Gold, Silber sowie einer Reihe von farbigen Legierungen unterschiedliche Rollen zu. Diese Eingeborenen, von Kolumbus und seinen Nachfolgern als Sklaven behandelt, fanden einen Freund in Bartolomé de Las Casas, dem ersten in der Neuen Welt geweihten christlichen Priester. Las Casas hielt Cortés für einen ordinären Abenteurer. Er beobachtete die Bräuche der Taíno und bemerkte, dass sie das Gold nicht wegen seines

Gewichts oder seiner Farbe schätzten oder es für offenkundig wertvoll hielten, wie es die Spanier taten. Sie maßen dem Guanín viel größere Bedeutung bei, einer Legierung aus Kupfer, Silber und Gold. Ihnen gefiel die Farbe, die zwischen rötlich und leicht violett changierte, vor allem aber der eigentümliche Geruch, der vermutlich von einer Reaktion zwischen dem Kupfer und dem Fett an den Fingern der Menschen herrührte. Reines Gold, das gelb-weiß und geruchlos ist, fanden sie dagegen eher unattraktiv. Sowohl Gold als auch Guanín assoziierten sie zwar mit Macht, Autorität und dem Übernatürlichen, doch die größere symbolische Bedeutung besaß das Guanín. Im Unterschied zu Gold, das im gediegenen Zustand gefunden wurde, musste Guanín erschmolzen werden. Das machte die Legierung kostbarer, insbesondere weil die Technik auf Hispaniola nicht zur Verfügung stand und die Legierung aus Kolumbien importiert werden musste, was den Anschein erweckte, als käme sie aus einer anderen Welt. Während man Gold aus einem Flussbett heraufholen konnte, schien es, als könne Guanín nur im Himmel gemacht worden sein.

Messing, eine altweltliche Legierung, die den präkolumbianischen Gesellschaften vollkommen unbekannt war, besaß dieselben gefälligen Eigenschaften wie Guanín. Von den Spaniern mitgebracht, glaubte man auch von ihm, es stamme aus himmlischen Gefilden. Um wie viel nahm Gold mit jeder Seemeile, die es auf seiner Fahrt nach Osten in Richtung Spanien zurücklegte, an Wert zu? Und wie viel legte das bescheidene Messing zu, wenn es umgekehrt gen Westen segelte? Die Vorstellung, dass spanische Schiffe die beiden Metalle hin und her über den Atlantik befördern zu dem einzigen Zweck, die Luxussucht zweier sich nicht verstehender Gesellschaften zu bedienen, ist dazu angetan, einem Veblen ein ironisches Lächeln zu entlocken.

Es ist, glaube ich, an der Zeit, dass ich einmal selbst ein Stück Gold in die Hand nehme. Ich verabrede mich mit Richard Herrington, der als ökonomischer Mineraloge am Naturhistorischen Museum in London tätig ist und als Fachautorität gilt. Der Boden seines Arbeitszimmers ist übersät mit unterschiedlichsten Gesteinsbrocken in rotem Ocker, glitzerndem Weiß und metallischem Schwarz, jeder in einem eigenen Kästchen. Ich muss vorsichtig über sie hinwegsteigen, um zu seinem Schreibtisch zu gelangen. Herrington trägt ein Holzfällerhemd, als käme er geradewegs aus den Bergen. „Ich mag Gold", sagt er schlicht. „Es macht mir großen Spaß, wenn ich es im Gestein finde." Er reicht mir ein Stück Quarz von der Größe eines Briefbeschwerers mit einem dunkelgelben Einschluss von Gold in der Größe eines Fingernagels. „Gold begreift jeder. Das haben wir in der Kreditkrise gesehen. Es ist ein alternativer Rohstoff, dem man vertraut. Selbst Massenblätter bringen täglich die Notierung des Goldpreises." Der Wert eines Diamanten hänge von seiner optischen Qualität ab, der Wert eines Gemäldes davon, was alle anderen von dem Künstler halten. Aber Gold bleibt Gold, schlicht und einfach. „Ich sehe keinen Ersatz dafür."

Mit den Goldräuschen des 19. Jahrhunderts wurde Gold zu einer demokratischeren Angelegenheit. Den ersten Goldrausch löste der amerikanische Präsident James Polk unabsichtlich aus, als er in seiner alljährlichen Rede an den Kongress im Dezember 1848 erwähnte, dass man in Sutters Fort (Kalifornien) Gold gefunden habe. Bis Ende 1849 vervierfachte sich die nicht-indianische Bevölkerung des Staates auf 115.000. Kurz darauf versuchte die britische Krone, in Australien ihr mittelalterliches Privileg für das Goldschürfen geltend zu machen, aber der Goldrausch war so wahnsinnig und die Verwaltung so unfähig, dass es nicht durchzusetzen war. In Nordamerika, Australien und andernorts haben Ökonomen, die in Gold nichts anderes als die Münzwährung sehen konnten, bis ins frühe 20. Jahrhundert hinein immer wieder befürchtet, dass der Run auf das Gold und die anschließend Ausweitung der Goldförderung einen totalen Verfall des Geldwertes nach sich ziehen würden.

Einer der frühen amerikanischen Prospektoren war Samuel Clemens, der erst zu dem Schriftsteller wurde, den wir heute unter dem Namen Mark Twain kennen, nachdem er mit seiner Suche nach Gold gescheitert war. Clemens ging 1861 nach Westen, in das Nevada-Territorium, wo sein Bruder der Gouverneur war. Er versuchte sein Glück an mehreren Adern und schrieb über seine Erfahrungen in seinen Memoiren unter dem Titel *Durch Dick und Dünn*. Die Memoiren sind gespickt mit den hochtrabenden Namen, die er den bescheidenen Gängen und Adern gab, die er als Claims erwarb, aber sie verraten auch, wie sehr ihm die Mühsal zuwider war, immer

wieder den „harten, widerspenstigen Quarz" abzusprengen und durchzu-
sieben, um die winzigsten Körnchen Farbe zu erhalten.[8]

Mark Twain hatte allen Grund, entmutigt zu sein, denn als er das Gold-
suchen aufgab, war er um keinen Cent reicher. Nachdem er kein Gold
gefunden hatte, landete er in Virginia City (Nevada) und nahm eine Arbeit
in einer Erzwäsche an, wo das edle Metall vom Abraum getrennt wird. Eines
der Verfahren ist die Amalgamation, bei der das Gold mit Hilfe von Quecksilber gelöst und durch Erhitzen des entstandenen Amalgams zurückgewonnen wird. Leider versäumte Mark Twain, den goldenen Ring abzunehmen,
den er gewöhnlich trug und der sich unter dem Angriff des Quecksilbers
rasch in nichts aufgelöst hatte.

Das Gold mag inzwischen verschwunden sein, doch Belege des einstigen Rausches haben sich erhalten in Gestalt der Städte, die aus dem Boden
schossen, wenn ein größeres Vorkommen entdeckt worden war. Vor Jahren
besuchte ich Cripple Creek in den Hochtälern von Colorado, einst Standort der größten Goldmine der Welt. Die Geschichte der Stadt begann damit, dass Robert Womack, ein Farmer, dort im Jahr 1890 Erz fand. Es war
ein seltenes Mineral, das Silber und Gold in Form von Salzen enthielt und
nicht als gediegene Metalle. Zu der Entdeckung soll es gekommen sein, als
die von der Feuerstelle eines Schmelzofens abstrahlende Hitze bewirkte,
dass der Boden geschmolzenes Gold ausschwitzte. Die Goldsucher kamen,
und ein Jahr später erhob der Zimmermann Winfield Stratton Anspruch
auf die Independence-Goldader, eine der größten Goldlagerstätten, die bis
heute gefunden wurden. Im Jahr 1900 verkaufte Stratton seine Mine für 10
Millionen Dollar, während Womack das bisschen Geld, das er verdient
hatte, vertrank. Das Gold von Cripple Creek warf am Ende rund 300 Millionen Dollar ab.

Ich ging die breite Hauptstraße hinunter, die sich in sanften Schwingun-
gen über den Hang zieht. An beiden Enden der Straße taten sich Ausblicke
auf die schneebedeckten Berge auf. Die Gebäude entlang der Straße – eine
Eisdiele, eine Gemischtwarenhandlung, ein paar Kunstgewerbeläden – zeigten eine reiche Vielfalt viktorianischerer Ornamentik in Mauerwerk und
Verputz. Viele von ihnen trugen das Datum – immer wieder dasselbe –
1896. Eine Stadt, die innerhalb eines Jahres aus dem Nichts entstanden war

und in der seither nichts geschehen war. Man konnte sich leicht die wahn-
sinnige Erregung des Goldrausches vorstellen, der diese Orte über Nacht
schuf und dann fast ebenso schnell dem Verfall überließ.

Bild 3: Cripple Creek

In der Mythologie wurde Gold oft mit Wasser assoziiert. Der phrygische
König Midas wäscht seinen Fluch, dass alles, was er berührt, zu Gold wird,
durch ein Bad im Fluss Sardes ab, während die Geschichte von dem Goldenen Vlies auf den Trick zurückgeht, feine Partikeln des kostbaren Metalls mit Hilfe von Schafsfellen aus Fließgewässern zu waschen. So ist es
nicht überraschend, dass auch Wissenschaftler ihre Suche auf den Bereich
unterhalb der Wasseroberfläche ausdehnten. Der schwedische Chemiker

Svante Arrhenius, der erste Direktor des Nobel-Instituts, widmete einen Großteil seiner Forschung der elektrischen Leitfähigkeit von Lösungen, und dabei gelangte er 1903 zu einer Schätzung des im Meer gelösten Goldes. Nach seinen Berechnungen betrug die Konzentration des Elements sechs Milligramm pro Tonne Meerwasser. Damit würde die Gesamtmenge des Goldes in den Weltmeeren acht Milliarden Tonnen betragen. Die weltweite Jahresproduktion an Gold belief sich damals auf einige hundert Tonnen.

Im Mai 1920 reiste Arrhenius' deutscher Freund Fritz Haber nach Stockholm, um den Nobelpreis entgegenzunehmen, der ihm für das Jahr 1918 zuerkannt worden war, aber wegen des Ersten Weltkriegs erst verspätet ausgehändigt werden konnte; er erhielt ihn für seine Entdeckung eines synthetischen Verfahrens zur Gewinnung von Ammoniak aus Luftstickstoff, ein Durchbruch, der sich rasch als entscheidend für die Herstellung sowohl von Düngemitteln als auch von Sprengstoffen erwiesen hatte. Die beiden Männer sprachen lange miteinander. Haber war erst wenige Tage wieder daheim in Deutschland, als die Siegermächte ihre Friedensbedingungen bekanntgaben: Sein Land sollte Reparationen in Höhe von 269 Milliarden Goldmark leisten. Er beschloss, die Wissenschaft einzusetzen, um das Geld aufzutreiben.

Irgendwo in seinem Hinterkopf muss die Legende vom Rheingold geschlummert haben. Im *Rheingold*, der ersten Oper von Richard Wagners Ringzyklus, erscheint das Gold schimmernd im Sonnenlicht auf dem Boden des Flusses, bewacht von drei schelmischen Rheinjungfrauen. Den zwergenhaften Alberich gelüstet es nach den Mädchen, aber er entscheidet sich für das Gold und das Geheimnis, das sie ihm zuflüstern, dass ein daraus angefertigter Ring seinem Träger unbegrenzte Macht verleihen wird. Ebenso wie Plinius und der große deutsche Metallurg Agricola bemüht sich Wagner, klarzumachen, dass das Metall selbst an alldem völlig unschuldig ist und allein die daraus angefertigten Objekte korrumpierend sind. Wie George Bernard Shaw in *Ein Wagner-Brevier*, seiner Kritik des Ringzyklus, erläutert, schätzen die Rheinjungfrauen das Gold „auf ganz unkommerzielle Weise wegen seiner körperlichen Schönheit und Pracht".[9] Sie singen, einzig der Mensch besitze die Fähigkeit, das Gold zu einem Ring zu gestalten, und genau das macht natürlich der verschmähte Alberich. Im Laufe der drei folgenden Opernabende wird der Ring gehandelt, gestohlen, umkämpft und als Lösegeld gezahlt, immer mit seinem Fluch beladen, bis der Fluss schließlich sein Eigentum zurückfordert. Nicht unwesentlich dürfte sein, dass Wagner das Libretto des Zyklus in der Zeit der ersten großen Goldräusche schrieb, während Shaw zur Erläuterung seiner Kritik auf den Klondyke-Goldrausch von 1898 verweist.

Bei Haber machte sich der Fluch langsamer bemerkbar. Zunächst ließ er sich Meerwasserproben aus aller Welt in sein Berliner Labor kommen. Die chemischen Analysen bestätigten die Zahlen von Arrhenius. Daraufhin rüstete er, unterstützt von einem Konsortium von Metallfirmen, ein Schiff aus und stach 1923 in See. Vier Jahre war er auf den Weltmeeren unterwegs, doch die Messungen ergaben offenbar eine immer geringere Gold-Konzentration. Haber kam zu dem entmutigenden und, wie es heute scheint, falschen Schluss, dass es im Meerwasser von dem gelösten Gold nur einen Bruchteil dessen gab, was man ursprünglich angenommen hatte, auf jeden Fall nicht genug, um die gewaltigen Kosten seiner Gewinnung zu decken.

Neuere Schätzungen der Goldmenge im Meerwasser sind optimistischer und gelangen zu einem Gehalt, der dreimal so hoch ist wie das, was Haber als erforschungswürdig betrachtet hatte – zwanzig Milligramm pro Tonne. Theoretisch könnten die Weltmeere Gold im Wert von rund 300 Billionen £ zum aktuellen Marktpreis enthalten, oder anders gesagt, 400 Millionen Kate-Moss-Statuen. Doch selbst bei dieser attraktiveren Zahl sind, wie Richard Herrington sagt, „die Kosten der Förderung zu hoch, um das Projekt derzeit in Erwägung zu ziehen".[10] Auch im Rhein gibt es, wie er weiter vermerkt, tatsächlich Gold, „und die Förderung erreicht in den besten Jahren über 15 kg".[11]

Die Tatsache, dass man mit gelöstem Gold einfach nicht rechnet, wurde bei mindestens einer bemerkenswerten Gelegenheit erfolgreich genutzt. 1933 begannen die Nazis mit der Unterdrückung der jüdischen Wissenschaftler in Deutschland, was viele von ihnen bewog, auszuwandern oder in ausländischen Labors Zuflucht zu suchen. Zwei mit dem Nobelpreis ausgezeichnete Physiker, Max von Laue, der den Preis 1914 für seine Entdeckung der Beugung von Röntgenstrahlen erhielt, und James Franck, der ihn 1925 für die experimentelle Bestätigung der Quantelung der Energie bekam, überließen ihre Medaillen Niels Bohr am Institut für theoretische Physik in Kopenhagen zur Aufbewahrung. Als die deutsche Armee im April 1940 in Dänemark einmarschierte, hatte Bohr seine eigene Nobelmedaille bereits einer Hilfsorganisation gespendet, aber er machte sich Gedanken, wie er die Medaillen der Deutschen verstecken könnte, da ihre Entdeckung in seinem Labor die bereits diskreditierten Wissenschaftler zusätzlich gefährden würde. Die Medaillen trugen die Namen ihrer Empfänger, und da sie aus Gold waren, hätten sie nicht aus Deutschland ausgeführt werden dürfen.

Einer von Bohrs Mitarbeitern war der ungarische Chemiker George de Hevesy, der 1923 das Element Hafnium entdeckt und nach dem lateinischen Namen Kopenhagens, Hafnia, benannt hatte. Hevesy schlug zunächst vor, die Medaillen zu vergraben, doch Bohr hielt die Wahrscheinlichkeit, dass sie entdeckt würden, für zu groß. Daher begann er, während die deutschen Truppen schon in die Stadt einrückten, die Medaillen in Königswasser aufzulösen – und es war, wie er später beklagte, nicht einfach, denn die Goldmenge war beträchtlich und reagierte nur sehr zögernd mit dieser doch sehr starken Säure. Die Nazis durchsuchten sorgfältig Bohrs Laboratorium im Institut für theoretische Physik, unterließen es aber, zu fragen, was in den Flaschen mit brauner Flüssigkeit war, die den Krieg auf einem Regal unangetastet überdauerten. Nach dem Krieg schickte Bohr das Medaillengold nach Stockholm und erklärte in einem beigefügten Brief an die Königlich Schwedische Akademie der Wissenschaften, was es damit auf sich hatte. Das Gold wurde wiedergewonnen, und die Nobel-Stiftung prägte neue Medaillen für die beiden Physiker.

Königswasser war einer der vielen nützlichen und oft verkannten Beiträge der Alchemisten zur modernen Chemie – und ihre Entdeckung, dass es Gold aufzulösen vermag, sorgte verständlicherweise für große Aufregung. In Miltons *Das verlorene Paradies* werden dem Satan die Wunder der Erde gezeigt, und er sieht, dass „trinkbar selbst das Gold in Strömen fließt". Wenn gediegenes Gold das Symbol der Vollkommenheit, der Unsterblichkeit und der Erleuchtung war, dann durfte man sich von seiner Verfügbarkeit in trinkbarer Form – die Lösung wurde normalerweise mit aromatischen Ölen versetzt und so zu einer Art metallischer Vinaigrette – sicherlich ein Allheilmittel versprechen.

Doch der andere große Anspruch des Goldes – seine Unwandelbarkeit – ließ Skeptiker fragen, ob es überhaupt etwas bewirken konnte. Thomas Browne, der englische Arzt und Schriftsteller, geht dieser Frage in seiner *Pseudodoxia Epidemica* nach, einer ebenso gelehrsamen wie kurzweiligen Sammlung landläufiger Mythen des 17. Jahrhunderts, die er wissenschaftlich widerlegt. Er schreibt: „Dass Gold, inwendig genommen, bei allerlei medizinischen Anwendungen ein Stärkungsmittel von großer Wirksamkeit sei, ist, wenngleich häufig praktiziert, ebenfalls vielfach angezweifelt und bisher von niemandem einwandfrei bewiesen worden." Daran anknüpfend, dass Gold „unbezwinglich" selbst das Feuer übersteht, hält er es durchaus für denkbar, dass es ebenfalls ohne irgendeine Veränderung oder Wirkung den Körper durchläuft. Doch dann räumt er ein, dass Gold, auch wenn es sich materiell nicht verändert, dennoch eine Wirkung ausüben könne, vielleicht ähnlich der magnetischen Kraft des Magnetsteins oder der elektrischen Ladung von Bernstein. Am Ende weicht er einer klaren Antwort aus: „Vielleicht ist es ungerechtfertigt, die mögliche Wirksamkeit von Gold zu bestreiten."[12] Von solchen Zweifeln war Etienne-François Geoffroy, ein französischer Arzt und Chemiker des folgenden Jahrhunderts, frei. „Gold", schrieb er trocken, „ist von all den Metallen in der Physik das nutzloseste, außer man betrachtet es als Mittel gegen die Armut."[13]

Ich hatte einmal an Weihnachten Gelegenheit, „Gold inwendig genommen" auszuprobieren, nachdem ich Schokolade mit „Gold, Weihrauch und Myrrhe" erstanden hatte. Weihrauch und Myrrhe konnten es geschmacklich nicht mit den Kakaoflocken aufnehmen, aber das Gold konnte man zumindest sehen – es lag in Form von Goldflöcken auf jedem Stück. Schädliche Wirkungen konnte ich beim Verzehr nicht beobachten. Ich will nicht bestreiten, dass es mir möglicherweise sehr gut getan hat, aber eine wundersame Stärkung habe ich nicht verspürt. Als ich auf die Rückseite der Verpackung sah und beiläufig die Liste der Inhaltsstoffe überflog, stellte ich erstaunt fest, dass man auch das Gold einer eigenen E-Nummer für würdig befunden hat: E 175. Offenbar ist nicht nur Browne, sondern auch der Lebensmittelbehörde daran gelegen, sich ihre Optionen offenzuhalten.

Und dann Platin

Wallis Simpson, die zweimal geschiedene amerikanische Societydame, die 1937 den vormaligen König Eduard VIII. heiratete und dadurch Herzogin von Windsor wurde, war nicht gerade dafür bekannt, dass sie den korrekten gesellschaftlichen Umgangsformen Beachtung schenkte. Doch was Schmuck betrifft, war sie unerbittlich: „Dass man zu Tweed- und sonstiger Tageskleidung Gold trägt und zu Abendkleidung Platin, weiß jeder Tor."[14]

Bei denen, für die Silber zu gewöhnlich war, wurde Platin während der ersten Hälfte des 20. Jahrhunderts nach und nach zum bevorzugten Schmuckmetall. Es ist das schwerste der schimmernden Metalle, doppelt so dicht wie Silber, aber nicht ganz so rein weiß. Es glänzt eigentlich nicht, sondern zeigt, wie John Steinbeck sagte, einen „perlenartigen Schimmer".

In einer Zeit allgemeiner wirtschaftlicher Not erfüllte Platin das Bedürfnis einer zunehmend abgehobenen High Society nach einem Stoff, der kostbarer war als Gold, zugleich aber nicht so auffällig. Es ist also schon merkwürdig, dass das dafür auserwählte Material noch etwas reichlicher vorkommt als Gold – obwohl beide Metalle in der Erdrinde gleich häufig bzw. selten sind, kommt Platin im Boden zehnmal häufiger vor als Gold. Aber das ist belanglos. Irgendwann wird Platin – wenn nicht das Metall selbst, so doch wenigstens die Idee, dass es das wertvollste aller Metalle ist – auch bei den unteren sozialen Schichten angekommen sein, und das wird ihm in der Tabelle des Luxus seine Spitzenstellung oberhalb des Goldes sichern. Platin bezeichnete auf Anhieb eine neue Art von Reichtum, war das Abzeichen für einen Besitz, der nicht über Generationen hinweg wie ein Goldschatz angehäuft, sondern auf kühne und spekulative Weise erworben worden war, um auf die gleiche Weise wieder verloren gehen zu können.

Bild 4: *Platinum Blonde*

Frank Capras Film *Platinum Blonde* (deutscher Titel: *Vor Blondinen wird gewarnt*), der 1931 in die Kinos kam, schlug Kapital aus der aufkommenden Symbolkraft des Metalls und bereicherte dafür die englische Sprache um seinen Titel: „die Platinblonde". Die betreffende Platinblonde ist eine reiche Societydame, die einen Reporter, der einen Skandal in ihrer Familie untersucht, verführt, heiratet und dann am Gängelband führt. Jean Harlow übernahm die Hauptrolle. Ursprünglich hatte der Film *Gallagher* heißen sollen, nach dem Mädchen, das die Zuneigung des Reporters verliert und dann wiedergewinnt, aber der Produzent Howard Hughes hatte Jean Harlow persönlich unter Vertrag genommen und bestand auf der Titeländerung, um sein Sternchen zu fördern. Es klappte: Harlow wurde ein Star, und die bleiche Haarfarbe kam groß in Mode – und das, obwohl es sich um einen Schwarzweißfilm handelte.

Seine Anerkennung als Element erlangte Platin im 18. Jahrhundert; europäische Chemiker begrüßten es damals als „das achte Metall", eine aufregende Ergänzung der sieben, die man seit dem Altertum kannte: Gold und Silber, Kupfer, Zinn, Blei, Quecksilber und Eisen. Dabei waren es eigentlich die indigenen Völker Südamerikas gewesen, die das Metall vor 2000 Jahren entdeckten. Das Element, das im Spanischen *platina* genannt wird – dies ist der Deminutiv des Wortes für Silber, *plata* –, findet man in der Natur in Form von Körnchen oder Klumpen von weitgehend reinem Metall oder mit Einschlüssen von anderen Edelmetallen oder Eisen. Typischerweise tritt es in Flüssen zutage oder beim Goldwaschen, wenn man unter dem potenziell kostbaren Rest schwere blasse Körner erkennt, nachdem die leichteren Mineralien ausgewaschen worden sind. Die Schmelztemperatur von Platin ist weit höher als die von Gold, Bronze oder gar Eisen, und sie ist höher, als man sie mit einem Holzkohlefeuer erreichen kann. Eigentlich muss es den südamerikanischen Schmieden unmöglich gewesen sein, diese Körner in eine Form zu bringen, die dann zu Schmuck oder anderen Gegenständen verarbeitet werden konnte. Doch archäologische Grabungen in Ecuador förderten genau solche präkolumbianischen Artefakte zutage, so dass europäische Metallurgen die Meisterschaft der einheimischen Schmiede anerkennen mussten, die eine Sintermethode perfektioniert hatten, bei der das körnige Material ohne Schmelzen zu einer

Masse zusammenwuchs, indem sie Goldstaub hinzufügten, der die Fusion des Metalls auslöst.

Wild versessen auf Gold, hatten die spanischen Konquistadoren zunächst nicht auf das mattgraue *platina* geachtet. Einige Goldgruben wurden sogar aufgegeben, weil sie wegen des Vorkommens von *platina* unwirtschaftlich waren. Diese Einstellung änderte sich, als König Karl III. von Spanien 1786 auf das Werk des jungen französischen Chemikers Pierre-François Chabaneau aufmerksam wurde, der in der Abgeschiedenheit des Baskenlandes am Königlichen Seminar in Vergara arbeitete. Tatsächlich war das Seminar so etwas wie eine Brutstätte der Mineralogie, und es barg vermutlich einen ansehnlichen Schatz von exotischen Proben. Die Brüder Fausto und Juan José Elhuyar, die dort als Lehrer tätig waren, hatten bereits das Element Wolfram aus Wolframit isoliert, einem außergewöhnlich dichten Erz, das sie während ihrer Studien in Deutschland erlangt hatten. Sie beauftragten Chabaneau, aus dem rohen *platina*, das sie aus Südamerika beschafft hatten, das Metall Platin zu gewinnen.

Irgendwann wurden die Elhuyars zu Leitern der neuen Bergwerke in den spanischen Kolonien befördert, derweil Chabaneau nach Madrid geholt und mit einem luxuriösen Privatlabor ausgestattet wurde, in dem er seine Forschungen über das Platin fortsetzen konnte. Der Minister des Königs, der Marqués von Aranda, sorgte dafür, dass dem Franzosen der gesamte staatliche Vorrat des Metalls – es galt als nicht einmal so wertvoll wie Silber – übergeben wurde. Die geringe Wertschätzung des Platins zu jener Zeit lag auch daran, dass die Spanier unfähig waren, das Metall in eine schmiedbare Form zu bringen, die sich weiterverarbeiten ließ. Chabaneau gelangte bald zu der Ansicht, er habe es geschafft, das reine Metall zu isolieren, indem er das Gold, das Eisen und andere Verunreinigungen entfernte, deretwegen es nicht verarbeitbar war. Doch zu seiner Verwunderung stellte er fest, dass seine Eigenschaften sich nicht zu einem konstanten Muster fügen wollten (weil es noch andere, damals unbekannte Elemente enthielt, die enger mit dem Platin verwandt sind, etwa Iridium und Osmium). Frustriert warf Chabaneau die Arbeit hin, aber sein Förderer bewog ihn, nicht aufzugeben. „Drei Monate später fand der Marqués daheim auf einem Tisch einen Metallwürfel von zehn Zentimetern Kantenlänge vor. Nachdem er versucht hatte, ihn hochzuheben, sagte er zu Chabaneau: ‚Sie scherzen wohl. Sie haben ihn an der Tischplatte festgemacht.' Der kleine Barren wog 23 Kilogramm; er bestand aus formbarem Platin!"[15]

Proben von Platin wurden zunächst in der Aristokratie Europas herumgereicht, aber niemand wusste so recht, was er damit anfangen sollte. Wegen der Schwierigkeit der Verarbeitung galt das Metall weiterhin als praktisch nutzlos. (Die spanische Krone machte die betrübliche Erfahrung, dass selbst reichlich finanzierte wissenschaftliche Forschung nicht immer einen raschen Investitionsertrag abwirft.) Giacomo Casanova, der Memoirenschreiber des 18. Jahrhunderts, berichtet vom Besuch bei einer Alchemistin, der Marquise d'Urfé, die ihre Proben in Gold verwandeln wollte. Doch dank Chabaneaus Methode gewann das neue Metall allmählich an Wert. Ein Platinkelch, den der König von Spanien dem Papst verehrte, war das erste kostbare Objekt, das aus der schmiedbaren Form des Metalls angefertigt wurde. Chabaneau erkannte, dass er in einer starken Position war, und stieg ins Geschäft ein: Er verkaufte Platinbarren, Schmelztiegel und andere fachspezifische Utensilien.

Gleichzeitig erhöhte die spanische Regierung die Verschiffung von *platina* aus ihrer südamerikanischen Kolonie Neugranada. Im August 1789 löschte ein einziges Schiff dreitausend Pfund *platina*. Obwohl das Metall einem strikten Kronmonopol unterlag, war es immer noch billig genug, um Schmuggler und Fälscher anzulocken, die es mit Gold überziehen und als gediegenes Gold ausgeben konnten, weil es eine vergleichbare Dichte hat. Spaniens kurzes „Platinzeitalter" endete abrupt mit Napoleons Einmarsch im Jahr 1808 und dem Aufstieg der revolutionären Unabhängigkeitsbewegung unter Simón Bolívar in Neugranada. Während die eigenartige Verbindung von großer Dichte und Korrosionsbeständigkeit Platin zum idealen Material für die Verkörperung des Urkilogramms und des Urmeters der französischen Republik machte, gerieten ehrgeizigere Ideen, daraus Schmuckgegenstände anzufertigen, wofür man tüchtige Handwerker benötigt hätte, rasch in Vergessenheit.

Im 19. Jahrhundert ging der Preis des Platins wieder zurück, weil in Russland und Kanada neue Quellen entdeckt und wirtschaftlichere Reinigungsverfahren entwickelt wurden. Den russischen Aristokraten war das

Metall für ihren Geschmack nicht glänzend genug, und da es an einer anderen Nachfrage mangelte, begann Russland 1828 damit, Drei-Rubel-Platinmünzen zu prägen, um seine Ressource zu nutzen. Aber auch das musste beendet werden, als der Weltmarktpreis des Metalls noch tiefer abstürzte.

Aber wie hat Platin, nachdem es so bald nach seiner Einführung in Europa auf diesem Tiefpunkt gelandet war, anschließend den Aufstieg geschafft, um am Ende das Gold an Wert zu übertreffen? Wenn die Antwort nicht in einer Knappheit des Angebots zu finden ist, muss sie nach dem Gesetz des Marktes in einem Überhang der Nachfrage liegen. Ein Faktor ist unzweifelhaft die Ausweitung der technischen Anwendungen in elektrischen Geräten und in zahlreichen Verfahren der chemischen Industrie, wo das Metall als Katalysator fungiert. Interessanter ist jedoch die *wahrgenommene* Wertsteigerung des Platins, die ihre Ursache allein in Zusammenhängen des sozialen Status hat.

1898 trat Louis Cartier als Nachfolger seines Vaters an die Spitze des Pariser Schmuckwarenunternehmens und machte den Namen der Familie dadurch berühmt, dass er anstelle der Taschenuhr die am Handgelenk getragene Uhr popularisierte. Cartier hatte seit einigen Jahren mit Platin experimentiert, und jetzt traf er die Entscheidung, es überall, wo es möglich war, statt Silber und sogar Gold zu verwenden. Die „weißen Juwelen" etwa die Diamanten, die zur Abendgarderobe bevorzugt wurden, verlangten idealerweise eine farblose Fassung. Gold passte nicht damit zusammen und galt als vulgär, und Silber lief leicht an. Beide Metalle hatten außerdem die lästige Eigenschaft, weich zu sein. Das harte Platin hingegen sorgte dafür, dass Cartiers Fassungen speziell bei den größten Steinen fast unsichtbar gemacht werden konnten und sich dennoch als hoch strapazierfähig erwiesen. Der im Vergleich zu Gold oder Siber nur schwache graue Schimmer stellte sicher, dass die Aufmerksamkeit ungeteilt den Edelsteinen gelten würde.

Cartiers Innovation löste eine Mode aus, bei den größten Juwelen Platin zu verwenden, die bis zum Ausbruch des Zweiten Weltkriegs anhielt, als das Metall prompt rationiert wurde, weil es bei wichtigen chemischen Prozessen, zum Beispiel der Herstellung von Sprengstoffen, als Katalysator gebraucht wurde. Doch mittlerweile hatte Platin sich ein neues Gütesiegel gesichert, gekrönt von der Fassung des berühmten Koh-i-Noor-Diamanten in einer Krone, die für Königin Elisabeth, die Frau von Georg VI., zu ihrer Krönung 1937 ganz aus Platin angefertigt wurde. (Wallis Simpson muss krank geworden sein bei dem Gedanken, dass ihre Schwägerin diesen Klunker hatte!)

Während Cartier die Regeln für den Schmuck der High Society veränderte, kam mit der Wiederbelebung der Olympischen Spiele die Idee auf, die besten Leistungen anhand einer Skala unterschiedlicher Metalle auszuzeichnen. Bei der Olympiade im alten Griechenland waren die besten Athleten nur mit einem Lorbeer bedacht worden. Bei den ersten Spielen der Neuzeit, die 1896 in Athen stattfanden, erhielt der Sieger der jeweiligen Sportart eine Silbermedaille, und der Zweite bekam Bronze. Erst während der Spiele von St. Louis im Jahr 1904 beschloss das Internationale Olympische Komitee, dass es Gold-, Silber- und Bronzemedaillen für die ersten drei Plätze geben sollte; die Medaillentabelle der beiden vorangegangenen Spiele wurde rückwirkend gemäß dem neuen System korrigiert.

So ist es seither geblieben. Die Hierarchie von Gold, Silber und Bronze wurde zum gängigen Muster der Einstufung von Leistungen in Sport und Kunst. Plattenfirmen führten die Goldene Schallplatte ein, um ihren Künstlern – und sich selbst – nach dem Verkauf von einer Million Exemplaren eines Liedes zu gratulieren. Als der Plattenverkauf zunahm und die goldenen Schallplatten allzu häufig wurden, tat die Musikindustrie nicht etwa das Naheliegende und setzte einfach die Verkaufsschwelle für Gold hinauf, sondern führte 1976 wegen des offenkundigen Vorteils für die Werbung die höhere Ebene der Platin-Schallplatte ein. Heute gilt, dass ein Album nach dem Verkauf von 500.000 Stück Gold und bei einer Million Platin erhält. American Express zog nach und übertrumpfte 1984 seine „Gold Card" mit der „Platinum Card".

Bei alldem geht es nicht mehr um das Aussehen oder die Eigenschaften des Metalls Platin. Es ging eigentlich auch nicht um dessen Seltenheit, die, wie wir gesehen haben, nicht größer ist als die von Gold. Für die meisten von uns, die wir keine Wallis Simpsons sind, ist der Stellenwert des Platins das Produkt eines Snobismus höherer Ordnung. Wenn wir es als begehrenswerter empfinden als Gold, dann liegt das einzig und allein an einer umgekehrten Assoziation: weil wir wissen, dass eine Platte Platin erreicht, nachdem sie Gold erreicht hat, oder dass eine Platin-Kreditkarte schwerer zu ergattern ist als eine goldene. In einer Zeit, in der Pulverkaffee, Billigschokolade und Toilettenpapier mit dem Markenzeichen „Gold" versehen werden, musste man etwas finden, das höheres Prestige besitzt. Dieses Etwas ist, bis auf weiteres zumindest, „Platin".

Bild 5: Rubbelkarte

Edle Metalle, unfein angekündigt

Im April 1803 kam eine geringe Menge eines glänzenden Metalls in einem Kuriositätenladen in Soho zum Verkauf. Ein von Unbekannten unter Londoner Naturforschern verbreiteter Werbezettel pries es als „Palladium oder neues Silber" an und versprach, es sei „ein neues Edelmetall". Anschließend wurden die Eigenschaften des Materials näher beschrieben: „Die größte Hitze der Esse eines Schmiedes vermag es kaum zu schmelzen", hieß es da, doch „wenn man es, solange es heiß ist, mit ein wenig Schwefel in Verbindung bringt, fließt es so mühelos wie Zink".

Die Ankündigung erregte sogleich Aufsehen. Von wem stammte sie? Und konnte sie stimmen? Wenn sie stimmte, warum war sie dann nicht im bürgerlichen Geiste der offenen Kooperation erfolgt, die in der Wissenschaft mittlerweile zur Norm geworden war?

Der Ire Richard Chevenix, ein tüchtiger analytischer Chemiker, witterte Betrug, begab sich in den Laden und kaufte, was von der Substanz noch übrig war (drei Viertel einer Unze). Dann machte er sich an die Analyse, um den Schwindel aufzudecken. Das Ergebnis dürfte ihn überrascht haben, denn was er gekauft hatte, besaß tatsächlich die neuartigen Eigenschaften. Gleichwohl teilte Chevenix der Royal Society mit, dass es sich seiner Meinung nach nicht um ein neues Metall handele, „wie auf schändliche Weise angekündigt", sondern eher nur um ein Amalgam aus Platin und Quecksilber.[16] Andere Wissenschaftler konnten Chevenix' Ergebnis nicht bestätigen, mochten die einzige alternative Erklärung aber wohl nicht in Betracht ziehen, nämlich dass man für eine bedeutende wissenschaftliche Mitteilung die Form eines unsignierten Werbezettels gewählt hatte.

Am Ende war es dann halb so schlimm. Es stellte sich nämlich heraus, dass das Metall für die Wissenschaft tatsächlich neu war. Nur der Umstand, dass der Urheber des Flugblatts und der Entdeckung selbst einer von ihnen war, milderte die Katastrophe ab: Es war der allseits bekannte Chemiker William Hyde Wollaston, von dem man wusste, dass er stark in ein Projekt verwickelt war, bei dem es um Platin ging. Doch warum hatte er sich so sonderbar verhalten?

Fünfzig Jahre lang hatten europäische Regierungen das aus Südamerika importierte Platin mit einer Mischung aus Lust und Verzweiflung betrachtet; wohl war ihnen bewusst, dass es das Potenzial besaß, in ein schimmerndes Edelmetall verwandelt zu werden, und vielleicht träumten sie davon, dass es ihre Wirtschaft ankurbeln würde, so wie es einige Jahrhunderte zuvor das Gold und Silber aus der Neuen Welt getan hatten, aber sie brachten diese Verwandlung nicht zustande. In Spanien hatte Chabaneau seine Methode streng geheim gehalten, und er hatte nur einen Markt für gelegentliche Schmuckgegenstände gefunden. Wollaston und Smithson Tennant, ein anderer Chemiker, hatten sich unabhängig voneinander mit dem Problem befasst, und als sie bemerkten, dass sie an derselben Sache interessiert waren, taten sie sich zusammen, um gemeinsam zu prüfen, ob sie das schmiedbare Platin des Pierre-François Chabaneau nicht in größerem Maßstab herstellen und neue Anwendungen dafür in Wissenschaft und Industrie finden konnten.

Beide, Wollaston und Tennant, waren Söhne von Geistlichen, und beide hatten in Cambridge Medizin studiert, sich dann aber der Naturphilosophie zugewandt. Doch darin erschöpften sich die Gemeinsamkeiten. Tennant hatte in der Kindheit beide Eltern verloren und war weitgehend Autodidakt. Wollaston wuchs in einer Familie mit vierzehn Geschwistern auf und gelangte auf bequemem Wege zu akademischem Erfolg. Tennant, fünf Jahre älter, war ein heiterer und freundlicher Mensch, unordentlich in seiner Arbeit, oft unentschlossen hinsichtlich seiner Projekte, hielt sich aber immer an die Regeln der experimentellen Methode, wie es sich gehörte, und berichtete, wenn er sich endlich zu einem Vorgehen entschlossen hatte. Wollaston war auf eine geradezu obsessive Weise exakt und kontrolliert – es hieß, er könne mit einem Diamanten in einer so kleinen Handschrift auf Glas schreiben, dass man ein Mikroskop brauchte, um es zu lesen. Außerdem war er geheimniskrämerisch und eigenbrötlerisch, und es war nicht immer einfach, mit ihm auszukommen. Ihre Zusammenarbeit brachte ihnen ein beträchtliches Vermögen aus dem Platin-Unternehmen und einen bleibenden Platz in den Annalen der Wissenschaft, denn beide fügten den damals bekannten rund fünfunddreißig Elementen je zwei hinzu. Doch in der Art und Weise, wie sie ihre jeweiligen Entdeckungen eines Elements bekanntmachten, äußerte sich ihre unterschiedliche Wesensart.

Am Heiligabend des Jahres 1800 hatten die beiden Männer fast 6000 Unzen von aus Flüssen geschöpftem *platina* von einem anrüchigen Verkäufer erworben, der es vermutlich als Schmuggelgut erlangt hatte, das aus Neugranada über Britisch-Westindien nach England gekommen war. Der Erwerb kostete sie 795 £, eine stattliche Summe, aber die Menge war riesig, und Platin war noch immer weit billiger als Gold. Wenn es ihnen gelänge, diesen Haufen grauer Krümel in schimmerndes Metall zu verwandeln, würden sie sehr reiche Männer sein.

Wollaston übernahm bei diesem geschäftlichen Projekt die Führung. Von dem Rohmaterial wurde jeweils ein Pfund in Königswasser aufgelöst, und setzte man diesem Ammoniumsalze zu, entstand ein Niederschlag, durch dessen Erhitzung das kostbare Metall freigesetzt wurde. Doch die Barren erwiesen sich als spröde und zu weiterer Verarbeitung ungeeignet. Derweil untersuchte Tennant die kleine Menge des schwarzen Rückstands, der immer übrig blieb, wenn das gediegene Platin in Königswasser gelöst wurde, und er gelangte rasch zu der Überzeugung, dass es sich nicht bloß um Graphit handelte, wie andere vermutet hatten, sondern dass dieser Rest metallisch war. Tennant extrahierte das schwarze Pulver, und als er es mit verschiedenen Reagenzien behandelte, erhielt er neue Niederschläge von unterschiedlicher Farbe und eine stark riechende, ölige Flüssigkeit. Diese entpuppten sich als Verbindungen zweier neuer Metalle, denen Tennant die Namen Iridium (nach dem griechischen Wort für Regenbogen wegen der Farben seiner Salze) und Osmium (nach dem griechischen Wort für Geruch) gab. Tennant wurde bei dieser Arbeit von französischen Wissenschaftlern genau beobachtet, aber er hatte klugerweise Sir Joseph Banks, den Präsidenten der Royal Society, vorsorglich von seiner Vermutung unterrichtet, dass der Rest metallischer Natur sei, und dadurch sichergestellt, dass er als der Entdecker der beiden Elemente rechtmäßig anerkannt wurde.

Wollaston wandte bei Experimenten mit der platinreichen Flüssigkeit, die das Königswasser erzeugt hatte, ähnliche Verfahren an. Auch ihm fiel ein unerwarteter Niederschlag auf, der, wie er sich rasch überzeugte, noch ein weiteres neues Metall enthielt. Er entschied sich für den Namen Palladium. Doch statt die Nachricht von seiner Entdeckung zu publizieren oder, wie Tennant es getan hatte, informell mitzuteilen, wartete Wollaston, bis er eine bedeutende Menge des neuen Metalls angehäuft hatte – und traf dann die exzentrische Entscheidung, es in kleinen Portionen zum Verkauf anzubieten, für die er fünf Schillinge, eine halbe Guinee und eine Guinee verlangte.

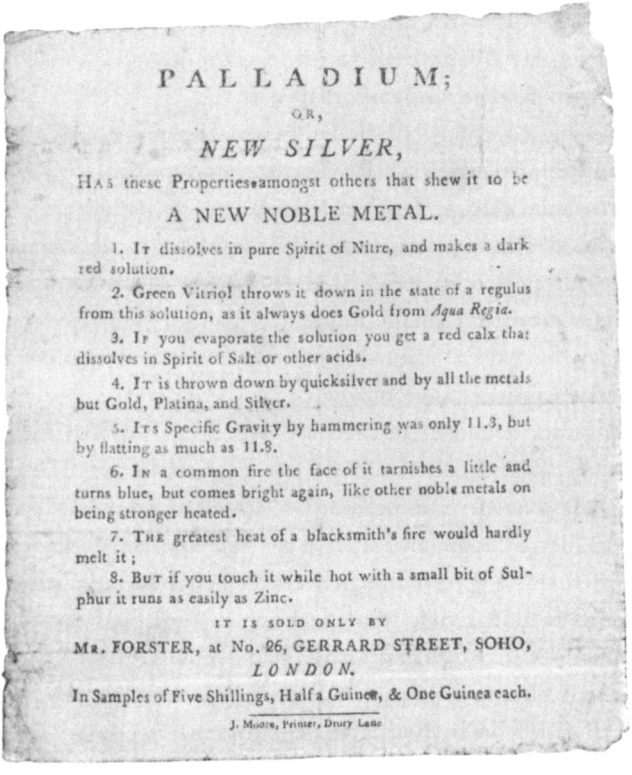

Bild 6: Palladium-Flugblatt

Als Chevenix die Ergebnisse seiner Untersuchung bekanntgab, steckte Wollaston in der Klemme. Er konnte die Entdeckung jetzt nicht mehr für sich beanspruchen, ohne seine List einzugestehen. Er gab stattdessen ein weiteres anonymes Kommuniqué heraus, diesmal in einer chemischen Zeitschrift, in dem er eine Belohnung von 20 £ für denjenigen auslobte, der vor einer Jury aus drei Chemikern zwanzig Körner Palladium herstellen könne. Augenscheinlich traute sich niemand, die Herausforderung anzunehmen. Unterdessen setzte er seine Untersuchungen im Stillen fort. Seine nächste Entdeckung sollte ihm einen Ausweg eröffnen. Weitere Experimente mit dem rohen *platina* und Königswasser ergaben neue, rosenfarbige Salze, die auf ein weiteres neues Element hindeuteten, dem Wollaston den Namen Rhodium gab. Diesmal verzichtete er auf Torheiten bei der Bekanntgabe. Sein Freund Tennant hatte seine Entdeckung von Iridium und Osmium vor kurzem in einem Vortrag offiziell bekanntgegeben; Wollaston folgte seinem Beispiel und trug seine Abhandlung über das Rhodium im Juni 1804 der Royal Society vor. Er nutzte die Gelegenheit nicht, um das Geheimnis des Palladiums zu lüften, aber einige Monate später schrieb er nochmals an die Zeitschrift, in der er seine Belohnung ausgeschrieben hatte, und erklärte, er sei es gewesen, der das Palladium insgeheim entdeckt und zum Verkauf angeboten hatte; zur Rechtfertigung trug er vor, chemische Anomalien, die er zum Zeitpunkt der Entdeckung beobachtet habe, hätten ihn davon abgehalten, diese seinerzeit bekanntzugeben, erst bei der anschließenden Entdeckung des Rhodiums hätten diese Anomalien sich geklärt. Das stimmte nicht ganz, aber Wollaston konnte sein Gesicht wahren.

Die neuen Elemente lieferten endlich eine Erklärung für die Sprödigkeit der Platinbarren. Mit diesem Wissen gerüstet, arbeitete Wollaston weiter an seinem Herstellungsverfahren und gelangte schließlich zu einem brauchbaren Produkt. Innerhalb von fünfzehn Jahren baute er ein ansehnliches Unternehmen auf, das Platin-Siedegefäße für den Einsatz in chemischen Fabriken und andere fachspezifische Geräte herstellte. Die Einzelheiten des Verfahrens enthüllte er erst einen Monat vor seinem Tod im Jahr 1828, als er wusste, dass er an einer tödlichen Krankheit litt.

Wollaston und sein Partner Tennant erwarben im Laufe der Jahre rund 47.000 Unzen gediegener *platina* und produzierten 38.000 Unzen an schmiedbarem Platin – etwa eine Badewanne voll – sowie 300 Unzen Palladium und 250 Unzen Rhodium, genug, um ein Bierglas mit dem jeweiligen Metall zu füllen. Ein Teil des Platins wurde zu Schmelztiegeln für wissenschaftliche Experimente verarbeitet, ein anderer Teil zu Stäben, um daraus Drähte zu ziehen, aber der größte Teil ging an die Waffenschmiede, die damit die Kontaktpunkte von Steinschlosspistolen verbesserten, weil es billiger und effektiver war als das Gold, das sie bisher für diesen Zweck genutzt hatten. Wollaston und Tennant kauften ihr *platina* zu einem typischen Preis von zwei Schillingen pro tausend Unzen und verkauften reines Platin zu sechzehn Schillingen pro Unze – eine Steigerung auf das Achttausendfache!

Wollastons kurzzeitiger Verstoß gegen das wissenschaftliche Protokoll wurde ihm verziehen, und er erlangte Bewunderung für weitere Entdeckungen in Chemie und Optik sowie für seine Platinverarbeitung, die ihm ein Vermögen von 30.000 £ oder mehr eintrug, was heute einigen Millionen Pfund entsprechen würde. Chevenix, von der Episode entmutigt, entsagte der Wissenschaft, heiratete eine französische Gräfin und wandte sich dem Schreiben historischer Dramen zu.

Der Ockerfleck

Irdische Macht mag auf dem Besitz von Gold beruhen, doch himmlische Macht strahlte einst das Eisen aus. Es fiel in Brocken vom Himmel herab, und das tut es bis heute. Diese Eisenmeteorite, Geschenke reinen Metalls, die uns vom Himmel herabgereicht wurden, hatten von Anbeginn etwas Heiliges. In antiken Glaubensvorstellungen bestand der Himmel selbst aus Metall. Ilmarinen, der ewige Hämmerer der finnischen Mythologie, soll am Anbeginn der Zeit das Firmament gehämmert haben. Ein passender Mythos für ein Land unter grauem Himmel.

Offensichtlich allein vom göttlichen Willen gelenkt, waren diese von oben herabgefallenen Meteorsteine für den Menschen eine würdigere Repräsentation des Himmels auf der Erde als irgendein irdisches Material oder Artefakt, das ihm als heilig galt. Sie wurden wahrscheinlich seit langem verehrt, bevor man auch nur daran denken konnte, das Metall zu verarbeiten – man konnte mit den geheimnisvollen bräunlichen Kloben kaum etwas anderes anfangen, als sie in den Tempel zu stellen. Doch mit der Entwicklung der Technik wurde das Eisen auch zu einer moralischen Herausforderung. So heißt es im Koran, Gott habe seine Gesandten, die Schrift und das Gesetz herabgeschickt: „Und wir sandten das Eisen herab, in welchem starke Kraft und Nutzen für die Menschen ist, auf dass Allah wüsste, wer Ihm und Seinen Gesandten im Verborgenen hülfe."[17]

Das Hayden-Planetarium des American Museum of Natural History in New York birgt einen der größten Eisenmeteorite, die man bisher gefunden hat. Der Williamette-Meteorit ist eine Kostbarkeit, ein Brocken von fünfzehn Tonnen, schwarz und silbrig, von der Größe eines Kleinwagens und der Form eines Stücks Popcorn. Er ist aus annähernd reinem Metall – Eisen plus einige Prozent Nickel – und durch die Berührungen der Besucher, die seit gut einem Jahrhundert an ihm vorbeigeströmt sind, stellenweise poliert. Bei einem Besuch des Museums finde ich ihn umringt von Kindern. Als ich den Meteoriten berühre, wird mir bewusst, dass ich es ganz beiläufig getan habe. Ich verspüre keinerlei Magie – im Gegensatz zu einem anderen Museumsbesuch, bei dem ich einen winzigen Meteoriten, der auf die Erde gefallen war, nachdem er von der Oberfläche des Mars abgesprengt wurde, in die Hand nehmen durfte. Bei anderen Besuchern, die das Williamette-Eisen berühren, beobachte ich Neugier und Bewunderung, Vertraulichkeit oder Gleichgültigkeit, aber keine ausgesprochene Ehrerbietung. Es ist paradoxerweise die museale Umgebung, die dieses bemerkenswerte Objekt so gewöhnlich erscheinen lässt, als eines von Hunderten spektakulärer Ausstellungsstücke. Mühsam versetze ich mich in die Umgebung, in der es gefunden wurde: am Boden des Kraters, den die Metallmasse selbst gegraben hat, mitten in den Wäldern von Oregon. Dort konnte sie nur fremdartig erscheinen, wahrlich ein Objekt aus einer anderen Welt, ein Geschenk der Götter.

Der Meteorit wurde im Jahr 1902 zufällig von einem walisischen Einwanderer namens Ellis Hughes entdeckt, auf einem Stück Land, das, wie es der Zufall will, der Oregon Iron and Steel Company gehörte. Hughes grub den dicken Klumpen in monatelanger Arbeit aus, baute sich einen Transportkarren und schaffte das Ding zu seinem Haus. Er behauptete, den Meteoriten auf seinem Land gefunden zu haben, und knöpfte den Neugierigen, die die Kuriosität betrachten wollten, 25 Cent ab. Einer der Besucher war zu seinem Pech der Anwalt der Oregon Iron and Steel Company, der den Verdacht schöpfte, das Eisen sei vom Grundstück der Firma entwendet worden. In dem komplizierten Rechtsstreit, der nun folgte, unterlag Hughes, und die Firma erwarb das Besitzrecht an dem Meteoriten, den sie später an den Spender verkaufte, der ihn dem Museum überließ.

Der Williamette-Meteorit ist gezeichnet von tiefen Narben, die die Korrosion in den feuchten Wäldern im Laufe der Jahrhunderte in seine Oberfläche gefressen hat. Die besten Eisenmeteorite findet man eher in der Nähe der Pole, wo sie sich im Eis erhalten haben. Im Jahr 1818 stieß der britische Arktisforscher John Ross zu seiner Überraschung auf Inuit-Jäger, die Geräte aus Stahl benutzten. Er vermutete, dass ihr Metall aus Meteoriten stammte, aber erst 1894 fand eine amerikanische Expedition unter Führung von Robert Peary die Quelle – es waren drei aus einer Gruppe von Meteoriten, welche die Inuit entsprechend ihrer Größe als „Zelt", „Mann", „Frau" und „Hund" benannt hatten. Unter großen Mühen spürte Peary das 31 Tonnen schwere „Zelt" auf, das sich jetzt zusammen mit „Frau" und „Hund" ebenfalls im American Museum of Natural History befindet. „Mann", das vierte Stück der Gruppe, wurde erst in den 1960er Jahren gefunden und in ein Museum in Kopenhagen gebracht. In dieser Geschichte steckt eine köstliche Ironie: Um die wuchtigen Eisenmeteorite, die er in der Arktis gefunden hatte, zu bergen, musste Peary eine Bahnstrecke bauen. Dafür musste weit mehr Eisen importiert werden, als in den Meteoriten enthalten war.

Eisenmeteorite waren beeindruckende Objekte der Verehrung. Aber dort, wo es vor allem ums nackte Überleben ging, konnte man über den praktischen Nutzen des Metalls nicht hinweggehen. Lange bevor man entdeckte, dass es aus irdischen Erzen gewonnen werden kann, war dieses Metall vom Himmel die hauptsächliche Eisenquelle der Menschheit. Nun fallen Meteoriten aber selten, und so kam es, dass Eisen vom alten Ägypten bis zu den Azteken wegen seiner Nützlichkeit geschätzt, zugleich aber vielfach für wertvoller als Gold gehalten wurde. Die daraus geschmiedeten Objekte, zum Beispiel Schwerter, waren jeder Alternative funktionell überlegen. Ein mit einem Schwert aus meteoritischem Eisen bewaffneter Mann ist nach Ansicht mancher Beduinen unverwundbar und unbesiegbar, was angesichts der überlegenen Qualitäten der Legierung durchaus plausibel ist. Da aber der Rohstoff nie ausreichte, um ganze Armeen zu bewaffnen, wurden diese Waffen rituellen Zwecken vorbehalten. Glaubt man der mündlichen Überlieferung aus einer Zeit, als das Schmieden von Eisen bedeutete, mit einem Material vom Himmel zu arbeiten, begreift man allmählich die mythische Macht des Eisens und der Schmiede, die die Herrschaft darüber hatten.

Es geschah vermutlich vor rund 5000 Jahren in Mesopotamien, dass die Menschheit die Fähigkeit erlangte, Eisen aus Erzen zu erschmelzen, die man in irdischen Lagerstätten fand. Die Verehrung der himmlischen Objekte wich nach und nach der blanken Fassungslosigkeit. Selbst in den gebildetsten Kreisen hatte man bis weit ins 19. Jahrhundert hinein für die Vorstellung, dass Brocken reinen Metalls einfach vom Himmel fallen, nur Spott übrig. In der französischen Akademie der Wissenschaften wurde darüber abgestimmt und beschlossen, dass es Eisenmeteorite nicht gibt. Erst später konnte ihre überirdische Herkunft mit neuen Analyseverfahren bestätigt werden. Insbesondere der erhebliche Nickelanteil der Eisenmeteorite lässt den Schluss zu, dass sie nicht aus irdischen Erzen entstanden sein können – sie bestehen in der Tat aus einer Art von rostfreiem Stahl. Als man begann, legierten Stahl mit Nickel herzustellen, wurde er denn auch seiner überlegenen Eigenschaften wegen als „Meteorstahl" angepriesen. Umgekehrt kann der Archäologe aus dem Umstand, dass in dem Eisen eines antiken Objekts kein Nickel enthalten ist, den Schluss ziehen, dass das Eisen aus Erz erschmolzen sein muss.

Alle Metalle haben in den vom Lateinischen abstammenden Sprachen männliche (im Deutschen sächliche) Namen, aber das Geschlecht, das wir mit den Substanzen selbst assoziieren, ist von diesem sprachlichen Zufall natürlich vollkommen unabhängig. Gold und Silber werden mit der Sonne und dem Mond zusammengebracht, die fast überall als männlich bzw. weiblich betrachtet werden. Bei anderen seit der Antike bekannten Metallen kann die geschlechtliche Zuordnung schwanken: Quecksilber zum Beispiel ist in der alchemistischen Theorie der Chinesen und des Abendlandes das weibliche Prinzip (im Gegensatz zum männlichen Schwefel), aber in der hinduistischen Tradition wird es mit dem männlichen Gott Shiva assoziiert. Doch kein Metall ist so eindeutig männlich wie das Eisen.

Als Margaret Thatcher wegen ihres beharrlichen Widerstands gegen den Kommunismus von der sowjetischen Presse als „eiserne Lady" apostrophiert wurde, nahm sie das als Kompliment. Eisen hat seit jeher Stärke und Zähigkeit bezeichnet, Eigenschaften, die in der Umgangssprache beinahe bedeutungsgleich sind, in der Materialwissenschaft aber eine ganz präzise Bedeutung haben. Das Metall ist im Allgemeinen hart, was bedeutet, dass es seine Form nur ganz geringfügig verändert, wenn starke Kräfte auf es einwirken, aber es ist auch weniger dehnbar und schmiedbar als die anderen alten Metalle. Es ist dieses Unbeugsame und nicht bloß seine Härte, das die metaphorische Bedeutung von Eisen ausmacht. Churchills geniale Wortprägung vom „Eisernen Vorhang" zielt auf diese Unbeweglichkeit, ist aber zugleich eine hintersinnige Anspielung auf Stalin, ein Spitzname, der „Stahl" bedeutet.

Der männliche Charakter des Eisens wird verstärkt durch seine vorzügliche Eignung für die Herstellung von Waffen. Das soll nicht heißen, dass die Anfertigung eines brauchbaren Schwertes eine leichte Sache war. In Sutton Hoo in Suffolk wurde 1939 eine angelsächsische königliche Begräbnisstätte entdeckt, und die Archäologen fanden den Helm, der aus einem einzigen Stück Eisen gemacht war und von dem man annahm, er habe König Raedwald gehört, der um das Jahr 625 starb. Sie fanden auch sein Schwert und seinen Schild, die allerdings nicht so gut erhalten waren. Die Klinge des Schwertes war damasziert; dieses schöne, dekorative Muster auf der Oberfläche entsteht, wenn die Klinge aus mehreren, übereinander geschichteten Lagen von Eisenblech aufgebaut wird. Die erwünschten Eigenschaften erhält man auf diese Weise dort, wo man sie braucht – größte Härte an der Spitze der Klinge und eine gewisse Biegsamkeit in der Mitte, damit die Waffe, wenn sie auf ein Hindernis stößt, nicht zerspringt. Die Kunst des Schmieds bestand darin, intuitiv zu erkennen, wann er dem geschmolzenen Eisen mehr Kohlenstoff aus der Holzkohle seines Feuers zusetzen musste, um einen härteren Stahl zu erhalten. Im Besucherzentrum von Sutton Hoo zeigt man Eisenbleche und -stäbe, die wohl einst das Ausgangsmaterial für den Schwertschmied waren. Sie bestehen, nach ihrem Aussehen zu urteilen, aus frischer grauer Knetmasse. Ohne die Hitze der Schmiede fällt es mir schwer, zu begreifen, wie daraus eine so schöne Waffe werden kann, oder mir das geduldige, sich wiederholende Erhitzen und Schmelzen, Hämmern und Abschrecken vorzustellen, in dem sich der Kreislauf von Tod und Wiedergeburt durch das Feuer, der dem Schwert seine rituelle Bedeutung verlieh, materialisierte.

Die lange bestehende Seltenheit des Eisens und die technischen Probleme des Schmiedens verschafften dem Schmiedehandwerk hohes Ansehen und einen geheimnisvollen Nimbus. Die Schmiede war ein Ort der Höllenglut und des Schwefelgestanks, der dem unverhütteten Erz entwich.

Schwerter aus Eisen waren daher außergewöhnlich kostbare Artefakte, viel zu kostbar, um sie in einer Schlacht zu verwenden, und es war naheliegend, ihnen mythische Qualitäten zuzuschreiben. Die genaue Beschaf-

fenheit dieser Waffen wird nicht immer beschrieben, aber es hat den Anschein, dass Excalibur, das Schwert der Artuslegende, aus Eisen bestand:
Der Name könnte sich vom walisischen *caled* herleiten, das „hart" bedeutet,
oder vom griechischen und lateinischen Wort für Stahl, *chalybs*. Gram, in
der nordischen Mythologie das Schwert von Sigurd, ist ebenfalls aus Eisen.
Es kann auch als nahezu gesichert gelten, dass Kusanagi, das zu den Thro-
ninsignien Japans gehörende Schwert aus dem 17. Jahrhundert, aus Eisen
besteht, aber ganz genau weiß man es nicht, weil das Objekt oder seine
Nachbildung in einem Schrein aufbewahrt wird, den zu überprüfen verboten ist.

Lange schon hat man dem Eisen kriegerische männliche Attribute zuge-
schrieben, doch erst mit dem Aufkommen der modernen Wissenschaft
konnte bewiesen werden, dass das Rot des Blutes und des Eisenerzes auf
ein und derselben Ursache beruht. Die Zusammenhänge hatte man schon
lange zuvor erahnt. Als Siegfried mit dem von ihm angefertigten Schwert
den Drachen Fafnir erschlägt, leckt er das Blut des Drachen auf, das sich
über seine Hand ergossen hat. Das Blut verleiht ebenso wie das Schwert
magische Kräfte, und der Held kann plötzlich die Vögel im Wald verstehen.
Der metallische Geschmack von Blut wurde in der Tat oft genug bemerkt, doch erst Mitte des 18. Jahrhunderts fand man die Erklärung. In
Geschichten der Wissenschaft wird selten darauf Bezug genommen. Dabei
war das Experiment, das Vincenzo Menghini, ein Arzt aus Bologna, um
das Jahr 1745 durchführte, ganz einfach. Er nahm das Blut von verschiedenen Säugetieren, Vögeln und Fischen sowie von Menschen und dickte es
ein. Als er dann ein magnetisches Messer in den festen Rückstand steckte,
stellte er erfreut fest, dass Teilchen davon an der Klinge haften blieben.
Aus fünf Unzen Hundeblut erhielt er fast eine Unze festes Material, das
zum größten Teil magnetisch war. (Ähnliche Ergebnisse erzielte er vermutlich mit Menschenblut, doch aus dem Bericht geht nicht hervor, wie er es
sich beschaffte.)
Man kann das Experiment ganz einfach wiederholen: Man bringe einen
Esslöffel Blut in ein Auflaufförmchen (ich habe es für meinen Versuch aus
einem Päckchen gefrorener Hühnerleber herausgepresst) und lasse es auf

dem Herd bei niedriger Hitze teilweise verdunsten. Den matschigen Rückstand gebe man in einen Tiegel oder ein sonstiges hitzebeständiges Gefäß und erhitzte ihn, bis er eingetrocknet ist. Den Rest kratze man heraus und mahle ihn zu einem groben Pulver, bis er Kaffeesatz ähnelt. Das Pulver breite man auf einem Blatt Papier aus und gehe mit einem mäßig starken Magneten in kurzem Abstand darüber hinweg. Einige Teilchen werden von dem Magneten angezogen.

Das war das Ergebnis, mit dem Menghini offensichtlich gerechnet hatte. Dann erhebt sich aber die Frage, wie er darauf kam, dass Eisen darin enthalten war. Die Antwort kann nur lauten, dass die aus der griechischen und römischen Mythologie stammende Assoziation von Eisen und Mars, Blut und Krieg in den orthodoxen Vorstellungen der damaligen Alchemisten so fest verankert war, dass man Patienten, die an Störungen des Blutes litten, sogar empfahl, Eisensalze zu sich zu nehmen. Ein weiterer Anhaltspunkt dafür, dass es seit langem stilles Wissen war, dass Eisen und Blut irgendwie miteinander zusammenhängen, ist der Name eines der wichtigsten Erze des Metalls: Hämatit, eine Prägung des 16. Jahrhunderts, in der sich die Vorsilbe Häm- aus dem griechischen Wort für Blut herleitet.

Anschließend stellte Menghini eisenreiche Präparate her, die er Menschen und Versuchstieren verabreichte, um hinterher festzustellen, dass die roten Blutzellen sich vermehrt hatten – ein Beweis dafür, dass die Farbe mit Eisen zusammenhängt. Er leistete damit einen wichtigen Beitrag zur Erklärung und Heilung der Chlorose (Bleichsucht), einer mit grünlicher Blässe der Haut einhergehenden Krankheit, die erst danach ihren heutigen Namen erhielt: Anämie, zusammengesetzt aus an- und häm-, was „ohne Blut" bedeutet.

Was Eisen mit dem Mars zu tun hat, war anfangs ebenso unklar. Für Mystiker und Philosophen der Antike war es naheliegend, nach Zusammenhängen zwischen Sonne, Mond und den fünf sichtbaren Planeten und der gleichen Zahl von bekannten Metallen zu suchen. Ohne fachkundige Metallurgen konnte man jedoch nicht entscheiden, welche Metalle rein und irreduzibel und welche bloß Mischungen waren. So kam es, dass Messing, Bronze und die für Münzen benutzten Legierungen gleichberechtigt neben Gold, Silber, Blei und Zinn standen, während man das Quecksilber wegen seines alchemistischen Sonderstatus zunächst mit keinem der Planeten in Verbindung brachte.

Wann kam man auf die Idee, dass der Mars in einem stofflicheren Zusammenhang mit Eisen stehen könnte? Dank der Erfindung des Spektroskops im Jahr 1859 konnten Wissenschaftler das Licht, das von leuchtenden Körpern ausgestrahlt wird, untersuchen; so entdeckte man einige neue Elemente, die anhand der typischen Farben ihrer Flammen identifiziert wurden. Ein Spektrum ist so etwas wie ein Regenbogen, in dem nur bestimmte Farbstreifen auftreten. Jedes Element hat ein charakteristisches Atomspektrum, das dadurch entsteht, dass bei den Übergängen zwischen den Energieniveaus seiner kreisenden Elektronen Licht absorbiert bzw. emittiert wird. Die Empfindlichkeit dieser ersten Spektroskope war jedoch beschränkt auf Licht, das von der Flamme einer Probe im Labor oder von der Sonne emittiert wird; über das Licht, das von nichtleuchtenden Körpern emittiert wird und ihnen ihre Farbe verleiht, konnten sie nichts sagen. Mochten die Wissenschaftler auch darüber spekulieren, dass der rote Planet reich an Eisenerz ist – das konnte man ebenso wenig nachprüfen, wie man bestätigen konnte, dass der Mond nicht aus Käse besteht.

Erst als Raumfahrzeuge auf dem Mars landeten – *Viking* 1976 und *Pathfinder* 1997 –, konnte die Herkunft der Farbe endlich geklärt werden. Der Himmel war nicht etwa dunkelblau, wie man wegen der dünnen Atmosphäre erwartet hatte, sondern hatte die Farbe von Karamellbonbons, verursacht durch Staubstürme. Die Oberfläche des Planeten ist von dem gleichen feinen Staub bedeckt, der aus dem mineralischen Eisenoxid Limonit besteht. Eine Untersuchung der Daten der Mars-Landesonden hat ergeben, dass die Konzentration des Eisens auf der Oberfläche des Planeten höher ist als in der darunter liegenden Kruste, woraus man schließen kann, dass das Eisen möglicherweise von Meteoriten stammt und nicht aus Vulkanausbrüchen, die das Mantelgestein aus der Tiefe an die Oberfläche befördert haben.

Es kommt selten vor, dass die Naturwissenschaft sich in die Lage versetzt sieht, abergläubische Vorstellungen zu rechtfertigen, aber hier ist es zweimal geschehen, mit der Aufdeckung des Eisens im Blut und auf dem Mars.

Wenn heute von Eisen die Rede ist, denkt man nicht so sehr an verehrte Meteoriten oder magische Schwerter, sondern an die technischen Errungenschaften der industriellen Revolution. Die alten Römer nutzten das Metall weidlich für Waffen, Geräte und Bauwerke, aber erst nachdem man 1747 herausgefunden hatte, wie man durch den Zusatz von Kohle aus Eisen Stahl macht, erlebte das Metall seinen Durchbruch. In jenem Jahr zeigte Richard Ford, dass man die Menge Koks oder Kohle, die man dem Erz zusetzt, variieren kann, um ein Eisen zu erhalten, das entweder spröde oder zäh ist. Mit dem größeren Einfluss auf die Eigenschaften des Metalls, der durch den Zusatz kleiner Mengen dieses Kohlenstoffs erreichbar war, konnte man Eisen für ganz unterschiedliche Zwecke herstellen, von tragenden Balken großer Brücken bis zum Räderwerk von Dampf- und Spinnmaschinen.

Die neue Eisenzeit fand ihren ausgefallensten und freudigsten Ausdruck in der Eisenbahn, einer Neuerung, deren Benennung in fast allen Sprachen mit Ausnahme des Englischen schon zum Ausdruck bringt, was sie dem Metall schuldet: *chemin de fer, Eisenbahn, ferrovia, vía férrea, järnväg, tetsudou*. Die eiserne Bahn machte dieses Element zu einem sichtbareren Symbol der Macht, als es das Gold je gewesen war und das Silizium je werden sollte. Sentimentale Dichter deuteten die industrielle Revolution natürlich als zerstörerische Macht und ihr Eisen als eines der hauptsächlichen Zeichen ihrer versklavenden Folgen. James Thomson, der Schotte, der für den Text von *Rule Britannia* verantwortlich ist, beklagte schon im Jahr 1728 den Verlust des poetischen goldenen Zeitalters in „diesen eisernen Zeiten". Auf denselben Sachverhalt spielt William Blake ganz eindeutig in seinem langen Poem *Jerusalem* an, etwa in dieser scharfen Tirade gegen die dadurch hervorgebrachte Wissenschaft und Technik:

O Divine Spirit, sustain me on thy wings,
That I may awake Albion from his long and cold repose;
For Bacon and Newton, sheath'd in dismal steel, their terrors hang
Like iron scourges over Albion

O Heiliger Geist, trag mich auf deinen Schwingen
Auf dass ich Albion einst aus seiner langen, kalten Ruhe erlösen mag;
Denn Bacon und Newton, in düstern Stahl gewandet, ihre Schrecken hängen
Wie eiserne Geißeln über Albion

Aber es war nicht alles schlecht. Ich glaube, dass Aldous Huxley der Wahrheit näher kam, als er in *Geblendet in Gaza* über die kindliche Freude, mit der seine Hauptfigur eine Bahnreise antritt, bemerkte: „Die männliche Seele, in der Unreife, ist *naturaliter ferrovialis.*" (Will heißen: Jungs lieben von Natur aus Eisenbahnen. Huxleys Anspielung, gescheit wie immer, bezieht sich auf die Ansicht des frühchristlichen Schriftstellers Tertullian, die Seele sei von Natur aus christlich: *anima naturaliter christiana.*) Bei den alten Römern mag das Eisen zu Fußfesseln und Ketten verarbeitet worden sein, doch der viktorianische Stahl erschloss Neuland, überquerte Ozeane und brachte Menschen zusammen; er baute buchstäblich Brücken. Die Menai-Strait-Hängebrücke etwa, 1819 von Thomas Telford errichtet, nutzte schmiedeeiserne Ketten, um ein Fahrwasser von 166 m Breite zu überbrücken. Sie entsprach der Forderung der britischen Admiralität, dass die Brücke von der Schifffahrt ungehindert unterquert werden konnte, was bei einer Brücke mit steinernen Pfeilern nicht möglich gewesen wäre. Dreißig Jahre später vollendete Robert Stephenson eine zweite Eisenbrücke nach dem Hohlkasten-Prinzip, welche die schwerere Last einer Dampflokomotive in einem rechtwinkligen Tunnel über die Meerenge trug. Beide Bauwerke demonstrierten, welche leichtgewichtige Baugymnastik mit entsprechend gefertigtem Eisen möglich ist, und erfüllen uns noch immer mit Staunen. Was damals aber vor allem für Aufregung sorgte, war die Eisenbahn – man denke an Turners bewegtes Gemälde eines Zuges, der über ein Viadukt rattert: „Rain, Steam, and Speed" – und es ist die Eisenbahn, die in der Rückerinnerung immer noch Zuneigung weckt.

Wie die auf die Erde gefallenen Eisenmeteoriten jetzt zeigen, lässt dort, wo Eisen ist, der Rost nicht lange auf sich warten. Der Rost hat seine eigene machtvolle Symbolik, die mit seiner charakteristischen blutigen Farbe zusammenhängt und zur Macht des Eisens proportional ist. So wie der Aufstieg des Industriezeitalters mit Bildern von frisch geschmiedetem Eisen einherging, so sollte sein Niedergang von Rost durchzogen sein. Der Streifen der amerikanischen Bundesstaaten von Michigan ostwärts nach New Jersey wurde bekannt als Rostgürtel, als die dortigen Stahlwerke und metallverarbeitenden Industrien der ausländischen Konkurrenz nicht mehr standhielten. Man könnte erwarten, dass das Bild des Rosts ein ganz und gar negatives ist. Das ist aber nicht der Fall. So wie die Vorliebe für Ruinen auf den nachempfundenen Schauer der Vorstellung vom Zusammenbruch unserer Zivilisation zurückgeht, so scheint die Korrosion von Eisen und Stahl eine Rückkehr zu arkadischen Zuständen zu verheißen. Schon auf dem Höhepunkt der industriellen Revolution sehnte John Ruskin sich danach, dass Zeit und Entropie ihr Werk verrichten. 1858 hielt er einen Vortrag in Tunbridge Wells, wo das berühmte Quellwasser dazu neigte, rostig zu werden, und er lobte den „Ockerfleck", von dem er sagte, er solle nicht als „verdorbenes Eisen" betrachtet werden, sondern als das Element in seinem „vollkommensten und nützlichsten Zustand".[18] (Er setzte sich um seiner treffenden Wendung willen über eine offenkundige Tautologie hinweg, denn Ocker ist ohnehin nichts anderes als Eisenoxid.)

Ruskins Haltung wurde von modernen Bildhauern enthusiastisch übernommen, die vielfach eine Vorliebe für Stahl haben, der sich augenblicklich mit einer Patina von Rost überzieht. Antony Gormleys *Angel of the North* in Gateshead umfasst Menschenmassen mit seinen weit ausgebreiteten Metallschwingen. Der Stahl, aus dem die Figur errichtet wurde, erinnert an die heroische Phase des Schiffbaus, für den Tyneside einst berühmt war (sie begann ironischerweise ungefähr in der Zeit von Ruskins Vortrag), doch der Rost dokumentiert förmlich ihren Niedergang. Auch Richard Serras große Bögen aus rostigem Stahl erscheinen mir als heilsame Erinnerungen daran, dass selbst unsere größten Werke vergänglich sind. Die meisten findet man in Galerien und auf städtischen Plätzen, doch im Louisiana Museum außerhalb von Kopenhagen entdecke ich eine Stahlplatte von Serra, die in eine waldige Schlucht hineinragt. Sie ist so etwas wie eine Umkehrung der Leistung jener ersten großen Eisenbrücke – ein Tal wird nicht überquert, sondern versperrt, und das Eisen wird nicht vor der Natur bewahrt, sondern wird dem stillen Zerfall überlassen. Ich trete an die braune

Wand heran und klopfe darauf, um mich zu vergewissern, dass sie im Kern aus Metall besteht. Ich fahre mit den Fingern darüber, wie es Ruskin mit einigen bereits vernachlässigten viktorianischen Geräten getan haben muss, um den Ockerton abzunehmen. Die Farbe schmeckt nach Blut. Ich frage mich, ob der Meteorit vom Mars, den ich einmal in Händen hielt, auch so schmecken würde – nach menschlichem Blut in einem Stein vom Mars, erschaffen aus himmlischem Eisen.

Die Elementehändler

Der Ausgangspunkt für dieses Buch war meine in jungen Jahren angelegte Sammlung von Elementen. Von dem vollständigen Satz von über hundert habe ich wohl höchstens dreißig oder vierzig zusammenbekommen, die ich in meiner näheren Umgebung einheimste, darunter auch ein oder zwei ziemlich seltene Substanzen, die ich in der Schule abstaubte. Ich bin an sich kein Sammler. Aber als ich diesmal ans Werk ging, wurde mir klar, dass es da draußen eine große Gemeinschaft von Menschen gibt, die an ihrer jugendlichen Sammelleidenschaft festgehalten und ihren Satz nicht nur vervollständigt, sondern daraus ein Projekt, eine Mission und sogar ein Geschäft gemacht haben.

Sie werden darin vom Internet unterstützt. Das Periodensystem liefert die perfekte Karte, eine vertraute visuelle Gedächtnisstütze, hinter der sich viele unvermutete Entdeckungen auftun. Peter van der Krogt, Geograph an der Universität Utrecht und Historiker der Kartographie, ist davon sichtlich angetan. Auf seiner Website findet man die Etymologie und die Geschichte der Entdeckung von 112 Elementen. (Es gibt dort auch einen Link zu seinen Sammlungen von Autokennzeichen und von Münzen, auf denen Landkarten abgebildet sind.) Auf einer anderen Website bietet Theodore Gray ein Periodensystem, das ein Meisterstück der Schreinerkunst darstellt — man kann bei ihm sogar einen Tisch mit dem Periodensystem kaufen. Auf der Rückseite des hölzernen Portals, auf dem der Name des Elements eingeschnitzt ist, findet man dessen Geschichte. Überschreitet man diese hölzerne Schwelle, findet man schöne Bilder von dem Element und seinen Mineralien und Details darüber, wo und wie er sie erlangt hat. Manche der Quellen sind exotisch, aber das meiste hat er aus ganz gewöhnlichen Quellen; sein Cer stammt von einem bei Walmart erstandenen Feueranzünder, und sein Brom in der Form von Natriumbromid diente der Reinigung von Whirlpools. Er nimmt auch Schenkungen entgegen. „Es gibt anscheinend eine Menge Leute, die ein oder zwei Elemente auf ihrem Dachboden haben", bemerkt er lakonisch auf seiner Website. „Übrigens, falls Sie abgereichertes Uran aus Afghanistan haben sollten, könnte ich es gebrauchen."

Bild 7: Hinterhofstudio

Max Whitby und Fiona Barclay haben aus den Elementen mehr als ein Hobby gemacht. Sie sind Elementehändler und beliefern gleichgesinnte Enthusiasten wie Gray mit Proben reiner Elemente aus ihrem Hinterhofstudio plus Labor in einer ehemaligen Schokoladenfabrik im Westen Londons. Die beiden haben sich mit ihren fachlichen Neigungen zusammengetan, um großzügige naturgeschichtliche DVDs zu produzieren und nebenbei ihren Handel mit den Elementen zu betreiben.

Wir haben uns zum Lunch in einem nahe gelegenen Billigrestaurant verabredet, wo sie unwahrscheinlich authentische Thai-Gerichte servieren.

Max und Fiona haben sich gerüstet. Auf den Tisch kommen Proben verschiedener metallischer Elemente, gediegene Brocken von der Größe und Form von 35-mm-Filmdosen. Ich soll ihre Namen erraten. Magnesium und Wolfram sind leicht zu erkennen, aber bei anderen bin ich überfragt. Es gibt so viele, die einander auf den ersten Blick ähneln, mit demselben grauen Schimmer. Erst wenn man genauer hinschaut, erkennt man geringfügige Unterschiede zwischen ihnen. Das von ihnen zurückgeworfene Licht unterscheidet sich fast unmerklich in der Farbe: Einige Metalle haben einen ganz leichten Anflug von Pink oder Gelb oder Blau. Alle haben glattpolierte Oberflächen, aber äußerlich unterscheiden sie sich doch, je nachdem, wie sie auf natürliche Weise erhärten; einige Elemente sind spiegelartig, andere leicht körnig, was ein Hinweis auf eine charakteristische kristalline Mikrostruktur ist.

Die eigentlichen Unterschiede zwischen den Proben bemerkt man erst, wenn man sie in die Hand nimmt. Man hat von vornherein eine ungefähre Vorstellung davon, wie viel ein Stück Metall dieser Größe wiegen sollte – das sind Erkenntnisse, die man im Laufe seines Lebens aus dem Umgang mit Münzen und Küchengeräten gewonnen hat. Aber diese Erwartungen werden rasch durch die eher ungewöhnlichen Proben zunichtegemacht. Manche sind überraschend schwer, zum Beispiel Wolfram, und andere sind so unglaublich leicht, dass man Zweifel bekommt, ob es wirklich Metalle sind oder ob es sich nicht eher um kunstvoll getarnte Plastikteile handelt. Wenn man sie der Reihe nach aufhebt, verlernt man, was man bisher über das vermutliche Gewicht von Dingen gedacht hat, und man lernt, jedes Mal von Neuem überrascht zu sein, wie schwer oder wie leicht eine Probe im Vergleich zur vorausgegangenen ist. Sie fühlen sich auch unterschiedlich an. Einige empfindet man als warm, während andere einem die Wärme aus der Hand zu saugen scheinen. Auch geruchlich unterscheiden sie sich: Einige Metalle sind von dem Fett, das frühere Berührungen hinterlassen haben, verunreinigt, während andere sich eine Zitrus-Sauberkeit bewahren. Als ich eine Probe nach der anderen in die Hand nehme, bin ich enttäuscht darüber, wie oft ich mich verschätze. Einen gewissen Trost beziehe ich daraus, dass die Latte ziemlich hoch liegt. Eine der Proben besteht aus einem Block Hafnium, einem Element, das hauptsächlich für Steuerstäbe in Kernreaktoren verwendet wird. Was zum Teufel machen sie damit? „Das gucken wir uns an", sagt Max.

Und warum die Elemente, frage ich. „Es gefällt mir, wie das System unsere Welt erklärt. Jede Zuordnung ist ein Stückchen unserer Zivilisation", meint Max. Für Fiona geht es um sammelbare Objekte – „Vögel, Schmetterlinge und Elemente".

Sie kaufen die Elemente en gros ein, wie sie der Industrie normalerweise geliefert werden, schmelzen sie dann ein und bringen sie in attraktivere Formen. Die meisten Liebhaber sehen ihre metallischen Elemente am liebsten zu schimmernden Perlen verarbeitet, die ihren Glanz wirkungsvoll zur Geltung bringen. Andere, vor allem deutsche Sammler möchten eher natürlich wirkende Proben, und um die zu schaffen, muss man unter Umständen Stücke des Elements in der Weise erhitzen und abkühlen, dass sie große Kristalle bilden.

Rund dreißig der Elemente kann man über den Ladentisch kaufen, sofern man den richtigen Ladentisch kennt. Magnesium zum Beispiel wird von Schiffsausrüstern verkauft, um als „Opferanoden" unterhalb der Wasserlinie eingesetzt zu werden, wo sie vor anderen metallischen Teilen des Schiffes korrodieren. Das Rohmagnesium von Max ist die Opferanode eines Öltankers, ein wuchtiger Brocken von der Größe einer Sitzbadewanne. Seltenere Metalle, die als Katalysatoren fungieren, kommen als Pulver in den Handel. Max und Fiona schmelzen die Rohstoffe und modellieren sie zu den hübscheren Formen, die von den Kunden geschätzt werden als „Elemente, wie sie wirklich sind". Ob sie, so geformt, tatsächlich sind, wie sie wirklich sind, ist natürlich eine müßige Frage. Die Edelgase kommen in Entladungsröhren, die zu den Buchstaben gebogen sind, welche für das jeweilige Element stehen. Die reaktionsfreudigsten oder giftigsten Elemente kommen in versiegelte Ampullen – und unterliegen strengen Transportbeschränkungen. Sogar radioaktive Seltenheiten wie Radium und Promethium werden zum Kauf angeboten, in Gestalt von Leuchtzeigern, die man aus alten Armbanduhren geborgen und sicher mit Kunstharz ummantelt hat.

Für manche ihrer Kunden – etwa Schulen und Chemieunternehmen – bauen sie schöne Ausstellungen der Elemente und ihrer Verbindungen, säuberlich geordnet in beleuchteten Kästen. Doch ein erheblicher Anteil ihres Umsatzes kommt von besessenen Privatpersonen. Einen bedeutenden Platz unter ihren Kunden nehmen Radiologen ein; es ist möglicherweise der Umstand, dass sie für ihre Arbeit auf die Fähigkeit von radioaktiven Formen bestimmter Elemente zum Zerfall in andere Elemente angewiesen sind, der ihnen die Sehnsucht nach der scheinbaren Beständigkeit des Periodensystems eingibt. Für andere geht die Verlockung unzweifelhaft von der Endlichkeit des Periodensystems aus. Ein vollständiger Satz der Elemente ist schließlich die durch nichts zu überbietende Sammlung – aus ihm könnte man grundsätzlich alles machen, was irgendwo in irgendeiner Sammlung steckt.

Max und Fiona zeigen mir Perlen von seltenen Metallen wie Rhodium, Ruthenium, Palladium und Osmium. All diese Elemente sind eng mit Platin verwandt und weisen ebenfalls dessen tiefgrauen Schimmer auf. Äußerlich ähneln sie einander sehr, auch wenn eine genauere Untersuchung geringfügige Abweichungen aufdeckt. Ich sehe, dass zum Beispiel Osmium im Vergleich zu seinen Verwandten einen eindeutigen Stich ins Blaue hat. Ich wäge die Stücke in meiner Hand – die dichtesten aller Elemente und damit die dichtesten Substanzen, die es nach unserer Kenntnis gibt. Vorsichtig schnuppere ich an ihnen. Als Metall ist Osmium zwar ungefährlich, doch sein flüchtiges Oxid ist eine der übelriechendsten und giftigsten Substanzen, die wir kennen. Erleichtert stelle ich fest, dass ich hier nichts rieche. Im Jahr 2004 stand Osmiumtetroxid im Zentrum eines Terroralarms in London. Ich frage, ob solche Dinge den harmlosen Handel mit Elementen nicht erschweren. Max gibt zu, dass er ein- oder zweimal Besuch von der „Atompolizei" hatte. „Sie waren sehr nett. Sie haben uns Ratschläge gegeben, wie wir unseren Bestand verbessern können."

Heute stehen Max und Fiona vor der Aufgabe, ein Stück industriellen Molybdäns zu verschönern. Molybdän ist ein gutes Beispiel für die zahlreichen Elemente, von denen wir kaum etwas hören, obwohl sie nicht selten sind und uns vielfach unbemerkt gute Dienste leisten – Molybdän selbst wird hauptsächlich für spezielle Stahllegierungen benutzt. Sie beginnen mit einigen Teilen mattgrauen Metalls in Pulverform, wobei das Pulver nicht zu Barren gegossen oder zu Stäben geschmiedet, sondern zu Kuchen gepresst ist. Molybdän hat einen der höchsten Schmelzpunkte aller Elemente, und deshalb muss für die nächste Stufe ein ziemlicher Aufwand getrieben werden – man braucht einen leistungsstarken Elektroofen. Den Boden des Ofens bildet eine Kupferplatte, die durch kaltes Wasser, das auf der Unterseite vorbeiströmt, am Schmelzen gehindert wird. Darüber erhebt sich, wie man meinen könnte, eine Glasglocke, bei der es sich aber in Wirklichkeit um einen durchsichtigen Schutzschirm aus Quarz handelt. Die ganze Vorrichtung ist nicht größer als ein Dampfdrucktopf, scheint aber wie ein elisabethanisches Theater ganze Welten in sich bergen zu können.

Unerwartet treten drei chemische Schauspieler auf die Kupferbühne: kleine Stücke Wolfram und Titan und dazu das Molybdän. Fiona dreht das Ventil einer Gasflasche in der Nähe auf, so dass das Edelgas Argon in die Kammer strömt. Max schaltet den Strom an – 453 Ampere, erzeugt von einem dröhnenden elektrischen Schweißgerät, wie es beim Bau von Stahlbrücken zum Einsatz kommt. Das Wolfram – der einzige Leiter, der nicht schmelzen wird – dient als der „Schlagstift", der den Stromkreis schließen und die Flamme entzünden wird. Sodann wird wie in einem Ritual das kleine Stück Titan geopfert; tatsächlich wird auf diese Weise nur der restliche Sauerstoff, der sich eventuell noch in der Kammer befinden und das Molybdän verderben könnte, beseitigt. Dann führt Max die Flamme abwechselnd an die beiden Stücke grauen Molybdäns. Ich betrachte das Geschehen durch eine dicke Scheibe von dunklem Glas und sehe, wie das Metall orangefarben aufglüht und sich zu einer Kugel verformt. Das Orange verblasst, während die beiden Kugeln abkühlen, bis auf wundersame Weise ein heller Schimmer durch die rußige Oberfläche bricht. Die drei Elemente haben unterschiedlich auf ihren Schock reagiert – eines wurde verwandelt, das andere vernichtet, das dritte blieb unberührt. Das Drama ist vollendet. Als sie abgekühlt sind, lässt Max mir die schimmernden Kugeln aus Molybdän in die Hand rieseln, schrumpelig wie zerkochte Erbsen. Sie sind heller als Eisen und ein bisschen grauer als Chrom. Ich stecke sie ein, um sie meinem eigenen Periodensystem einzuverleiben.

Bei den Carbonari

Schon 1939 hieß es von einem Mann, der sich als „der letzte Köhler" bezeichnete, er verdiene seinen Lebensunterhalt mit der Belieferung der Grillrestaurants Londoner Hotels. Doch er war nicht der Erste, der diesen Titel beanspruchte, und nicht der Letzte. Obadiah Wickens aus Tonbridge in Kent und Harry Clark aus East Sussex behaupteten vor ihm, die Letzten zu sein. Und im Forest of Dean übte Edward Roberts, der sich schon 1930 als der letzte Köhler bezeichnet hatte, in den fünfziger Jahren noch immer sein Gewerbe aus. Solche düsteren Behauptungen sind vielleicht von den langen Stunden inspiriert, die die Köhler sinnend vor der erstickten Flamme ihres Feuers verbringen.

Heutzutage habe ich keine Schwierigkeiten, einen Köhler zu finden. Selbst in meiner dünn bewaldeten Grafschaft Norfolk wäre es ein Leichtes, einen Köhler aufzuspüren, aber dann zog ich es vor, Jim Bettle zu besuchen, der in den Wäldern von Blackmoor Vale arbeitet, wo der Roman *Die Woodlanders* von Thomas Hardy spielt. Dieses Buch ist für mich mit unauslöschlichen, wenn auch nicht gerade angenehmen Erinnerungen verbunden, denn es ist der Roman, mit dem ich mich für die Mittlere Reife beschäftigen musste. Jim liest mich in der Nähe seines Hauses in Hazelbury Bryan auf, und wir fahren einige Meilen, bevor wir in einen Bergweg abbiegen und auf einer privaten Straße den Wald erreichen, in dem einer seiner Meiler reif zum Ausräumen sein sollte.

Im Unterschied zu Hardys Woodlanders, die ihren kargen Lebensunterhalt mit dem ringsum wachsenden lebenden Brennstoff bestreiten mussten, hat Jim sich aus freien Stücken für die Köhlerei entschieden. Nachdem er beobachtet hatte, dass das Holz von den örtlichen Golfplätzen und Landgütern als Abfall verbrannt wurde, war er überzeugt, damit etwas Besseres anfangen zu können, und begann, mögliche Absatzmärkte für örtlich hergestellte Holzkohle zu erkunden. 1996 kaufte er seinen ersten Meiler und machte sich selbstständig. Jim berichtet von einem Gespräch mit seiner Beraterin für Existenzgründer, die voller Bewunderung für seinen Ehrgeiz war, aber den Effekt ein wenig verdarb, als sie nach einstündiger Diskussion fragte, wo er denn seine Holzkohle ausbuddeln wolle. „Es ist verblüffend, wie viele Leute nicht wissen, dass Holzkohle aus Holz ist", sagt er. Holzkohle ist fast reiner Kohlenstoff, reiner als die meisten Kohlesorten, und wenn sie effizient verbrannt wird, setzt sie mehr Wärme frei als Holz, das in einem offenen Feuer verbrennt. Außerdem ist sie weitgehend frei vom Schwefel und den Ölen, die Steinkohle so unangenehm machen.

Wir erreichen unser Ziel. Jims Meiler ist eine Stahltrommel mit einem Durchmesser von zwei bis drei Metern, bedeckt von einem dünnen Stahldeckel. Über den Rand verteilen sich acht kleine Klappen, mit denen sich, wenn das Feuer einmal in Gang ist, die Brenngeschwindigkeit steuern lässt. Sie fügt sich harmonisch in eine Haselstrauchlichtung ein, und ihre rostigen Wände vertragen sich gut mit den Herbstfarben. Jim und seine Helfer stellen einen Meiler in der Regel dort auf, wo der umgebende Wald gelichtet werden soll – mit dem Unterholz, überwiegend Hasel, Birke und Esche, lässt sich ein gutes Dutzend Meiler betreiben. Danach ziehen sie weiter zu einem anderen Standort. So verfahren sie während der Saison zwei- bis dreimal mit jedem ihrer Meiler. Es ist Mitte Oktober, als wir uns treffen, und dieser spezielle Meiler wird jetzt für den Winter stillgelegt; es ist der 135. Brand in diesem Jahr. Um Holzkohle für spezielle Abnehmer herzustellen, werden andere Hölzer genommen: Künstler bevorzugen Holzkohle aus Weide; für Laboratorien, die Holzkohle als neutralen Absorbenten benutzen, nimmt man bevorzugt Kiefer. Hersteller von Pyrotechnik kaufen verschiedene Sorten Holzkohle, um ihren explosiven Mischungen den richtigen Schwung zu verleihen.

Ein Meiler hat ein Fassungsvermögen von anderthalb Tonnen Holz, die aber nur eine Vierteltonne Holzkohle ergeben. Aus dieser schlichten Tatsache, der physischen Beschaffenheit der Holzkohle, erklärt sich auf Anhieb das Wanderleben des Köhlers. Für ihn ist es sehr viel effizienter, das

Holz dort zu verbrennen, wo es wächst, als es über größere Entfernungen zu einem ortsfesten Meiler zu transportieren. Das wiederum trägt zu seiner gesellschaftlichen Randposition bei – er ist ein Mann außerhalb der Gemeinschaft, immer auf Achse, verborgen durch Bäume und möglicherweise ohne feste Bleibe.

Das Holz wird für jede Befeuerung sorgfältig angeordnet. Zunächst wird ein Grundbestand an Holzkohle vom vorhergehenden Brand in der Mitte aufgehäuft. Lange Scheite, die man Läufer nennt, werden dann von der Spitze dieses Haufens aus in Richtung der Belüftungsklappen gelegt, damit Luft an den Mittelpunkt des Feuers gelangt. Danach werden andere Scheite sorgfältig aufgeschichtet, wobei in die Zwischenräume ebenfalls Holzkohle kommt. Kleinere Stücke werden mehr zum Rand hin gesetzt, größere in die Mitte, wo es heißer ist, damit das ganze Holz gleichmäßig brennt. Jims Meiler sind zwar aus Stahl, aber diese sorgfältige Anordnung des Holzes und der Holzkohle ist Bestandteil des traditionellen Verfahrens der Köhlerei, das auf alte Zeiten zurückgeht, als man das Holz in einer flachen Grube, die man im Erdboden aushob, aufstapelte und dann mit Grassoden abdeckte, um die Brenngeschwindigkeit zu steuern.

Das Feuer wird in Gang gebracht, indem man die Holzkohle in der Mitte anzündet und kurz auflodern lässt, bevor der Stahldeckel draufkommt. So verringert man die Sauerstoffmenge, die in den Meiler gelangt, und verhindert, dass der Kohlenstoff im Holz vollständig verbrennt und in Kohlendioxidgas umgewandelt wird. Von nun an gibt es keine Flamme mehr und sehr wenig Rauch, während das Holz sorgfältig zu Holzkohle verschwelt wird. Die acht Klappen sind immer abwechselnd mit langen Schloten bestückt, damit sie als Rauchabzug funktionieren, oder bleiben, wie sie sind, um als Lufteinlass zu dienen.

In dem Meiler, den wir ausräumen wollen, wurde das Feuer vor zwei Tagen entzündet und dann vom folgenden Morgen an von jeglicher Luftzufuhr abgeschnitten, so dass es 24 Stunden Zeit hatte, zu erkalten. Jim und ein Helfer nehmen den Deckel ab. Die Holzkohle ist nicht ganz schwarz, wie ich es eigentlich erwartet hätte. Frisch zubereitet, liegt sie in großen glatten Stücken da, mit einem Schimmer wie gebürsteter Stahl.

Etliche Stücke haben die Form des Astes bewahrt, der in den Meiler gesteckt wurde. In einigen Fällen kann ich sogar die Baumart identifizieren. Die Arbeit besteht nun einfach darin, in den Meiler zu langen und die Stücke herauszuheben. Biegt man sie in den Händen, zerfallen sie in Bruchstücke, die gerade groß genug sind, um als Grillkohle in Säcke abgefüllt zu werden. Die Holzkohle ist wirklich überraschend leicht – um einen Zehn-Kilo-Papiersack zu füllen, muss ich etliche Hände voll zusammenscharren.

Bild 8: Herstellung von Holzkohle

Dass die Köhlerei eine Renaissance erlebt, wäre vielleicht zu viel gesagt. Jims Kollegenschaft in England bewegt sich im oberen zweistelligen Bereich. „Es ist nicht einfach, sich im Geschäft zu behaupten", räumt Jim ein. Schwierigkeiten erwachsen unter anderem aus dem Import von Holzkohle, der Unkenntnis der Verbraucher und dem zentralisierten Einkauf einiger Einzelhändler. Langfristig sprechen jedoch die wirtschaftlichen, ökologischen und moralischen Argumente für ihn. In Großbritannien ist die Nachfrage nach Holzkohle stark gestiegen, weil das Grillen immer mehr Anhänger findet, doch die Holzkohle für diesen Bedarf kommt zu über neunzig Prozent aus dem Ausland, zum großen Teil als Nebenprodukt einer unkontrollierten Abholzung der Tropenwälder in Westafrika, Südostasien und Brasilien. Jims Holz stammt aus nachhaltigem Waldbau – er hat eine Entbuschungs-Genehmigung der Forstbehörde. Er würde das den Verbrauchern gern beweisen, durch das Symbol des Forest Stewardship Council (wie man es zum Beispiel im Kolophon dieses Buches sieht) auf seinen Holzkohle-Säcken, aber für einen Zwergbetrieb wie seinen, sagt er, käme es zu teuer, die entsprechende Akkreditierung zu erlangen.

Der Versuch, im Geschäft zu überleben, hat aus Jim zwangsläufig so etwas wie einen Umweltschützer gemacht. Es hat aber wohl auch mit der Ware zu tun, mit der er handelt, was den Aktivisten in ihm weckt. Denn schwarze Kohle – Holz- oder Steinkohle – war schon immer Stoff für rebellische Anliegen. Sie wird gewonnen von den Armen, um die Reichen zu wärmen. Der Abstand zwischen den Hauersleuten und den Verbrauchern, zwischen denen, die den Brennstoff gewinnen, und denen, die am Ende die Gewinner sind, erzeugt immer einen gewissen Schauer, der uns daran erinnert, dass Energie Macht ist. Die Streiks der Kohlebergleute sind seit jeher die härtesten und unlösbarsten aller Arbeitskonflikte. In *Der Weg nach Wigan Pier* umschwärmt George Orwell die Beugleute als „rußige Karyaten", auf deren Schultern die ganze übrige Volkswirtschaft ruht. In seiner berühmten, zugleich bewundernden und entsetzten Beschreibung einer Kohlegrube schildert er die Männer als „prächtige Kerle", die Mengen Kohle, die sie befördern, als „ungeheuer", den Lärm als „fürchterlich", aber die Kohle selbst ist nur schwarz, ein undifferenzierter Rohstoff, den man angreifen und abtragen muss. In *Lady Chatterley* hat Connie, die Lady Chatterley von D.H. Lawrence, Angst vor „den Industriemassen", und sie hat großen Respekt und Furcht vor den Bergleuten; sie sind „Fauna der Elemente – des Kohlenstoffs, des Eisens, des Siliziums … Elementare Geschöpfe, unheimlich und verzerrt, dem Mineralreich zugehörig." Emile Zolas Roman *Germinal* zeichnet ein ungeschminktes Bild des Lebens der Grubenarbeiter im Frankreich des 19. Jahrhunderts, und den Kern der Handlung bildet ein erbitterter Streik. Nachdem die geschlagenen Bergleute die Arbeit wieder aufgenommen haben, kommt der älteste Sohn der Familie, die im Mittelpunkt des Romans steht, bei einer Grubenexplosion ums Leben, und seine Leiche wird heraufgeschafft, „der Körper unkenntlich, zu einem einzigen Stück verkalkter Kohle geworden". Wir sind, was wir fördern.

Köhler wecken bei der Außenwelt ebenso wie die Förster, für die sie häufig arbeiten, sowohl Bewunderung als auch Furcht, da sie – jedenfalls dem äußeren Anschein nach – einigermaßen selbstständig agieren, aber auch, weil die Wälder, in denen sie umherschweifen, schon immer das Reich der Gesetzlosen waren. Im Mittelalter gehörten die Waldungen, die weite Teile Großbritanniens bedeckten, dem König. „Forstgerichte" verhängten schwere Strafen: von der Todesstrafe für denjenigen, der das Rotwild des Königs erlegte, bis zur Blendung oder Kastration für geringere Vergehen. Sogar die Entnahme von Holz nach einem Windwurf war verboten. Köhler benötigten eine königliche Genehmigung für das Verkohlen von Holz als Brennmaterial und für das Schmieden von Eisen. Die Köhlerei gehörte somit zu den wenigen halbwegs erlaubten Tätigkeiten, denen nachzugehen man behaupten konnte, wenn man von den Männern des Königs im Wald angehalten wurde.

Die Vorstellung, dass seltsame Männer aus den Wäldern Geschenke verteilen, empfinden wir heute vermutlich als unheimlich, aber das Motiv treffen wir immer wieder an, in der Legende von Robin Hood ebenso wie in der vom heiligen Nikolaus, der ursprünglich ein grünes Gewand trägt, einer Geschichte, die teilweise auf den „grünen Mann" der heidnischen Religion zurückgeht. Die Verbindung wird nicht nur durch die Bäume, sondern auch durch ihre Verbrennungsprodukte hergestellt. Im Baskenland nimmt der Nikolaus die Gestalt des dicken Köhlers Olentzero an, der in seinem Holzkohlensack geschnitzte hölzerne Spielsachen bringt.

Die Umverteilung von Reichtum und Macht war auch ein Ziel der Carbonari, revolutionärer Vorläufer des *Risorgimento*, das 1871 zur Einigung Italiens führen sollte. Sie fingen an als ein Geheimbund im Königreich Neapel, der sich bildete, um Widerstand gegen die französische Besatzung während der napoleonischen Kriege zu leisten, und leiteten ihren Namen von dem italienischen Wort für Köhler – *carbonaro* – ab. Die Farben ihrer

Flagge waren rot, blau und schwarz, Letzteres für die Holzkohle, und wechselten erst später zu den Farben rot, weiß und grün des modernen Italien. Die Ziele der Carbonari waren patriotisch, liberal und säkular. Nach der Niederlage Napoleons wandten sie sich gegen ihre neuen Oberherren, die Österreicher, und den mit ihnen verbündeten Kirchenstaat. Die Bewegung breitete sich aus, und nach einer Reihe gescheiterter Erhebungen organisierten die Carbonari patriotische Aufstände in mehreren Städten Italiens. Am Freitag, dem 8. Dezember 1820, wurde Lord Byron, der damals in Ravenna lebte, kurz nach acht Uhr abends von einem dieser Geschehnisse eingeholt, als ein örtlicher Carbonari-Anführer ermordet wurde. In *Don Juan* beschreibt er, wie er Schüsse hörte, aus dem Haus lief und auf den Mann traf, der auf der Straße lag: „Aus irgend einem Hasse / Hatten sie mit fünf Kugeln ihn erschossen". Byron distanziert sich zwar von dem Verbrechen, aber er war durchaus aktiv in der Carbonari-Bewegung, hatte sich zu einem *capo* wählen lassen und beteiligte sich am Kauf und der Lagerung von Waffen.

Die Carbonari waren ähnlich organisiert wie die Freimaurer. Die Idee, sich in Sackleinen zu kleiden und ihren Anführer bei ihren Sitzungen auf einem Stoß Holzkohle thronen zu lassen, war ein genialer Bestandteil einer erfundenen Tradition, die zu der romantischen Vorstellung von freien Männern passte, die sich in den Wäldern der Abruzzen für Freiheit und Unabhängigkeit verschwören. In Wirklichkeit waren die Mitglieder der Carbonari Bauern und Knechte, aber auch Schneider und sogar Mitglieder des niederen Klerus, die lediglich eine gewisse Solidarität mit den rußgesichtigen Vertretern eines der ältesten Handwerke empfanden. Der italienische *Carbonaro* verstand von der Köhlerei ebenso wenig wie der Freimaurer vom Mauerwerk.

Seine zentrale wirtschaftliche Bedeutung verdankt der Kohlenstoff nicht dem Umstand, dass er der einzige Brennstoff ist (was er übrigens gar nicht ist), sondern der Tatsache, dass er der einzige feste Brennstoff ist, der die angenehme und tatsächlich wesentliche Eigenschaft besitzt, rückstandsfrei zu verbrennen. Im Jahr 1860 widmete Michael Faraday die Weihnachtsvorträge an der Royal Institution, die er berühmt gemacht hatte, der „chemischen Geschichte einer Kerze", und er erläuterte seinen jugendlichen Zuhörern, dass bei jeder Kohlenstoffverbrennung Kohlendioxid entsteht, ein Gas, das keinerlei Rückstände hinterlässt. Er selbst war fast fünfzig Jahre zuvor in Florenz Zeuge einer überaus dramatischen Demonstration dieses Effekts durch seinen Mentor Humphry Davy gewesen, der mit Hilfe „des großen Brennglases der Großherzöge der Toskana" einen Diamanten restlos verbrannte.[19] Dies unterscheidet den Kohlenstoff von fast allen anderen brennbaren Stoffen. Würde Kohlenstoff bei der Verbrennung einen ebensolchen festen Rückstand hinterlassen wie die Metalle – also ein Oxid, das schwerer ist als das Ausgangsmaterial –, würden wir in der Masse des Abfalls aus unseren Öfen ersticken.

Bild 9: Carbonari (Stich)

Kohlendioxid ist zwar ein Gas, aber auch als Gas muss es natürlich irgendwohin verschwinden. Diese chemische Eigenheit war, wie Faraday erkannte, für die Wirtschaft etwas Wunderbares, doch übersah er dabei nicht das, was wir später CO_2-Emissionen nennen würden: „Eine Kerze brennt vier, fünf, sechs oder sieben Stunden lang. Wie groß muss also die Menge des Kohlenstoffs sein, der täglich in der Gestalt von Kohlensäure [Kohlendioxid] in die Luft geht!" Ein Mensch wandelt in seinem Körper täglich sieben Unzen Kohlenstoff aus Zucker um, ein Pferd 79 Unzen. „Allein in London entstehen innerhalb von 24 Stunden durch Atmung fünf Millionen Pfund oder 548 Tonnen Kohlensäure."[20] Faraday wunderte sich, dass die Pflanzen dieses ganze Kohlendioxid aufnehmen konnten; er wusste eben nicht, dass das Gas sich bereits in der Erdatmosphäre anreicherte. Londons Kohlenstoffemissionen werden heute auf 44 Millionen Tonnen jährlich geschätzt, das 220-Fache der Menge, die in der viktorianischen Epoche allein durch Atmung entstand.

Plutonium-Pantomimen

Glenn Seaborg war wohl der größte aller Entdecker von Elementen. 1940 stellte er Plutonium her, 1944 Curium und Amerizium, 1949 und 1950 Berkelium und Kalifornium, und bei mehreren anderen hatte er ebenfalls seine Hände im Spiel. Die Liste seiner Entdeckungen ist länger als die von William Ramsay, der die Edelgase entdeckte, und er übertrifft die Serienentdecker neuer Metalle: Humphry Davy und, vielleicht noch bedeutsamer, den großen Jöns Jacob Berzelius aus Stockholm.

Seaborg hatte wie so viele Entdecker der Elemente schwedisches Blut in seinen Adern. Der Name seines Vaters war die amerikanisierte Form von Sjöberg, seine Mutter war Schwedin, und Schwedisch war die erste Sprache in dem Haus, in dem er aufwuchs in einem Ort namens Ishpeming im nördlichen Michigan, einer Region der USA, die Einwanderer aus Skandinavien anzog – vermutlich fühlten sie sich gleich wie zu Hause, wenn sie auf ungepflasterten Straßen aus komprimiertem Eisenerz wandelten.

Als Seaborg noch zur Schule ging, hatte es immer wieder Meldungen über Chemiker in aller Welt gegeben, die aufgeregt behaupteten, sie hätten die letzten fehlenden Elemente gefunden, um die Lücken in Mendelejews Periodensystem zu schließen. Die von ihnen vorgeschlagenen Namen verrieten stets eine gewisse Heimatliebe: Alabamin, Russium, Virginium, Moldavium, Illinium, Florentium, Nipponium. Als Seaborg 1929 mit 17 Jahren die Schule abschloss, schien das Periodensystem komplett zu sein bis hin zum Uran, das in seinem Atomkern 92 Protonen aufweist und daher die Atomzahl 92 trägt. Einige dieser Behauptungen erwiesen sich zwar als falsch oder zumindest verfrüht, doch für die Elemente, die wir heute unter den

Namen Technetium, Astat, Promethium und Francium kennen, wurde der Beweis ihrer gelungenen Synthese in Strahlungslabors erbracht.

Was Seaborg besonders faszinierte, war der neue Grenzbereich zwischen Physik und Chemie, in dem ein chemisches Element in ein anderes verwandelt werden konnte, jener Bereich, der von diesen leistungsstarken Labors erschlossen wurde. Er wollte so rasch wie möglich seine eigenen Strahlungsexperimente machen. So beschoss er noch als Student an der Universität von Kalifornien in Berkeley Tellur mit Deuterium-Atomen und -Neutronen, um es in ein schweres Isotop von Jod zu verwandeln, dessen radioaktive Präsenz ermittelt und zur Überwachung der Funktion der Schilddrüse benutzt werden konnte. Tumoren ließen sich dann dadurch aufspüren, dass man mit einem Geigerzähler die Stellen ermittelte, an denen das Jod besonders hoch konzentriert war. Mit Tellur zu arbeiten ist immer unangenehm – es geht eine Verbindung mit Wasserstoff ein, die an Schwefelwasserstoff mit seinem berüchtigten Geruch von faulen Eiern erinnert, aber noch weit aggressiver ist. Später konnte Seaborg die Tellur-Chemie an einen seiner Studenten delegieren, der große Mühe hatte, sich von dem Gestank freizumachen. Noch Tage später konnte man sogar den Büchern aus der Bibliothek ihres widerlichen Geruchs wegen anmerken, dass er sie benutzt hatte.

Bei seinen Versuchen mit der Umwandlung der Elemente wollte Seaborg es nicht belassen. Er erkannte, dass die scheinbare Deckelung der Zahl der Elemente nur eine Frage der Energie war. Die starke Kernkraft, die Neutronen und Protonen zusammenhält und zu Atomkernen zusammenfügt, ist nur über extrem kleine Entfernungen stark. Bei größeren Atomkernen wird die gegenseitige Abstoßung der positiven elektrischen Ladungen der Protonen wichtiger. „An irgendeinem Punkt könnten die beiden Kräfte einander gleich werden. Keiner hatte begriffen, dass es daran liegen konnte, wenn wir in der Natur bisher keine Elemente mit mehr Protonen als beim Uran 92 gefunden hatten", schrieb Seaborg in sein Tagebuch.[21]

Es lag nahe, Uran mit Teilchen zu beschießen und abzuwarten, ob eines davon hängen blieb. Anfang 1939 gab es andere Gründe, das zu tun. Alle Länder rüsteten auf, in Erwartung eines weltweiten Krieges. Otto Hahn hatte aus dem NS-regierten Berlin die Atomspaltung gemeldet. Hahn hatte

Uranatome mit Neutronen beschossen und nicht nur die Abspaltung kleinerer Teilchen wie bei einer radioaktiven Zerfallskette beobachtet, sondern das Entzweibrechen ganzer Atome – zu seiner Verblüffung fand er unter seinen Reaktionsprodukten Barium, das etwas mehr als die Hälfte der Atommasse von Uran hat. Seine Verblüffung legte sich etwas, als seine langjährige Mitarbeiterin, die Jüdin Lise Meitner (mit der er 1918 das Element Protactinium entdeckt hatte und die nun in Schweden im Exil lebte), Berechnungen anstellte, die das, was er gesehen, aber nicht geglaubt hatte, bestätigten. Sie bemerkte außerdem, dass bei schwerem Uran, dessen Atome mehr als die übliche Zahl von Neutronen enthalten, damit zu rechnen ist, dass es sich unter Freisetzung ungeheurer Energien in Atome von weniger massereichen Elementen aufspaltet.

Seaborgs Kollege Ed McMillan machte bald ähnliche Beobachtungen, die ihn zu der Schlussfolgerung brachten, dass sich nicht sämtliche Uranatome auf diese Weise spalten und dass einige möglicherweise einfach die Neutronen absorbieren. Sie würden, wenn das der Fall war, in Atome eines neuen Elements mit der Nummer 93 verwandelt werden. Diese Annahme wurde bald bestätigt und die Entdeckung im Jahr 1940 publiziert. Europa befand sich mittlerweile im Krieg, und die offene Publikation einer solchen Information von möglicherweise strategischer Bedeutung löste bei den Briten eine wütende Reaktion aus. Das Einzige, was geheim blieb, war der Name des Elements: McMillan hatte beschlossen, es Neptunium zu nennen, nach dem Vorbild des Urans.

Seaborgs Erforschung des Elements Nummer 94 sollte dagegen unter strengster Geheimhaltung erfolgen. Neptunium hatte eine zu kurze Halbwertszeit für viele Anwendungen, auf jeden Fall für die Herstellung einer, wie man jetzt sagte, „Atombombe" (diesen Ausdruck scheint allerdings H. G. Wells in seinem 1913 erschienenen Roman *Befreite Welt* geprägt zu haben). Es gab jedoch Grund zu der Annahme, dass das nächste Element in der Folge anders sein würde. Die Untersuchung begann in Berkeley, aber nach dem Kriegseintritt Amerikas und der Gründung des Manhattan-Projekts wurden die Bemühungen um die Synthetisierung von Plutonium nach Chicago verlegt. Seaborg arbeitete hier drei Jahre lang bis 1945 in einem Gebäude, das zwecks Verdunkelung als Metallurgisches Labor oder kurz

Met Lab bezeichnet wurde. Die erste Aufgabe bestand darin, einen Atommeiler zu bauen, in dem Urankugeln so angeordnet waren, dass sie eine Kettenreaktion durchmachen und das Element Nummer 94 hervorbringen würden. Anfangs bezeichnete man das gesuchte Element einfach als 94, aber da dies etwas zu offenkundig war, übernahmen die Chemiker bereitwillig die Codenummer 49 und gewöhnten sich daran, es „Kupfer" zu nennen. Das war so lange in Ordnung, bis bei einem Experiment tatsächlich Kupfer benötigt wurde, das dann im Interesse einer klaren Unterscheidung als „echtes Kupfer" bezeichnet wurde.[22]

Das neue Element wurde im August 1942 isoliert. Seaborg schrieb in seinem Tagebuch von „dem aufregendsten Tag" im Met Lab: „Unsere Mikrochemiker isolierten zum ersten Mal das reine Element 94! Es ist das erste Mal, dass das menschliche Auge das Element 94 (oder überhaupt ein synthetisches Element) erblickt hat. Ich bin mir sicher, dass meine Gefühle denen eines frischgebackenen Vaters verwandt waren, der seit der Zeugung von der Entwicklung seines Nachwuchses in Anspruch genommen wurde."[23]

Als Nächstes brauchte das Baby einen Namen. Extremium und Ultimium wurden verworfen, eine kluge Entscheidung angesichts der chemischen und militärischen Ereignisse, die folgen sollten. Seaborg folgte stattdessen dem Beispiel McMillans und machte sich den Umstand zunutze, dass es im Sonnensystem noch einen Planeten gab, der als Inspirationsquelle in Frage kam, nämlich den 1930 entdeckten Pluto. „Wir haben kurz Plutium in Erwägung gezogen, aber Plutonium erschien uns wohlklingender", schrieb er später.[24] Als man ihn darauf hinwies, dass Pluto auch der römische Gott der Unterwelt und der Toten ist, pochte Seaborg darauf, dass diese symbolische Bedeutung „rein zufällig (sei); mir war der Gott nicht bekannt, und ich wusste auch nicht, warum der Planet nach ihm benannt worden war. Wir folgten einfach dem planetarischen Präzedenzfall."[25]

Nach meinem Eindruck protestierte der Chemiker zu häufig. Seaborg hatte schon in der Schule literarische Neigungen erkennen lassen und sich relativ spät der Naturwissenschaft zugewandt. Es erscheint mir unglaubhaft, dass er von den dunkleren Bedeutungen Plutos nichts gewusst haben will. Auf jeden Fall waren seine Ansichten, als es um das chemische Symbol ging, von mehr Wissen geprägt. „Jedes Element hat ein Kurzzeichen aus ein oder zwei Buchstaben. Nach den gängigen Regeln hätte dieses Symbol Pl lauten müssen, aber wir entschieden uns stattdessen für Pu", erklärte er.[26] P.U. – gesprochen *pie-ju* – war und ist ein amerikanischer Slangausdruck für etwas Stinkendes, etwas Widerwärtiges (und entspricht dem deutschen „Pfui" – Anm. d. Ü.). „Wir dachten, unser kleiner Scherz könne in die Kritik geraten, aber er wurde kaum bemerkt."[27] Für bestimmte wichtige Mitarbeiter der chemischen Abteilung des Manhattan-Projekts gab es sogar den „UPPU Club" – gesprochen *you pee plutonium*, wörtlich „du pinkelst Plutonium".[28] Um Mitglied zu werden, musste man einer hinreichenden Bestrahlung durch Plutonium ausgesetzt gewesen sein, damit die Spuren im Urin feststellbar waren.

Seaborg hatte sein erstes mikroskopisches Körnchen Plutonium im August 1943, ein Jahr nachdem er die ersten unsichtbaren Atome isoliert hatte. Nochmals ein Jahr später erzeugten seine Reaktoren Massen von einem Gramm oder mehr, die in Los Alamos bevorratet wurden. Angesichts des Zwanges, weiterzumachen und mit dem Bau der Bombe fertig zu werden, hatte man wenig Zeit, über das Aufregende der Entdeckung nachzudenken, und noch weniger für langwierige Überlegungen, was Plutonium nun eigentlich war. Nach der Entdeckung eines Elements ist es in der Regel so, dass die Chemiker sich begierig darauf stürzen, um seine Eigenschaften zu messen, seine Reaktivität zu testen und seine Verbindungen herzustellen. Im Falle des Plutoniums war es wichtig, einige hochtechnische Parameter zu verifizieren, die mit seinem Kernzerfall zusammenhängen. Für etwas anderes schien sich niemand zu interessieren. Selbst der Name, normalerweise ein Zeichen des Stolzes auf das, was man in die Welt gebracht hat, musste warten, bis die Welt ihn erfahren durfte. Als der Krieg beendet war, kamen einige der Mitarbeiter des Manhattan-Projekts und ihre Frauen zu einem Scharade- oder Pantomimespiel zusammen, bei dem sich bestätigte, dass die Geheimhaltung bewahrt worden war: „Als die Männer versuchten, das Wort ‚Plutonium' pantomimisch darzustellen, standen die Frauen vor einem Rätsel; sie hatten noch nie von dem Zeug gehört."[29]

Der geborene Chemiker in Seaborg trat erst sehr viel später wieder in Erscheinung. In einem 1967 erschienenen Aufsatz, dessen Titel mit vermutlich ungewollter Poesie *The First Weighing of Plutonium* lautete, beschrieb er sein neues chemisches Element mit offenkundiger Ehrfurcht: „Plutonium ist so ungewöhnlich, dass es fast nicht zu glauben ist. Unter bestimmten Bedingungen kann es fast so hart und spröde sein wie Glas, unter anderen so weich wie Kunststoff oder Blei. Wenn es an der Luft erhitzt wird, verbrennt es und zerbröselt rasch zu Pulver, und wenn man es bei Zimmertemperatur aufbewahrt, zersetzt es sich allmählich. (…) Und es ist höllisch giftig, selbst in geringen Mengen."[30] Trotz alledem war Seaborg so töricht zu glauben, dass Plutonium eines Tages das Gold als Wertmaßstab der Geldwährung ablösen könnte. Vielleicht war er sich der ganzen plutonischen Symbolik doch nicht bewusst.

Die Macht des Plutoniums machte sich natürlich – und macht sich noch immer – in einem anderen Bereich bemerkbar. Ein paar Pfund des Elements reichen für eine Atombombe, und es ist daher weit effizienter als die alternativen spaltbaren Isotope des Urans. Werner Heisenberg und andere deutsche Wissenschaftler wussten 1941, dass das Element Nummer 94 einen machtvollen Kernsprengstoff abgeben konnte. Doch wie es scheint, haben die Alliierten nie ernstlich an die Möglichkeit geglaubt, dass die Nazis am Plutonium arbeiten könnten, während die Deutschen ihrerseits nicht erkannten, dass auch die Alliierten es nicht hatten. Hätte man hüben wie drüben vom Interesse der jeweils anderen Seite gewusst und die Implikationen dieses Wissens in der eigenen militärischen Planung berücksichtigt, wäre der Krieg möglicherweise ganz anders ausgegangen.

Plutonium, ein Element, das kaum ein Mensch je gesehen hat, ist rasch an die dämonische Stelle getreten, die einst dem Schwefel vorbehalten war, zunächst wegen seiner Verwendung in der Bombe und dann, weil der Öffentlichkeit allmählich dämmerte, wie schwer man es wieder loswird. Die radioaktive Halbwertszeit des Plutonium-Isotops, das hauptsächlich im Nuklearabfall vorkommt, beträgt 24.000 Jahre, wodurch die Planung seiner sicheren Entsorgung zu einem Problem wird, das über den Rahmen der üblichen technischen Überlegungen hinausgeht. Ein Aufbewahrungsbauwerk muss noch Bestand haben, wenn die Pyramiden längst zu Staub zerfallen sind, und es muss und den Zivilisationen, die auf die unsere folgen werden, von seinem tödlichen Inhalt in einer Weise Mitteilung machen, die von diesen auf jeden Fall verstanden wird.

Als angehender Chemiker habe ich mich einmal um einen Ferienjob bei der – wie sie damals großspurig genannt wurde – Atomenergie-Forschungseinrichtung Harwell in Oxfordshire beworben. Dort hatte ich meine erste und einzige Begegnung mit Plutonium. Die Aura der Macht, die das Element umgab, wurde deutlich, als ich bei meiner Einstellung eine Erklärung über die Wahrung von Staatsgeheimnissen unterschreiben musste. War es die spartanische Unterkunft, die sie geheim halten wollten, oder vielleicht der klapprige Militärbus, der uns zur Arbeit beförderte? Ich las damals ganz bewusst *Catch-22*, während der Bus die Unkrautpisten des einstigen Fliegerhorsts entlangkeuchte, auf dem die Forschungseinrichtung nach 1945 ihr Lager aufgeschlagen hatte.

Bild 10: Bus der A.E.R.E.

Mir wurde Arbeit in einem Labor zugewiesen, das von einer pfeiferauchenden Gestalt mit dem Eilschritt von Monsieur Hulot geleitet wurde. Das Labor war als „rot" gekennzeichnet, der dritten von vier Sicherheitsstufen. Ich war also berechtigt zu Labortätigkeit mit verdünnten Lösungen, die Plutonium enthielten, und ich musste Segeltuch-Überschuhe tragen, mit denen man gut auf den Linoleumböden entlangschliddern konnte. Doch ich verspürte einen leisen Neid auf jene Sommerstudenten, die zur

Arbeit in den „violetten" Bereichen der höchsten Sicherheitsstufe eingeteilt waren. Es sollte geprüft werden, wie das Plutonium von Material absorbiert wird, das man anschließend in Glasblöcke verwandeln konnte. Diese Verglasung galt als ein vielversprechender Weg, um den Abfall für die Entsorgung zu sichern, über deren Verfahren und Standorte nie gesprochen wurde. Mein Experiment war immer dasselbe: Ich musste Plutoniumlösungen in Säulen schütten, die den weißen Titansand enthielten, der das Grundmaterial für das Glas bildete. Ich hatte im Grunde keine Ahnung von den Gefahren, während ich die Glaskolben mit der radioaktiven Flüssigkeit hin und her trug. Weder schimmerte sie grün, wie es in den *Simpsons* der Fall ist, noch ertappte ich mich dabei, dass ich achtlos das Werk verließ mit Reagenzröhrchen, die die Flüssigkeit enthielten und die ich mir in die Tasche gesteckt hatte, wie es Homer Simpson beim Atomkraftwerk von Springfield tut. (Ich kann mich nicht erinnern, dass man mich je daraufhin untersucht hätte.) Was sich mir als Erinnerung eingeprägt hat, ist die stille Langeweile der dahingehenden Sommertage, an denen ich die endlosen Messwertablesungen von den Sandsäulen in Zahlenkolonnen auf muffigem staatlichem Büropapier übertrug. Es war das einzige Mal, dass ich in einem Laboratorium tätig war.

Bei der Erinnerung an jene Zeiten verspüre ich einen nostalgischen Drang, mein eigenes Periodensystem um Plutonium zu erweitern. Mir fehlen alle natürlichen Elemente mit Atomzahlen über 82 (das ist Blei); und von jenen oberhalb des Urans, die künstlich hergestellt werden müssen, habe ich nur Seaborgs Amerizium, erbeutet aus dem Mechanismus eines Rauchdetektors, wo der Strom der von ihm ausgehenden Alphateilchen einen elektrischen Schaltkreis schließt, der nur unterbrochen wird, wenn Rauch den Weg blockiert. Ich besitze nicht einmal ein Stück von dem äußerst sammelwürdigen radioaktiven Fiesta-Porzellan, das von den 1930er Jahren an in den Vereinigten Staaten hergestellt wurde, dessen Papayaorange von dem Uranoxid stammt, das bei seiner Glasur verwendet wurde.

Es wird sicherlich nicht einfach sein, eine Probe des Elements aufzuspüren, das ich einst in üppigen Mengen umgefüllt habe. Die Reaktoren und das Forschungsprogramm in Harwell sind während der neunziger Jahre nach und nach zurückgefahren worden, während die Einrichtung bezichtigt wurde, die örtliche Wasserversorgung zu verunreinigen und – pikanterweise – bei der Abfallentsorgung zu schlampen. AEA Technology, das Privatunternehmen, das das Geschäft der britischen Atomenergiebehörde übernommen hat, hat vielleicht gut daran getan, seinen Kurs zu ändern, und positioniert sich jetzt – man glaubt es kaum – als kämpferisches Beratungsunternehmen zum Klimawandel. Es kann mir nicht helfen. Ich versuche mein Glück bei British Nuclear Fuels, der Firma, die für den britischen Atommüll zuständig ist, muss aber feststellen, dass sich unter der Telefonnummer des Kommunikationsdirektors niemand meldet, und erfahre später von der Website, dass das Unternehmen „all seine Geschäftszweige nacheinander veräußert und seine Firmenzentrale geschlossen hat".

Die Amerikaner scheinen in diesen Dingen offener zu sein. Jeremy Bernsteins Buch *Plutonium* gibt sorgfältig die Spezifikationen des Isotops 239 von Plutonium wieder, das man beim Oak Ridge National Laboratory in Tennessee käuflich erwerben kann. Es wird als Oxidpulver mit einem Reinheitsgrad von mindestens 99 Prozent angeboten. „Das wäre super waffenfähiges Plutonium."[31] Es gibt eine Telefonnummer und eine E-Mail-Adresse. Ich bitte schriftlich um eine kleine Probe und setze in wehmütigem Ton hinzu, dass es eine nette Erinnerung an die Stunden wäre, die ich als Student im Umgang mit Plutoniumlösungen verbracht habe. Die Antwort ist so prompt wie unerbittlich: „Nein, für eine Ausstellung können wir eine Plutoniumprobe nicht liefern."

Das kommt mir etwas kleinlich vor. Plutonium ist offenbar nur deshalb beschränkt, weil es aus Sicht der offiziellen Hüter nur ein denkbares Motiv gibt, es haben zu wollen – da will jemand die Gesamtzahl von 23.000 Atomsprengköpfen weltweit durch den Bau einer eigenen Atombombe erhöhen. Anscheinend zählt allein der gewalttätige Ruf des Elements; die Tatsache, dass es gleichzeitig ein untadeliger Bewohner des chemischen Pantheons ist, nämlich schlicht und einfach das Element Nummer 94, spielt demgegenüber wohl keine Rolle.

Im Übrigen ist es ja nicht so, dass ich viel davon möchte. Mir bleibt nichts anderes übrig, als diesen Gedanken bis zu seiner äußersten Konsequenz zu verfolgen. Ich erfahre, dass ich offiziell ganz einfach „Plutonium" kaufen kann, nämlich als homöopathisches Heilmittel. Der Witz bei homöopathischen Heilmitteln, für naturwissenschaftlich denkende Menschen unbegreiflich, besteht darin, dass sie von dem angegebenen Wirkstoff nur winzigste Spuren oder möglicherweise sogar nichts enthalten. So enthält „Plutonium (Homöopathische Erprobung)", eine Flüssigkeit, die von der Firma Helios Homeopathy vertrieben wird, vermutlich eine extreme Verdünnung einer Plutoniumlösung, möglicherweise von der Art, mit der ich einst in Harwell gearbeitet habe. Es kommt mir pervers vor, ein Produkt, das bei schwachköpfigen Mystikern Anklang finden soll, nach dem chemischen Element zu benennen, das man heute als Quintessenz des menschlichen Dranges nach Selbstzerstörung betrachtet. Im Infomaterial von Helios findet man einen abenteuerlichen Erklärungsversuch: „Die Büchse der Pandora der Radioaktivität wurde geöffnet und hat das Dunkle ans Licht kommen lassen", heißt es dort. „Um das Licht wieder zu entzünden, bleibt uns nur eines: Wir müssen uns ganz auf diese dunkle Seite einlassen. Diese radioaktiven Materialien und besonders das Plutonium berühren die tiefsten Ebenen des Menschen – Knochenmark, DNA, Genstruktur, innere Organe und die tiefsten Emotionen." Das tun sie in der Tat. Um zu der dunklen Seite zu gelangen, zahlt man allerdings einen Fahrpreis: Er beträgt annehmbare 14 £. Ich eile zum Helios-Shop in Covent Garden.

„Ich hätte gern etwas Plutonium", sage ich mit einem netten Lächeln.

Die Angestellte macht ein ernstes Gesicht. „Da muss ich die Apothekerin fragen."

Die was? Fragend blicke ich von der Lektüre eines Werbetextes auf einem Medizinfläschchen auf. Von der Rückseite einer Wand aus kleinen braunen Flaschen dringt Gemurmel an mein Ohr, dann kommt die Angestellte wieder heraus. Wie es aussieht, hat der Shop kein Plutonium vorrätig. Ich erlaube mir den Hinweis, dass er auf der Website aufgelistet ist. Widerstrebend kommt nun die „Apothekerin" aus ihrer Höhle hervor und erklärt, dass sie es nie am Lager haben – aber nicht, dass es beschränkt oder irgendwie verboten wäre, fügt sie hinzu. Falls ich mehr wissen möchte, muss ich bei der Zentrale anfragen. Dann verstößt sie gegen die gebotene Diskretion des Ladenbesitzers und fragt mich mit zusammengekniffenen Augen, wieso ich mich überhaupt für Plutonium interessiere. Ich sage, dass ich Chemiker bin und gern etwas Plutonium für meine Sammlung der Elemente hätte.

Ich hätte vielleicht noch hinzusetzen sollen, dass ich es möchte für den Fall, dass ich an einer Form von spät einsetzender Strahlenkrankheit leide, aber es ist zu spät. Sie schaut triumphierend – offensichtlich erfreut, einen Homöopathie-Skeptiker entlarvt zu haben.

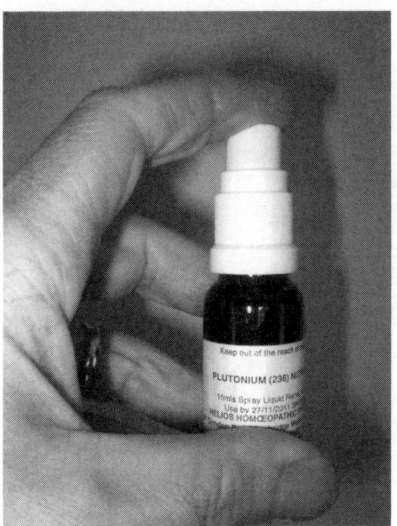

Bild 11: Homöopathisches Pu

John Morgan in der Firmenzentrale ist hilfsbereiter. „Physisch ist das Element nicht vorhanden", erklärt er mir. Ich nehme an, dass dies die homöopathische Version einer Garantie ist. „Es sind nur die Spuren dieses Elements", hervorgebracht durch einen Prozess „molekularer Verdünnungen" oder möglicherweise „radionisch", er ist sich da nicht sicher. „Es ist natürlich unmöglich, auf ein Quellenmaterial zurückzugreifen." Als das Medikament „erprobt" wurde, sei es als ausgesprochen wirksam bei Depressionen beurteilt worden. Aber, fügt Morgan strahlend hinzu, „ich vermute, dass es helfen könnte, einen Schaden zu reparieren, falls Sie einmal dem Plutonium ausgesetzt waren."

Die Koffer von Mendelejew

Dmitri Mendelejew, von der Russischen Akademie der Wissenschaften abgelehnt und während der ersten Verleihungen des Nobelpreises übergangen, wurde für seine Entdeckung des Periodensystems der Elemente erst beinahe fünfzig Jahre nach seinem Tode angemessen gewürdigt. Dann endlich, im Jahr 1955, wurde er auf die passendste Weise geehrt: Eines der Elemente in dem System, das hunderterste, wurde nach ihm benannt. Angesichts des späten Datums war es schon erstaunlich, dass Mendelejew der erste Vollzeit-Chemiker war, dessen man auf diese Weise gedachte. Die dem Mendelevium im Periodensystem vorangehenden Elemente, Fermium und Einsteinium, sind nach Physikern benannt, ein Ausdruck ihrer Entstehung in dem großen physikalischen Experiment, das unter dem Namen Manhattan-Projekt bekannt wurde. Später sollten auch andere Elemente nach Physikern benannt werden, so zum Beispiel Rutherford, Bohr und andere. Die einzigen Elemente, die Chemiker feiern, waren Gadolinium und Curium, und Marie Curie war ebenso sehr Physikerin wie Chemikerin. Es ist das Pech der Chemiker, dass der Höhepunkt der Entdeckung von Elementen in eine Zeit fiel, in der man die Ehre lieber der Nation und den klassischen Idealen zuteil werden ließ. Heute haben sie, wie es scheint, keine Chance mehr. Es ist inzwischen unwahrscheinlich geworden, dass wir einmal Davium, Berzelium, Bunsenium oder Ramsayon erleben werden.

Geboren 1834 als vermutlich vierzehntes und letztes Kind einer sibirischen Familie, wurde der junge Dmitri von seiner Mutter nach St. Petersburg mitgenommen, in der Hoffnung, dass wenigstens eines ihrer Kinder sich weiterbilden möge. Wie viele ehrgeizige Wissenschaftler jener Zeit reiste er nach Deutschland, um mit Hilfe eines staatlichen Stipendiums seine Bildung zu vollenden. Für einen russischen Chemiker, der etwas werden wollte, war dies ein wichtiger Weg, um sich über die neuesten Entwicklungen in der Wissenschaft zu informieren. 1861 nach St. Petersburg zurückgekehrt, teilte Mendelejew seine Zeit zwischen der Universität, an der er bald den Lehrstuhl für Chemie übernahm, und Expeditionen in abgelegene Regionen des Ural und des Kaukasus, wo er als Berater für die Regierung und für verschiedene kommerzielle Interessen agierte, von der Käseherstellung über die landwirtschaftliche Produktivität bis hin zur aufstrebenden Erdölindustrie.

Das Periodensystem der Elemente ist eine jener Entdeckungen der Wissenschaft, die auf einen Schlag so vieles erklären, dass man meint, es könne nur voll entwickelt dem Geist seines Schöpfers entsprungen sein, so als wäre es ihm in einem Traum offenbart worden. Mendelejew war so nett, sich einen Mythos auszudenken, dem zufolge er genau auf diese Weise darauf gekommen war. Allerdings war die Sache mit dem Traum nur nachgeschoben. In Wirklichkeit war das Periodensystem natürlich ein Ergebnis langen Nachdenkens. Mendelejew arbeitete an einem dringend benötigten einführenden Lehrbuch in russischer Sprache, in dem er den Studenten das System der Elemente verständlich machen wollte. Er trug die bekannten Elemente mit ihren Atomgewichten und einigen ihrer chemischen Eigenschaften auf dreiundsechzig Karten ein. Dann ordnete er die Karten an, als würde er Patience spielen, wobei er die leichtesten Elemente zunächst in eine Reihe legte, aber darauf achtete, dass bestimmte Karten, zum Beispiel diejenigen, welche die Halogene wie etwa Chlor und Jod repräsentierten, offenbar zusammengehörten. Er fand rasch heraus, dass die leichtesten Elemente der jeweiligen typischen Art – das leichteste Halogen oder das leichteste Alkalimetall – eine Vorlage für die Platzierung ihrer schwereren Vettern abgaben. Dieser Durchbruch erfolgte innerhalb eines Tages. Von dort aus schien es, als müssten nur noch alle übrigen Elemente unterhalb des obersten Elements ihrer Gruppe in der Reihenfolge zunehmenden Atomgewichts eingefügt werden. Aber dabei wurden die Unklarheiten unter den 63 vermeintlich bekannten Elementen und auch den Substanzen, die man damals zögernd als Elemente anerkannte, die sich später aber als ein anderes Element oder als eine Kombination von Elementen herausstellten, überhaupt nicht berücksichtigt. Das machte es Mendelejew sehr viel schwerer, sicher zu sein, dass er die Darstellung der wissenschaftlichen Fakten gefunden hatte. Der daraus entstandene „Versuch eines Systems der Elemente auf der Grundlage ihres Atomgewichts und ihrer chemischen Affinität" erschien schließlich 1869 in seinem Lehrbuch *Grundlagen der Chemie*, und nur ein Jahr später, selbstbewusster formuliert, in einem wissenschaftlichen Artikel. Um sich abzusichern, nahm er einige Varianten des Systems mit auf, die heute vergessen sind, und obwohl er es schon 1871 „periodisch" nannte, sollten noch viele Jahrzehnte verstreichen, bis alle Karten richtig zu ihrem endgültigen, vertrauten Muster gefügt waren.

			Ti = 50	Zr = 90		? = 180.
			V = 51	Nb = 94		Ta = 182.
			Cr = 52	Mo = 96		W = 186.
			Mn = 55	Rh = 104,4		Pt = 197,4
			Fe = 56	Ru = 104,4		Ir = 198.
		Ni = Co = 59		Pl = 106,6		Os = 199.
H = 1			Cu = 63,4	Ag = 108		Hg = 200.
	Be = 9,4	Mg = 24	Zn = 65,2	Cd = 112		
	B = 11	Al = 27,4	? = 68	Ur = 116		Au = 197?
	C = 12	Si = 28	? = 70	Sn = 118		
	N = 14	P = 31	As = 75	Sb = 122		Bi = 210?
	O = 16	S = 32	Se = 79,4	Te = 128?		
	F = 19	Cl = 35,5	Br = 80	J = 127		
Li = 7	Na = 23	K = 39	Rb = 85,4	Cs = 133		Tl = 204.
		Ca = 40	Sr = 87,6	Ba = 137		Pb = 207.
		? = 45	Ce = 92			
		? Er = 56	La = 94			
		? Yt = 60	Di = 95			
		? In = 75,6	Th = 118?			

Bild 12: Erster Abdruck von Mendelejews Periodensystem

Alle anderen hatten das Problem, dass Mendelejews System aus dem Nichts zu kommen schien. Jahrelang blieb offen, ob es wahr oder falsch war. Was konnte überhaupt an einer Anordnung von Symbolen auf dem Papier „wahr" sein? Der Russe behauptete, mit Hilfe seines Systems ließen sich wichtige Eigenschaften der Elemente wie Dichte und Schmelzpunkt vorhersagen, doch die Tatsache, dass es dies von einem rein theoretischen Standpunkt aus leistete, war nur Wasser auf die Mühlen seiner Gegner.

Die Kritiker wurden jedoch zum Schweigen gebracht, als Paul-Emile Lecoq de Boisbaudran, der von Mendelejews Arbeit keinerlei Kenntnis hatte, 1875 bekannt gab, er habe ein neues, aluminiumähnliches Element entdeckt, das er Gallium nannte. Sein Atomgewicht stimmte genau mit dem Wert überein, den Mendelejew einer Lücke in seinem System direkt unterhalb des Aluminiums zugeordnet hatte, und sogar die Art seiner Entdeckung – durch Identifikation seines charakteristischen Spektrums – entsprach seiner Vorhersage. Lecoq gab eine Dichte an, die etwas geringer war, als der Russe geschätzt hatte, aber Mendelejew war so unverschämt, Lecoq in einem Brief anzuraten, er solle eine reinere Probe untersuchen. Als er dies tat, war die Dichte ganz nahe an dem von Mendelejew genannten Wert, eine eindrucksvolle Rechtfertigung der theoretischen Wissenschaft des Russen. (Die auffälligste Eigenschaft des Galliums, seinen niedrigen Schmelzpunkt, hatte jedoch niemand erwartet – es schmilzt in der Hand und ist damit neben Quecksilber nur eines von zwei Metallen, die man ohne weiteres in flüssigem Zustand beobachten kann.)

Die Geschichte wiederholte sich 1879, als Lars Nilson von der Universität Uppsala die Lücke, die Mendelejew zwischen Kalzium und Titan offen gelassen hatte, mit der Entdeckung des Skandiums füllte, und nochmals im Jahr 1886, als Clemens Winkler von der Bergakademie Freiberg im, wie der Name sagt, erzreichen Erzgebirge aus einer Mineralprobe das Halbmetall Germanium isolierte, das im Periodensystem die Stelle zwischen Silizium und Zinn einnimmt.

In weiteren Auflagen von Mendelejews *Grundlagen* wurden nach den jeweils gemeldeten Neuentdeckungen die Lücken im System geschlossen, und die Ausgabe von 1889 ging so weit, fotografische Porträts von Lecoq, Nilson und Winkler abzudrucken und diese als „Verstärker des periodischen Gesetzes" zu feiern.[32] Obwohl er inzwischen von zahlreichen ausländischen Akademien geehrt wurde, blieb Dmitri Mendelejew eine höhere Anerkennung an der St. Petersburger Akademie der Wissenschaften verwehrt, weil man ihm seine antizaristische politische Einstellung ankreidete. Später nötigte man ihn, seine Professur an der Universität niederzulegen. Pikanterweise fand er rasch eine andere Beschäftigung – er wurde Berater der Regierung.

Eine Zeitlang fand jede Entdeckung eines neuen Elements eine anerkennende Reaktion Mendelejews, sofern sie sich in seinen großen Plan fügte. Doch im Laufe der Zeit kamen raffiniertere Verfahren auf, mit denen es möglich war, neue Elemente mit unvorhergesehenen Eigenschaften aufzudecken, die er nicht so leicht willkommen heißen konnte. William Ramsays Entdeckung der Edelgase, die 1894 mit Argon begann, stellte das Periodensystem nach einem Vierteljahrhundert der erfolgreichen Festigung zum ersten Mal umfassend in Frage. Mendelejew hatte einst bemerkt, dass es, ausgehend von den Atomgewichten, eine Lücke zwischen den Alkalimetallen und den Halogenen gab, aber nun ergab sich die kaum zu glaubende Schlussfolgerung, dass eine ganze Familie von Elementen fehlte, und es war nicht mehr klar, wie oder ob überhaupt das System revidiert werden sollte. Sein noch immer maßgebliches Lehrbuch schlug in der Auflage von 1895 im Hinblick auf die ersten Berichte über Argon und Helium einen skeptischen Ton an. Daraufhin entspann sich ein gereizter Briefwechsel zwischen den beiden Männern, in dem Mendelejew zunächst Ramsays Entdeckung zurückwies und behauptete, sein neues Gas Argon sei nur eine schwere Form von Stickstoff. Als Ramsay weitere Elemente von ähnlichem Charakter hinzufügte, zuerst Helium und dann in rascher Folge Neon, Krypton und Xenon, freundete Mendelejew sich mit der Idee an, dass sie sich doch in seinem System unterbringen ließen, und zwar durch den einfachen Kniff, am Rande seiner Tabelle eine neue Spalte hinzuzufügen. Erstaunlicherweise hat sich das Nobelkomitee bei seiner Entscheidung, Mendelejew nicht den Preis für Chemie zuzuerkennen, als es diese Möglichkeit im Jahr 1906 erwog, offenbar maßgeblich davon leiten lassen, dass er es nach so vielen anderen Erfolgen versäumt hatte, die Edelgase vorherzusagen.

Die Entdeckung des radioaktiven Zerfalls von Elementen in den letzten Lebensjahren Mendelejews brachte sein System der chemischen Ordnung noch einmal völlig durcheinander. Was hatte es für einen Sinn, Elemente in Kästchen zu tun, wenn sie bloß ein paar subatomare Teilchen abzuwerfen brauchten, um aus einem Kästchen ins andere zu hüpfen? Mendelejew war einst aufgebrochen, den Spiritualismus in Russland zu bekämpfen, der nach seiner Überzeugung den Fortschritt verhinderte; als er 1902 die Curies in ihrem Labor besuchte, hatte er den Eindruck, abermals den unbeherrschbaren Kräften zu begegnen, die er mit ätzendem Spott als „Geist in der Materie" bezeichnete.

Mendelejew ist oft als Mystiker und Prophet dargestellt worden, aber das hat mehr mit seiner sibirischen Herkunft, seiner Reizbarkeit und seinem zerzausten Bart zu tun als mit seiner wissenschaftlichen Leistung. Zeitgenössische Porträts sind nicht immer hilfreich: Eines zeigt den Chemiker, wie er sich in seinem Sessel zurücklehnt, wie wahnsinnig ein Buch mit beiden Händen vor sein Gesicht haltend und eine brennende Zigarette zwischen seinen Fingern. Mendelejew hatte auf geniale Weise ein Periodensystem der Elemente ersonnen, auf das er hinreichend vertraute, um Lücken offen zu lassen, aber das war eine vernünftige Vermutung, die sich auf wissenschaftliche Tatsachen stützte, und keine Prophezeiung. Seine sonstigen Aktivitäten waren ebenfalls im Rationalismus begründet, der Angriff auf den Spiritualismus ebenso wie seine Beratertätigkeit in volkswirtschaftlichen Dingen und die Empfehlung von Agrarreformen. Er war zwar voller Ideen, aber von seinem Wesen her so etwas wie ein Konservativer, und wenn er auch in Institutionen wie die Akademie der Wissenschaften nicht aufgenommen wurde, so galt er anderen dennoch als eine Gestalt des Establishments. Die endgültige Bestätigung, dass er zur guten Gesellschaft gehörte, erhielt er 1893, als man ihm die Leitung des neugegründeten staatlichen Eichamts übertrug.

Bevor er Professor wurde, hatte Mendelejew sich ein Landgut außerhalb von Moskau gekauft. Wie Lewin in Tolstois *Anna Karenina* benutzte er das Land, um seine Vorstellungen von fortschrittlicher Landwirtschaft zu demonstrieren. Seine Tochter Ljubow Dmitrijewna Mendelejewa lernte dort den jungen Dichter Alexander Blok kennen, dessen Familie ein benachbartes Gut besaß, und verliebte sich in ihn. 1903, im Jahr ihrer Hochzeit, schrieb Blok ihr einen Brief, in dem er sich voller Bewunderung über ihren Vater äußerte, der „schon seit langem alles weiß, was in der Welt geschieht. Er ist in alles eingedrungen. Nichts ist ihm verborgen. Sein Wissen ist vollendet."[33] Blok, Verfasser von Werken, in denen einer in den wildesten Regionen verwurzelten russischen Identität in der Sprache der literarischen Avantgarde Ausdruck verliehen wird, reagierte wohl auf Mendelejews widersprüchliche Mischung von tiefer russischer Herkunft und dem Eintauchen in die neuesten Denkrichtungen im wissenschaftlichen Europa. Nach Mendelejews Tod 1907 schrieb Blok, er hebe sich vorteilhaft von der zynischen etablierten Intelligenzija ab, weil er an einem optimistischen Bild von der Zukunft des Landes festgehalten habe. Später muss aber etwas zerbrochen sein, denn erfüllt von revolutionärem Eifer befand der Dichter, dass sein Schwiegervater allzu sehr der Vergangenheit angehört habe. Am 31. Januar 1919 schrieb er in sein Tagebuch: „Symbolhandlung: am sowjetischen Neujahrstag zertrümmerte ich Mendelejews Schreibtisch."[34]

Mendelejews Wohnung in der Universität – wenn auch leider nicht das Laboratorium, das einst direkt angrenzte – ist heute als Museum erhalten. Ich besuchte es an einem glühend heißen Junitag. Nachdem ich die Newa überquert hatte, in der sich die blendende Helle goldener Kuppeln spiegelte, schlenderte ich die eleganten terrassierten Alleen des Universitätskomplexes auf der Wasilewski-Insel entlang. Der ganze Ort strahlte noch immer den Ehrgeiz Peters des Großen aus, eine Stadt zu gründen, die es mit den Metropolen Europas würde aufnehmen können.

Hier wohnte Mendelejew 24 Jahre lang, von seiner Berufung auf den Lehrstuhl für Chemie im Jahr 1867 über die Zeit, in der er das Periodensystem ausarbeitete und die Befriedigung genoss, dass seine Vorhersagen fehlender Elemente eintraten, bis zu seiner erzwungenen Emeritierung im Jahr 1890. Die Räume waren vollgestopft mit schweren Sesseln und Sofas und ebenso schweren Zeitschriftenbänden. In einem Raum hing ein Porträt, von dem Mendelejew zigarrerauchend auf die Besucher herabblickt. Fotos von Mendelejew mit anderen Wissenschaftlern, darunter die Entdecker der von ihm vorhergesagten Elemente, schmückten die Wände. Seine Gäste hatten ihre unleserlichen Unterschriften auf einer Tischdecke hinterlassen. Es war auch ein Schreibtisch da. War es der, auf dem er seine Elementkarten ausgebreitet hatte, oder hatte er das auf dem Schreibtisch getan, den Blok demoliert hatte? Der Satz Karten und andere Dokumente, die das Wirken Mendelejews bezeugen, sind längst verloren gegangen, doch erhalten hat sich sein Lehrbuch und darin das Periodensystem, die Abfolge der auf Anhieb erkennbaren Elemente, auch wenn das Ganze um neunzig Grad verdreht ist, wodurch Zeilen zu Spalten und Spalten zu Zeilen werden. So geraten B, C, N, O und F als eine Spalte auf die linke und Al, Si, P, S und

Cl auf die rechte Seite. Beim zunehmenden Atomgewicht fielen mir Gruppierungen auf, die wir heute für irreführend halten würden – so bildete Quecksilber zusammen mit Kupfer und Silber eine Gruppe, während Gold mit Aluminium zusammengefasst war. Aber es gab auch Fragezeichen angesichts der Lücken in der Sequenz, die das eigentliche Symbol von Mendelejews Genie waren.

Wenn man die vertraute Anordnung von Buchstaben schwarz auf weiß vor sich sieht, fällt es einem schwer zu glauben, dass es nicht alle sofort überzeugt hatte. Ich fragte Igor Dmitriew, den Kurator des Museums, woran das lag. „Es gab schon etliche Klassifikationen", erklärte er, „die alle nicht ernst genommen wurden. Es ist daher verständlich, dass Mendelejew es nicht leicht hatte."

Es waren jedoch die Koffer, die mir im Gedächtnis haften geblieben sind. Mendelejew war möglicherweise kein Mystiker, aber auf jeden Fall hatte er seine Schrullen, und eine der sonderbarsten war sein Hobby, Lederkoffer zu machen. Seine Wohnung war vollgepfropft mit Koffern in verschiedenen Stadien der Vollendung, aber auch mit Leder und Schnallen sowie den erforderlichen Werkzeugen. Es ist natürlich verlockend, diesen eigentümlichen Zeitvertreib als Metapher zu deuten, als Hinweis auf den Charakter eines Mannes, der davon besessen war, alles säuberlich zu verstauen. Es ist jedoch weder notwendig noch hilfreich, das zu tun. Mendelejew konnte sich durchaus dazu bekennen, dass er die Passion der Wissenschaft des 19. Jahrhunderts teilte, die gesamte Natur zu organisieren – so waren ihm die Bemühungen der Naturforscher seiner Zeit, sämtliche Lebewesen zu klassifizieren, nicht entgangen. Sein System der chemischen Elemente, die ultimative Einordnung der Natur, entsprang aber lediglich der pädagogischen Notwendigkeit, die Präsentation des chemischen Wissens zu straffen, und nicht einer Wut über die Unordnung der Welt.

Mendelevium war das erste Element, das von 1955 an regelrecht in die Welt gezerrt werden musste, Atom für Atom. Es ist bis heute nicht in Mengen hergestellt worden, die man mit bloßem Auge sehen könnte. „Wir hielten es für angemessen, dass es ein Element gibt, das nach dem russischen Chemiker Dmitri Mendelejew benannt ist, der das Periodensystem entwickelt hatte", schrieb sein Entdecker Glenn Seaborg. „Wir hatten uns bei fast allen unseren Experimenten zur Entdeckung von Transuranen auf seine Methode verlassen, gestützt auf die Position des Elements in dem System chemische Eigenschaften vorherzusagen."[35] Auf dem Höhepunkt des Kalten Krieges wurde diese – wie Seaborg einräumt – „etwas kühne Geste" von einigen Amerikanern verurteilt, blieb aber in sowjetischen Führungskreisen nicht unbeachtet.

Die winzigen Mengen Mendelevium, die man in den Teilchenbeschleunigern in Berkeley und anderswo hergestellt hat, zerfallen rasch, und man ist daher, was die Messung seiner wichtigsten Eigenschaften oder die Erkundung seiner Chemie angeht, über die Anfänge nicht hinausgekommen. Dmitri Mendelejew, den führenden theoretischen Chemiker seiner Zeit, hätte das vermutlich nicht die Bohne interessiert.

Der flüssige Spiegel

In Jean Cocteaus Film *Orphée* aus dem Jahr 1949 gelangt Orpheus auf der Suche nach Eurydike in die Unterwelt, indem er durch einen Spiegel aus Quecksilber schreitet. Die Szene ist ein meisterhaftes filmisches Zauberkunststück. Orpheus, gespielt von dem griechisch frisierten Jean Marais, wird zu einem großen Ankleidespiegel geführt. Er zieht Latexhandschuhe an, ein magisches Vorbereitungsritual, das nicht gänzlich die Tatsache verhüllt, dass Cocteau, der renommierte Avantgardekünstler, offenbar von einer ganz und gar modernen Sorge um Gesundheit und Sicherheit bewegt war. „Mit diesen Handschuhen werden Sie durch den Spiegel schreiten wie durch Wasser", erklärt Orpheus' Führer. „Die Hände zuerst." Zweifelnd tut Orpheus, wie ihm geheißen wurde, legt seine Handflächen auf die spiegelnde Oberfläche und stößt auf Widerstand – es ist eben ein Spiegel. „Il s'agit de croire", wird ihm geraten – Sie müssen glauben. Dann sehen wir in Großeinstellung seine Finger das Hindernis durchstoßen, dessen Oberfläche durch die verhängnisvolle Aktion in Bewegung gerät. Der Film wechselt in die Obersicht. Während die flüssige Spiegeloberfläche unserem Blick entzogen ist, entschwinden Orpheus und sein Führer durch das Portal.

Wir können die Unterwelt nicht kennen, bevor wir nicht selbst die Welt verlassen, und deshalb wählte Cocteau als Grenze zwischen beiden eine totale optische Barriere, die dennoch physisch durchdringbar war. Dem Vernehmen nach war für die Einstellung ein Behälter mit einer halben Tonne Quecksilber erforderlich. Das erscheint zunächst übertrieben, bis man sich erinnert, dass dieses Metall so dicht ist, dass Blei auf seiner Oberfläche schwimmt. Ein Behälter von diesem Gewicht und der Größe eines

Ganzkörperspiegels wäre nicht sehr viel tiefer als einen Zentimeter. Aufrecht kann ein solcher Behälter natürlich nicht stehen, daher musste Cocteau seine Kamera um neunzig Grad kippen, um die Illusion eines vertikalen Spiegels zu erzeugen.

Bild 13: Standbild von Orpheus' Spiegel

Der Künstler hätte vielleicht Milch oder Farbe verwenden können, um den gewünschten Effekt teilweise zu erreichen, aber Quecksilber war eine gute Wahl, denn es ist die einzige Flüssigkeit, die eine vollständige Reflexion ermöglicht. Nebenbei bot das Material einen zusätzlichen Vorteil. Cocteau erklärte später in einem Interview: „Im Quecksilber verschwinden die Hände, und die Geste ist mit einem gewissen Schauder verbunden. Bei Wasser wären dagegen kleine und größere kreisförmige Wellen entstanden. Obendrein hat Quecksilber einen elektrischen Widerstand."[36] In dieser einen Handlung werden also Orpheus' Beklommenheit und Angst und die Anstrengung des Willens sichtbar, die er aufbieten muss, um das Leben zu verlassen. Überdies liefert die unvertraute, geradezu *un*natürliche Eigenart des Quecksilbers deutliche Hinweise auf die Ungewissheiten, die in der *über*natürlichen Welt zu erwarten sind.

Seit vielleicht fünftausend Jahren bekannt, wurde das Quecksilber seit jeher wegen des einzigartigen Zusammentreffens einer Flüssigkeit mit metallischen Eigenschaften gefeiert, auch wenn dies für jene, die nach einer Anwendung für das Zeug suchen, die Sache nicht einfacher gemacht hat. Für ein Material, das offensichtlich etwas Besonderes, zugleich aber ziemlich nutzlos ist, gibt es eine naheliegende Anwendung, nämlich in sakralen Riten. Cocteaus Benutzung des Quecksilbers als Tor zu einer anderen Welt ist nur eine moderne Wendung in einer alten und universellen Geschichte.

Der erste Kaiser Chinas, Qin Shi Huangdi, der das Land im Jahr 221 v.u.Z. einte, soll der Legende zufolge unter einem rauen grünen Hügel bei Xi'an in der Provinz Shaanxi im Norden Chinas begraben sein. Der Historiker Sima Qian, der ein Jahrhundert nach dem Tod des Kaisers schrieb, berichtet von einer mit Bronze ausgekleideten Kammer, deren Decke mit Juwelen bestückt ist, die den Himmel darstellen soll; sie enthält ein phantastisches Modell des Palastes des Kaisers, seiner Hauptstadt Xianyang und seines ganzen Reiches. Durch die Modelllandschaft sollen sich Kanäle mit Quecksilber ziehen, die die hundert großen Flüsse Chinas repräsentieren. Man kann sich zwar nicht recht vorstellen, wie das realisiert wurde, aber Sima schreibt von Vorrichtungen, mit denen die schwere Flüssigkeit in dem System umhergepumpt wurde, so dass ihr stetiger Fluss das ewige Lebensblut des Kaisers symbolisierte. Es spricht im Übrigen einiges dafür, dass Qins Blut zum Zeitpunkt seines Todes tatsächlich Quecksilber enthielt, denn es wird vermutet, dass er Quecksilberpillen eingenommen hat, in der Hoffnung, Unsterblichkeit zu erlangen.

In derselben Region Chinas entdeckten Archäologen 1974 die inzwischen berühmt gewordene Terrakottaarmee, Hunderte von lebensgroßen Tonfiguren, zunächst Soldaten und später dann auch Musiker, Sportler und Beamte, was uns einen ungemein detaillierten Einblick in das Leben zu Beginn der Qin-Dynastie verschafft. Der Fundort wurde bald mit Beschreibungen der Landschaft in Simas Geschichtsschreibung abgeglichen, und man gelangte zu der Vermutung, dass sich unter einer bestimmten Anhöhe einige

Kilometer weiter westlich das Grab des Kaisers verbergen könnte. Bei anschließenden Grabungen zeigte sich, dass die Gruben, in denen man die Terrakottaarmee gefunden hatte, zu einem ausgedehnten unterirdischen Komplex um dieses Phänomen herum gehörten, aber den Hügel selbst hat man noch nicht angerührt, weil man fürchtet, seine Inhalte – nicht zuletzt seine legendären Quecksilberströme – nicht erhalten zu können, wenn sie erst einmal aufgestöbert sind. Doch in der Umgebung wurden von Wissenschaftlern verschiedene Untersuchungen vorgenommen, darunter auch chemische Analysen von Bodenproben. In der unmittelbaren Nachbarschaft des Grabhügels wurden dabei weit über dem Normalwert liegende Quecksilbergehalte ermittelt. Nach Simas Darstellung wurde das unterirdische Modellreich genauestens an den realen geographischen Gegebenheiten ausgerichtet, und tatsächlich fand man einige der höchsten Konzentrationen von Quecksilber an den Stellen, die den Küstengewässern Chinas und den weiten Flächen des unteren Jangtse-Tals entsprechen.

Die Chinesen erhielten das Quecksilber-Metall ohne große Mühe aus dem reichlich vorhandenen roten Erz Zinnober, und dieses Pigment hat seinerseits die ganze Kultur in Gestalt des allgegenwärtigen Zinnoberrot durchdrungen, das als eine ausgesprochen glückbringende Farbe gilt. Zinnober wurde in Gräber gestreut, um den Wangen der Toten wieder ein wenig Farbe zu geben, und schon während der Shang-Dynastie 1600 Jahre v.u.Z. nutzte man es für die Herstellung der Tinte, mit der die in Gebein eingeritzten chinesischen Schriftzeichen gefärbt wurden. Das Metall selbst nutzte man als alternative Flüssigkeit zum Betrieb von Wasseruhren oder in mechanisierten Armillarsphären. Man nutzte es sogar zur Herstellung von Leitermännchen. „Die Chinesen haben Quecksilber und Zinnober wahrscheinlich ausgiebiger genutzt als jedes andere Volk", schrieb der große Sinologe Joseph Needham in seinem 24-bändigen Werk *Wissenschaft und Zivilisation in China*.[37]

Eine moderne Quecksilberkaskade mit ihrer eigenen Botschaft von Leben und Tod schuf Alexander Calder für den spanischen Pavillon auf der Pariser Weltausstellung von 1937. Der amerikanische Künstler erhielt den Auftrag indirekt von der kurzlebigen republikanischen Regierung während des spanischen Bürgerkriegs, und sein *Quecksilberspringbrunnen* wurde angemessen zur Schau gestellt in demselben Rahmen wie das dokumentarische Meisterwerk jener Jahre, Picassos *Guernica*. Calders Werk spielt nicht so offen auf den Konflikt an. Die mobile Skulptur besteht aus einer Reihe von drei Metallplatten, die über einem großen Teich aus Quecksilber angebracht sind. Das Quecksilber wird nach oben gepumpt, um in einem dünnen Strahl auf die oberste Platte herabzutröpfeln. Von dort fließt es in Tröpfchen und Rinnsalen rasch auf die Platten unterhalb, die es mit seinem Gewicht in kreiselnde Bewegungen versetzt und herabdrückt, bis es still in dem Teich verschwindet. Das Quecksilber ist der Schlüssel zum Verständnis des Werkes. Es kam, wie fast das gesamte Quecksilber der Welt zu jener Zeit, aus den Zinnoberlagerstätten von Almadén in der Provinz Ciudad Real südwestlich von Madrid. Dieses strategisch bedeutsame Vorkommen sollte von Francos Rebellen wiederholt belagert werden, und Calders Werk dient dem Gedenken der Bergleute, die den ersten Angriff der Nationalisten einige Monate zuvor erfolgreich abgewehrt hatten. In einem der einfallsreichsten Kriegsdenkmäler, das je ersonnen wurde, erkennen wir leuchtende Menschenleben, die sich zusammentun, sich trennen, größere Ereignisse gestalten, die ihrerseits ihr Schicksal bestimmen, bis sie zuletzt in die Stille eingehen.

Almadén ist ein Wort aus dem Arabischen und bedeutet „die Bergwerke", und dieser Ort war den Arabern, die vom 8. bis zum 15. Jahrhundert in Spanien regierten, wohlbekannt. Calders Springbrunnen trägt auch dieser Geschichte Rechnung. Im Jahr 936 ließ Kalif Abd ar-Rahman III. in Medina Azahara bei Córdoba, rund hundert Kilometer südlich von Almadén, einen persönlichen Landsitz errichten, einen üppigen Palast mitsamt Moschee und Gärten. Ein reizender Bestandteil dieses reich geschmückten *alcázar* oder Schlosses war ein Teich von Quecksilber, der aufgrund seiner Lage das Sonnenlicht in hellen Strahlen in den Raum reflektierte, in dem er sich befand. Die Gäste konnten ihre Finger in das Metall tauchen und dessen kühle, schmeichelnde Berührung genießen, und mit nur wenigen Bewegungen konnten sie wild tanzende Reflexe an der Decke auslösen, quasi eine Vorwegnahme der Discokugel. Zierteiche mit Quecksilber waren ein Merkmal des schwelgerischen islamischen Lebensstils, und es gibt Anhaltspunkte dafür, dass man sie auch im präkolumbianischen Amerika kannte. Bevor man die Giftigkeit des Elements erkannte, war es naheliegend, dass man sich dort, wo es leicht zu gewinnen war, am Fließverhalten und der Tropfenbildung sowie am Glitzern der Flüssigkeit erfreute.

Bild 14: Calder, Quecksilberspringbrunnen

Der *Quecksilberspringbrunnen* wurde 1975 in den Räumen der Stiftung Joan Miró in Barcelona untergebracht und erhielt dort seine eigene verglaste Nische. Nun konnten die Besucher nicht mehr, wie sie es in Paris getan hatten, Münzen auf die Flüssigkeit werfen, um zu sehen, ob sie darauf schwimmen oder untergehen. Dass man dies den Besuchern 1937 gestattet hatte, zeugt von einer laxen Einstellung zur öffentlichen Gesundheit. Von den zweihundert Litern Quecksilber, die am Nachmittag der Eröffnung des spanischen Pavillons für die Presse aus Almadén eintrafen (Calder hatte während der Arbeit an seinem Werk Kugellagerkugeln aus Stahl benutzt, um das Funktionieren des Mobiles zu simulieren), sollten auf Anweisung Calders sage und schreibe fünfzig Liter in Reserve gehalten werden, um für Verluste durch Plätschern und Undichtigkeiten während der Dauer der Ausstellung vorzusorgen. Die toxischen Wirkungen des Quecksilbers, vertraut als Berufsrisiko von Hutmachern und anderen, die Quecksilberverbindungen bei ihrer Arbeit benutzten, machen sich bemerkbar, wenn es durch die Haut aufgenommen wird oder als Dampf in die Lunge eindringt. Doch für die Bewunderer von Calders Kunst gab es noch nicht einmal eine so elementare Vorsichtsmaßnahme wie Cocteaus Latexhandschuhe.

Dass man den *Quecksilberspringbrunnen* in Barcelona unter Quarantäne gestellt hat, ist symptomatisch für den heutigen Umgang mit dem Metall. Zunächst Schmuckelement und mystisches Wunder, fand das Quecksilber später zahlreiche Verwendungen, die sich seine ungewöhnliche Kombination von Eigenschaften zunutze machten: Dichte, Flüssigkeit, Leitfähigkeit. Seine Verbindungen wurden als Pigmente und Kosmetika benutzt; viele eignen sich wegen ihrer Giftigkeit als Insektizide und als Mittel, die den Anwuchs an Schiffen verhindern. In der Medizin waren sie Bestandteile aller erdenklichen Heilmittel, von drastischen Medikamenten gegen die Syphilis über ganz gewöhnliche Abführmittel bis zu Antiseptika wie Mercurochrom. Doch all diese und viele weitere Anwendungen sind inzwischen in Ungnade gefallen. In Norwegen gilt seit dem 1. Januar 2008 ein Verbot der Einfuhr und Herstellung von Dingen, die Quecksilber enthalten, darunter auch das Anfertigen von Zahnfüllungen mit Amalgam. In der Europäischen Union soll ab Juli 2011 ein Ausfuhrverbot für Quecksilber greifen; dadurch soll weltweit die Gefährdung durch dieses Element verringert werden. Quecksilberthermometer und -barometer werden dann zu historischen Relikten. Almadén hat nach über zweitausend Betriebsjahren die Förderung eingestellt. Auch das bereits in Umlauf befindliche Quecksilber gibt Anlass zur Sorge: In einer britischen Untersuchung über die Feuerbestattung wurde die Befürchtung geäußert, dass das Element in die Umwelt entweicht, wenn die Zahnfüllungen der Verstorbenen verdampfen – das Gespenst unseres einst leichtfertigen Umgangs mit dem Metall kehrt zurück und macht uns zu schaffen.

Bald werden vielleicht nur noch ganz spezielle Anwendungen übrig bleiben, wenngleich es ein gewisser Trost ist, dass die eine oder andere uns das surreale Vergnügen an älteren Quecksilber-Belustigungen zurückbringen mag. In den Bergen von British Columbia unweit von Vancouver steht das Large Zenith Telescope, das seine Bilder vom Himmel mit einem flüssigen Spiegel erhält. Das Quecksilber wird in eine Schale von sechs Metern Durchmesser gegossen, die einem Wok ähnelt. Durch langsame, gleichmäßige Rotation der Schale wird das Quecksilber in eine Parabelform gezwungen, die perfekter ist, als man es mit festem Glas oder Aluminium erreichen könnte. Die Idee gibt es seit über einem Jahrhundert, aber erst in jüngster Zeit, während das Metall anderwärts in Verruf geriet, wurde es möglich, einen Mechanismus zu schaffen, der hinreichend gleichmäßig läuft, um mit einem solchen Quecksilbertümpel scharfe Bilder zu erzeugen.

Viele chemische Verfahren, die den Alchemisten wohlbekannt waren, befinden sich heute außerhalb der Grenzen üblicher wissenschaftlicher Praxis, nicht weil sie besonders kompliziert oder undurchsichtig wären, sondern weil sie als so gefährlich gelten, dass die modernen Gesundheits- und Sicherheitsgesetze es nicht gestatten, sie selbst mit all den Sicherheitsvorkehrungen eines modernen Labors anzuwenden. Eines dieser Verfahren ist die reversible Verbindung von Quecksilber und Schwefel, eine Reaktion, die einst für die alchemistische Theorie von zentraler Bedeutung war. Das Interesse der Alchemisten an dieser einfachen Reaktion ist leicht zu erklären. Indem sie den gelben Schwefel, der trocken und heiß ist, mit dem flüssigen Quecksilber, das sich kühl und feucht anfühlt, verbanden, brachten sie die vier Prinzipien jeglicher Materie zusammen.

Überdies suggerierten die Farbe des Schwefels und der helle Schimmer des Quecksilbers, dass aus der Fusion Gold entstehen könnte. Die Alchemisten glaubten, sämtliche Metallvorkommen in der Erde seien auf dem Weg, zu Gold zu werden; wenn jemand stattdessen Zinn oder Blei fand, war er einfach zu früh gekommen. Quecksilber und Schwefel, die beide häufig in gediegenem Zustand vorkommen, schienen mit ihrem vielversprechenden Aussehen einen schnelleren Weg zu diesem Ziel zu bieten. Dschabir ibn Hayyan (sein Name erscheint oft in latinisierter Form als

Geber), der große arabische Alchemist und Mystiker des 8. Jahrhunderts, dem es möglicherweise zu verdanken ist, dass chinesisches Wissen über Zinnober und Quecksilber in den Westen gelangte, war überzeugt, dass Vollkommenheit in Metallen, ob sie nun in der Natur gefunden oder vom Menschen gemacht wurden, nur zu erreichen war, wenn diese beiden Elemente im richtigen Verhältnis und mit der richtigen Temperatur präsent waren. Mangelnde Vollkommenheit – also das Auffinden unedlen Metalls, wo man auf Gold gehofft hatte – wurde einfach als ein Missverhältnis dieser Faktoren erklärt. Nach Dschabirs Ansicht entstanden die kostbareren Metalle dadurch, dass man für einen größeren Anteil Quecksilber sorgte.

So weit die Theorie. Versuche verliefen natürlich enttäuschend, wenngleich es einigen zwielichtigen Praktikern gelang, Leichtgläubigen einzureden, sie hätten zumindest die Menge ihres vorhandenen Goldes vermehrt – dabei wird der Schwefel verbrannt sein, während das Quecksilber sich mit dem Gold durch Amalgamieren vereinte und eine scheinbare Gewichtszunahme ergab, aber natürlich nicht mehr Gold. Statt nun angesichts dieser unbefriedigenden Ergebnisse von ihrer Hoffnung zu lassen, verfeinerten die Alchemisten Dschabirs Theorie um den Hinweis, man könne zusätzlich zum Gold alle möglichen Metalle hervorbringen, indem man mit der relativen Menge dieser beiden Elemente jongliert. Diese Reaktion stand daher im Mittelpunkt der etablierten Wissenschaft des mittelalterlichen Europa, und sie bildete noch mehrere Jahrhunderte lang das Kernstück des alchemistischen Denkens. Ein Text aus dem frühen 17. Jahrhundert zeigt eine Gravur von Thomas von Aquin, der in der Art eines Fremdenführers auf einen zwecks Veranschaulichung aufgeschnittenen und mit Grassoden bedeckten Ofen deutet, in dem sich die Dämpfe zweier Elemente vermengen. „So wie die Natur aus Schwefel und Quecksilber Metalle hervorbringt, so auch die Kunst", heißt es in der Bildunterschrift.[38] Diese Reaktion wurde zwar auf der Grundlage eines irrigen Glaubens durchgeführt, stellte aber dennoch einen Wendepunkt auf dem Weg zur modernen Chemie dar. Sie war wohl der erste Fall einer auf Kenntnissen basierenden Synthese einer neuen Substanz aus zwei bekannten Bestandteilen. Außerdem war sie die erste eindeutige Demonstration der Umkehrbarkeit chemischer Reaktionen – Quecksilber verbindet sich nämlich nicht nur leicht mit Schwefel zu

Quecksilbersulphid (Zinnober), sondern das Quecksilbersulphid zerfällt, wenn man es erhitzt, auch wieder in seine beiden Bestandteile. So lieferte sie einen bedeutenden Hinweis darauf, dass Materie weder erschaffen noch zerstört werden kann.

Bild 15: Thomas von Aquin

Das Experiment ist nicht schwierig. Ich könnte das Quecksilber aus einem alten Thermometer verwenden, es in einen Schmelztiegel tun, eine entsprechende Menge Schwefel hineinmischen, das Ganze abdecken und erhitzen, bis die satte zinnoberrote Farbe von Quecksilbersulphid hervorträte. Ich könnte es nochmals erhitzen, um diese beiden konstituierenden

Elemente wieder zu trennen, und dann das Quecksilber abdestillieren, während der Schwefel verbrennt. Nun halte ich zwar die groß herausgestellten Gefahren der vielen chemischen Experimente, von deren Durchführung zu Hause heutzutage dringend abgeraten wird, für übertrieben, doch heute ist mir klar, dass Quecksilberdampf ein höchst unangenehmes Zeug ist – was ich nicht wusste, als ich mein Quecksilber durch Erhitzen von Batterien gewann.

Ich gebe mich damit zufrieden, das Experiment mit Hilfe von Marcos Martinón-Torres am University College London aus einiger Entfernung zu beobachten. Marcos hat sich eine akademische Laufbahn an der Schnittstelle zwischen Archäologie und Materialwissenschaft erkämpft, die ihm einen wundervollen Vorwand liefert, die Experimente der Alchemisten im Interesse der historischen Genauigkeit nachzustellen. Doch als es darum ging, das Quecksilber-Schwefel-Experiment zu wiederholen, wurde selbst er aus den Laboratorien seines Instituts verbannt und genötigt, sich in ein geheim gehaltenes Feld irgendwo in den Vororten zu verziehen.

Das Reaktionsgefäß ist ein tönernes Aludel – ein arabisches Wort wie so viele in der Chemie –, eine Art Schmelztiegel mit einem hohen spitzen Deckel, ähnlich einem Hexenhut, wo sich Dämpfe vermischen und abkühlen können. Der Apparat hat ungefähr die Größe und Form eines Straußeneis. Ein kleines Luftloch oben verhindert, dass innerhalb des Geräts der Druck zunimmt und eine Explosion verursacht. Marcos und Nicolas Thomas, ein anderer Kollege von der Pariser Universität Panthéon-Sorbonne, besprengen den Zinnober, den sie unten in dem Gefäß eingebracht haben, setzen den Hut obendrauf und schließen das Ganze mit feuchtem Ton luftdicht ab. Dann bauen sie aus Ziegelsteinen und Ton einen kleinen Ofen, füllen diesen mit Holzkohle und stecken sie an. Wenn sie meinen, es sei heiß genug, um den Zinnober zu zersetzen, aber noch nicht so heiß, dass das Quecksilber als Dampf entweicht, stellen sie den Aludel in den Ofen. Mit Atemgeräten hocken sie sich daneben und beobachten aufmerksam den Aludel, der sich von der Gluthitze des Feuers allmählich erwärmt. Erleichtert darüber, dass er nicht explodiert ist, beobachten sie bald kleine Tröpfchen Quecksilber, die sich rings um das Entlüftungsloch niedergeschlagen haben. Daran erkennt man, dass die Reaktion stattgefunden hat. Nachdem das Gerät abgekühlt ist, öffnen sie es. Ein Sternenzelt winziger schimmernder Kügelchen hat sich an der Innenwand abgesetzt. Sie sammeln das Quecksilber ein, setzen Schwefel hinzu und erhitzen das Ganze erneut. Dabei erhalten sie wieder den Zinnober, ein Durcheinander von Gelb und Rot, teils fest, teils geschmolzen, das für jedermann wie ein gedämpfter Melassepudding aussieht, aber höllisch riecht.

Bild 16: Hg/S-Experiment mit Quecksilbertröpfchen

TEIL 2: FEUER

Die Weltumsegelung der *Sulphur*

Gold und Silber, Eisen und Kupfer kommen in der Bibel Dutzende Male vor, sei es wegen ihres Münzwertes, sei es wegen ihres sonstigen Nutzens. Blei und Zinn werden beiläufig erwähnt. Dies sind sechs der zehn Elemente, die man aus der Antike kennt. Ein weiteres Element hat einen symbolischen Wert ganz anderer Art, und das ist der Schwefel.

Schwefel wird insgesamt 14 Mal erwähnt, und kein einziges Mal im schmeichelhaften Sinne. Sein bloßes Erscheinen geht einher mit Szenen der Bestrafung und Zerstörung oder zumindest der Androhung von großer Gewalt. In der *Genesis* werden die verkommenen Städte Sodom and Gomorrha zerstört, indem „der Herr Schwefel und Feuer vom Himmel herab regnen lässt" auf sie. Sechs der Nennungen verweisen auf die zentralen Kapitel der Offenbarung des Johannes; dort geht es um die große Plage, die Rückkehr des Königs, das tausendjährige Reich und das Jüngste Gericht. Der Schwefel beginnt zu fließen, nachdem die sieben Siegel geöffnet und sechs der sieben Posaunen erschallt sind, und lässt kaum nach, bis zweihundert Verse später das Neue Jerusalem offenbart ist.

Im neunten Kapitel der Offenbarung sieht Johannes ein Drittel der Menschheit von zweimal zehntausend mal zehntausend Reitern getötet. Die Reiter haben „feurige und hyazinthene und schweflichte Panzer: und die Köpfe der Rosse waren wie Löwenköpfe, und aus ihren Mäulern geht

Feuer und Rauch und Schwefel hervor. Von diesen drei Plagen wurde der dritte Teil der Menschen getötet, von dem Feuer und dem Rauch und dem Schwefel, die aus ihren Mäulern hervorgehen." Dann erschallt die siebte Posaune und verkündet das Reich Gottes im Himmel. Satanische Tiere erheben ihre zahlreichen Häupter, und ein Engel warnt: Jeder, der das Tier anbetet, „wird vom Wein des Zorns Gottes trinken, der lauter eingeschenkt ist in seines Zornes Kelch, und wird gequält werden mit Feuer und Schwefel vor den heiligen Engeln und vor dem Lamm."

Babylon fällt, der Himmel jauchzt, und Christus erscheint auf einem weißen Pferd. In der anschließenden Schlacht von Armageddon werden der Teufel und seine Komplizen ergriffen und lebendig „in den feurigen Pfuhl geworfen, der mit Schwefel brannte". Schließlich hört Johannes Gott über den Rest der Menschen, die Sein Wort ablehnen, urteilen: „Den Feigen aber und Ungläubigen und mit Greueln Befleckten und Mördern und Hurern und Zauberern und Götzendienern und allen Lügnern – ihr Teil ist in dem See, der mit Feuer und Schwefel brennt, welches der zweite Tod ist."

Gott bzw. Johannes beweist so wenig Einfallsreichtum bei den Formen der in den letzten Tagen verabreichten Strafen, dass wir glauben müssen, Feuer und Schwefel hätten eine spezielle rituelle Bedeutung. Der Umstand, dass das Höllenfeuer stets von Schwefel begleitet ist und dass Schwefel niemals ohne das Feuer vorkommt, deutet darauf hin, dass Schwefel nicht nur entflammbar ist, sondern dass seine Flamme außerdem etwas besonders Schreckliches sein muss. Milton war genau im Bilde über diese Eigenschaften, die eine wichtige Rolle in der ersten Szene von *Paradise Lost* spielen, wo wir erleben, dass der Teufel aus dem Himmel in einen schrecklichen Kerker geworfen wird:

> Ein fürchterlicher Kerker flammt ringsum
> Gleich einem mächt'gen Ofen; doch kein Licht
> Gibt diese Glut, sichtbare Dunkelheit
> Vielmehr, die nur des Grams und Jammers Stätten,
> Nur traur'ge Schatten zu enthüllen dient,
> Wo Ruh und Friede nimmer weilen kann,
> Noch Hoffnung, die sonst jedem naht, wo Qual

Auf Qual sich endlos drängt, und stets sich neu
Ein Feuermeer mit Schwefelmassen nährt.

Schwefel brennt nämlich nicht wie eine Kerze, sondern mit einer niedrigen blauen Flamme, die kaum leuchtet – „sichtbare Dunkelheit" ist da
sehr treffend. Da er nicht rasch vom Feuer verzehrt wird wie Holz, kann
man sich leicht vorstellen, dass die Flamme sich stets erneuert, zumal der
entzündete Schwefel, wie es in der Natur gelegentlich vorkommt, in einer
Schicht auftritt, die sich endlos und unabsehbar in die Erde hinein fort-
setzt.

Könnte dieses schreckliche Material wirklich dasselbe sein wie der
Schwefel, den ich einmal am Kai von Galveston in Texas aufgestapelt sah?
Zitronengelbe Klötze, jeder so groß wie ein Lkw-Container, standen
mehrfach übereinander und hintereinander gestapelt, wobei die fröhliche
Farbe sie eher wie ein Stück öffentlicher Kunst erscheinen ließ als wie ein
wichtiger industrieller Rohstoff, der auf seine Verschiffung wartete. Der
Inhalt hatte die Form des durch Sublimation gereinigten Elements – also
durch Kondensation des Feststoffs direkt aus dem Dampf –, die unter der
idyllischen Bezeichnung Schwefelblume bekannt ist, und im Frühlings-
sonnenschein war es sehr abwegig, an Höllenfeuer und Verdammnis zu
denken.

Elementarer Schwefel ist eigentlich harmlos; sein unangenehmes Alter
Ego wird erst wach, wenn er eine chemische Veränderung erfährt. Die einfachste Reaktion ist die Verbrennung, durch die das ätzende, bleichende
und würgende Gas Schwefeldioxid entsteht. Dieses Gas wirkt reinigend
und brennend, was uns nötigt, allmählich zu unterscheiden zwischen dem
einfachen Feuer, das zerstörerisch ist, und dem biblischen Schwefel, dessen
brennender Gestank auch befreiend sein kann: Vielleicht könnte durch die
Wirkung des Schwefels sogar Satan erlöst werden in seiner früheren Gestalt
als Luzifer, der vom Himmel verstoßene Engel. In der Antike wurde Schwefel weithin als Desinfektionsmittel und für verwandte rituelle Zwecke genutzt. Als Odysseus nach Ithaka zurückkehrt und die Freier, die seine Gat-
tin Penelope bedrängt haben, tötet, befiehlt er der Magd, „bringe mir Feuer

und fluchabwendenden Schwefel, dass ich den Saal durchräuchre". Schwefel wird noch heute für diesen Zweck verkauft, aber dabei denkt man eher daran, ihn im Treibhaus anzuwenden, als unerwünschter Aufmerksamkeit ein Ende zu machen. Bis ins 20. Jahrhundert benutzte man Schwefelfeuer zur Bekämpfung der Cholera, und innerlich wurde Schwefel bei Verdauungs- und anderen Beschwerden angewendet. In Dickens' *Nicholas Nickleby* veranstaltet Mrs. Squeers „Schwefel-mit-Sirup-Tage", über die sie erläuternd sagt, dass die Jungen „den Schwefel mit Sirup erstens einmal kriegen, weil sie, wenn man anders mit ihnen dokterte, immer etwas zu klagen hätten, so dass man gar nicht fertig würde; und dann, weil es ihnen die Fresslust nimmt und billiger zu stehen kommt als ein Frühstück und ein Mittagessen".

Die Verbrennung ist eine schnelle Form der Oxidation, der chemischen Verbindung einer Substanz mit Sauerstoff, während sich im Magen der entgegengesetzte Prozess abspielt, die Reduktion, die von Bakterien bewirkt wird. Durch die einfachste Reduktion von Schwefel entsteht ein anderes übel riechendes Gas, Schwefelwasserstoff. Diese beiden elementaren chemischen Vorgänge machen einen Großteil der für das Leben unentbehrlichen Schwefelchemie aus. Den auf diese Weise entstehenden giftigen Verbindungen – es sind eine Handvoll – verdankt das Element unzweifelhaft einen üblen Ruf, aber diesen Ruf gäbe es nicht, wenn diese Verbindungen nicht Teil eines Zyklus wären, dem auch andere Verbindungen angehören, die für angenehmere Empfindungen verantwortlich sind. Auf dieser Chemie beruhen die unterschiedlichen penetranten Gerüche der Laucharten, zu denen Zwiebel, Knoblauch, Lauchstangen und Schnittlauch gehören, die jeweils eine andere Schwefelverbindung in winzigen Mengen enthalten. Beim Kochen werden diese Verbindungen in Substanzen verwandelt, die süßer sind als Zucker, verwandt mit denen, die als künstliche Süßstoffe verwendet werden. In der Familie der Kohlgewächse werden dagegen schwefelhaltige Verbindungen durch das Kochen in übel riechende Formen verwandelt – was unter anderem zerkochten Rosenkohl so unappetitlich macht. Die im Verdauungsprozess freigesetzten Schwefelverbindungen scheidet der Körper mit dem Exkrement aus, vor allem aber, weil viele von ihnen flüchtig sind, in Form von Blähungen und Mundgeruch. Eine davon,

Methylmercaptan, angeblich das am übelsten riechende Molekül der Welt, wird dem ansonsten geruchslosen Erdgas zugesetzt, um uns auf Lecks in Rohrleitungen aufmerksam zu machen. Auch wenn der Schwefel nur in winzigen Mengen präsent ist, genügen sein fauliger Geruch und die Assoziation mit Körperfunktionen, um zu erklären, warum er in unserer Kultur einen so teuflischen Ruf genießt.

Der Schwefel, den ich auf dem Kai von Galveston sah, war ein Nebenprodukt der örtlichen petrochemischen Industrie. Er ließ mich an die Fumarolen der unterseeischen Vulkane im Golf von Mexiko denken, an denen spezialisierte marine Bakterien aus den Gasen, die dem Inneren der Erde entströmen, reinen gelben Schwefel synthetisieren. Natürlich wusste ich, dass man das Element eigentlich aus dem Schwefelwasserstoff im Erdgas gewann, das von den Offshore-Plattformen an Land gebracht wurde, aber letztlich ist das Gas in beiden Fällen das Produkt des Zerfalls paläozoischer Pflanzen. Kürzlich fand man heraus, dass sogar der „Meeresduft" auf ein schwefliges Gas zurückgeht, in diesem Fall das Dimethylsulfid, das von lebenden Mikroben in Oberflächengewässern freigesetzt wird.

Der Meeresduft muss die Seeleute angelockt haben, die am Heiligabend 1835 in Plymouth eine Fahrt antraten, die sich zu einer siebenjährigen Umsegelung der Welt entwickeln sollte, mit dem Ziel, die Meere zu untersuchen und wissenschaftliche Proben zu sammeln. Ihr Schiff trug den Namen HMS *Sulphur*.

Die Absicht der Expedition war eine ähnliche wie die der HMS *Beagle*, die sich damals auf der letzten Etappe ihrer langen Reise befand und kurz darauf ihre gefährliche Fracht anlanden sollte, nämlich Charles Darwin mitsamt all seinen neuen Ideen. Geschildert wird sie in den zwei Bänden einer *Narrative of a Voyage Round the World, performed in Her Majesty's Ship Sulphur, during the years 1836 - 1842, including details of the Naval Operations in China, from Dec. 1840, to Nov. 1841* vom Kapitän des Schiffes, Edward Belcher. Der Bordarzt Richard Brinsley Hinds verfasste drei Begleitbände über die Säugetiere, die Weichtiere und die Flora, die sie auf der Reise sahen.

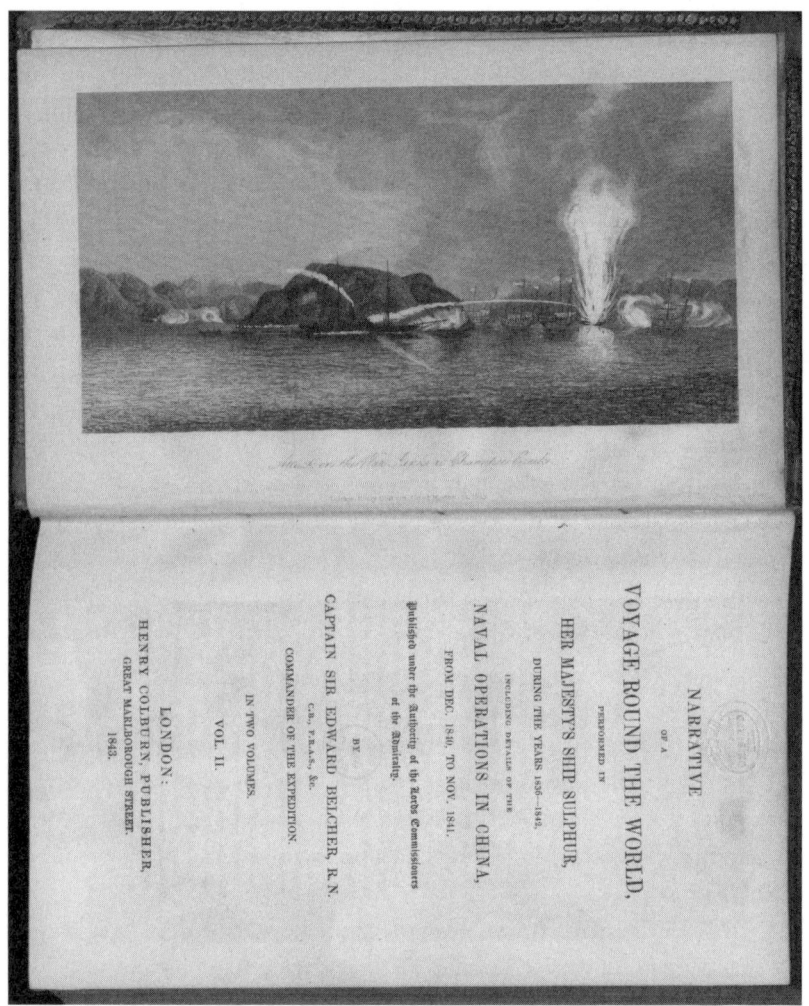

Bild 17: HMS *Sulphur*

Belchers *Sulphur*, ein mit zehn Kanonen bestücktes Kanonenboot, war das dritte von drei Schiffen der Royal Navy dieses Namens. Das erste trug schon diesen Namen, als die Navy es im Jahr 1778 seinen amerikanischen Eignern abkaufte. Ich habe nicht herausfinden können, warum es diesen chemischen Namen bekam. Vermutlich galt er als Zeichen der Kriegslust, denn die zweite, 1797 erworbene HMS *Sulphur* nahm zusammen mit Schwesterschiffen namens *Volcano, Explosion* und *Terror* an der Seeschlacht von Kopenhagen teil. Wie die zweite war auch die dritte *Sulphur* mit Mörsern bestückt, die imstande waren, Sprenggranaten, auch „Bomben" genannt, in hohem Bogen über den Bug zu werfen, statt nur Kanonen von den Seiten abzufeuern. Diese Fähigkeit sollte genutzt werden, als das Schiff von seiner wissenschaftlichen Mission abgezogen wurde, um während des ersten Opiumkriegs in den militärischen Konflikt mit China einzugreifen.

Die Route der *Sulphur* führte über Teneriffa und die Kapverdischen Inseln, um Kap Hoorn herum und an der Küste Südamerikas hinauf bis Panama, von wo sie drei weitläufige Abstecher in den nördlichen und südlichen Pazifik machte, um die Tiefe auszuloten und die Horizonte nach unbekannten Inseln abzusuchen, bevor sie westwärts zwischen den pazifischen Inseln hindurch und sodann durch die Straße von Malakka und die Straße von Mosambik um das Kap der Guten Hoffnung herum heimwärts segeln sollte. Die Hauptaufgabe bestand in der Vermessung. Dafür war das Schiff mit Chronometern sowohl im Taschen- als auch im Großformat ausgestattet sowie mit Raketen, die man hochschicken konnte, um Zeitsignale zu geben. Wenn man dann bei zwei Stationen an Land in dem Moment, wo das Leuchtsignal der Rakete zu sehen ist, die Chronometer abliest und die Zeiten vergleicht, kann man die Entfernung zwischen beiden berechnen.

Die Fahrt der *Sulphur* glich anfangs einer Besichtigungsreise zu einigen geologischen Krisenpunkten der Welt: den Kanarischen Inseln, Panama, den Sandwich-Inseln (Hawaii) und Alaska. Belcher schleppte sich auf mexikanische Vulkane, als wären es schottische Tausender. In einer Höhe von 1500 Metern am Rand eines der drei Krater des Volcano Viejo steckte er ein Thermometer in den Boden, aber die Skala reicht nicht aus, um die Temperatur anzuzeigen. „Trotz dicker Stiefel wurde es mir rasch ungemütlich heiß." Ein andermal verweilten sie am Ausfluss aus dem Managuasee in den Nicaraguasee bei Tepitapa an einer Schwefelquelle: „Die Einteilung meines Thermometers reichte nur bis 120°, und daher kann ich nur sagen, dass man darin Eier kochen konnte", berichtete Belcher. „Die Kristallbildung auf den kleinen Steinen, zwischen denen es floss, war stark, und einige Proben, die ich untersuchte, waren eine Mischung aus Schwefel und kalkhaltigem Material. Der Geschmack war nicht unangenehm." Belcher findet die Übereinstimmung mit dem Namen seines Schiffes weder bei dieser noch bei anderen Gelegenheiten erwähnenswert.

Derweil beobachteten oder sammelten Doktor Hinds und seine wissenschaftlichen Helfer Wellhörner, Venus- und Jakobsmuscheln, Lemuren und Wüstenspringmäuse, Papageien und Eisvögel, Mimosen, Euphorbien, Kakteen und Eichen. Dass Schwefel im pflanzlichen und tierischen Leben eine Rolle spielt, hatte man eine oder zwei Generationen zuvor durch Untersuchungen an Meerrettich und Ochsengalle entdeckt. Dies wird den Männern wahrscheinlich bekannt gewesen sein, nicht aber, dass zum Beispiel ihre Venusmuscheln von Bakterien in der Umgebung unterseeischer Schwefelschlote lebten. Auch hatten sie, als die *Sulphur* die Straße von Malakka durchquerte, nicht das Glück, auf Sumatra die Titanwurz zu beobachten, deren gewaltige Blüte sich nur alle paar Jahre öffnet und einen Leichengestank absondert, der auf einem Cocktail von Dimethylpolysulfiden beruht.

Doch weitere schwefelige Abenteuer lauerten auf sie. In Singapur erwarteten Belcher Befehle der Admiralität, unverzüglich nach Kanton weiterzusegeln, um an Operationen der königlichen Marine gegen die Chinesen teilzunehmen. Der erste Opiumkrieg war 1839 ausgebrochen, als die Briten Hongkong einnahmen, um China zu zwingen, sich für den Handel zu öffnen. Der Botaniker an Bord der *Sulphur* entschuldigte sich und kehrte zurück nach Kew, „weil das Ziel unserer bevorstehenden Fahrt für sein Empfinden nicht seinem Wirkungsbereich entsprach". Am 7. Januar 1841 nahm die *Sulphur* ihre Position vor den äußeren Abwehrstellungen des Kanton-Flusses ein und begann, den Feind mit Granaten zu beschießen, „wobei das untere Chuanbi eine Portion Schrot und Kartätschen abbekam". Dann griffen sie die Dschunken an. Zur Sicherung ihres Erfolges nahmen die Briten eine wichtige Festung ein, mussten aber feststellen, dass der Feind in der Nacht seine Geschütze fortgebracht hatte. „Wir hätten sie leicht ‚in die Luft' jagen können, weil die vordersten Stellungen reichlich mit Pulver versorgt waren."

Bei der Rückkehr nach Spithead nahm der überlebende Teil der Besatzung der *Sulphur* erfreut zur Kenntnis, dass sie Anspruch auf eine Prämie hatten, denn in ihrer Abwesenheit war beschlossen worden, dass sie für die lange Dauer ihrer Reise entschädigt werden sollten. Edward Belcher wurde zum Ritter geschlagen. Richard Hinds musste beim Öffnen seiner Kisten feststellen, dass viele seiner Exemplare von Insekten „pulverisiert" worden waren und dass zweihundert Pflanzenarten, die er in Kalifornien und auf den Pazifikinseln mühsam gesammelt hatte, „schon beschrieben" waren.

Was die Weltumsiedlung der HMS *Sulphur* ungewollt demonstrierte, waren das allgegenwärtige Vorkommen und der alltägliche Nutzen des Elements, nach dem sie benannt war. Ihre Besatzung hatte sein häufiges Hervorbrechen aus der Erde respektvoll zur Kenntnis genommen und es für Wissenschaft, Festlichkeiten und Krieg genutzt. Das Schiff kehrte zurück in ein Land, in dem der Erfinder Thomas Hancock soeben ein Patent für die Nutzung von Schwefel bei der Vulkanisierung von Gummi erlangt hatte und die Schwefelängste aus der Offenbarung des Johannes so weit gedämpft waren, dass man den Namen Luzifer als eine Streichholzmarke tolerieren konnte.

Pinkeln für Phosphor

Lange bevor Phosphor ans Licht der Wissenschaft kam, gab es Phosphorus, den freundlichen Künder des anbrechenden Tages:

Lieblicher Phosphor, bring den Tag!
Licht wird vergelten
Das Unrecht der Nacht;
Lieblicher Phosphor, bring den Tag!

So schrieb Francis Quarles 1635 in seinen *Emblems Divine and Moral* in einer typischen Beschwörung des Morgensterns, der im Griechischen als Phosphoros und in latinisierter Form als Phosphorus bekannt war. Der Morgenstern, den wir heute kennen – und der in Wirklichkeit auch damals bekannt war, wenngleich der poetischen Phantasie die Vorstellung von einem selbsterzeugten Licht lieber war –, ist der Planet Venus, den wir am Himmel immer in der Nähe der Sonne sehen und der ihr Licht strahlend reflektiert, so dass er uns als der Herold des neuen Tages erscheint. Derselbe Planet erfüllt seine Pflicht nochmals als der Abendstern Hesperus, der das Licht der gerade untergegangenen Sonne einfängt und von den Poeten, die ja Langschläfer sind, häufiger angerufen wird als Phosphorus.

Diese leuchtenden Begleiter der Morgen- und der Abenddämmerung waren so nützlich, dass man sie in der Lyrik auch dann noch heranzog, als längst wissenschaftlich erwiesen war, dass die Namen fälschlich benutzt wurden. Der poetische Phosphorus war noch nicht auf seinem Zenit, als ein gewisser Hennig Brand in Hamburg ihn zum Namensgeber des neuen Elements machte, das er entdeckt hatte, vermutlich im Jahr 1669. Doch nach und nach machten sich die Dichter die neue Bedeutung zu eigen. So ruft Tennysons *In Memoriam* im 19. Jahrhundert noch den Morgenstern Phosphor an, um die Tageszeit anzuzeigen, ebenso wie Keats auf dem Gipfel des Ben Nevis. Doch in seinem Poem *Lamia* neigt Keats dann zu der Ansicht, das natürliche Leuchten könne vom Menschen eingefangen, ja sogar regelrecht eingesperrt werden, denn er beschreibt ein Portal, „in dem eine silberne Lampe hing, deren Phosphorschimmer sich in den zerschlagenen Treppenstufen darunter spiegelte, sanft wie ein Stern im Wasser". Diese Vorstellung entspricht Berichten von „immerwährenden Lampen", die vermutlich auf phosphoreszierenden Materialien beruhten und angeblich von den frühen Christen wie zum Beispiel Augustinus benutzt wurden.

Es ist eine unwiderstehliche Vorstellung, dass eine Substanz ein Licht ausstrahlt, das kein Feuer zu sein scheint, und es ist tatsächlich so, dass elementarer Phosphor im Dunkeln leuchtet. Das Licht stammt von der Verbrennung kurzlebiger Oxide, die bei Kontakt mit der Luft an seiner Oberfläche entstehen. Bestätigt wurde dieser Vorgang erst 1974, dreihundert Jahre nachdem Brand das unheimliche Licht erstmals beobachtet hatte. Aber nicht alles, was wir als phosphoreszierend zu bezeichnen geneigt sind, verdankt seinen Schimmer dem Phosphor. Das Meeresleuchten, das man in warmen Gewässern nachts beobachtet, wenn das Meer milchigweiß erstrahlt wie das Negativ eines Fotos, tritt auf, wenn Enzyme in biolumineszenten Bakterien chemische Reaktionen auslösen, aber Phosphor ist daran ebenso wenig beteiligt wie an ähnlichen chemischen Vorgängen bei lumineszierenden Organismen, von den Glühwürmchen bis zum Hallimasch.

An anderen nicht minder seltsamen Vorgängen ist Phosphor jedoch beteiligt. Von Heringen sagt man zum Beispiel, dass sie Licht ausstrahlen, wenn sie verfaulen. Diese unglaubliche Behauptung machte mich neugierig, und so kaufte ich ein paar Heringe, von denen ich einen zum Verwesen in die Garage legte, wo der Ammoniakgeruch nicht allzu belästigend sein würde. Zwei Nächte später konnte ich die Stelle, an der ich den Fisch hingelegt hatte, mit der Nase erspüren. Zunächst sah ich nichts. Als sich meine Augen aber an die Dunkelheit gewöhnt hatten, erkannte ich zu meiner Verwunderung ein ganz schwaches Schimmern, das sich mit der Torpedoform des Herings deckte, wobei das Leuchten zum Kopf hin am stärksten war. In *Die Ringe des Saturn* sagt W. G. Sebald, dass „der Hering, dessen toter Körper an der Luft zu leuchten beginnt", erklärungsbedürftig sei. Dabei ist der chemische Prozess ganz einfach. Neben dem Ammoniak wird eine kleinere Menge der entsprechenden Phosphorverbindung gebildet, Phosphin, und eine verwandte Verbindung, Diphosphin, das zur Selbstentzündung neigt. Dieses Gas, das dem Fischkadaver entströmt, verbrennt mit langsamer Flamme und erzeugt dabei das Licht. Die besagte Reaktion soll angeblich Fälle von spontaner menschlicher Selbstentzündung erklären. In *Bleak House* lässt Charles Dickens den Lumpen- und Knochensammler Krook auf diese denkwürdige Weise sein Ende finden. Sein Mieter findet ihn, „das verkohlte schwarze Ding", „erzeugt von den verdorbnen Säften des verkommenen Körpers selbst". Dickens enthüllte, dass er sich über Fälle von spontaner menschlicher Selbstentzündung kundig gemacht hatte, denn in seiner Schilderung der gerichtlichen Untersuchung des Todesfalles Krook führte er eine Reihe von „wirklichen" Fällen an. Der Roman erschien zunächst in Fortsetzungen, und als diese Folge publiziert wurde, erhob unter anderen der Philosoph George Henry Lewes gegen Dickens den Vorwurf, pseudowissenschaftlichen Vorstellungen Glauben zu schenken. Als der komplette Roman dann in Buchform erschien, verteidigte Dickens im Vorwort entschieden seine Auffassung und verwies auf einen weiteren Fall, der erst kurz zuvor bekannt geworden war. Meldungen über Fälle von spontaner menschlicher Selbstentzündung tauchen hin und wieder auf, aber in der Regel mangelt es an Zeugen, die den Vorgang beobachtet haben. Als mögliche Entzündungsursache ist vom Körper freigesetzter Phosphor nicht gänzlich ausgeschlossen.

Hennig Brand war ein Alchemist, der eine gute Partie gemacht hatte, und mit Duldung seiner Frau konnte er am Michaelisplatz im neuen Teil des aufstrebenden hanseatischen Hafens Hamburg ein Laboratorium betreiben. Er war ein rechtschaffener Bürger, der sich mit seiner Wichtigtuerei allerdings den satirischen Spitznamen Dr. Teutonicus zugezogen hatte, doch aus heutiger Sicht scheint sein richtiger Name passender zu sein als alle Alternativen: Brand ist das deutsche Wort für Feuer. Er glaubte im Einklang mit der alchemistischen Orthodoxie, dass es einen göttlichen Zusammenhang zwischen dem Gold, das er suchte, und jener reichlich vorhandenen goldenen Flüssigkeit geben könnte, dem menschlichen Urin. Das veranlasste ihn, eine große Menge Urin zu sammeln und verdunsten zu lassen, um den Rückstand zu destillieren. An dem aufsteigenden Dampf fiel ihm ein gespenstisches Glühen auf, und auch das wachsartige weiße Material, das sich daraus niederschlug, besaß dieses innere Licht. Und es entflammte sich, als es der Retorte entwich und mit Luft in Berührung kam. Erstaunt stellte Brand fest, dass das Licht nicht von der Temperatur des Experiments abhängig war, sondern eine immanente Eigenschaft der geheimnisvollen Substanz zu sein schien. Er erkannte, dass er jetzt etwas sehr Bemerkenswertes in den Händen hatte, ein übernatürliches Licht, das aus der Substanz unseres eigenen Körpers hervorging. Womöglich handelte es sich sogar um den Stein der Weisen. Zumindest musste es ein Zeichen sein. Als eifriger Alchemist, der er war, verbrachte er die nächsten Jahre mit dem vergeblichen Bemühen, seine Entdeckung in Gold zu verwandeln. Andere versuchten, Brands Erfolg für sich auszuschlachten, aber der Philosoph Gottfried Leibniz, damals im Dienst des Herzogs Johann Friedrich von Hannover, unterstützte den Alchemisten und verhalf ihm zu Verträgen, die es ihm gestatteten, am Ende zumindest etwas Gold für seine Bemühungen zu erhalten.

Brands Experiment – das erste dokumentierte Stück Wissenschaft, das zur Entdeckung eines neuen Elements führte, auch wenn dies seinerzeit nicht erkannt wurde – machte auf mich den Eindruck, als könnte ich es zu Hause wiederholen. Ich konnte aus meinem Urin meinen eigenen Phosphor machen.

Doch zunächst würde ich, wenn ich überhaupt eine Chance des Gelingens haben wollte, ein genaueres Rezept benötigen. Wo sollte ich danach suchen? Brand hatte nichts von seiner Arbeit publiziert, sie zunächst geheim gehalten und nur gelegentlich für ein paar Taler Details ausgeplaudert. Mit diesen kümmerlichen Hinweisen vermochten Brands Rivalen einige Jahre lang nicht, seine Leistung zu wiederholen. Wenn es dann doch dem einen oder anderen gelang, trug auch er dafür Sorge, das Geheimnis zu bewahren, denn natürlich steigerte es das Interesse an der Vorführung einer leuchtenden Probe der geheimnisvollen Substanz, wenn man Schweigen darüber wahrte, auf welche Weise man sie erlangt hatte.

Bild 18: Wrights *Alchemist*

Es gibt viele Gemälde der berühmten Wissenschaftler, die man mit der Entdeckung der Elemente in Verbindung bringt – darunter vor allem Jacques-Louis Davids schwelgerisches Porträt von Antoine Lavoisier, dem großen Modernisierer der Chemie, und seiner Frau –, aber sehr wenige, die sie bei der Arbeit zeigen oder vorgeben, den Moment der Entdeckung darzu-

stellen. Eine Ausnahme macht die Entdeckung des Phosphors: Davon gibt
es ein herrliches Gemälde von Joseph Wright. Es trägt den listig enthüllen-
den Titel *Der Alchemist, auf der Suche nach dem Stein der Weisen, entdeckt
den Phosphor und betet um den erfolgreichen Abschluss seiner Arbeit, wie es
bei den alten chemischen Astrologen Brauch war.*

Ich habe mir das Gemälde in der städtischen Kunstgalerie von Derby
angesehen, wo Wright geboren wurde und während der längsten Zeit seines
Lebens arbeitete. Es enthält vieles, was einen neugierig macht. Warum trägt
der Alchemist Brand Mönchsgewänder, und warum arbeitet er in einem
Raum mit gotischem Gewölbe, wenn die Szene im Jahr 1669 spielen soll?
Man fühlt sich eher an einen Frankenstein-Film erinnert als an ein ordent-
liches Laboratorium. Solche Anachronismen sind vermutlich bewusst gewählt, wie wir noch sehen werden. Doch zunächst will ich mich dem dargestellten Experiment zuwenden. Wright zeigt Brand kniend, die Arme
erstaunt ausgebreitet, vor einem hell leuchtenden Glaskolben, der auf einem
Dreibeinstativ ruht. Daneben erhebt sich, frei im Raum stehend, ein ver-
putzter Rauchfang aus Backstein, der von einem unsichtbaren Feuer be-
schickt wird. Oben ragt aus dem Rauchfang ein Rohr hervor, das hinunter
in den Glaskolben führt, und durch dieses Rohr ergießt sich ein leuchtendes Material in den Kolben. Es ist klar, dass dem Kolben keine Wärme
zugeführt wird und dass alles unternommen wurde, um das Eindringen von
Luft in den Apparat auszuschließen, denn die Verbindung zwischen Rohr
und Kolben ist sorgfältig mit Lehm abgedichtet. Diese Details unterstrei-
chen, dass das erzeugte Licht als Naturwunder zu betrachten ist und nicht
als ein Taschenspielertrick des Alchemisten.

Wrights Bild darf natürlich nicht als verlässliche Darstellung der Tatsachen verstanden werden, schien mir aber einige Ermutigung zu bieten. Die
Versuchsanordnung war schlicht und einfach, und das würde es mir leichter machen, das Experiment nachzuahmen. Und ich wusste jetzt, was ich
erwarten konnte, wenn es funktionierte. Doch die in dem Ofen verborgenen Ausgangsmaterialien blieben rätselhaft wie immer. Wie bekam man aus
flüssigem Urin etwas, das man in einen Ofen tun konnte?

Während Brand und seine Konkurrenten mit ihren zugestöpselten Proben des *noctiluca*, des „Nachtlichts", von einem Fürstenhof Europas zum

anderen tingelten, waren zum Glück einige führende Wissenschaftler zugegen, um sich Notizen zu machen und ihre eigenen Untersuchungen durchzuführen, aus denen sich tatsächlich schlüssigere Rezepte ergaben. Eines der eindeutigsten findet man in den Papieren von Robert Hooke, einem der ersten Fellows der Royal Society, veröffentlicht 23 Jahre nach seinem Tode im Jahr 1726:

Man nehme eine Menge Urin (für ein Experiment nicht weniger als 50 bis 60 Eimer voll); man lasse sie in einem oder zwei Bottichen oder einer Tonne aus Eichenholz ziehen, bis sie sich zersetzt und Würmer hervorbringt, was in 14 oder 15 Tagen der Fall sein wird. Dann bringe man einen Teil davon in einem großen Kessel auf einem starken Feuer zum Sieden, und während sie sich verbraucht und verdunstet, schütte man fortwährend nach, bis die gesamte Menge am Ende zusammengeschrumpft ist zu einer Masse oder vielmehr einer harten Kohle oder Kruste, der sie ähneln wird; dies kann in zwei oder drei Tagen erreicht werden, sofern das Feuer gut versorgt wird, andernfalls kann es aber auch zwei Wochen oder mehr in Anspruch nehmen. Dann nehme man die erwähnte Masse oder Kohle, zerstoße sie zu Pulver und füge ordentlich Wasser hinzu, etwa 15 Finger hoch oder viermal so hoch wie das Pulver; darauf lasse man beides zusammen eine Viertel Stunde lang kochen. Dann seihe man die Flüssigkeit und alles durch ein wollenes Tuch ab; was zurückbleibt, kann man fortwerfen, doch die Flüssigkeit, die hindurchgeht, muss man nehmen und sieden, bis sie zu einem Salz wird, was binnen weniger Stunden geschehen wird.[37]

Danach musste man dem Salz nur noch etwas *Caput Mortuum* (oder „Totenkopf", was man, wie es scheint, „bei jedem Apotheker bekommt") hinzufügen und das Gemisch in Alkohol einweichen, „so dass es zu einer Art Brei wird".

Dann lasse man alles in warmem Sand verdunsten, und zurückbleiben wird ein rotes oder rötliches Salz. Dieses Salz nehme man, tue es in eine Retorte und erhitze es während der ersten Stunde auf kleiner Flamme;

man verstärke das Feuer während der nächsten, nochmals während der dritten und mehr während der vierten; dies setze man 24 Stunden lang fort, bis zur höchsten Flamme. Manchmal können wegen der Stärke des Feuers schon 12 Stunden ausreichen; denn wenn man sieht, dass das Behältnis weiß ist und von Feuer strahlt und dass nicht mehr von Zeit zu Zeit Blitze oder gewissermaßen Windstöße aus der Retorte kommen, dann ist die Arbeit vollendet. Und man kann das Feuer mit einer Feder zusammenkehren oder, wo es anhaftet, mit einem Messer abkratzen.

Man bewahrt das Feuer am besten in einem Bleigefäß auf, abgeschlossen gegen die Luft. Doch damit man es sieht, tut man es auch in ein Glas, in Wasser, wo es bei Dunkelheit leuchten wird...[38]

Das klang nun doch unglaublich. Fünfzig oder sechzig Eimer Urin war zunächst einmal schrecklich viel. Wie lange würde ich brauchen, um diese Menge zu erzeugen? Tatsächlich sollte es mir, wie ich erfuhr, möglich sein, einige Abkürzungen zu nehmen und das Experiment im kleineren Maßstab nachzuahmen. Ein Eimer Urin, für den ich ungefähr drei Tage brauchen würde, sollte rund vier Gramm Phosphor enthalten. Das würde, falls es mir gelänge, es herauszufiltern, mehr als genug sein, um „das Feuer" zu entzünden.

Ich sammle vier Liter und lasse sie in einem offenen Behälter draußen im Garten verdunsten. Zuerst stinkt es, aber allmählich verliert sich der widerliche Geruch, und die Flüssigkeit nimmt den kräftigen Farbton von dunklem Bier an. Erleichtert nehme ich zur Kenntnis, dass sich augenscheinlich keine Würmer darin entwickeln, nicht nur, weil es mich nicht sonderlich danach gelüstet, sie aus dem sich zersetzenden Konzentrat herauszupicken, sondern auch, weil es bedeutet, dass meine Probe nicht mit verstreuter organischer Materie verunreinigt ist, so dass ich mir einige der Reinigungsprozeduren ersparen kann, die man im 17. Jahrhundert für nötig hielt. Nachdem der Sud mehrere Wochen in der Sonne gestanden hat, ist das ganze Wasser verdunstet, und mir bleiben 22 Gramm eines nahezu geruchlosen kristallinen Rückstands mit der Farbe von Sägemehl. Dies ist, so hoffe ich, das rötliche Salz, das Hooke beobachtete.

Jetzt bin ich so weit, mit dem langen Rösten zu beginnen. Dafür benötige ich professionelleres Laborgerät und fachlichen Rat. Ich gewinne die Unterstützung von Andrew Szydlo, einem meiner ehemaligen Chemielehrer. Andrew ist ein Mann mit vielen Talenten, und was unser Vorhaben angeht, ist er eine Autorität hinsichtlich der Geschichte der Alchemie und Verfasser einer Abhandlung über Michael Sendivogius, den polnischen Alchemisten, der möglicherweise zu Beginn des 17. Jahrhunderts den Sauerstoff entdeckte und zu seiner Nutzung in einem bahnbrechenden bemannten U-Boot beitrug, mit dem der Holländer Cornelis Drebbel 1621 die Themse durchquerte. Andrew spricht ein pompös klingendes Englisch mit leichtem polnischen Akzent und pflegt seine ehemaligen Schüler als „Professor!" zu begrüßen. Er ist begeistert von der Idee, die erste Isolation eines chemischen Elements nachzuahmen, und stellt verschiedene Ingredienzien bereit, die sich als nützlich erweisen könnten, darunter nicht zuletzt Schießpulver-Holzkohle, die er aus Weidenholz gemacht hat.

Wir zermahlen etwas von meinem Urinrückstand in einem Mörser und kippen es zur Erhitzung in ein Reagenzglas. Dieses Glas ist mit einem Gerät verbunden, mit dem wir jegliche Destillate auffangen und entweichende Gase testen können. Flüchtiges Material einschließlich Phosphor sollte sich in einem zweiten Reagenzglas niederschlagen, während die Gase durch einen Abzug entweichen. Wir richten zwei Bunsenbrenner mit maximaler Temperatur auf die Unterseite des beschickten Reagenzglases und warten. Zunächst steigt ein wenig Wasserdampf auf, gefolgt von dicken gelben Kringeln, die ein bisschen wie brennender Tabak aussehen und riechen. „Sehr sonderbar", sagt Andrew auf seine dämonische Art. „Ein ganz seltsames Experiment, ehrlich." Der Dampf schlägt sich als ein teeriges braunes Öl nieder, wie es ähnlich bei der kontrollierten Verbrennung vieler Formen von organischer Materie entsteht. Am Abzug zeigen sich Fahnen eines weißen Dampfes. Könnte dies Phosphorpentoxid sein, das saure Verbrennungsprodukt des Phosphors? Der Lackmustest zeigt, dass es leider alkalisch ist; ein weiterer Schnelltest mit Salzsäure bestätigt, dass es nur Ammoniak ist.

Wir lassen den festen Rückstand im Reagenzglas abkühlen. Er hat jetzt einen dunklen schiefergrauen Farbton. Ein Flammentest, bei dem etwas von diesem Feststoff auf ein Stück Platindraht getupft und in eine heiße blaue Flamme gehalten wird, zeigt das charakteristische gelbe Licht von

Natrium und ein schwächeres Gelbrot, das auf Kalzium beruht. Andrew erteilt mir jetzt eine Lehrstunde in analytischer Chemie, mit eingestreuten Tiraden gegen den desolaten Zustand des Chemieunterrichts: dass die Hausmeister ständig diverse Geräte, die sie für Schrott halten, aus dem Weg räumen, dass die Studenten heutzutage kaum noch selbst Experimente machen dürfen, und so weiter.

Ist das Natrium nur gewöhnliches Salz – Natriumchlorid –, oder ist es vielleicht, wie wir hoffen, ein Phosphat- oder Phosphitsalz, was bedeuten würde, dass wir unserem Ziel näher kommen? Wir lösen etwas von dem grauen Rückstand in Wasser auf, fügen einen Tropfen Silbernitrat hinzu und erhalten rasch eine schmutzige Ausfällung. Diese zerfällt in einen milchigweißen Schlamm – der übliche Nachweis von Chlorid – und einen rätselhaften braunen Rest, der sich weder in Säure noch in Lauge auflöst, was darauf hindeutet, dass er reich an anorganischen Substanzen ist. Hier hält sich vermutlich noch der Phosphor versteckt. Wir beschließen, den Rückstand nochmals zu erhitzen, vermischt mit der speziellen Holzkohle, die Andrew mitgebracht hat, um das Phosphat oder Phosphit zum elementaren Phosphor zu reduzieren. Wir zermahlen den grauen gebrannten Urinrückstand und die schwarze Weidenholzkohle gemeinsam und bearbeiten das Gemisch mit den Bunsenbrennern. „Dem rösten wir jetzt die Hosen runter", sagt Andrew vergnügt.

Ich bin überrascht, als der Rückstand, der mittlerweile etwa eine Stunde lang den höchsten Temperaturen ausgesetzt war, die wir im Schullabor erzeugen können, erneut zu reagieren beginnt. Andrew erklärt, dass wir durch das gemeinsame Zermahlen mit der Holzkohle die Kontaktfläche zwischen den beiden Stoffen stark vergrößert und so die Chancen einer Reaktion erhöht haben. Es entsteht mehr Ammoniak, gefolgt von einem Gas, das mit einer niedrigen blauen Flamme brennt, wenn man eine Wachskerze daran hält. Wir schalten die Laborlampen aus, um die Flamme genauer zu studieren. Könnte dies unser Phosphor sein? Nein, denn der würde einen dichten weißen Rauch von Phosphorpentoxid bilden. Es ist vermutlich Kohlenmonoxid, das zu dem unsichtbaren Kohlendioxid verbrennt. Als die Flamme im abgedunkelten Labor dahinschwindet, glauben wir in ihren letzten Momenten einen matten weißen Rand zu erkennen. „Allmählich kriegen wir wohl was", meint Andrew. Unser Ergebnis ist begrenzt durch die mit Bunsenbrennern höchstens erreichbare Temperatur von fünf- bis sechshundert Grad, und wir werden daran erinnert, dass Brand und seine Nachahmer weit heißere Öfen benutzten und das Experiment über Stunden oder Tage laufen ließen. Wir beschließen, uns noch einmal zu treffen, ausgerüstet mit Quarz-Reagenzgläsern und einem Schneidbrenner, um die Temperatur richtig hochzufahren.

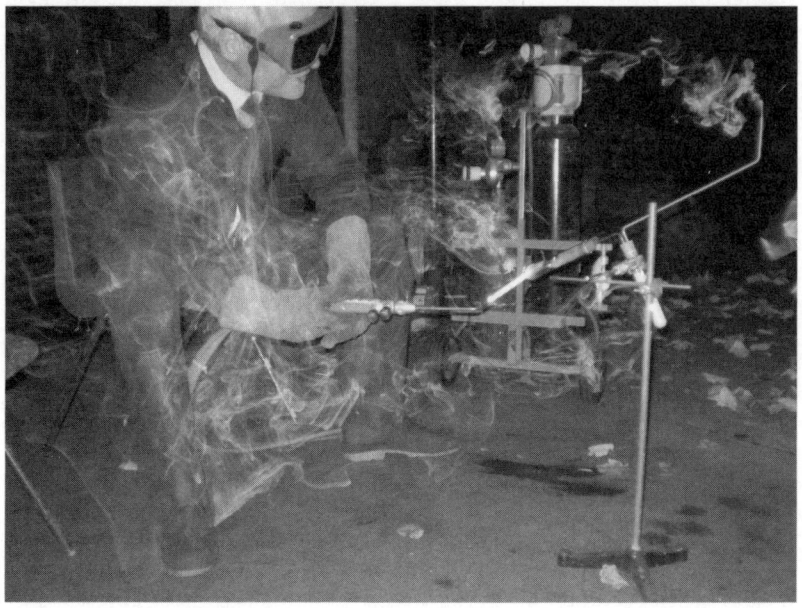

Bild 19: Szydlos Experiment

Diesmal wird sofort deutlich, dass wir eine weit höhere Temperatur erreichen. Die Beobachtungen, die sich zuvor über eine Stunde oder mehr hinzogen, spielen sich jetzt innerhalb von Minuten ab. Sehr schnell beginnt der geröstete Rückstand in dem Quarzglas ein blendend weißes Licht auszustrahlen. In unserer Erregung nehmen wir an, dass dies unser Phosphor sein könnte, aber der Lichtschein verharrt unerschütterlich an der Spitze der türkisfarbenen Schneidbrennerflamme, wo die Hitze am größten ist. Wäre es Phosphor, würde er in Dampfform aus dem Reagenzglas entweichen und sich in dem kühleren zweiten Reagenzglas niederschlagen, wie auf dem Bild von Wright. Offenbar handelt es sich nur um eine durch die extreme Hitze erzeugte Weißglut, die sogar die Substanz in dem Quarzglas verdampfen lässt. Wir müssen eingestehen, dass Brand offensichtlich ein beeindruckender experimenteller Forscher gewesen war.

Joseph Wright schuf das Gemälde *Der Alchemist* im Jahr 1771. Es war nur eine aus einer ganzen Reihe von wissenschaftlichen Demonstrationen, die er auf Leinwand bannte. Sein berühmtestes Werk ist wohl das etwas früher entstandene *Experiment mit dem Vogel in der Luftpumpe*, auf dem sich eine begüterte Familie in unterschiedlichen Zuständen des Staunens, Entsetzens und Mitleids um einen Glaskolben versammelt, aus dem der Naturphilosoph, der uns aus der Bildmitte unerschrocken entgegenblickt, die gesamte Luft herausgepumpt und so das Leben oder zumindest das zeitweilige Bewusstsein des darin gefangenen Vogels ausgelöscht hat.

Wright stand in enger Verbindung mit der Lunar Society im nahe gelegenen Birmingham, deren Mitglieder, darunter James Watt, der Physiologe und Dichter Erasmus Darwin und der Chemiker Joseph Priestley, sich meist bei Vollmond trafen, um nach einem Abend, der ein „Dinner mit ein wenig philosophischem Gelächter", aber auch gelegentliche experimentelle Demonstrationen umfasste, bei natürlichem Licht ihre Heimfahrt antreten zu können. Inspiriert von Robert Boyles Arbeit über das Vakuum in den 1650er Jahren, scheint das Gemälde zugleich Priestleys Experimente über die das Leben beeinflussenden Eigenschaften der neuen Gase Sauerstoff und Kohlendioxid vorwegzunehmen, die damals noch einige Jahre in der Zukunft lagen – und durch das Fenster scheint der Vollmond herein. Andere Mitglieder der Gesellschaft, zum Beispiel die Industriellen Josiah Wedgwood und Richard Arkwright, kauften seine Werke. Mit diesen Gemälden machte Wright sich einen Namen als Chronist der wissenschaftlichen Aufklärung.

Der Alchemist ist wie *Die Luftpumpe* nachträglich imaginierte Geschichte. Das Bild behauptet, die erste Herstellung des Phosphors zu zeigen, die ebenfalls über ein Jahrhundert zurücklag. Als Allegorie gedeutet, scheint das Gemälde die moderne Wissenschaft zu repräsentieren, die ihr Licht in die alchemistische Dunkelheit wirft, eine Botschaft, die eigentlich bei Wrights Förderern gut ankommen sollte. Doch das Werk gefiel weder ihnen noch den zeitgenössischen Betrachtern; es blieb bis zu Wrights Tod im Jahr 1797 unverkauft. Eine scharfsinnige Analyse der Kunst- und Wissenschaftshistorikerin Janet Vertesi versucht seine „eigentümliche Erfolglosigkeit" und den sonderbaren Aufzug des Protagonisten zu erklären.[41] Das Gemälde stellt ein Gleichgewicht zwischen drei Lichtquellen her – abermals dem Vollmond von draußen, dem strahlenden Phosphor, der sich in den Kolben ergießt, und, auf einer Bank im Hintergrund, dem schwächere Licht einer Öllampe, in deren Schein zwei Assistenten ihrer eigenen Beschäftigung nachgehen, anscheinend ohne die wundersame Szene zu bemerken, die sich vor ihnen abspielt. Diese Dreifaltigkeit der Lichter mag eine religiöse Bedeutung haben, aber sie symbolisiert zugleich einen Wettstreit zwischen der Natur (Mond), der Aufklärung (Öllampe) und einer geheimnisvollen, mächtigeren dritten Kraft. Die rationalen Studenten der Natur (sie sind modern gekleidet und nutzen moderne Geräte, im Gegensatz zu ihrem druidenhaften Meister) arbeiten bei Lampenlicht, aber sie werden buchstäblich in den Schatten gestellt durch das Licht der *zufälligen* Entdeckung des unwissenden Alchemisten. Man erinnere sich des von Wright sorgfältig formulierten Titels: „Der Alchemist, auf der Suche nach dem Stein der Weisen, entdeckt den Phosphor…" Mit anderen Worten: Der Alchemist leistet, während er tut, was immer es ist, das Alchemisten tun sollen, ungewollt einen echten Beitrag zur Wissenschaft, einen Beitrag zudem, den die Rationalisten selbst nicht zu leisten vermochten. Welche Botschaft enthielt dies für die aufgeklärten Fortschrittler der Lunar Society?

Doch es war die Wissenschaft, die zuletzt lachte. Brand und seine wenigen Konkurrenten, denen es gelang, sein Experiment zu wiederholen, bereisten mit ihrer kostbaren leuchtenden Fracht die Höfe Europas. In England wohnte Karl II. einer Demonstration bei, ebenso wie Samuel Pepys und andere Fellows der Royal Society. John Evelyn schrieb, dass sie bei einem gemeinsamen Essen mit Pepys im Jahr 1685 „einem sehr noblen Experiment" beiwohnten, bei dem durch die Mischung zweier Flüssigkeiten „fixierte diverse Sonnen und Sterne aus echtem Feuer, vollkommen kugelförmig, außerhalb des Glases (entstanden), die dort stehen blieben wie ebenso viele Konstellationen und überaus heftig brannten".[42] Phosphor blieb noch lange Zeit kaum mehr als ein Zauberkunststück für vornehme Gesellschaften. Ihn zu erlangen war mühsam und undurchsichtig, und man war sich nicht einmal einig, ob er überhaupt ein Element darstellte; manche chemischen Wörterbücher führten ihn allenfalls als „eine Art Schwefel".

Genau hundert Jahre nachdem Hennig Brand Phosphor aus Urin isoliert hatte, zeigten die Schweden Carl Scheele und Johan Gahn, dass er ein wesentlicher Bestandteil der Knochen war. Dank dieser reicheren Quelle des Elements wurde es endlich möglich, über eine praktische Nutzung nachzudenken. Denn überzeugender als ein mysteriöses Licht in der Natur ist, wie Keats bemerkte, ein Licht, das vom Menschen eingefangen werden kann. Als Keats 1819 *Lamia* verfasste, waren Phosphorlampen, wie er sie beschreibt, der letzte Schrei, nachdem Erfinder einen Weg gefunden hatten, die sofortige Verbrennung des Phosphors dadurch zu verhindern, dass sie ihn in einem geeigneten Trägermedium verdünnten und den Zutritt von Luft regulierten. Auf diese Weise gelang es ihnen, eine Lampe zu schaffen, die bei Bedarf über mehrere Wochen hinweg einen stetigen Lichtschein spenden konnte. Die Entdeckung und Nutzung des Phosphors kamen zur rechten Zeit, um aus dem Element ein Symbol der Zähmung der Natur, des Fortschritts und der Aufklärung zu machen.

Die Briten zahlten den Hamburgern ihr chemisches Geschenk an die Welt in der letzten Woche des Juli 1943 gehörig heim. Bei nächtlichen Angriffen warfen Hunderte von Flugzeugen 1900 Tonnen Brandbomben aus weißem Phosphor über der Stadt ab, als Höhepunkt einer Strategie des „Moral Bombing", die 1941 genehmigt worden war von Premierminister Winston Churchill und Arthur Harris, dem Oberbefehlshaber des Bomber Command der Royal Air Force, der bestrebt war, die Luftangriffe auf solche Orte zu lenken, wo die Wahrscheinlichkeit, die Moral des Feindes zu schwächen, am größten war. Das Ziel der Alliierten bestand im Sommer 1943 nicht nur in der Zerstörung historisch und industriell bedeutsamer Städte, sondern auch solcher, die dicht mit wichtigen Arbeitskräften bevölkert waren, und sie wandten dabei Mittel an, die genau darauf abzielten, die Deutschen durch Terror in die Kapitulation zu zwingen. So kam es zu einer noch nie da gewesenen Massierung von Brandbomben und speziell von Phosphor.

Bild 20: Brandbombenangriff auf Hamburg

Am 27. Juli, in der dritten Bombennacht, kam es durch das Zusammentreffen des Brandbombenabwurfs mit dem heißen, windstillen Wetter zu einem Feuersturm, einem Phänomen, bei dem die Intensität des Brandes Luft aus allen Richtungen ansaugt, dadurch die Flammen verstärkt und einen ungeheuer heißen Feuerwirbel erzeugt. In den Worten eines deutschen Historikers: „Im Zusammenwirken von Klima, Brandmischung, Verteidigungskollaps und Blockbaustruktur trat ein, was Harris' Codewort ,Gomorrah' der Operation unterlegte: Wie Abraham im 19. Kapitel Genesis schaute er gegen die sündige Stadt ,und sah: Qualm stieg von der Erde auf wie der Qualm aus einem Schmelzofen'. Er zerschmolz zwischen vierzig- und fünfzigtausend Personen."[43] Viele andere erstickten, weil der Flammensturm einfach die Luft aus ihren Luftschutzkellern saugte. Die Altstadt überlebte zwar, doch ein Großteil von Hamburg-Mitte, dem Bezirk, in dem Brand annähernd dreihundert Jahre zuvor erstmals Phosphor isoliert hatte, wurde von dem Feuer verwüstet. Mehr als eine Viertelmillion Wohnungen wurden zerstört, zusammen mit Fabriken, Hafenanlagen und den wichtigen U-Boot-Werften. Achtundfünfzig Kirchen wurden in Schutt und Asche gelegt, und obwohl seine Umgebung schwer getroffen wurde, hielt sich Sankt Michaelis noch ein weiteres Jahr, bis er bei einem amerikanischen Bombenangriff schwer beschädigt wurde. In jenem Herbst blühten die Bäume Hamburgs noch einmal, als ob Frühling wäre.

„Einen Abwurf von Phosphorbomben auf die Häuser von unschuldigen Zivilisten wird es wohl nie wieder geben", schreibt John Emsley, während er andererseits erklärt, dass das Element dank seiner unglaublichen Vielseitigkeit dennoch ein Bestandteil moderner Waffenkammern bleiben wird: Man benutzt es, um Ziele zu beleuchten, Rauchvorhänge zu erzeugen oder Vegetation in Brand zu setzen und zu roden.[44] Doch während ich dies im Januar 2009 schreibe, hat Israel eingestanden, während seiner Offensive in Gaza weißen Phosphor benutzt zu haben. Das Feuer der Israelis traf zuerst eine Schule der Vereinten Nationen, und eine Woche später behaupteten Vertreter des UN-Hilfswerks für Palästinaflüchtlinge, sein Anwesen in der Stadt Gaza sei von Phosphorgranaten in Brand geschossen worden. In diesem Konflikt wie in anderen seit dem Ersten Weltkrieg wird Phosphor als legitimes Mittel der Kriegsführung betrachtet, aber er darf nach der Landkriegsordnung nur auf dem offenen Schlachtfeld und nicht gegen die Zivilbevölkerung eingesetzt werden. In Gaza war das „Schlachtfeld" zufällig dicht bevölkert; der Rauchvorhang, den Phosphor erzeugt, bleibt wie bisher ein buchstäblicher und ein moralischer.

„Wie in einem grünen Meer"

Die rote Mohnblume, die wir zum Gedenken an die im Ersten Weltkrieg erlittenen Verluste tragen, bietet uns Trost, weil sie ein Symbol des Überlebens ist: eine Blume, die auf dem Boden der Schlachtfelder wuchs, der mit dem Blut der Getöteten gedüngt worden war. Doch eine der Waffen dieses Krieges zerstört sogar diese sentimentale Deutung. Das Giftgas, das 1915 zum ersten Mal offensiv von beiden Seiten eingesetzt wurde, hatte eine entsetzliche Macht, die Lunge zu ersticken und das Gras und die Blumen weiß zu bleichen. Das Gas war Chlor.

Als der Krieg ausbrach, hatte man schon seit rund fünfzig Jahren vorweggenommen, dass es auf der Grundlage der wissenschaftlichen Fortschritte des 19. Jahrhunderts zur Entwicklung neuer chemischer Waffen für den Kriegseinsatz kommen werde. Wegen dieser drohenden Möglichkeit und der entschiedenen Überzeugung, dass sie etwas ganz und gar Verabscheuungswürdiges darstellte, hatte man jedoch längst vorbeugend einen Bann darüber verhängt und den Einsatz solcher tödlichen Stoffe auf dem Schlachtfeld reguliert.

Tränengas blieb zugelassen, weil es nicht tötet. Die Herausforderung für die Militärtechniker bestand darin, einen Weg zu finden, es im großen Maßstab in die feindlichen Reihen zu befördern und sicherzustellen, dass es bei seiner Ausbreitung größtmöglichen Schaden anrichtet, ohne die eigenen Kräfte zu gefährden. Der deutsche Chemiker, dem diese Aufgabe übertragen wurde, war Fritz Haber – derselbe Haber, der sich später bemühen sollte, für sein Land Gold aus dem Meerwasser zu gewinnen, und der bereits gefeiert wurde als einer der Innovatoren eines Verfahrens, Luftstickstoff in Ammoniak umzuwandeln. Als man ihm später für diese Arbeit den Nobelpreis zuerkannte, war die Entscheidung höchst umstritten, da die Alliierten ihn mittlerweile als Kriegsverbrecher betrachteten.

Habers geniale Idee bestand darin, es möglichst einfach zu halten. Im Vergleich zu Tränengas war Chlor chemisch betrachtet ein Rückschritt, aber in der praktischen Handhabung ein erheblicher Fortschritt. Statt es mühsam in Granaten zu füllen, die man hinter die feindlichen Reihen schießen konnte, schlug Haber vor, das Gas aus im Boden vergrabenen Zylindern entweichen zu lassen – den Rest würde der Wind besorgen. Das Chlor, doppelt so schwer wie Luft, würde sich als erstickende Decke am Boden auf den Feind zuwälzen, dem dann nichts anderes übrig bliebe als der Rückzug. Bei Ypern im Norden Belgiens überwachte Haber persönlich den Einbau von über fünftausend Zylindern auf einem sieben Kilometer langen Abschnitt der Westfront. Zur ersten Waffe des Gaskrieges wurde Chlor am Nachmittag des 22. April 1915, als ein aus der Sicht des deutschen Heeres günstiger Nordostwind wehte. Der Überraschungsangriff schien die alliierten Soldaten, hauptsächlich Franzosen und Algerier, zu überwältigen. Von der ätzenden Wolke eingehüllt, konnten sie nicht mehr entscheiden, ob sie sich vor dem Gas zurückziehen oder einen Vorstoß unternehmen sollten, in der Hoffnung, dann reine Luft zu atmen. Am Ende des Tages lagen Hunderte von Männern tot da, und Tausende waren kampfunfähig gemacht, darunter viele mit bleibenden Schäden.

Verstieß das Chlor gegen die Haager Landkriegsordnung mit ihrem Verbot „erstickender und giftiger" Substanzen? Habers Argument, Chlor sei wie Tränengas nicht tödlich und daher eine zulässige Kriegswaffe, erscheint unaufrichtig angesichts seiner späteren infamen Prahlerei, er habe „eine höhere Form des Tötens" erfunden. Die Zahl der Toten an diesem Aprilnachmittag in Ypern fällte darüber ihr eigenes Urteil.

Jedenfalls wurde der Angriff als ausreichend empfunden, um eine gleichartige Reaktion seitens der Alliierten zu rechtfertigen. Beide Seiten setzten bis zum Ende des Krieges immer wieder Gas ein, wenn auch nie mehr mit so verheerenden Folgen wie beim Einsatz durch die Deutschen bei Ypern und einige Wochen später an der Ostfront westlich von Warschau. Auch zeigten beide Seiten eine beunruhigende Bereitschaft, immer unangenehmere Gase einzusetzen und den chemischen Krieg durch Stoffe wie Phosgen (Carbonylchlorid) zu eskalieren. Dennoch scheint Chlor wegen seiner elementaren Einfachheit die brutalste Waffe zu sein. Das Gas zerreißt die Blutgefäße in der Lunge, und das Opfer ertrinkt schließlich in der Flüssigkeit, die der Körper beim Versuch, den Schaden zu reparieren, produziert.

Habers patriotische Bemühungen werfen einen langen Schatten, nicht zuletzt auf seine eigene Familie. Seine erste Frau Clara beging in der Nacht des 1. Mai 1915 Selbstmord, mit der Dienstwaffe ihres Mannes. Biografen streiten darüber, inwiefern dies Ausdruck ihres Protests gegen Habers chemischen Krieg war, aber es verdient erwähnt zu werden, dass sie selbst eine qualifizierte Chemikerin war und die Wirkungen des Chlors bei Habers Tier- und Feldversuchen beobachtet hatte. Haber ließ sich davon augenscheinlich nicht beirren; er reiste noch am selben Tag ab, um den Einbau von Gaszylindern an der Ostfront zu beaufsichtigen.

Habers Sohn aus zweiter Ehe Lutz (eine Kurzform für Ludwig-Fritz) wurde von der Geschichte seines Vaters verfolgt, und er versuchte das Gespenst zu bannen, indem er ein Buch mit dem Titel *The Poisonous Cloud* verfasste, das bis heute ein Standardwerk über chemische Kriegführung ist. Haber musste sein geliebtes Deutschland mit seiner Familie verlassen, als sein Berliner Forschungsinstitut 1933 von den Nazis geschlossen wurde. (Seiner Fähigkeiten als Chemiker hätte man sich zweifellos bedient, und er bot sogar seine Dienste an, aber er galt wegen seiner teilweise jüdischen Abstammung als inakzeptabel.) Er erwog, nach Palästina zu gehen, und bemühte sich dann um ein Unterkommen in Cambridge, aber am Ende fand er weder für das eine noch für das andere Zeit, weil er nur wenige Monate nach seiner Reise ins Exil starb.

Lutz Haber und seine Schwester Eva Charlotte blieben in England. Ich habe die beiden vor einigen Jahren in einem ungemein vornehmen Ferienhaus in Bath besucht, wo sie ihren Altersruhesitz gewählt hatten. Lutz war damals fast achtzig und ein wenig gebrechlich, aber Eva gehörte offenbar zu jener Sorte Frauen, die sich ihren scharfen Verstand bis ins Alter bewahren. Beide erinnerten sich nur noch dunkel an ihren Vater – dass er hin und wieder kegeln ging, dass sie ihm die Treppe hinaufhelfen mussten und dergleichen. Eva wusste noch, dass Einstein, ein Freund der Familie, ihr einmal die Relativitätstheorie durch die Analogie mit fahrenden Zügen erklärt hatte. Warum schrieb Lutz sein Opus magnum? „Ich glaubte, meinen Teil beitragen zu sollen", erklärte er. In seiner „persönlichen Einführung" in das Buch bezeichnet er seinen Vater als „die Verkörperung des romantischen, quasi heroischen Aspekts der deutschen Chemie, in dem sich Nationalstolz mit der Förderung der reinen Wissenschaft und dem utilitaristischen Fortschritt der Technik vermengte". Den Patriotismus seines Vaters findet er „ungewöhnlich selbst in einer Zeit, in der Chauvinismus – und in ihn schlägt der Patriotismus so häufig um – gesellschaftlich anerkannt war".[45] Zum Chlor sagte mir Lutz, es sei einfach „die am leichtesten zu beschaffende Substanz gewesen. Die chemische Industrie war in der Lage, Chlor rasch und in großer Menge herzustellen."

Wilfred Owen benutzt einen Chlorgasangriff als Folie, vor der er „die alte Lüge" des Patriotismus im berühmtesten Gedicht des Ersten Weltkriegs aufdeckt:

GAS! Gas! Schnell, Jungs! – eine ekstatische Fummelei,
Um die plumpen Helme rechtzeitig aufzusetzen.
Aber jemand schrie da noch und taumelte
Und zappelte wie ein von Feuer oder Ätzkalk Verbrannter.
Undeutlich, durch die beschlagene Scheibe und trübes grünes Licht
Wie in einem grünen Meer, sah ich ihn ertrinken.

In all meinen Träumen, vor meinen hilflosen Augen,
Taucht er auf mich zu, flackernd, würgend, ertrinkend.

Wenn auch du in erdrückenden Träumen liefest
Hinter dem Wagen, in den wir ihn warfen,
Und die verdrehten weißen Augen in seinem Gesicht sähest,
In seinem hängenden Gesicht, wie das eines Teufels, der der Sünde müde ist,
Wenn du hören könntest, wie bei jedem Stoß das Blut
Gurgelnd aus seinen schaumgefüllten Lungen läuft,
Ekelerregend wie der Krebs, Bitter wie das Wiederkäuen

Von Auswurf, unheilbare Wunden auf unschuldigen Zungen,
Mein Freund, du erzähltest nicht mit so großer Lust
Kindern, die nach einem verzweifelten Ruhmesglanz dürsten,
Die alte Lüge: *Dulce et decorum est*
Pro patria mori.

Owen schildert die Wirkungen des Gases mit der Genauigkeit eines Pathologen. Das berühmte Gemälde *Gassed*, das John Singer Sargent nach dem Krieg im Jahr 1919 vollendete, erspart uns diesen wahnwitzigen Horror. Das großflächige Bild zeigt eine Kolonne von elf Männern im Gänsemarsch, die sich an der Schulter oder am Tornisterriemen ihres jeweiligen Vordermannes festhalten, alle mit verbundenen Augen bis auf den einen, der sie führt. In der Ferne sieht man eine ähnliche Kolonne, die von Männern in weißen Kitteln weggeführt wird. Rings um die Verwundeten, die sich dahinschleppen, ist der Boden übersät mit anderen Verletzten, unter denen einer aus einer Wasserflasche trinkt, während ein anderer eine Hand gegen seine verbundenen Augen presst. Die Trostlosigkeit der flachen Landschaft wird nur unterbrochen von dem hellen Tuch der Sanitätszelte. Über dem Ganzen steht tief eine ranzige Sonne, deren Licht durch einen grünlichen Himmel dringt.

Bild 21: Sargents *Gassed*

Etwas an diesem Bild stimmt offensichtlich nicht. Es zeigt natürlich keinen Vergnügungsausflug, aber die Szene ist doch merkwürdig statisch, beinahe beruhigend. Die Soldaten leiden nicht. Es gibt keine sichtbaren

Verletzungen, keine narbenbedeckte oder verbrannte Haut, kein Blut; die Uniformen sitzen korrekt. Nichts deutet auf das Ersticken hin, das Owen beschreibt. Das Bild wurde gemalt, nachdem der Künstler im Sommer 1918 die Front in Frankreich besucht hatte. Das Gas, das in diesem späten Stadium des Krieges eingesetzt wurde, dürfte eher Senfgas gewesen sein, auch wenn der ekelhafte grünliche Dunst auf Chlor hindeutet. Der Künstler hat offenbar dem offiziellen Auftrag entsprochen, die soldatische Kameradschaft zu betonen, aber er kann nicht gemalt haben, was er sah, wenn er überhaupt wirklich die Nachwirkungen eines Gasangriffs zu Gesicht bekommen hat. Seine gigantische Inszenierung führt phantomhafte blonde, arische Helden vor – möglicherweise die Söhne der Salondamen, deren Porträts ihn reich gemacht hatten –, wie ein Heldenfilm in Cinemascope.

In der hellen, gelassenen Stille des Lesesaals im Imperial War Museum lese ich Briefe in die Heimat aus Ypern, in denen dieselbe Szene in ganz anderen Farben dargestellt wird. Sergeant Elmer Cotton vom 5. Bataillon der Northumberland Fusiliers schrieb: „Das flache Land ringsum war bis zu einer Höhe von 5 bis 7 Fuß mit einer grünlich-weißen dunstigen Wolke von Chlorgas bedeckt ... weiterhin kamen wir an einem Verbandsplatz vorbei – gegen eine Wand gelehnt saßen dort ein Dutzend Männer – alle vergast – ihre Farbe war schwarz, grün und blau, die Zunge hing ihnen heraus und die Augen starrten. Einer oder zwei waren tot, und den anderen war nicht mehr zu helfen, einige husteten grünen Schaum aus ihrer Lunge." Ich lese andere Briefe, die von der Verwirrung sprechen, die die neuartige Waffe hervorrief („ein großer Schwall von Schwefel", meint Grenadier James Randall), von der mangelnden Vorbereitung der Alliierten (die Briten hätten „Natriumbicarbonat oder so etwas als Gegenmittel", schrieb Oberstleutnant Vivian Fergusson) und über das Wirken einer kanadischen Krankenschwester namens Alison Mullineaux, die zwei Männer pflegte, „denen beide Lungenflügel verbrannt waren", während der Arzt die Station verlassen musste, um sich nach dem Gas, das er von den Patienten eingeatmet hatte, zu übergeben.

Der ätzende Charakter des Chlors war von Anfang an bekannt. Der Schwede Carl Scheele, der das Gas 1774 als Erster isolierte, beschrieb seine grüne Farbe, die erstickende Wirkung und den bleichenden Effekt auf Lackmuspapier und Pflanzen. Er machte die Entdeckung während der Verfolgung eines der großen chemischen Projekte seiner Zeit: der Untersuchung, ob alle Säuren Sauerstoff enthalten oder nicht. Von bekannten Säuren wie Schwefel- und Salpetersäure wusste man, dass sie Sauerstoff enthalten. Die Salzsäure, die man damals muriatische Säure nannte (nach *muria*, dem lateinischen Wort für Salzlake), war ein Rätsel. Antoine Lavoisier bezeichnete sie sogar als oxymuriatische Säure, in der Überzeugung, dass ihr Säurecharakter auf Sauerstoff beruhen müsse. Scheele gelang es im Zuge seiner eigenen Experimente mit dieser Säure, Chlor zu gewinnen. Das bewies jedoch nicht, dass sie keinen Sauerstoff enthält. Dieser Beweis wurde erst 1810 von Humphry Davy geliefert, der bestätigte, dass das von Scheele isolierte Gas ein Element war, indem er muriatische Säure mit dem von ihm selbst kurz zuvor entdeckten Metall Kalium kombinierte und aus der Reaktion nur Kaliumchlorid und Wasserstoffgas erhielt – und keinen Sauerstoff.

Die Neigung des Chlors, sich mit anderen Elementen zu gefährlichen neuen Verbindungen wie Senfgas zu vereinen, wurde ebenfalls schon früh bemerkt. Eine dieser Substanzen war die hochexplosive Flüssigkeit Stickstofftrichlorid. Als Pierre-Louis Dulong diese Verbindung im Jahr 1811 erstmals herstellte, kostete es ihn ein Auge und drei Finger. André-Marie Ampère warnte Davy vor den Gefahren, aber der ließ sich nicht abhalten und wiederholte das Experiment, wobei er durch umherfliegendes Glas Schnittverletzungen am Auge erlitt.

Der Kritiker John Ruskin war von dem Gegensatz zwischen dem friedlichen Gas Stickstoff und seinem explosiven Chlorid so sehr beeindruckt, dass er beide im übertragenen Sinne in seinem 1860 erschienenen Essay *Unto This Last* zitierte, in dem er sich für „das Zufällige" und gegen die vollständige Kontrolle des Menschen über seine Materialien ausspricht: „Wir haben gelehrte Experimente mit reinem Stickstoff gemacht und uns überzeugt, dass es ein sehr fügsames Gas ist, aber siehe, das Ding, mit dem wir es praktisch zu tun haben, ist sein Chlorid, und dieses schickt uns, sobald wir es nach unseren bewährten Prinzipien handhaben, mitsamt unseren Geräten durch die Zimmerdecke."

Die gefährlichen Chlorverbindungen, die uns heute vertrauter sind, sind diejenigen, die zu notorischen Umweltverschmutzern geworden sind. Einige davon gehen auf die Forschungen von Haber und seinen Kollegen zurück. Ein Nebenprodukt dieser Forschung war etwa DDT, dessen Wirksamkeit als Pestizid bei Labortests potentieller Kampfstoffe an Insekten erkannt wurde. DDT gehört zu den Chlorkohlenwasserstoffen, einer Klasse von Verbindungen, bei denen in dem Kohlenstoffgrundgerüst die Wasserstoffatome durch Chloratome ersetzt sind. Zu dieser Klasse gehört auch das Herbizid namens Agent Orange, das während des Vietnamkriegs als Entlaubungsmittel eingesetzt wurde, ebenso wie die Gruppe der kälteerzeugenden Gase, die wir abgekürzt FCKW nennen, die Fluorchlorkohlenwasserstoffe.

Chlor ist ein janusköpfiges Element. Es ist in der Natur reichlich vorhanden, nicht zuletzt im Salz der Ozeane, und es ist wichtig für das Leben, da es bei der Regulierung körperlicher Funktionen eine wesentliche Rolle spielt. In natürlichen Verbindungen ist es zumeist unbedenklich, genau wie Schwefel und Phosphor. Wenn es sich aber von der Leine losreißt, kann es großen Schaden anrichten. Das war es, was mit den FCKW passierte, den bekanntlich reaktionsträgen Verbindungen, für die man sich ursprünglich entschieden hatte, weil sie eine unbedenkliche Alternative zu den vorhandenen Aerosoltreibmitteln und Kühlgasen zu sein schienen. Hoch in der Stratosphäre entreißt das Sonnenlicht ihnen die Chloratome und setzt einen chemischen Kreislauf in Gang, der es ihnen erlaubt, in der Ozonschicht zu wüten und sie Molekül für Molekül auseinanderzunehmen.

In begrenzten Mengen freigesetzt, kann Chlor jedoch Gutes bewirken. Wir kennen den stechenden Geruch von Chlorgas nicht vom Schlachtfeld, sondern aus öffentlichen Schwimmbädern, wo es als Desinfektionsmittel benutzt wird, vom Reinigungsmittel unter der Küchenspüle und vom Medizinschrank und solchen Präparaten wie TCP (Trikalziumphosphat) und den Chloroquin-Tabletten, die wir auf Reisen in die Tropen mitnehmen. Angeblich hat chloriertes Trinkwasser, das man den Truppen im Ersten Weltkrieg brachte, mehr Menschenleben gerettet, als durch den Einsatz von Chlor als Kampfgas umgekommen sind.

Claude-Louis Berthollet, ein Anhänger von Lavoisier und Inspekteur der Färbereien, publizierte bereits 1785 einen Bericht über seine Experimente mit dem neuen Element. In Ergänzung von Scheeles Beobachtung, dass das Gas eine bleichende Wirkung hat, zeigte er, dass es möglich war, ein sicheres und praktisches Bleichmittel herzustellen, indem man Pottasche – Kaliumkarbonat gewann man ursprünglich aus Holzasche – mit Chlorwasser versetzte. Berthollets Entdeckung kam genau zur rechten Zeit. Das Bleichen von Textilien war seit jeher ein mühsames Geschäft; die Sachen mussten wiederholt gewaschen und dann für längere Zeit dem Sonnenlicht ausgesetzt werden, eine Prozedur, die selbst bei günstigem Wetter Monate dauerte. Der Anblick von Wiesen, auf denen Leintücher ausgebreitet waren, hat besonders in der niederländischen Kunst denkwürdige Bilder inspiriert, zum Beispiel das Jacob van Ruisdael zugeschriebene Gemälde der Bleichen bei Haarlem. (Die kulturelle Erinnerung an weiße Rechtecke, die die Landschaft tapezieren, mag später eine Inspiration für den abstrakten Maler Piet Mondrian gewesen sein.) Mit der industriellen Revolution kam es zu einer gesteigerten Textilproduktion, und damit entstand eine Nachfrage nach einem schnelleren Bleichverfahren. Berthollet gab seine Entdeckung britischen Wissenschaftlern bekannt, und 1786 begaben sich die führenden Industriellen von damals, James Watt und Matthew Boulton, nach Paris, um Berthollet bei der Demonstration seines Schnellbleichverfahrens zuzuschauen. Watt sprach vor bewundernden Mitgliedern der französischen Akademie über seine Dampfmaschine und sammelte Informationen über Berthollets Verfahren, die er dann in der Textilfabrik seines Schwiegervaters anwandte.

Wie der Schwefel des Odysseus wurde auch das Chlor bald als Mittel im Kampf gegen Infektionen und Krankheit empfohlen. Doch die Anwendung des Gases war lästig und immer unangenehm, und lange blieb es allgemein unbeliebt. Erst die verheerende Grippeepidemie unmittelbar nach dem Ersten Weltkrieg trug dazu bei, Chlor akzeptabel zu machen, eine doppelte Ironie, denn das Gas, das erst kurz zuvor zum Töten von Menschen benutzt worden war, half in Wirklichkeit nichts gegen das Grippevirus. Als Calvin Coolidge, der trägste aller amerikanischen Präsidenten, sich 1924 wegen einer Erkältung einer dreitägigen Chlor-Inhalations-Therapie unterzog, titelte die *Washington Post*: „Chlorgas, Vernichter im Krieg, hilft der Erkältung des Präsidenten. Coolidge sehr erleichtert nach 50 Minuten in luftdichter Kammer." Rezeptfreie Chlor-Medikamente breiteten sich rasch aus. Die Salbe „Chlorine Respirine" zum Beispiel brauchte man nur in den Nasenlöchern zu verreiben, damit sie „reines Chlorgas freisetzt". Die Produktwerbung prahlte: „Ihre Entdeckung ist tatsächlich einer der größten Triumphe der Wissenschaft." 1925 war die Gesundheit des Präsidenten anscheinend wiederhergestellt, denn die *Post* verkündete freudig: „Chlor rettet pro Jahr mehr Menschenleben, als es im Krieg gefordert hat."

Einige meiner Einblicke in die Eigenschaften des Chlors verdanke ich einem ungewöhnlichen Buch, das tatsächlich eine Biografie des Elements darstellt, aber vor allem als bleibendes Dokument eines faszinierenden pädagogischen Experiments besticht. Am University College London stellten zwei Dozenten der Wissenschaftsgeschichte ihren Studenten die Aufgabe, jeweils einen bestimmten Aspekt im Leben des Chlors „in den Bereichen Wissenschaft, Medizin, Technik und Krieg" zu erkunden.[46] Da das Projekt sich über mehrere Jahre erstreckte, haben Studenten späterer Jahrgänge die Arbeit ihrer Vorgänger peu à peu erweitert und verbessert, bis ein unvergleichliches Sammelwerk über die Chemie entstanden war. Das Exemplar, das ich in der Bibliothek auslieh, war noch unbenutzt. War es bloß Einbildung, wenn ich meinte, einen Hauch Chlor zu riechen, der mir von seinen frisch gebleichten Seiten entgegenschlug?*

---

*   Fast sicher. Von den Druckern dieses Buches ließ ich mir sagen, dass zum Bleichen des Papiers wahrscheinlich kein Chlor verwendet wurde, und wenn doch, würde man es nicht mehr riechen. Was man jedoch riechen kann, so sonderbar es klingt, ist ein Hauch vom Schlachtfeld: Finnische Forscher fanden kürzlich heraus, dass der typische Geruch eines neuen Buches auf Hexanal zurückgeht, ein organisches Nebenprodukt der Papierherstellung, das genau wie Phosgen nach frischem Heu riecht.

„Humanitäre Flausen"

In *Dr. Seltsam oder Wie ich lernte, die Bombe zu lieben,* der schwärzesten der schwarzen Komödien von Stanley Kubrick, enthüllt der paranoide amerikanische General Jack D. Ripper endlich dem glücklosen Offizier Lionel Mandrake von der Royal Aire Force, warum er den Atomangriff auf die Sowjetunion gestartet hat, der am Ende des Films zur Vernichtung der menschlichen Zivilisation führen wird. Mächtig auf seiner Zigarre kauend, fragt er: „Dann wussten Sie also auch nicht, dass Fluoridisation der bis heute grauenhafteste, gefährlichste kommunistische Anschlag ist, dem wir ausgeliefert sind?". Ripper, muss man wissen, wird von einer pathologischen Angst vor der Verunreinigung seiner „wertvollen Körpersäfte" getrieben, was ihm erstmals bewusst wurde, „als ich den Liebesakt vollzog". Während sein Büro von MG-Feuer beharkt wird, erklärt er dem Briten, dass mit der Fluoridisation 1946 begonnen wurde. „1946, Mandrake. Wie das übereinstimmt mit der kommunistischen Nachkriegsverschwörung. Wussten Sie, dass, außer der Fluoridisation von Wasser, Versuche gemacht werden, auch andere Dinge zu fluoridieren? Salz, Mehl, Fruchtsäfte, Suppen, Zucker, Milch und sogar Speiseeis. Eis, denken Sie mal nach, Speiseeis für Kinder."

Die Halogene, von denen das Element Fluor das erste und reaktionsfreudigste Beispiel ist, haben sich unauffällig in unser Leben eingeschlichen. Wie eine Nachtschwester verrichten sie ihr Geschäft, indem sie uns ohne unsere Zustimmung die Folgedosis verabreichen und dabei murmeln: „Es ist in Ihrem eigenen Interesse." Wasser wird chloriert und fluoridiert, Bromide werden verschrieben, Tafelsalz wird jodiert. Wir werden nie gefragt, aber die Worte kennen wir. Diese einfachen Medikamente haben etwas

Urtümliches, das uns ermutigt, so bereitwillig nach ihnen zu greifen, wie wir einst nach Ysop und Raute gegriffen haben. Das Bromid, unter der Bezeichnung Bromo-Seltzer im Handel, kommt in der amerikanischen Literatur über Säufer fast ebenso häufig vor wie die Bourbons und Martinis, deren Auswirkungen es lindern soll. In Tennessee Williams' Stück *Endstation Sehnsucht* hält die Alkoholikerin Blanche DuBois sich die Hand an die Stirn und sagt vor sich hin: „Irgenwann brauche ich heute eine Bromo." In Ernest Hemingways *Schnee am Kilimandscharo* stirbt ein Mann nach einiger Zeit auf dem Berg, weil er versäumt hat, Jod auf eine Beinverletzung zu tun. Ursache des Todes ist, so wird uns verdeutlicht, nicht der Unfall, sondern die unterlassene Behandlung; offenbar entscheidet der Mann sich unbewusst für den Tod, denn so kann er sich dem schlimmsten Schicksal einer Hemingway-Figur entziehen, der Herausbildung einer reifen menschlichen Beziehung. Jod war ein wunderbares Desinfektionsmittel, aber es verursachte ein heilsames Brennen. „Kennt keine humanitären Flausen, das Jod", sagt der zynische Abenteurer Mark Staithes zustimmend in Aldous Huxleys *Geblendet in Gaza*, als er bei der Versorgung einer ziemlich schweren Verletzung zusammenzuckt. Leonard Cohens Song *Iodine* aus dem Jahr 1977 erhält seinen Sinn aus dieser weiblichen Widersprüchlichkeit des Elements in der Medizin – in der einen Minute brennt es, in der nächsten lindert es.

In einem hatte General Ripper recht. Die Fluoridierung begann in Amerika genau mit dem Ende des Zweiten Weltkriegs. Im Dezember 1945 wurde Grand Rapids im Bundesstaat Michigan zur ersten Stadt, die mit fluoridiertem Wasser versorgt wurde. Um die langfristige Auswirkung auf die Zahngesundheit in einem zehnjährigen Versuch zu prüfen, wurde eine Stadt in der Nähe als Kontroll- oder Vergleichsgruppe bestimmt. Dann aber wurde die Fluoridierung voreilig zum Erfolg erklärt und rasch auf andere großstädtische Wasserversorgungen ausgedehnt, darunter auch die Vergleichsstadt, womit das Experiment verdorben war. Heute trinkt weit über die Hälfte der Amerikaner fluoridiertes Wasser – fast könnte man sagen, dass das Land hier eine unentgeltliche allgemeine Gesundheitsvorsorge betreibt. Es hat Widerstand gegen dieses Programm gegeben, darunter von der libertären John Birch Society und anderen Lobbygruppen. Von Anfang an waren Verschwörungstheorien in Umlauf. Das mit der Fluoridierung sollte sich angeblich die Aluminiumindustrie ausgedacht haben, um die große Menge der Fluorverbindungen, die bei der Aufbereitung des Metalls anfallen, zu verwerten. Auch die Zuckerindustrie gab angeblich Geld dafür, um sich von der Verantwortung dafür freizukaufen, dass sie die Zähne der Leute verdarb. Und weil die Fluoridierung im Amerika der McCarthy-Ära vom Staat befürwortet wurde, waren ironischerweise die *Gegner* der Fluoridierung die Handlanger der Linken. Der am häufigsten vorgebrachte prinzipielle Einwand galt nicht dem Zweifel, ob Zahnerkrankungen durch Fluoridierung verhindert werden können, sondern richtete sich gegen die hochnäsige Haltung der Bürokratie, die zwangsweise allen eine pauschale „Behandlung" überstülpte, ohne sich an die übliche ärztliche Verfahrensweise zu halten: zuerst die Diagnose, dann die Verschreibung mit der Bestimmung der Dosis. Einige europäische Länder haben die Fluoridierung des Trinkwassers eingestellt; stattdessen kann sich jeder fluoridiertes Kochsalz oder fluoridierte Zahnpasta kaufen. Für eine Überraschung sorgt derweil Amerika: Noch immer wird kaum ein Volk der Welt so umfassend fluoridiert wie die Bevölkerung der Vereinigten Staaten, und der Streit darüber blüht nach wie vor; auf einer typischen Website heißt es über die Fluoridierung, sie sei „medizinisch von Übel und dazu sozialistisch".

Anders als gegen die Fluoride hat es nie eine Kampagne gegen die Bromide gegeben, Salze, die einst so verbreitet als Allzweck-Beruhigungsmittel eingesetzt wurden, dass man das Wort bis heute humorvoll mit verminderter sexueller Leistung in Verbindung bringt. Die Bromide wurden, obwohl sie sich großer Beliebtheit erfreuten, 1975 ohne großes Trara vom amerikanischen Markt genommen. Bis dahin waren so viele gefährliche Nebenwirkungen ans Licht gekommen, dass sie eine eigene diagnostische Bezeichnung verdienten: Bromismus.

Der sagenhafte Ruf der Bromide als Heilmittel hatte über ein Jahrhundert zuvor eingesetzt. Sir Charles Locock, der Arzt und Geburtshelfer, der Königin Victoria bei der Geburt ihrer neun Kinder beigestanden hatte, erfuhr 1857, dass Bromid bei Epilepsiepatienten auch die Libido herabsetzt, und beschloss daraufhin, es bei Frauen auszuprobieren, die an „hysterischen" Störungen litten. Locock – man kann seinen Namen auch als „low cock", „Hängeschwanz" lesen – teilte die damalige Expertenmeinung, dass Epilepsie mit Masturbation, Nymphomanie und anderen Manifestationen „übermäßiger sexueller Erregung" zusammenhänge, und folgerte aus dem Umstand, dass die Störungen bei seinen Patientinnen während der Menstruation am stärksten waren, dass man mit Bromid außerdem die lustvollen Begierden unterdrücken könne, von denen sie, wie er glaubte, heimgesucht wurden. Sowohl als krampflösendes wie auch als den Geschlechtstrieb dämpfendes Mittel bewährt, schien Bromid einen Zusammenhang zwischen Epilepsie und Onanie zu bestätigen, und seitdem verordnete man es, wann immer eine allgemein dämpfende Wirkung für geboten erachtet wurde.

Bild 22: Bromo-Seltzer Tower

Dasselbe Salz, Kalium- oder Natriumbromid, war auch der wirksame Bestandteil in den „Bromos", nach denen Blanche DuBois, W. C. Fields und andere trinkfeste Personen verlangten. Der Gattungsbegriff war hervorgegangen aus Bromo-Seltzer, einem Säureblocker, der in Form eines Brausepulvers im Handel erhältlich war, entwickelt von Captain Isaac Emerson aus Baltimore, Maryland. Der grandiose florentinische Bromo-Seltzer Tower steht noch immer in der Stadt, und den zwölf Ziffern auf seinem Zifferblatt sind die Buchstaben zugeordnet, aus denen sich der Name des Medikaments zusammensetzt. Die Marke gibt es noch, auch wenn das Produkt kein Brom mehr enthält, während der Turm in Künstlerstudios umgewidmet wurde, in denen eine neue Generation ihren Katzenjammer pflegen kann.

Jod ist zwar als Element den Halogen-Kollegen Fluor, Chlor und Brom gleichgestellt, erscheint uns aber trotzdem nicht nur als weniger gefährlich, sondern sogar als eine Wohltat. Jodiertes Salz ist in Amerika genauso verbreitet wie fluoridiertes Wasser, doch hat seine Einführung in Amerika, beginnend in den zwanziger Jahren des vorigen Jahrhunderts, nie solche freiheitlichen Wellen geschlagen. Seine uns allen vertraute medizinische Form ist die Jodtinktur, die nichts anderes ist als das Element in alkoholischer Lösung. Die braune Flüssigkeit in ihrer braunen Flasche erscheint uns wie die pure Salbung, ihr berauschendes Aroma und die stark färbende Farbe wie eine Art Vanilleessenz, nur zur äußeren Anwendung.

Jod ist eine der großen Zufallsentdeckungen der Wissenschaft. Im Jahr 1805 übernahm Bernard Courtois die Leitung der verlustbringenden Salpeterfabrik seiner Familie in Paris, während sein Vater im Schuldgefängnis saß. Wohl hatten die napoleonischen Kriege begonnen, doch in Paris herrschte nach den Jahren der Revolution Frieden, und die örtliche Nachfrage nach seinen Sprengstoffen war schwach. Unabhängig davon war sein Rohstoff, insbesondere der Guano, aus dem sich Salpeter am einfachsten herstellen lässt, immer schwerer zu beschaffen. Mühsam erhielt Courtois den Betrieb aufrecht, indem er Salpeter (Kalium- oder Natriumnitrat) stattdessen aus Holzasche herstellte. Als auch Holzasche knapp wurde, wandte er sich dem Seetang zu, der an der Küste der Bretagne und der Normandie traditionell abgeerntet wurde, weil er Soda enthält, das man für die Herstellung von

Glas benutzte. Im Jahr 1811 bemerkte er eines Tages eine gewisse Korrosion an den Kupfergefäßen, in denen er die Seetangasche mit anderen Zutaten vermischte, um Salpeter herzustellen. Durch Versuche fand er heraus, dass der Lochfraß während der heftigen Reaktion entstand, zu der es kam, wenn er dem alkalischen Soda Schwefelsäure hinzufügte. Ihm konnte nicht entgehen, dass bei dieser Reaktion auch ein Dampf von berückendem Violett freigesetzt wurde. Courtois forschte weiter und fand, dass der Dampf nicht zu einer Flüssigkeit kondensierte, sondern unbekannte schwarze, metallisch wirkende Kristalle bildete. Er ahnte, dass er vielleicht ein neues Element entdeckt haben könnte, aber er hatte nicht das nötige Gerät für entsprechende Tests, und er konnte als Unternehmer nicht die erforderliche Zeit abzweigen. Deshalb bat er zwei Freunde, die Untersuchung zu vollenden. Einer von ihnen, der Gaschemiker und Ballonfahrer Joseph-Louis Gay-Lussac, schlug den Namen Jod vor, in Analogie zum Chlor.

Durch einen seltsamen Zufall war Humphry Davy ebenfalls wenn nicht bei der Geburt, so doch bei der Taufe des neuen Elements zugegen. Seit 1792 hatten britische Reisende es schwer gehabt, in Frankreich einzureisen, doch Davy, Gewinner des von Napoleon gestifteten Forscherpreises, erhielt vom Kaiser persönlich einen Pass, um seine Auszeichnung entgegenzunehmen. Im Oktober 1813 begaben sich die frisch verheirateten Davys in Begleitung eines nervösen jungen Michael Faraday, der als ihr Diener auftrat, in Plymouth an Bord eines Schiffes, das für den Austausch von Kriegsgefangenen benutzt wurde, und segelten ab in Richtung Bretagne. Nach einer verregneten Überfahrt gingen sie in feindlichem Territorium an Land und wurden dort durchsucht, einschließlich ihrer Schuhe, wohlgemerkt. Auf der Fahrt nach Paris fanden sie die Küchen schmuddelig, aber das Essen überraschend angenehm. Davy hegte große Hoffnungen, „mit Hilfe von Gelehrten die Grausamkeit des Krieges zu mildern", war aber offenbar nicht gewillt, den ersten Schritt zu tun; im Louvre wandte er seinen Blick von den Gemälden ab, um nicht genötigt zu sein, seinen Gastgebern ein Kompliment zu machen.[47] Jane Davy erregte derweil bei den Passanten in den Tuilerien Anstoß mit ihrem unmodisch kleinen Hut.

Davy traf mit seinem Briefpartner Ampère zusammen, der ihn vor dem gefährlichen Stickstofftrichlorid gewarnt und etwas von Courtois' neuer

Substanz abbekommen hatte. Davy unterzog sie mit Hilfe seines chemischen Reiseapparats einer Analyse und kam ebenso wie Gay-Lussac zu dem Schluss, dass es sich tatsächlich um ein neues, mit Chlor verwandtes Element handelte. Davy schickte sogleich einen entsprechenden Bericht an die Royal Society, was Gay-Lussac verstimmte, aber nach seiner Ansicht hatte der Franzose ihn nur eingeladen, um ihm seine Erkenntnisse aus der Nase zu ziehen. Doch am Ende war alles eitel Sonnenschein, als Davy nach zwei Monaten in Paris die Ehre zuteil wurde, korrespondierendes Mitglied der französischen Akademie der Wissenschaften zu werden.

Nach 1815 schwächte sich die Nachfrage nach Salpeter noch stärker ab, worauf Courtois sich bemühte, durch die Herstellung von Jod und verschiedener Verbindungen von seiner Entdeckung zu profitieren. Er löste mit Hilfe von Chlorgas das Jod aus der Flüssigkeit, die er aus der Seetangasche gewonnen hatte. Aber auch damit hatte er Pech, denn er wurde bald von effizienteren Verfahren überholt. Letztlich blieb ihm der Ruhm versagt, und er starb mittellos im Jahr 1838.

Nach der Entdeckung durch Courtois wurde Jod bald in Meerwasser und verschiedenen Mineralquellen identifiziert, und man erkannte, dass es ein wirksames Mittel gegen den Kropf ist. Mit dieser Enthüllung wurde klar, warum man die Schwellung traditionell mit gerösteten Schwämmen oder Algen behandelt hatte. Die Kelpasche-Industrie, die sich an den algenübersäten Felsküsten nicht nur Nordfrankreichs, sondern auch des westlichen Schottland etabliert hatte, war verfallen, als man in Spanien und Südamerika riesige Lagerstätten von Natrium und Kalium entdeckte, aber jetzt erlebte sie mit der Produktion von Jod für die Medizin einen kurzlebigen Aufschwung. Dieses Geschäft bescherte den Kleinbauern, die den ganzen Sommer lang die Kelpfeuer in Gang hielten, um die jodhaltige Asche zu erzeugen, eine kümmerliche Existenz. Unternehmer waren bestrebt, diesen Erwerbszweig zu industrialisieren, wobei Glasgow zum Zentrum wurde. 1864 entstand am Clydeufer die erste Fabrik zur Verarbeitung der Tausenden von Tonnen Kelp, die alljährlich von den schottischen Inseln den Fluss hinaufgebracht wurden. Doch wie ein Nachhall dessen, was über die Salpeter-Industrie hereingebrochen war, wurde dieser arbeits- und energieintensive Prozess mit einem Schlag unwirtschaftlich, als man in Chile Jodlagerstätten fand.

Die nächstgelegene Küste ist für mich die flache Sand- und Schlickküste von East Anglia, wo die Meeresalgen nicht so üppig gedeihen wie an felsigeren Gestaden, aber dennoch beschließe ich, es einmal zu versuchen und mir mein Jod selbst zu machen. Ich studiere die sorgfältigen Anweisungen, dass ich nur diese Sorte Kelp oder jene Sorte Braunalgen auswählen sollte, aber während ich an einem eiskalten Dezembertag zwischen den Tidebecken umherrutsche, ist es gar nicht einfach, die eine Art von der anderen zu unterscheiden. Mit klammen Händen kratze ich einen Eimer voll Blasentang zusammen, den ich zum Trocknen mit nach Hause nehme und vor dem Heizkessel ausbreite. Nach mehreren Wochen habe ich 400 Gramm getrockneten Tang, die ich in einer offenen Keramikschüssel ins Feuer stelle. Das Natrium in der Lake verbrennt mit orangefarbenen Flammen, die träge auf der Oberfläche tanzen, bis nur noch sechzig Gramm einer knusprigen grauen Asche übrig sind. Die zerstoße ich zu einem Pulver und rühre etwas Wasser hinein, um eine dünne schwarze Brühe zu erhalten, die ich in einen Trichter mit Filterpapier schütte. Aus dem Hals tröpfelt eine klare Flüssigkeit, reich an Meeressalzen. Die Lösung wird natürlich überwiegend aus Natriumchlorid bestehen, aber Brom und Jod sollten auch enthalten sein. Diese Elemente werden vom Tang sehr wirksam angereichert. Die Konzentration von Jod im Meerwasser liegt unter 100 ppb (Teile pro Billion), aber im Tang kann sie das Hunderttausendfache betragen. Ich lasse das Filtrat einige Tage stehen, und in dieser Zeit kristallisiert eine beeindruckende Menge eines weißen Salzes aus der Lösung aus.

Jetzt ist es an der Zeit, die Umwandlung des farblosen Jodids in das reine Element mit seinen knalligen Farbtönen anzugehen. Wie Courtois setze ich einen Spritzer Schwefelsäure hinzu und anschließend eine ordentliche Menge Wasserstoffperoxid, das das angesäuerte Jodid zu Jod oxidieren sollte. Um den Vorgang zu beschleunigen, schüttele ich die Mischung, und schon beginnt die Flüssigkeit sich zu verfärben. Das blasse Gelb verwandelt sich in Safrantöne und nimmt nach einigen Minuten die Farbe von Tee an, der zu lange gezogen hat. Ich bin wirklich verblüfft. Nachdem ich den Versuch nie vorher probiert habe und bei der Beschaffung meines Rohmaterials ganz achtlos verfahren bin, habe ich nun doch mein Jod. Oder fast, denn dieses satte Braun beruht darauf, dass das Jod noch mit Jodidsalzen vermengt ist.

Ich möchte noch den hellvioletten Dampf sehen, der Courtois in Erstaunen versetzte. Also gieße ich die braune Flüssigkeit ab und schüttele sie noch einmal mit Kohlenstofftetrachlorid auf. Diese süßlich riechende, aber unschöne Chemikalie – sie ist krebserregend und schädigt die Ozonschicht – ist heutzutage praktisch unerhältlich, aber ich habe etwas davon in der umfassenden Sammlung riskanter Lösungsmittel meines Vaters gefunden. Sie vermischt sich nicht mit Wasser, löst aber bevorzugt Jod auf. In diesem sehr speziellen Lösungsmittel sehe ich zum ersten Mal die charakteristische Farbe. Violett ist das passende Wort: die Intensität geht weit über malvenfarbig hinaus, aber es fehlt die dunkle Tiefe von Purpur. Ich entschuldige mich kurz wegen der Ozonschicht und lasse das Kohlenstofftetrachlorid verdunsten, so dass ein schwarzer Film auf dem Glas zurückbleibt. Das sind winzige Jodkristalle. Von ihnen geht ein schwacher stechender Geruch aus, ähnlich wie Chlor, aber nicht so beißend, nicht ganz unangenehm, jene Art von Geruch, die wir heute als medizinisch einstufen, indem wir rückwirkend unser kulturelles Wissen anwenden, dass die Halogene als Desinfektionsmittel benutzt werden. Ich erhitze die Kristalle ganz leicht und sehe die ersten pinkfarbenen Schwaden im Reagenzglas aufsteigen. Bald ist von dem Feststoff nichts mehr zu sehen, und es ist nur noch ein intensiv gefärbter wabernder Dampf da, der sich wieder an den kühleren Teilen des Glases niederschlägt – dasselbe reine Element, dessen Atome sich zu neuen schwarzen Kristallen konfiguriert haben. Als Johann Wolfgang von Goethe dieses Experiment 1822 zur Belustigung seiner Hausgäste vorführte, freute er sich darüber, dass es seine einflussreiche Farbenlehre stützte, der zufolge die Rot- und Gelbtöne mit dem Weiß verwandt waren, während die „kühlen" Farben am violetten Ende des Spektrums vom Schwarz herrührten.

Das gebremste Feuer

Wenn jemand heute nur eine einzige chemische Formel kennt, dann ist es bestimmt H_2O, die Formel für Wasser, eine Verbindung aus zwei Teilen des Elements Wasserstoff und einem Teil des Elements Sauerstoff. Doch im 18. Jahrhundert kannte man weder H noch O, und Wasser selbst galt weithin noch immer als eines der irreduziblen Elemente, aus denen jegliche Materie besteht.

Seit Aristoteles hatte man das Wasser für das sicherste der vier Elemente gehalten. Wenn Philosophen und Alchemisten glaubten, Anlass zum Zweifel an der Theorie zu haben, dann war es das Feuer (weil es sich von anderen Elementen ernähren musste, um sich selbst zu erhalten), die Erde (weil sie so offenkundig viele verschiedene Substanzen umfasste) oder die Luft (weil sie möglicherweise das Nichts schlechthin war), was ihnen Kopfzerbrechen bereitete. Aber das Wasser pflegte wie Wasser auszusehen und sich nach Wasser anzufühlen, und es blieb das Element, das am eindeutigsten mit seinen „Prinzipien" oder grundlegenden Eigenschaften verbunden war, kalt und feucht zu sein. Dennoch war Wasser auch ein Rätsel. Es mochte konstant erscheinen, aber Wasser aus unterschiedlichen Quellen schmeckte oft ganz verschieden, und seine Qualität reichte von „eigentümlich erfrischend" bis „gänzlich ungenießbar".

Die moderne Wissenschaft hatte Anlass, die Natur dieses aristotelischen Elements genauer zu untersuchen. In den wachsenden Städten gab es keine Kanalisation, und sauberes Wasser war immer knapp. In utopischen Romanen wird man bei der Aufzählung der Segnungen stets ein reichliches Angebot an sauberem Süßwasser antreffen. Der größte Fluss in Thomas Morus' *Utopia* (1516) ist der Anyder, dessen Name aus dem Griechischen stammt und „Wasserlos" bedeutet, so wie das von Morus geprägte Wort „Utopia" „kein Ort" oder „Unort" bedeutet. Der eigentümlich der Themse ähnelnde Tidefluss kommt für die Versorgung der Stadt mit Trinkwasser nicht in Frage – dieses wird nach Morus' Beschreibung durch ein kompliziertes System von Kanälen und Zisternen herbeigeführt. Francis Bacons *Neu-Atlantis* (1624) geht wissenschaftlich einen Schritt weiter und ersinnt die osmotische Reinigung von Wasser in „Teichen, von denen einige das Salz aus dem Süßwasser ziehen und andere Süßwasser kunstvoll in Salz verwandeln".

Vage begann die auf die Alchemisten folgende Generation der Naturphilosophen zu begreifen, dass es für die öffentliche Gesundheit entscheidend auf die *Qualität* des Wassers ankam. Was sie antrieb, war nicht nur das Gefühl, dass Schmutz im Wasser eine Ursache von Krankheit war, sondern auch die Überzeugung, dass man das Wasser durch den Zusatz bestimmter Substanzen zu einem regelrechten Quell der Gesundheit machen könnte. Aus dieser Arbeit erwuchsen dann das wissenschaftliche Verständnis von Säuren und Salzen und die Isolierung der gasförmigen Bestandteile des Wassers: Wasserstoff und Sauerstoff.

Im Jahr 1767 kehrte der 34-jährige nicht-anglikanische Geistliche Joseph Priestley von einem seiner regelmäßigen ausgedehnten Besuche Londons zurück, ließ sich in seiner Geburtsstadt Leeds nieder und bezog ein Haus neben einer Brauerei. Von geistiger Neugier getrieben, hatte er biografische und wissenschaftshistorische Texte verfasst, Kampfschriften gegen Britanniens Politik gegenüber seinen amerikanischen Kolonien publiziert und Kirchengemeinden durch seine unorthodoxe Spielart des christlichen Glaubens herausgefordert. Doch sein eigentliches Metier fand Priestley, beflügelt durch Gespräche mit Benjamin Franklin in London, jetzt in der experimentellen Forschung. Da er nun in Leeds lebte, lag es nahe, sich mit dem ständigen Blubbern der erst vor kurzem identifizierten „fixierten Luft" zu befassen, die aus der Maische der benachbarten Brauerei aufstieg.

Priestley fiel bei der systematischen Erforschung der Eigenschaften dieses Gases auf, dass es eine Flamme löscht und Tiere ersticken lässt, während Pflanzen in ihm gediehen. Er überzeugte sich davon, dass das Gas sich auf

Leiden wie Skorbut positiv auswirkte, was ihn zum Nachdenken darüber bewog, wie man es auf geeignete Weise verabreichen könnte. Beim Umschütten von Wasser aus einem Glas ins andere über einem Maischbottich entdeckte er, dass sich ein Teil der fixierten Luft in dem Wasser löst, und er erkannte, dass er damit die Antwort auf seine Frage hatte. Priestley ersann – für diejenigen, die nicht mit einer Brauerei vor ihrer Haustür gesegnet sind – einen allgemeinen Mechanismus zur Herstellung des sprudelnden Getränks und 1772 veröffentlichte er „Anweisungen für die Anreicherung von Wasser mit fixierter Luft", basierend auf der Reaktion von Schwefelsäure mit Kalk, bei der ein Gas freigesetzt wird, das man anschließend durch gewöhnliches Trinkwasser leitet. Er deutete an, dass es für die so entstehende spritzige Flüssigkeit sowohl therapeutische als auch militärische Anwendungen geben könnte.

„Fixierte Luft" war natürlich Kohlendioxid. Der Franzose Gabriel Venel hatte zuvor die gleichen Zutaten miteinander kombiniert, aber erwartet, dass die Leute das ganze matschige Gebräu trinken. Priestley stellte das erste trinkbare kohlensäurehaltige Wasser her, aber er nutzte die Entdeckung nicht aus – das überließ er Jacob Schweppe, dem Schweizer Emigranten, der 1792 die Londoner Sodawasserfabrik gründete, die bis heute seinen Namen trägt.

In Frankreich arbeitete man derweil an einem langfristigen nationalen Vorhaben: der Sammlung von Informationen für einen mineralogisches Atlas der französischen Wasser. Neben Venel war auch der junge Antoine Lavoisier, der einmal zum bedeutendsten Chemiker Frankreichs aufsteigen sollte, an dem Projekt beteiligt. Die Erfahrungen, die er hier sammelte, schufen die Grundlage für seine Entdeckung, dass (mineralisches) „Wasser" nichts anderes war als normales Wasser, das zusätzlich verschiedene Salze enthielt, dass diese Salze wiederum aus verschiedenen Verbindungen von Metallen und Säuren bestanden und dass diese Säuren ihre ätzenden Eigenschaften generell einem bestimmten Bestandteil verdankten: dem damals noch unbekannten Element Sauerstoff.

Lavoisier hatte, wie seine englischen Konkurrenten Priestley und später Humphry Davy, Geisteswissenschaften studiert, fand aber bald heraus, dass die Fragen, die seinem Intellekt entsprachen, in der Naturwissenschaft zu finden waren. Doch zunächst trat er in die Fußstapfen seines Vaters, studierte Jura und erwarb eine königliche Konzession als Steuereinnehmer. Zu seinen äußerst einträglichen Pflichten gehörten die Verhinderung des Schmuggels von Alkohol und Tabak und die Einziehung der berüchtigten *Gabelle*, der Salzsteuer, die später eine der Ursachen der französischen Revolution werden sollte. Derweil richtete sich sein wissenschaftlicher Scharfsinn auf die Untersuchung der Mineralien in natürlichen Wasserquellen. Bei dieser Arbeit hatte Lavoisier reichlich Gelegenheit, die strengen Analyseverfahren zu verfeinern, womit er seinen Ruf besiegelte, die Chemie aus der Ära der Alchemie befreit zu haben. Das Vermögen, das er als „Steuerpächter" machte, investierte er zum Teil in die Konstruktion allerfeinster Instrumente. Durch exakte Messung der winzigen Unterschiede in der Dichte der verschiedenen Wasser konnte er angeben, wie viel Salz sie enthielten.

Während also Priestley mit Kohlendioxid experimentierte, befasste sich Lavoisier, der mittlerweile in Paris lebte und vor kurzem in die französische Akademie der Wissenschaften gewählt worden war, mit Verbrennungsreaktionen, auf die er seine Messgeschicklichkeit anwandte. Er fand heraus, dass Diamant, Schwefel und Phosphor bei Verbrennung an der Luft an Gewicht zunahmen, wenn er die erzeugten Gase in der Berechnung berücksichtigte. Dasselbe geschah in verlangsamtem Tempo bei der Korrosion von Metallen. 1773 hielt er einen bedeutenden Vortrag vor der Akademie, in dem er zum ersten Mal fachgerecht dokumentierte, dass die Verwandlung von Kupfer und Eisen in Grünspan und Rost ebenfalls mit einer Gewichtszunahme verbunden war. Als Erklärung für diese Beobachtungen schlug er vor, dass die Substanzen etwas aus der Luft aufgenommen haben mussten.

Im Oktober des folgenden Jahres waren Lavoisier und seine Akademiekollegen in Paris Gastgeber eines Essens für Joseph Priestley, der von seinem neusten Experiment berichtete, bei dem er Quecksilberoxid (damals auch Quecksilberkalk genannt) erhitzte, bis es „eine neue Art von Luft" freisetzte und nur das reine, flüssige Quecksilber zurückblieb. Im Vormonat hatte Lavoisier Post von Carl Scheele in Schweden erhalten, der dasselbe Experiment etwas früher gemacht hatte. Scheele war ein ungewöhnlich bescheidener Mensch, der sich nie um akademische Anerkennung bemühte und nur ein einziges Mal an einer Sitzung der schwedischen Akademie der Wissenschaften teilgenommen hatte. Von ihm ist kein verlässliches Porträt erhalten, so dass selbst die ihm gewidmete Statue in einem Stockholmer Park eher eine griechische Phantasie als ein wirkliches Ebenbild ist, und was am schlimmsten ist: Er hatte es nicht eilig, sein Werk zu publizieren. Priestley seinerseits wusste seine Entdeckung nicht so recht theoretisch einzuordnen. Damit hatte Lavoisier freie Hand, und er wiederholte den Versuch der beiden Männer und führte außerdem seine eigenen Experimente durch, bevor er im Jahr 1777 dem Gas den Namen Sauerstoff gab.

Priestleys wissenschaftliches Interesse galt vornehmlich den Gasen der Luft, das von Lavoisier den Wassern. Scheele befasste sich wie die meisten schwedischen Chemiker hauptsächlich mit den Mineralien der Erde. Da die drei Wissenschaftler jeweils von einem anderen der drei Zustände der Materie – dem gasförmigen, dem flüssigen und dem festen – ausgingen, um dieses lebenswichtige Element zu erkunden, ist es nicht verwunderlich, dass ihr Meinungsaustausch nicht recht vorankam. Doch schließlich lichteten sich die Wolken der Verwirrung, und man erkannte die umfassende Bedeutung des Elements in der gesamten Natur. Die Entdeckung des Sauerstoffgases muss man gerechterweise Scheele und Priestley zuerkennen, doch es war Lavoisier, der das neu entdeckte Element mit der übrigen Chemie verzahnte, indem er seine zentrale Bedeutung für Wasser, Säuren und Salze nachwies.

Elf Jahre zuvor, im Jahr 1766, hatte Henry Cavendish, ein sagenhaft reicher und recht eigenwilliger Mensch, den Wasserstoff entdeckt, die „entzündliche Luft", wie er ihn nannte, indem er in seinem privaten Laboratorium in London Metalle mit Säure reagieren ließ. Anschließend löste er zu seinem Vergnügen Explosionen aus, indem er Gemische des Gases mit Luft anzündete. Die aus diesen Explosionen kondensierende Flüssigkeit war schlicht und einfach Wasser. Auf diese Weise bewies Cavendish, dass Wasser kein Element war, da man es aus anderen grundlegenden Zutaten herstellen konnte, nämlich aus Wasserstoff und einem Bestandteil der Luft.

Lavoisier konnte Cavendishs Experiment im Sommer 1783 bei einer aufwendigen Demonstration wiederholen, mit reinem Wasserstoff und, wie er inzwischen wusste, reinem Sauerstoff. Eine Apparatur, wie er sie benutzte, ist im Pariser Musée des Arts et Métiers erhalten. Die schönen Messinggeräte und die elegant geblasenen Laborgläser deuten auch heute noch auf Lavoisiers Präzisionsmethode hin. Zwei große Gasometer, welche die Gase enthielten, wurden zunächst gewogen, bevor die Gase sich in einem großen Glasballon vermischen durften. Drähte, die in den Ballon hineinragten, erzeugten einen Funken, der den Wasserstoff entzündete. Übrig blieben nur einige Gramm Wasser, womit schlüssig bewiesen war, dass Wasser allein aus diesen zwei Gasen besteht. Als Lavoisier in jenem Sommer die Brüder Montgolfier mit dem ersten Heißluftballon aufsteigen sah, war ihm sofort klar: Hier, in der Ballonluftfahrt, ergäbe sich eine Nachfrage, falls man es schaffen würde, ultraleichtes Wasserstoffgas kostengünstig in großen Mengen aus Wasser herzustellen.

Ich erinnere mich noch an die große Chemie-Veranstaltung, die ich unter dem Titel „Explo '76" an meiner Schule organisierte – dort führte ich dieses Experiment vor. Die Wasserstoff-Sauerstoff-Reaktion war nicht die farbenfrohste und nicht die stinkendste des Programms, aber sie erzeugte eindeutig den lautesten Knall. Die „Explo"-Events sind, wie ich später erfuhr, noch rund zwanzig Jahre fortgesetzt worden, nachdem ich die Schule verlassen hatte, bis sie schließlich solche Ausmaße annahmen, dass sie die Aufmerksamkeit der Rettungsdienste auf sich lenkten – ich hörte von Vorführungen, die so bombastisch waren, dass sie nicht mehr im Hörsaal stattfanden, sondern im stillgelegten leeren Freiluft-Schwimmbecken der Schule.

Ich habe mich bemüht, diesen berühmten Wendepunkt in der Geschichte der Chemie zu erreichen, ohne das schreckliche Wort „Phlogiston" in den Mund zu nehmen, hinter dem eine Theorie steckt, die im 18. Jahrhundert so hartnäckig verteidigt wurde und doch so falsch und verwirrend ist, dass sie Amateurforscher bis heute abzuschrecken vermag. Phlogiston war das „Prinzip des Feuers", von dem Priestley und viele andere damals irrtümlich annahmen, es besitze materielle Existenz. Phlogistierte Luft ist daher Luft, in der eine Verbrennung stattgefunden hat, und dephlogistierte Luft ist umgekehrt eine Luft mit dem *Potential* zur Verbrennung. Die Verwirrung rührt daher, dass eine vermutete Abwesenheit (von Phlogiston) sich in Wahrheit als eine Anwesenheit (des Elements Sauerstoff) herausstellt.

Die Phlogistontheorie erklärte das, was die Chemiker beobachteten, sehr gut, machte aber die beteiligten Prozesse nicht wirklich verständlich. Um sich ein Bild von der Verwirrung zu machen, stelle man sich eine geformte Maske eines menschlichen Gesichts vor. Stark von der Seite beleuchtet, erkennt man deutlich die Nasenspitze und die Augenhöhlen. Aber nur dann, wenn Sie Ihre Perspektive verändern oder Ihre Hand ausstrecken und die Maske berühren, werden Sie feststellen, dass das Licht nicht, wie Sie gedacht hatten, von rechts kommt, sondern von links, und Sie das Gesicht in Wirklichkeit von hinten und nicht von vorne sehen. Phlogiston war so ein umgekehrtes Bild, das genau zu allen Erscheinungen passt und doch grundfalsch ist. Man musste die veränderte Perspektive Lavoisiers besitzen, um die Dinge zu sehen, wie sie wirklich waren.

Lavoisier rückte statt des Feuers den Sauerstoff ins Zentrum der Verbrennung und der Chemie. 1789, am Vorabend der französischen Revolution, veröffentlichte er einen *Traité élémentaire de chimie*. Er enthielt eine umfassende Liste von „einfachen Substanzen, die zu allen Bereichen der Natur gehören und als die Elemente von Körpern betrachtet werden können". Sie waren unterteilt in vier Kategorien. Zur ersten gehörten die Gase Wasserstoff, Sauerstoff und Stickstoff sowie das Licht und die Wärme. Zur zweiten gehörten sechs nichtmetallische Substanzen, die Säuren bildeten – Kohlenstoff, Schwefel, Phosphor und die unbekannten Basen der muriatischen Säure (Salzsäure), der Flusssäure und der Borsäure. Die dritte Kategorie umfasste siebzehn „oxidierbare" Metalle von Antimon bis Zink, und die vierte enthielt fünf „salzbildungsfähige, einfache erdige Substanzen", darunter Kalk und Magnesium, von denen Lavoisier zu Recht vermutete, dass sich hinter ihnen weitere neue Metallelemente verbergen.

Lavoisiers Lehrbuch verkaufte sich gut. Er hatte eine chemische Revolution angestoßen – jetzt folgte die politische Revolution. Lavoisier sympathisierte eindeutig mit dem Ancien Régime, aber dennoch schlug er 1791 die Einladung Ludwigs XVI. aus, sein Finanzminister zu werden, und zwar mit der Begründung, damit würde er das „Ideal des Gleichgewichts" gefährden, das er in Wirtschaft und Politik ebenso einzubringen bestrebt sei wie in die Chemie.[48] In England gab Priestley derweil ein Fest, um den Jahrestag der Erstürmung der Bastille zu feiern, und im weiteren Verlauf des Tages zerstörte ein royalistischer Pöbel sein Haus. Lavoisier sollte ein noch schlimmeres Schicksal erleiden – am 5. Mai 1794 schritt er zur Guillotine, gehasst als Steuereinnehmer und nicht zur Kenntnis genommen als Wissenschaftler.

Es ist denkbar, dass wir dem Sauerstoff nicht die Bedeutung beimessen würden, die wir ihm beimessen, wenn die gleichzeitigen Entdeckungen des Elements in Luft und Wasser nicht in dem Zeitraum gemacht worden wären, in dem sie gemacht wurden. Die Revolution der Chemie wäre verschoben und möglicherweise erst ausgelöst worden, als Alessandro Volta im Jahr 1800 mit Elektroden aus Kupfer und Zink die erste Batterie herstellte. Unsere Wahrnehmung der Chemie würde dann weniger auf dem Wirken eines allgegenwärtigen, hyperaktiven Elements beruhen, das zwar gasförmig, aber gleichwohl materiell ist, sondern eher auf dem flüchtigen Austausch von immateriellen elektrischen Ladungen zwischen chemischen Substanzen, und wir hätten jetzt nicht „die exzessive Vorherrschaft des Sauerstoffs in Lehre und Nomenklatur".[49]

Doch der Sauerstoff rückte tatsächlich ins Zentrum der Chemie, und mit der Zeit nahm er auch eine umfassende symbolische Rolle in unserer Sprache ein. Das geschah nicht sofort, wie es etwa bei der Elektrizität der Fall war. Wie wir wissen, erkannten die romantischen Schriftsteller das dramatische und metaphorische Potenzial des Galvanismus, wobei Mary Shelleys *Frankenstein* nur das berühmteste Werk war, das auf dem neuen Verständnis der Elektrizität beruhte. Aber sie ließen sich auch von der neuen Chemie inspirieren. Wo Shakespeare sich noch mit „süßer Luft" und „des Sommers warmem Hauch" begnügen musste, konnten die Dichter des 19. Jahrhunderts von der konzentrierten Essenz von Luft und Leben kosten und sie in ihren Wortschatz aufnehmen. Coleridge besuchte Davys Vorlesungen – er kam, wie er sagte, um seinen „Vorrat an Metaphern zu erweitern" – und beobachtete bei einer Gelegenheit, wie hell der Äther „tatsächlich in der Atmosphäre brennt, doch oh! wie gleißend weiß und lebhaft-schön in Sauerstoffgas". Der Entdeckung des Sauerstoffs und seiner Rolle im Leben waren sich die Romantiker durchaus bewusst, aber sie nahmen ihn dennoch nicht in ihre Dichtung auf. Gedichte wie Percy Shelleys „Ode an den Westwind" und die „Ode an eine Lerche" sind erfüllt von den Lebensspendern Luft und Wasser und von den Blau- und Grüntönen, die sie in der Natur hervorrufen, aber sie erwähnen den Sauerstoff nicht mit Namen. Sie fürchteten vielleicht, dass ihre Leser nicht in dem Maße mit der neuen Wissenschaft vertraut waren wie sie selbst. Wahrscheinlicher ist, dass sie das Wort einfach als nicht lyriktauglich ablehnten: ein Mehrsilber, der den Fluss des Atems paradoxerweise zu ersticken schien.

Wie kam es dann, dass Sauerstoff sich als Metapher für „das Wesentliche" einbürgerte, so dass wir auf Anhieb beispielsweise den viktorianischen Dichter Francis Thompson verstehen, wenn er über Shelley schreibt, dass „der beschränkteste Span eines Gedankens im subtilen Sauerstoff seines Geistes auflodert und funkelt", oder auch das Gelöbnis von Margaret Thatcher – natürlich eine ehemalige Chemikerin –, den Terroristen den „Sauerstoff der Publizität" zu entziehen?

Die Antwort liegt möglicherweise in der Ausbreitung der Sauerstofftherapie während des 19. Jahrhunderts, durch die das gasförmige Element zum ersten Mal dem breiten Publikum bekannt wurde. Sauerstoff, als notwendig für die Erhaltung des Lebens begriffen, war jetzt das Gas der Wahl gegen allerlei Übel. Durch Erhitzen von Salpeter konnte man es bequem herstellen, und man beobachtete, dass es ein Gefühl „wohliger Wärme" in der Lunge und den Gliedmaßen hervorruft. Die Sauerstoffbehandlung konnte Leiden lindern, die zu Atemschwierigkeiten führten wie etwa die Lungentuberkulose, wenn auch die Linderung nur so lange währte wie das Gas. Gegen viele andere Beschwerden konnte der Sauerstoff keine erkennbaren Wirkungen verzeichnen, aber das war für diejenigen, die für die heilsame Wirkung der „lebensnotwendigen Luft" warben, natürlich kein Hindernis. Die erste Begeisterung hatte sich angesichts von Beschuldigungen der Quacksalberei bald gelegt, aber eine neue Methode, Sauerstoff aus der Luft zu erzeugen und in leicht zu transportierenden Flaschen unter Druck zu speichern, ließ das Interesse um die Mitte des Jahrhunderts wieder aufleben. Da die medizinische Forschung eine gründliche Prüfung dieser Behandlungsmethode unterließ, wurde die Sauerstofftherapie oft wahllos angewandt, und sie wurde von Skeptikern immer wieder in Frage gestellt. „Häufig wird gefragt: ‚Ist es gefährlich, Sauerstoffgas einzuatmen?' Die Antwort lautet: Entschieden nein; man kann es nutzen ohne das geringste Risiko einer Schädigung und immer mit der echten Hoffnung, sich etwas Gutes zu tun", las man 1870 in einer Anzeige.

Medizinisches Ansehen erlangte die Sauerstofftherapie nach dem Ersten Weltkrieg durch den bedeutenden Physiologen John Scott Haldane, der zeigte, dass sie sich bei Soldaten, die chronisch an den Folgen von Giftgas leiden, positiv auswirkt. Haldane war dafür bekannt, dass er Selbstversuche machte. Um die Wirkung verschiedener unangenehmer Gase zu prüfen, begab er sich zusammen mit einigen freiwillig teilnehmenden Kollegen in eine luftdicht abgeschlossene Kammer, „Sarg" genannt, und beobachtete die Auswirkungen der Gase auf Leib und Seele. Er bestieg den Pike's Peak in Colorado, um selbst die dünne Luft in der Höhe von 4200 Metern zu atmen. Sein bedeutendster Beitrag zur Wissenschaft war die Klärung der Rolle des Hämoglobins in der Regulierung der Atmung, aber darüber hinaus ist ihm eine Reihe nützlicher Neuerungen zu verdanken: Er führte nicht nur die übliche Dekompression für Taucher ein, sondern auch den Kanarienvogel, den Bergleute mit unter Tage nahmen, damit er sie vor Sauerstoffmangel warnte.

Die Reichweite seines Wirkens erkennt man daran, dass uns heute Wörter wie Sauerstoffmaske und Sauerstoffzelt geläufig sind. Derweil versuchten auch Produkte wie die Oxydol-Seife, von den gesundheitsfördernden und reinigenden Eigenschaften des Sauerstoffs zu profitieren. Das Stärkungsversprechen des Gases lebt weiter in den neuerdings modischen Sauerstoffbars von Tokio und Peking, wo man gegen Gebühr eine reinere Luft atmen kann.

Nachdem man erkannt hatte, dass er kein selbstständiges Element ist, begann man auch den Ozon – er enthält statt der händchenhaltenden zwei Atome in dem Sauerstoff, den wir atmen, drei in einem Dreieck angeordnete Atome Sauerstoff – als das zu vermarkten, was er tatsächlich war, nämlich eine intensivere Form von Sauerstoff. Man bezeichnete ihn als „elektrischen Sauerstoff", teils als Ausdruck des Weges, auf dem er hergestellt wurde, teils als Zeichen einer spannenden Markenpolitik, und man benutzte ihn, um Trinkwasser zu reinigen, Gerüche zu beseitigen und generell alles, was mit ihm in Berührung kam, mit einem gesunden Elan zu erfüllen. Ein Tafelwasser trug den Werbeslogan „Ozon ist Leben", und schon lange vor dem „Sauerstoff der Publizität" gab es (in John Dos Passos' Buch *Die Hochfinanz*) den „revolutionären Ozon".

Doch seit kurzem wächst bei uns die Neigung, den Sauerstoff nicht als Unterstützer, sondern als Zerstörer des Lebens zu betrachten. Nach seinen Versuchen, bei denen er beobachtete, dass Mäuse in Sauerstoff gediehen und Kerzen schneller niederbrannten, traf Priestley in seinem mehrbändigen Werk *Experiments and Observations on Different Kinds of Air* (1776) die geniale Vorhersage, dass ein Lebewesen, welches zu viel Sauerstoff erhält, „in dieser reinen Art von Luft zu schnell verleben und die animalischen Kräfte zu schnell erschöpfen" könnte. Erasmus Darwin, der zu Priestleys Lunar Society gehörte, schrieb in seinem Gedicht „The Botanic Garden" über den Sauerstoff, er sei die „reine Essenz der Luft", welche die Pflanzen fördert und das schlagende Herz nährt, aber auch „gedämpfte Verbrennung".

Dieses flammenlose Feuer zerstört alles, womit es in Berührung kommt. Es ist diese allgegenwärtige, beständige und unentrinnbare Reaktion, welcher der Sauerstoff seine zentrale Stellung verdankt. Ihretwegen stufen wir viele wichtige chemische Prozesse entweder als Oxidation oder als ihr Gegenteil, als Reduktion ein. Die Oxidation ist nicht immer auf Sauerstoff angewiesen. Sie kann auch durch andere chemische Mittel bewirkt werden, etwa durch Chlor, oder durch die Anwendung von Energie, zum Beispiel durch ultraviolettes Licht. Pflanzen nutzen bei der Photosynthese das Licht der Sonne sowohl zur Oxidation als auch zur Reduktion. Die wichtigsten Reaktionen der Photosynthese verwandeln Kohlendioxid in Glukose. Doch in einem anderen Teil des Waldes oxidiert das Licht (mit Mangan als Katalysator) gewissermaßen Wasser, um Sauerstoff freizusetzen – in jedem grünen Blatt werden Tag für Tag die Experimente von Scheele und Lavoisier wiederholt. Sauerstoff ist lediglich das Abfallprodukt dieser Prozesse, ein korrodierendes Gas, das alles tierische Leben zerstören würde, wenn die Tiere sich nicht in Anpassung an den steigenden Sauerstoffgehalt der Erdatmosphäre weiterentwickelt hätten.

Wenn sie chemische Verbindungen eingehen, zeigen die Elemente verschiedene Oxidationsstufen. Oft sind sie mit einer charakteristischen Farbe verbunden; unter den Salzen des Eisens sind zum Beispiel die des zweiwertigen Eisens grün und die des dreiwertigen Eisens braun. Aber uns fällt am rostenden Eisen wohl eher die alterungsbedingte Korrosion auf als die farbenreiche Schönheit, die Ruskin sah. Sauerstoff, „jener zweideutige Vamp", wie ein anderer Schriftsteller ihn genannt hat, ist das Element, das andere ruiniert und ihre reine Oberfläche mit einer Schicht von Chaos und Zerfall überzieht.[50]

Was noch nicht oxidiert ist, wird in Zukunft oxidiert sein. Der Kohlenstoff im Holz der Bäume ist das Kohlendioxid von morgen. Der rostende Schiffsrumpf ist das eiserne Schlachtschiff von gestern. Zivilisation ist, wie einem unmittelbar einleuchtet, nichts als organisierter Widerstand gegen die Oxidation. Wir können den Lauf der Dinge an manchen Stellen aufhalten, ihn an vereinzelten Stellen durch verzweifelte Maßnahmen – indem wir die Metalle ihren Erzen abtrotzen, Wälder pflanzen oder Brände löschen – sogar umkehren, aber nie auf Dauer. An der Oxidation können wir das Fortschreiten der Zeit und den unausweichlichen Triumph der Entropie ablesen. Das Gas schenkt uns Leben, aber damit bringt es uns zugleich dem Tode näher. Der Sauerstoff ist, wie es kürzlich in einem Buch über das Element hieß, „die wichtigste Ursache des Alterns und altersbedingter Krankheiten". Die Schäden werden zum Teil von reaktionsfreudigen Chemikalien hervorgerufen, die als Zwischenprodukte bei der Atmung entstehen – nicht Sauerstoffmoleküle, sondern die kurzlebige Art Sauerstoff, die ungepaarte Atome enthält, die sogenannten freien Radikale, die gewissermaßen nichts mit sich anzufangen wissen und in der Lage sind, verheerenden biochemischen Schaden anzurichten. Um den Alterungsprozess abzuschätzen, sollte man prüfen, welche Schäden diese Oxidation in den Körperzellen hervorgerufen hat – das wissenschaftliche Gegenstück zum Zählen der Krähenfüße oder der Leberflecke.

Während ich dies im Juni 2009 schreibe, erfahre ich, dass der Sänger Michael Jackson mit fünfzig Jahren gestorben ist. Könnte das Sauerstoffzelt, unter dem er angeblich schlief, sein Leben beschleunigt und seinen Tod vorverlegt haben? Sogleich ist davon die Rede, dass man seine Leiche in

seiner typischen Moonwalk-Pose konservieren wird, durch „Plastination"
mit speziellen Harzen, um sie dort zur Schau zu stellen, wo er ein Come-
back-Konzert geben wollte: in der Londoner O_2-Arena.

Unsere Liebe Frau vom Radium

Hin und wieder kommt es vor, dass ein Element, das nicht einmal die Mehrheit der Wissenschaftler je zu sehen bekommt, der Enge des Labors entschlüpft und in der Außenwelt so etwas wie Ruhm oder traurige Berühmtheit erlangt. So erging es, wie wir gesehen haben, nach dem Abwurf der Atombombe dem Plutonium. Aber zuerst passierte es dem Radium. Ein Metall, das von explosionsartiger Reaktionsfreudigkeit und dazu noch radioaktiv war, ein Element, mit dem kein Normalsterblicher auch nur die geringste praktische Erfahrung hatte, platzte auf einmal in die Welt hinein, wurde als wundertätiger Talisman begierig aufgegriffen, war begehrt und umkämpft, wurde als Name für Orte und Markenprodukte übernommen und dann einige Jahrzehnte später nicht minder dramatisch wie eine heiße Kartoffel wieder fallen gelassen.

Die zentrale Figur in der Geschichte des Radiums und einer der Gründe, warum es zu einem solchen Phänomen wurde, ist Marie Curie. Sie wurde als Maria Sklodowska 1867 bei Warschau geboren, aber da ihr in Polen der Universitätsbesuch verwehrt war, ging sie nach Paris, um dort ihre Ausbildung zu vollenden. In Paris fühlte sie sich befreit – und erst recht an der Sorbonne, wo sie ohne die lähmende Beaufsichtigung, die sie von ihrem polnischen Gymnasium her kannte, ihr Studienfach selbst wählen konnte. Und sie tat etwas Ungewöhnliches: Sie studierte gleichzeitig Chemie und Physik, und sie sollte später in beiden Fächern den Nobelpreis erlangen, eine Leistung, die ihr bis heute keine Frau und kein Mann nachgemacht hat. Marie hatte eigentlich vorgehabt, nach Polen zurückzukehren und wie ihre Eltern den Lehrerberuf zu ergreifen, aber während der Vorbereitungen auf ihre Abschlussprüfung machte sie die Bekanntschaft von Pierre Curie; im folgenden Jahr, 1895, heirateten sie in aller Stille.

Die nächsten zehn Jahre waren geprägt von einer wissenschaftlichen Partnerschaft, wie man sie so harmonisch und produktiv selten antrifft, bis Pierre im Alter von 46 Jahren bei einem Unfall unter den Rädern und Hufen eines Fuhrwerks ums Leben kam. Mit seiner Ermutigung und einem eigenen Raum in seinem Labor hatte Marie beschlossen, die spontane Emission einer Energie zu erforschen, die der Röntgenstrahlung ähnelte. Diesen seit kurzem bekannten Effekt, den sie an Proben des Uranerzes Pechblende beobachtete, bezeichnete sie als „Radioaktivität". Ihr wichtigstes Instrument war ein Quarzgerät, das Pierre einige Jahre zuvor erfunden hatte und das sich die Eigenschaft bestimmter Kristalle zunutze machte, unter Druck eine elektrische Ladung zu emittieren. Mit diesem Messgerät konnten die ganz geringen elektrischen Ströme, die mit radioaktiven Zerfallsprozessen verbunden sind, ermittelt werden. Nach Maries Feststellung war die Radioaktivität eine Eigentümlichkeit bestimmter Substanzen und nicht, wie viele meinten, das Ergebnis einer Wechselwirkung mit anderer Materie oder Energie. Im Zuge ihrer Messungen fand sie außerdem, dass bestimmte Uranerze radioaktiver waren als andere und dass einige seltsamerweise sogar radioaktiver waren als reines Uranmetall. Das konnte nur bedeuten, dass das Erz ein noch unbekanntes, hochradioaktives Material enthalten musste.

Pierre war fasziniert und ließ seine eigene Forschung ruhen, um gemeinsam mit Marie eine Handvoll Pechblende zu zermahlen, in der sie dann mit verschiedenen Lösungsmitteln Schritt für Schritt die radioaktivsten Komponenten isolieren würden. Innerhalb von zwei Monaten erhielten sie nach und nach ein Produkt, das 300-mal radioaktiver war als Uran. Die Radioaktivität ging nach ihren Feststellungen teils auf das in der Probe enthaltene Barium und teils auf das Element Bismut zurück. Drei Wochen später waren sie überzeugt, dass es ein neues Element sein musste, welches das chemische Verhalten des normalerweise nicht radioaktiven Bismuts nachahmte. Den Namen hatten die Curies bereits gewählt: Es sollte Polonium heißen, nach Maries geliebtem Heimatland, und am 13. Juli 1898 konnte Pierre die Buchstaben „Po" in das Laborbuch eintragen. Besonders für Marie war es jedoch frustrierend, dass es ihnen nicht gelungen war, das Element vom Bismut zu trennen. Sie wollte unbedingt das Polonium in der Hand halten.

Unterdessen setzten sie mit einer neuen Probe von Pechblende die Suche nach den radioaktiven Isotopen des Bariums fort. Kurz vor Weihnachten stellte sich der Erfolg ein: Sie erhielten den unzweideutigen Beweis für die Existenz eines weiteren neuen Elements, das noch radioaktiver war als Polonium, und sie gaben ihm den Namen Radium. Die Salze von Barium und Radium sind löslicher als die von Bismut und Polonium. Um das Radium zu isolieren, war es sinnvoll, die Salzlösungen wiederholt aufzukochen und dann allmählich abkühlen zu lassen, denn auf diese Weise konnte das reine Radiumchlorid, das etwas weniger löslich ist als Bariumchlorid, als Erstes auskristallisieren. Marie machte sich 1899 an diese gewaltige Herausforderung. Sie erwarb zehn Tonnen Pechblendenabfälle, die bereits radioaktiver waren als das eigentliche Erz. Die Lieferung bestand aus in Säcken abgepacktem braunem Staub, der mit Kiefernnadeln vermischt war. Zur Verarbeitung des Materials in Portionen von je 20 kg verwandelte sie den primitiven Schuppen eines Laboratoriums in eine Fabrik mit Kesseln, in denen eine radioaktive Flüssigkeit in unterschiedlichen Stadien der Aufbereitung kochte. Die Arbeit war körperlich aufreibend, aber immer getrieben von dem Hochgefühl der Jagd. Und im Jahr 1902 hatte sie endlich den greifbaren Beweis des neuen Elements in Händen, ein Zehntelgramm reinen Radiumchlorids.

Was macht eine Chemikerin, wenn sie ein Element entdeckt? Oft sind die Empfindungen durch die langwierige Anstrengung abgestumpft, aber es gibt doch Augenblicke höchster Freude. Mit ihren zwei Elementen und ihren zwei Nobelpreisen erlebten die Curies mehr solcher Momente, als es den meisten Wissenschaftlern je beschieden ist. Natürlich waren sie von dem offiziellen Rummel, der sich an ihren Erfolg knüpfte, nicht besonders angetan. Selbst die Teilnahme an ihrer eigenen Preisverleihung war nie ihr höchstes Ziel, was speziell bei Marie sehr verständlich war, der die Preise zum Teil widerstrebend zuerkannt wurden; bei der Nominierung für den Nobelpreis war sie zunächst gar nicht berücksichtigt worden, sondern nur Pierre zusammen mit Henri Becquerel, dem Entdecker der Uranstrahlung. Und die anschließende öffentliche Aufmerksamkeit war schlicht eine Plage.

Doch der inhaltliche Aspekt der Entdeckungen faszinierte sie. Aus der Vermutung war rasch die Überzeugung geworden, dass sich hinter der Pechblende etwas verbarg. Bald wurde ihnen bewusst, dass sie nach neuen Elementen suchten – deren Namen sie schon parat hatten. In ihren wissenschaftlichen Artikeln erhoben sie mit gebührender Kühnheit Anspruch auf die Entdeckungen, denn sie schlugen diese Namen ohne irgendeine Begründung vor, aber zugleich zögerten sie nicht, den Beitrag anderer anzuerkennen. Besonders Marie war stolz auf „unsere neuen Metalle", und es war für sie frustrierend zu wissen, dass Radium und Polonium existierten, ohne dass sie physisch von ihnen Besitz ergreifen konnte.[51] Doch manchmal stahlen sie sich nach dem Abendessen noch einmal ins Labor, um sich die strahlenden Proben anzuschauen, ein Anblick, der sie unfehlbar „mit neuer Rührung und Verzauberung" erfüllte.[52]

Wie gelangte Radium, dieses seltene, eigentümliche und störrische Element, zu öffentlicher Bekanntheit? An erster Stelle natürlich durch den Nobelpreis. Die sieben Preise, die während der beiden ersten Jahre der Preisvergabe in Physik, Chemie und Medizin verliehen wurden, erfuhren wenig Beachtung. Aber das änderte sich schlagartig mit dem ersten Preis, der an eine Frau ging und an ein Ehepaar, das den Medien Stoff für allerlei romantische Phantasien lieferte. Die seltsamen Eigenschaften des Radiums – sein helles blaues Leuchten und seine rätselhafte, unsichtbare Radioaktivität – gaben der Sache zusätzlichen Schwung. Marie Curie wurde als „Unsere Liebe Frau vom Radium" seliggesprochen, doch gleichzeitig begann sie an der noch nicht erkannten Strahlenkrankheit zu leiden.

George Bernard Shaw erfasste die allgemeine Begeisterung mit der Genauigkeit des Satirikers, sprach ihr aber voreilig ab, dass sie begründet sein könnte. Radium, schrieb er in der Vorrede zu seinem Stück *Des Doktors Dilemma*, „hat unsere Leichtgläubigkeit ebenso erregt, wie die Erscheinungen in Lourdes die Leichtgläubigkeit der Katholiken erregt haben". Denn Radium, dessen Fähigkeit, die Haut zu schädigen, von Anfang an bekannt war, galt nun rätselhafterweise als ein wirksames Mittel gegen Krebs. Diese Entdeckung gab den Anstoß zu einer neuen Industrie. Im Jahr 1904 gab es eine große Ziegelei an den Ufern der Marne außerhalb von Paris, die nach dem Verfahren, das Curie benutzt hatte, in vergrößertem Maßstab Radiumsalze herstellte. Andere folgten rasch nach. Radium, der Zerstörer von Tumoren, war zu gut, um es dabei zu belassen, und rasch wurde es unterschiedslos als „Therapie" für Erkrankungen des Blutes, der Knochen und der Nerven eingesetzt.

Die Wissenschaftler hatten es eilig, mit dem neuen Element zu experimentieren. William Ramsay kaufte eine Probe bei einem Londoner Chemielieferanten und nahm sie mit in sein Labor, um zu prüfen, ob sie echt war. Er machte einen Bruchteil der Probe an einem Draht fest und hielt diesen in eine Flamme. Die rote Farbe bestätigte ihm, dass es reines Radium war, ohne Beimengungen von Barium, die mit grüner Flamme gebrannt hätten. Aber der radioaktive Dampf, den Ramsay mit dem Test ungewollt in das Labor entließ, machte dieses unbrauchbar für Experimente mit Radioaktivität.

Besucher strömten ins böhmische Erzgebirge, das seit langem als ergiebigste Region der Metallerzeugung in Europa bekannt war und in dem Radium von Natur aus häufig vorkommt. St. Joachimsthal (heute Jáchymov in der Tschechischen Republik) wurde zu einem Zentrum des Fremdenverkehrs. Das Radium Palace Hotel, ein wuchtiger neoklassischer Bau, der sich an den bewaldeten Berghang schmiegt, öffnete 1912 seine Pforten und bot radioaktive Badekuren an. Das Wasser enthielt geringe Konzentrationen von gelöstem Radium, dessen radioaktiver Zerfall zu Radongas ihm einen leicht sprudelnden Charakter verlieh. Vor kurzem wurde das Radium Palace Hotel wiedereröffnet und verspricht Behandlungen auf der Grundlage „der heilenden Wirkung radonreichen Wassers, das tief unter der Erdoberfläche fließt". Wenn Sie gut bei Kasse sind, können Sie das Madame-Curie-Apartment buchen. In der Nähe erfreut sich ein anderer Badeort noch immer des Namens Radiumbad. Heilstollen mit Radonwasser waren auch in den Vereinigten Staaten verbreitet, wo es einst in sieben Staaten Siedlungen namens Radium gab. Städte mit dem Namen Radium Springs gibt es noch in Georgia, Wyoming und New Mexico.

Bild 23: Radium Palace Hotel

Badeorte waren seit jeher Orte elementarer Erneuerung. Die Römer kamen nach Bath wegen des schwefelhaltigen Wassers. Nach Bad Suderode im Harz geht man wegen des Kalziums, nach Buxton wegen Magnesium, während Marienbad Sie mit kohlensäurehaltigem Wasser erfrischen wird. Andere Wasser sind oxygeniert oder jodiert. Da scheint es nur recht und billig, dass dieser Brauch sich mit den Fortschritten der Chemie wandelt und auch die neu entdeckten Elemente Radon und Radium einmal ihre Hochzeit haben.

Wer sich das Radium nicht selbst an der Quelle holte, ließ es sich bringen. Radium wurde auf Partys vorgeführt. Man spielte Radium-Roulette und ging zum Radium-Tanz. Radium wurde in Cartoons popularisiert, und es wurde vor allem als Allzweck-Wundermittel freudig begrüßt. Radium wurde allen erdenklichen Produkten zugesetzt, besonders jenen, die angeblich einen therapeutischen Nutzen besaßen. Es gab eine Fülle weiterer Artikel, bei denen das Wort als modischer Markenname verwendet wurde: Es gab Radium-Butter, Radium-Zigarren, Radium-Bier, Radium-Schokolade und Radium-Zahnpasta, Radium-Kondome, Radium-Zäpfchen und Radium-Gel zur Empfängnisverhütung.

Bald war die Öffentlichkeit mit den bizarren Eigenschaften des Radiums so vertraut, dass diese die Behauptungen praktisch aller Hersteller wirksam zu unterstützen vermochten. Aurora Radium Dünger wurde mit dem Versprechen verkauft, dass er „den Boden erwärmt".[53] Radium wurde dem Hühnerfutter in der Hoffnung zugesetzt, dass die Eier sich dadurch selbst ausbrüten, wenn nicht gar selbst kochen würden. Oradium-Wolle für Babys war „ausgestattet mit einem physikalisch-chemischen Heilverfahren von bemerkenswerter Wirkung: Radio-Aktivität": „Jeder kennt die außergewöhnlichen Wirkungen der organischen Stimulation der zellulären Anregung, die vom Radium ausgeht. (…) Die solchermaßen behandelte Wolle verbindet die bekannten Vorteile des Textils mit einem unbestreitbaren hygienischen Wert. Ob Sie die Babyausstattung, die wollene Kleidung der Kinder, Ihre Unterwäsche oder Ihren Pullover stricken – nehmen Sie laine oradium."

Oft wurde zur Befürwortung dieser Heilmittel der Name Curie benutzt, in vielen Fällen unerlaubt. So sollte Curie-Haarwasser angeblich das Haarwachstum fördern und die natürliche Haarfarbe wiederaufbauen. Man kann diese kommerzielle Freizügigkeit bis zu einem gewissen Grad verstehen, denn das Radium-Institut der Curies pflegte Produkten, die tatsächlich eine Quelle von Radiumstrahlung enthielten, sein Plazet zu erteilen. Dabei ging es wissenschaftlich seriös zu – ein Stempel „du Laboratorie Curie de Paris" garantierte diskret, dass ein Präparat beispielsweise „5 millimicrogrammes de Radium élément pour 1 gramme de Crème" enthielt. Das Radium-Institut vergab sein Gütezeichen auch für verchromte Strahlungsspender neben der Badewanne. Von diesen *emanateurs* oder „Fontänen" sprudelte Radongas aus einer zerfallenden Radiumquelle über einen Gummischlauch in das Badewasser; sie wurden auch benutzt, um Getränke mit radioaktivem Sprudel zu versorgen. Heute haben sie einen hohen Sammlerwert.

In den 1930er Jahren war vollkommen klar, dass Radium eine ernsthafte Gesundheitsgefahr darstellte. Dafür hatte der Fall der „Radium Girls" von New Jersey gesorgt, deren Job es war, die Ziffernblätter von Uhren mit Leuchtfarbe zu bemalen. Eine dieser Frauen verklagte ihren Arbeitgeber, die U.S. Radium Corporation, 1925 wegen Schädigung ihrer Gesundheit. Sie und ihre Kolleginnen pflegten die Pinsel, mit denen sie arbeiteten, mit den Lippen anzuspitzen, um feine Linien ziehen zu können. Schließlich starben mindestens 15 Arbeiterinnen, nachdem sie an extremen Symptomen von Anämie und Gewebezerfall im Kiefer gelitten hatten. Marie Curie wusste vom Tod mehrerer französischer Ingenieure, die an der Herstellung therapeutischer Radiumquellen mitgearbeitet hatten, wenngleich keiner von ihnen zu diesem Zeitpunkt an ihrem Institut tätig war, was sie auf die überragenden Sicherheitsvorkehrungen zurückführte, die tatsächlich für die damalige Zeit ausgesprochen streng waren. Doch sehr bald erlagen auch etliche Kollegen Curies der Strahlenkrankheit.

Die Popularität des Radiums blieb trotz der zunehmend erkannten Gefahr ungetrübt. Französische Apotheken verkauften Eau de Cologne, Puder, Cremeseife und Lippenstifte der Marke „Tho-Radia", „nach der Formel von Dr. Alfred Curie" – entweder ein Schwindler oder eine Ausgeburt der Phantasie der Hersteller, denn in der Familie Curie gab es niemanden dieses Namens. In vielen weiteren Produkten war schlicht und einfach keinerlei Radium enthalten. Dennoch versuchten Radium-Rasiermesser davon zu profitieren mit dem Versprechen, sie hätten „die wissenschaftliche Schärfe". Eine Marke „Parfum atomique" versah eine Flasche mit der Aufschrift „Atome 58", umgeben von einem glühenden Halo, nicht beachtend, dass das Element mit der Atomzahl 58 das harmlose Cer ist. Die letzten noch übrig gebliebenen Marken gingen unter, als in den sechziger Jahren der öffentliche Widerstand gegen Atomwaffen und Atomenergie stärker wurde. Radium selbst wird heute nur noch in radiologischen Kliniken benutzt.

Der Raum, in dem Curie Polonium und Radium entdeckte, nach ihrer Erinnerung „eine Schindelhütte mit Asphaltboden und einem Glasdach, das uns unvollständig vor Regen schützte", existiert nicht mehr. Die Naturwissenschaft heiligt nicht die Orte, an denen Durchbrüche gemacht werden, sondern nur die Durchbrüche selbst und gelegentlich diejenigen, die sie machen. Die Eheleute Curie verkörperten die Extreme der Haltung, die ein Wissenschaftler zu seinen Leistungen einnehmen kann. Marie bewunderte an Pierre die Einstellung, dass es nicht darauf ankommt, wer eine Entdeckung macht, sondern dass sie überhaupt gemacht wird, aber sie konnte sie nicht teilen, weil sie immer ein possessiveres Verhältnis zu ihren wissenschaftlichen Leistungen hatte. Wäre es erhalten geblieben, hätte das

Labor als eine Mahnung gedient, dass Entdeckungen nicht auf eine komfortable Umgebung angewiesen sind, sondern nur auf die richtige Ausrüstung zur rechten Zeit, in diesem Fall die Pechblende und Pierres empfindliche Quarzwaage. Marie Curie schrieb über jene Zeit, sie und Pierre hätten „nur mit einem einzigen Gedanken gelebt, wie in einem Traum".[55]

1914, acht Jahre nach Pierres Tod, bezog Marie Curie endlich ein angemesseneres Quartier, einen Komplex neu errichteter Gebäude, der das Radium-Institut und das Institut Pasteur umfasste. Die Verandatüren in Maries Labor gingen auf einen kleinen Garten zwischen den beiden Gebäuden hinaus, ein Ausdruck der Verbundenheit von Chemie und Biologie mit der Natur und zwischen beiden. Hier wirkte Marie, bis sie 1934 starb, worauf ihr im Amt des Direktors André Debierne folgte, der ein anderes Element in der Pechblende entdeckte, das Actinium. Später übernahmen Maries Tochter Irène und deren Ehemann Frédéric Joliot-Curie das Ruder. 1958 wurde das Gebäude geschlossen, weil es so sehr mit Strahlung gesättigt war, dass man nichts anderes tun konnte.

Doch 1995 machte es wieder auf, nun als Curie-Museum. Ich treffe die Koordinatorin des Museums, Marité Amrani, die eine erfrischend unpariserische Begeisterung für ihre Arbeit an den Tag legt. Sie zeigt mir Beispiele von Produkten, die Radium als Markennamen tragen, bevor sie mich in die Räume führt, in denen Marie Curie meistens arbeitete. Sie versichert mir, das Gebäude sei für unbedenklich erklärt worden, aber das Durcheinander in den Schränken und die altertümlichen Flaschen mit Chemikalien, die noch auf den Regalen stehen, stimmen mich bedenklich. Ich betrachte eingehend ein Stück Pechblende, ein mattgraues Gestein mit einem leichten rosafarbenen Glanz, und ich frage mich, welche Strahlungen noch von ihm ausgehen. An der Wand hängt in vergrößerter Kopie eine Seite aus Marie Curies Notizbuch, daneben eine geschwärzte Röntgenaufnahme, an der man sieht, wie stark diese Seite verstrahlt ist. Ihr Laborkittel, schwarz mit weißen Punkten, verrät einen gewissen Pariser Chic. In einer Ecke steht die Edelholzschatulle, die einst das Gramm Radium enthielt, das Marie als Geschenk von den Frauen Amerikas entgegennahm, die die hunderttausend Dollar gesammelt hatten, die nötig waren, dieses Gramm zu erwerben. In der Schatulle befindet sich ein solider Bleizylinder von der Größe eines

Stilton-Käses, in dessen Mittelpunkt sich ein kleines Bohrloch befindet, in dem die radioaktive Quelle aufbewahrt wurde. Ich versuche ihn anzuheben: „Er wiegt 43 Kilogramm", klärt Marité mich auf. „Und heute würde man noch sehr viel mehr Blei nehmen."

Eines der bedeutsamsten Vermächtnisse von Marie Curie ist der von ihr geschaffene *Peer Effect*. „Sie hat viele Frauen ins Labor aufgenommen", sagt Marité. „Sie hat alle ermutigt, die für die Wissenschaft geschaffen waren." Maries Tochter Irène war ihr offenkundigster Schützling, und sie gewann 1935 gemeinsam mit ihrem Ehemann ihren eigenen Nobelpreis – die zweite Frau nach ihrer Mutter. Ein anderer Schützling war Marguerite Perey, die 1939 ihr eigenes neues Element entdeckte, das Francium. Perey stieg, wie der Tellerwäscher, der zum Chefkoch wird, von der Reagenzglasspülerin zu Maries erster persönlicher Assistentin auf und wurde schließlich zu einer ausgezeichneten Wissenschaftlerin. Ihre Entdeckung, die sie am Vorabend des Zweiten Weltkriegs machte, wurde nicht mit dem Rummel aufgenommen, der die Curies so irritiert hatte. Perey hatte für das Element, das im Periodensystem vor dem Radium steht, zunächst den Namen Catium und das Symbol Cm vorgeschlagen (wegen der vorhergesagten Wahrscheinlichkeit, hochreaktive positive Ionen, Kationen, zu bilden). Aber als dann im Jahr 1947 erstmals wieder neue Elementnamen offiziell zur Beratung anstanden, war infolge des Manhattan-Projekts mittlerweile eine ganze Fülle weiterer radioaktiver Element entdeckt worden. Eines dieser neuen Elemente hatte einen begründeteren Anspruch auf das Symbol Cm: Curium. Perey ließ sich auf den Namen Francium ein. 1962 wurde sie als erste Frau in die französische Akademie der Wissenschaften aufgenommen, die in ihrem männlichen Chauvinismus sowohl Marie als auch Irène ausgegrenzt hatte. Vielleicht war die Namensgebung ihres Elements doch nicht unklug gewesen.

Zurück aus Paris, stieg ich aus dem Eurostar und begab mich zum Haus meiner Eltern, das ich gern als Londoner Zwischenstation benutze. Als ich mir den Kalkstaub von den schwarzen Schuhen wischte, der sich beim Spazierengehen in den Pariser Parks darauf niedergelassen hatte, entdeckte ich neben den Dosen mit Meltonian-Schuhcreme überrascht einen rechteckigen Karton mit schwarzer Lederfarbe, auf dem in der Fettschrift der sechziger Jahre der Markenname „Radium" prangte.

Bild 24: Lederfarbe ‚Radium'

Nachthimmelsleuchten der Antiutopie

Gas war von der Mitte des 19. Jahrhunderts an das hauptsächliche Mittel zur Beleuchtung von städtischen Straßen und Stadthäusern. In seiner Glanzzeit wurde erregt sein zischendes weißes Licht beschworen, und noch lange nach seinem Ende wurde es schmerzlich vermisst. Als sich um die Jahrhundertwende die elektrische Glühlampe durchsetzte, genügte die bloße Vorstellung von Gaslicht, um einen mächtigen Nostalgieschub auszulösen. In dem berühmten deutschen Lied aus der Kriegszeit „Lili Marleen" von 1915 heißt es über Lili nur, dass sie unter einer Laterne steht. Doch als das Lied sich im Zweiten Weltkrieg erneut großer Beliebtheit erfreute, wurde sie in der englischen Übersetzung neu verpackt als „Lily of the lamplight"; der Reiz geht ebenso sehr von einem verflossenen Zeitalter der Unschuld wie von der *femme fatale* aus.

Das Wunder der künstlichen Beleuchtung findet natürlich Eingang in Beschreibungen der städtischen Umwelt. Doch ihr Licht ist nicht nur Licht. Es strahlt, es beleuchtet und es hinterlässt Schatten, abhängig von seiner Art, und dabei schafft es Stimmungen, für die Schriftsteller mehr oder weniger empfänglich waren. Finstere Taten mochten in seinem Strahl begangen werden, aber das Gaslicht selbst war – verständlich, weil es die erste öffentliche Beleuchtung war – ein unschuldiges Wunderwerk. Selbst in Romanen, die von Schatten bedrängt sind, etwa in Joseph Conrads *Der Geheimagent*, kommt das Gaslicht gut davon. Conrad gibt sich sogar große Mühe, sein Licht als völlig neutral darzustellen. An einer Stelle erfasst es die Wangen der Antiheldin Winnie Verloc, die „mit einem Hauch von Orange" glühen. Dieses Orange ist kein Effekt der Beleuchtung; es beruht darauf, dass sie mit ihrem widerlich gelben Teint errötet. Das Weiß des Gaslichts zeigt die Dinge in ihren wahren Farben.

Die Neuerung der Straßenbeleuchtung mit Natriumdampflampen wurde von Schriftstellern unterschiedlich aufgenommen. Die elektrischen Glühlampen, die vom Natrium erwartungsgemäß verdrängt werden sollten, spendeten genau wie das Gas ein wohltuendes weißes Licht, das sich aus Licht von unterschiedlichsten Farben zusammensetzt, erzeugt durch den Fluss eines elektrischen Stroms durch einen Glühdraht. Das Licht der Natriumlampe besteht nur aus einer einzigen Wellenlänge – 589 Nanometer. Wenn das Licht aus einer Natriumentladung auf ein farbenfreudiges Objekt fällt, sehen wir nur den Bruchteil dieses 589-Nanometer-Lichts, der zurückgeworfen wird, und keine andere Farbe. Diese monochrome Lasur ist irreführend, sie sagt nicht die Wahrheit; sie taucht alles in ein grelles, nikotinfarbenes Licht, so dass es nicht mehr möglich ist, Farben richtig wahrzunehmen.

Die ersten Natriumdampflampen wurden in den Straßen installiert, die an die Fabriken der Lampenhersteller selbst angrenzten, Osram in Berlin und Philips bei Maastricht in den Niederlanden. Purley Way in der Nähe der Philips-Fabrik in Croydon war das britische Testgelände, für das man sich 1932 entschied. Als sich die Natrium-Straßenlampen nach dem Zweiten Weltkrieg häuften, geriet ihr verfärbendes Licht in den Blick von Schriftstellern, wenn sie eine unheimliche Großstadtatmosphäre vermitteln wollten. In *Der Ekel* leidet das Alter Ego von Jean-Paul Sartre, der junge Schriftsteller Roquentin, an seiner sinnlosen Existenz, eben an dem titelgebenden Ekel; an einer Stelle überquert Roquentin die Straße zum gegenüberliegenden Bürgersteig, angezogen von „einer einzelnen Gaslampe wie von einem Leuchtturm", und bemerkt erstaunt, dass „der Ekel dort geblieben ist, in dem gelben Licht". Der Dichter John Betjeman schätzte die Grafschaften nördlich Londons durchaus, giftete aber gegen die „gelbe Kotze", die von den neuen „(Beton-)Galgen oben drüber" ausgespieen wurde. Eine Generation später verschärft J. M. Coetzee diese Idee in seinem Roman *Eiserne Zeit*, der im Südafrika der Apartheid-Ära spielt. Coetzees Erzählerin, eine emeritierte Professorin, die an Krebs stirbt, lässt sich mit ihrer Hausangestellten in eine der Townships fahren, wo sie die Leiche des von der Polizei ermordeten Sohnes der Angestellten entdecken werden. Das Auto platscht „durch Pfützen in der holprigen Straße … unter dem makaberen Orange der Straßenlampen". Das Licht ist eine Metapher sowohl für ihren Krebs als auch für den Krebs, der das Land zerstört. Das Element war sicherlich schon ein abgedroschenes Klischee, als Will Self in *The Book of Dave* seinen titelgebenden Londoner Taxifahrer potentielle Fahrgäste begutachten lässt, die „muffig unter den Natriumlampen" herumlungern.

Die in der Reagan-Ära entstandene *Three Californias*-Trilogie des Science-Fiction-Autors Kim Stanley Robinson beschreibt unterschiedliche Szenarien für den „Golden state". Im zweiten Band der Reihe, *Goldküste*, wird die wahrscheinlichste dieser Zukünfte geschildert, die weder postnuklear noch ökotopisch ist. Hier äußert sich Robinson ausführlicher über die Lichter von Los Angeles und ihre elementaren Ursprünge:

Das riesige Gitterwerk aus Licht.

Tungsten, Neon, Natrium, Quecksilber, Halogen, Xenon.

Zu ebener Erde quadratische Gitter aus orangefarbenen Natriumstraßenlampen.

Alle möglichen Dinge brennen.

Quecksilberdampflampen: Blaue Kristalle über den Freeways, den Eigentumswohnungen, den Parkplätzen.

Das die Augen verblitzende Xenon, grell in den Einkaufszentren, dem Stadion, Disneyland.

Große Halogen-Leuchtturmstrahlen vom Flughafen, die über den Nachthimmel zucken.

Ein Krankenwagenwarnlicht, das unten rot blinkt.

Ständige Folge, rotgrüngelb, rotgrüngelb.

Scheinwerfer und Rücklichter, rote und weiße Blutzellen, durch einen leukämische Körper aus Licht gejagt.

In dem Gehirn leuchtet ein Bremslicht auf.

Eine Milliarde Lichter. (Zehn Millionen Menschen.)

Wie viel Kilowatt pro Stunde?

Gitter über Gitter, von den Bergen bis hinunter ans Meer.

Eine Milliarde Lichter.

Ah ja: Orange County.

Auf allen Kontinenten ist Natrium heute die Farbe der Stadt bei Nacht, und die wichtigste Quelle unserer Kenntnis dieses Elements – sein grelles, unschönes Licht – ist ein unentrinnbares Merkmal des großstädtischen Lebens. Selbst die Hersteller und die für die Installation verantwortlichen Behörden geben zu, dass Natriumlampen kein Triumph der Ästhetik sind; sie werden aber trotzdem bevorzugt, weil sie energieeffizienter sind als die Alternativen. Versuche, mit Hilfe von Beimengungen anderer chemischer Dämpfe zu einem weißeren Licht zu gelangen, wurden immer wieder durch Ölkrisen vereitelt, so verbringen wir unsere Nächte in dem ausgesprochen grellen Schein des Natriums.

Bild 25: Stadtbild mit Natriumstraßenlampen

Es ist eigentlich nicht die 589-Nanometer-Farbe, die uns auf die Nerven geht. Sie kann uns in einem anderen Zusammenhang große Freude bereiten, zum Beispiel wenn wir am Strand ein Feuer aus Treibholz machen und Meersalz die Flammen färbt. Was uns nervt, ist ihre neblige Allgegenwart. Ich bekenne, dass ich die allgemeine Abneigung gegen diese stadtweit verhängte künstliche Beleuchtung teile, wenngleich ich aus meiner Kindheit nur glückliche Erinnerungen an die eine Natriumlampe habe, die von der gegenüberliegenden Straßenseite in mein Zimmer schien. Ich weiß noch, wie sie (durch den Zusatz von Neon, um das Natrium bei niedrigerer Spannung zu aktivieren) in einem frischen Pinkton flackerte, wenn sie an feuchten Herbstabenden gerüttelt wurde, um anzuspringen, bevor sie heller wurde und über Rot und Orange zu ihrer vollen Leuchtkraft gelangte, so dass ich kein Nachtlicht brauchte. Ich hatte damals noch keine antiutopischen Romane gelesen.

Was die Chemiker auf die Spur des Natriums brachte, war nicht die charakteristische Farbe seiner Flamme, wie es später bei einigen anderen Elementen der Fall war. Im Jahr 1801 zog Humphry Davy von Bristol nach London, um die Stelle des Laboratoriumsdirektors bei der neu gegründeten Royal Institution anzutreten. Mit auf die Reise gingen seine galvanischen Säulen, mit denen er kurz zuvor zu experimentieren begonnen hatte, und eine Ahnung, dass die von ihnen erzeugte Elektrizität der Schlüssel zu „den *wahren* Elementen" chemischer Substanzen sein könnte.[56]

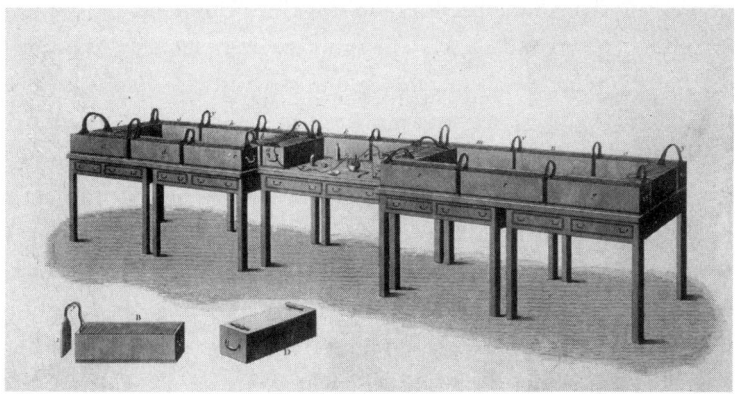

Bild 26: Davys galvanische Säulen

An der Royal Institution baute er stärkere Säulen, indem er in länglichen Kästen Dutzende quadratischer Plättchen aus Kupfer und Zink nebeneinanderschichte. Im November 1806 fasste er die Ergebnisse seiner ersten Experimente mit dem neuen Apparat in einer Rede vor der Royal Society zusammen. Seine Arbeit war so vielversprechend, dass sie ihm sogleich internationales Ansehen sicherte und auch den von Napoleon gestifteten Preis einbrachte, der den Anlass für seine spätere Reise nach Frankreich gab. Nachdem er eine Untersuchung über die Elektrolyse von reinem Wasser und verschiedenen Lösungen mittels dieser Methode abgeschlossen hatte, wandte Davy sich geschmolzenen Salzen zu. Im Oktober darauf steckte er die aus Platindraht bestehende Elektrode seiner Batterie in geschmolzene Pottasche, worauf sich das Material fast augenblicklich zersetzte und ein hochreaktives neues Metall freigab. Sein Cousin Edmund, den er als Assistent gewonnen hatte, berichtete, dass Davy „in ekstatischer Freude über diesen Ausgang im Raum umhertanzte".[57] Einige Tage später wiederholte Davy das Experiment mit der ätzend alkalischen scharfen Soda, dem Natriumhydroxid, anstelle der Pottasche, und es passierte dasselbe – ein neues Metall war gefunden.

Im November hielt er wieder eine Rede vor der Royal Society, ein Auftritt, der den Erfolg vom Vorjahr noch übertrumpfen sollte. Nach Davys Schilderung „zeigte sich an dem negativen Draht ein äußerst intensives Licht, und aus der Kontaktstelle erhob sich eine Flammensäule, die auf die Entwicklung von brennbarer Materie zurückzugehen schien".[58] Das aus der Pottasche erhaltene Metall war flüssig und sah aus wie Quecksilber, während das aus der Soda silbrig und fest war. Die Reaktionsfreudigkeit beider war gefährlich hoch: „Oft brannten die Kügelchen im Moment ihrer Bildung, und manchmal explodierten sie heftig und zersprangen in kleinere Kügelchen, die in einem Zustand lebhafter Verbrennung mit hoher Geschwindigkeit durch die Luft flogen und dabei einen schönen Effekt kontinuierlicher Feuerstrahlen erzeugten".[59] Davy teilte mit, er habe für die neuen Elemente die Namen Kalium und Natrium gewählt. Aber waren es Metalle? Sie waren außergewöhnlich leicht. Wäre da nicht der Umstand gewesen, dass sie beim Kontakt mit Wasser explodierten, hätten sie ohne weiteres auf seiner Oberfläche schwimmen können. Davy stellt fest, dass sie sogar auf Naphtha schwimmen, einem Erdöl von sehr viel geringerer Dichte als Wasser. Er kam zu dem Schluss, dass man ihre außergewöhnliche Leichtigkeit nicht so hoch bewerten dürfe, dass man ihre übrigen Eigenschaften vernachlässige, zum Beispiel die hohe elektrische Leitfähigkeit, die sie unzweifelhaft als Metalle auswies. Mit seinem ungemein leistungsfähigen Elektrolysegerät hatte Davy soeben die beiden reaktionsfreudigsten Metalle entdeckt, die die Wissenschaft kennt.

Chemiker vermuteten, dass sich bei anderen Mineralien zeigen würde, dass sie weitere explosiv reagierende neue Metalle enthalten, die nur darauf warteten, von einer hinreichend starken Kraft befreit zu werden. Eines dieser Mineralien war Kalk, den Lavoisier in seine Liste „einfacher Substanzen" aufgenommen hatte, die das versprachen; ein anderes war Magnesiumoxid, von dem Joseph Black in Edinburgh gezeigt hatte, dass es chemisch dem Kalk analog und daher wahrscheinlich eine Verbindung eines eng verwandten Metalls ist. Strontianit und Baryt waren zwei weitere Substanzen, bei denen Blacks Schüler Charles Hope aufgefallen war, dass ihre farbigen Flammen (rot bzw. grün) auf die Präsenz neuer Elemente hindeuteten. Davy ging daran, jede dieser sogenannten alkalischen Erden seinem elektrolytischen Verfahren zu unterziehen, wobei er diesmal eine Elektrode von flüssigem Quecksilber verwendete, um die Metalle im Moment ihrer Freisetzung in einem Amalgam zu binden, bevor sie verbrennen konnten. Im Laufe des Jahres 1808 gelang es Davy, nacheinander Kalzium, Magnesium, Strontium und Barium zu isolieren.

Die Chemie war nicht Davys einziges Talent. Er war auch ein romantischer Dichter, von dem man sich einiges versprach. Robert Southey, später Poet Laureate, nahm einige von Davys Versen in die von ihm herausgegebenen *Annual Anthology* auf und bezeichnet ihn voller Bewunderung als „den jungen Chemiker, den jungen Alleskönner".[60] Davy sah zwischen seiner Wissenschaft und seiner Kunst keinen Widerspruch, und er verknüpfte das Studium der Natur mit einer Liebe zum Schönen und Erhabenen.

Zwei weitere Mitglieder der hochreaktiven Gruppe von Elementen, die man als Alkalimetalle bezeichnet, wurden, anders als Davys Natrium und Kalium, tatsächlich anhand des charakteristischen Lichtes ihrer Salze gefunden. Robert Bunsen und Gustav Kirchhoff bauten 1859 in Heidelberg ein Spektroskop, so etwas wie ein weiterentwickeltes Prisma, das es Wissenschaftlern erlaubt, Elemente zu identifizieren, indem es die Farben, die diese in einer Flamme zeigen, in charakteristische, einem Strichcode ähnelnde Linien aufspaltet. Bunsen und Kirchhoff nutzten ihr neues Gerät, um die in Mineralwasser gelösten Bestandteile systematisch daraufhin zu untersuchen, ob sich dort nicht vielleicht ein unentdecktes Element versteckt hielt. Nachdem sie auf chemische Weise die leicht erkennbaren Natrium- und Kalziumsalze und danach die weniger leicht erkennbaren Strontium- und Magnesiumsalze entfernt hatten, blieb eine Lösung von seltereren Salzen zurück, deren Wasser sie restlos verdunsten ließen. Als sie den festen Rückstand dieser Lösung in eine Flamme hielten, beobachteten sie ein neues blaues Licht, das nur auf einem unentdeckten Element beruhen konnte. Sie nannten es Caesium, nach *caesius*, dem lateinischen Wort für die Farbe des Himmels. Einige Monate später verfuhren sie ähnlich mit einer Mineralprobe aus Sachsen; dabei sahen sie dunkelrote Linien von einem anderen neuen Element: Rubidium.

Ein fünftes Alkalimetall, Lithium, war einige Jahre zuvor mit konventionelleren Methoden entdeckt worden, weshalb es nicht nach seinem Licht in einer Flamme, sondern nach der Erde – griechisch *lithos* – benannt wurde, in der man es gefunden hatte. Dank der Spektroskopie hatte es nun den Anschein, als gäbe es diese Metalle überall. Eines Morgens überraschte Bunsen seinen Mitarbeiter mit der Mitteilung: „Wissen Sie, wo ich Lithium gefunden habe? In Tabakasche!"[61] Bis dahin hatte man geglaubt, das Element sei sehr selten.

Die Existenz dieser relativ ungewohnten, aber nicht gerade seltenen Elemente Caesium, Rubidium und Lithium war einfach durch die Allgegenwart des Natriums verdeckt worden. Natrium ist das bei weitem häufigste Alkalimetall im Salz der Erde, und sein helles gelbes Licht überdeckt leicht die anderen Farben einer Flamme. Wenn Astronomen sich über Lichtverschmutzung beklagen, haben sie vielfach die Natrium-Straßenlampen im Sinn. Edwin Hubble entging dem grellen Licht von „Orange County", indem er sich auf ein Gipfelobservatorium nördlich von Pasadena zurückzog, wo er die Bewegungen der Galaxien erfasste, die ihn zu seiner Entdeckung des expandierenden Universums brachten. Es war jedoch nicht das Natrium, das ihm Schwierigkeiten machte. Kalium verbrennt mit einer violetten Flamme, wie man sie manchmal bei einer Schießpulverexplosion oder beim Anzünden eines Streichholzes beobachten kann. Eines Nachts machte Hubble, während er durch das stärkste Teleskop der Welt die Galaxien betrachtete, eine erregende Entdeckung – er sah ein Kalium-spektrum. Doch bald wurde deutlich, dass mit dem Messwert etwas nicht stimmen konnte. Schließlich erkannte Hubble, dass das Gerät nur das Licht des Kaliums in dem Streichholz aufgefangen hatte, mit dem er sich seine Pfeife angezündet hatte.

Die Hersteller von Feuerwerk sind im Unterschied zu den Lieferanten von Künstlerfarben oder Fertiggerichten nicht verpflichtet, die chemische Zusammensetzung ihrer Waren anzugeben. Für diejenigen, die rudimentäre Kenntnisse besitzen, mögen ihre Namen auf gewisse Ingredienzien hindeuten. Mein preisgünstiges Paket zum Guy Fawkes Day versprach in gebrochenem Englisch „silbernes Geglitzer", „grüne Diamanten-Fontäne" und „Goldklumpen". Vermutlich Magnesium, Kupfer und Natrium, dachte ich. Doch was wirklich darin steckt, erfährt man erst, wenn der Himmel in den charakteristischen Farbtönen der Elemente erstrahlt.

Unterschiedliche Gelb- und Orangetöne werden zum Beispiel von Natriumsalzen, zerstoßener Holzkohle und Eisenspänen erzeugt. Grün wird seit jeher mit Hilfe von Kupfersalzen wie etwa Grünspan erreicht. Lange bevor sie etwas von den anderen Elementen wussten, die ihre Wünsche erfüllen konnten, wollten die Pyrotechniker das ganze Spektrum der Farben mit ihrer Kunst nachbilden. Die Chinesen kamen dem Effekt nahe, indem sie Bänder farbigen Papiers benutzten, durch die das Licht ihres explodierenden Schießpulvers scheinen konnte. Schon um die Mitte des 18. Jahrhunderts wurde für Feuerwerk mit dem Versprechen geworben, es biete echte Regenbogenfarben. Doch in Wahrheit dürften die Farben in der Beschreibung strahlender gewesen sein, als sie im Feuerwerk selbst jemals sein konnten. Gold und Silber waren die vorherrschenden Töne, die man durch verschiedene Mischungen aus pulverisiertem Eisen und dem schwarzen Sulfiderz des Antimons erhielt, die orange bzw. weiß funkelten.

Nach der Unterzeichnung des Friedens von Aachen wohnte der englische König Georg II. im April 1749 im Londoner Green Park einer der aufwendigsten Darbietungen der damaligen Zeit bei. Händel schrieb aus diesem Anlass eine *„grand overture on warlike instruments"*, jenes Stück, das wir heute als seine *Feuerwerksmusik* kennen. Horace Walpole war jedoch enttäuscht, dass die Darbietung selbst „kläglich und schlecht ausgeführt war, ohne Abwechslung der farbigen Feuer und Formen … und so zögernd entzündet, dass kaum jemand die Geduld aufbrachte, das Ende abzuwarten".[62] Selbst wenn alles zu seiner Zufriedenheit verlaufen wäre, wäre das Grün des Kupfers die einzige Farbe gewesen, die er außer dem Weiß und dem Gelb gesehen hätte, die man in jedem hell leuchtenden Feuer antrifft.

Bild 27: Feuerwerk in einer frühen Gravur

Charles Dickens ergötzt sich in seinen *Sketches by Boz* von 1836 bei einer Darbietung an „rotem, blauem und vielfarbigem Licht", während William Thackeray das Mädchen Fanny Bolton in *Pendennis* (1848) über ein Feuerwerk in „azurblau, smaragdgrün und zinnoberrot" staunen lässt. Beide Beschreibungen implizieren eine Farbintensität, die weit über das hinausgeht, was damals erreichbar war, und zeugen eher von der stets sehnsüchtigen Phantasie des Feuerwerksbetrachters. Auch als Strontium- und Bariumsalze verfügbar wurden, waren die roten und grünen Farben, die sie hergeben, aufgrund von Verunreinigungen oft noch schwach.

Die frühen Feuerwerksdarbietungen waren eine abstrakte Angelegenheit, doch unter der Herrschaft Königin Victorias entwickelte sich eine Mode für bildliche Darstellungen in Flammen; besonders beliebt waren dabei chauvinistische Wiederaufführungen von Krimschlachten und Indienfeldzügen. Als es weniger glorreiche Siege zu vermelden gab, kehrte sich der Trend um zu Darbietungen, bei denen möglichst wenig von der reinen Kunst der Feuerwerkstechniker ablenkte. Doch die allgemeine Begeisterung für Feuerwerk erlosch fast gänzlich, als mit dem neuen Gaslicht eine andere Mode aufkam, bei festlichen Gelegenheiten größere Gebäude mit einer speziellen Illumination zu schmücken.

Heutzutage werden Feuerwerksdarbietungen im Fernsehen übertragen, wobei das Europium und das Zink des Phosphor-Bildschirms nur einen schwachen Abklatsch des Natriums und des Bariums am nächtlichen Himmel bieten, und es gibt neue Befürchtungen, was die Kunst der Pyrotechnik betrifft. Versteckt zwischen den Büschen eines Parkplatzes in Cambridgeshire finde ich ein nicht gekennzeichnetes Tor, das mich in die Redoute von Hochwürden Ron Lancaster einlässt. Er ist Geschäftsführer von Kimbolton Fireworks, dem letzten britischen Hersteller von Feuerwerksartikeln. Lancaster ist in Huddersfield aufgewachsen, dem historischen Zentrum der britischen Feuerwerksindustrie, und dort hat er während des Zweiten Weltkriegs angefangen, seine eigenen Feuerwerkskörper herzustellen. (Damals konnte man ohne Umstände Salpeter kaufen und sich sein eigenes Schießpulver mischen.) Er wurde Vikar und später Kaplan an der Kimbolton School, wo er die ungewöhnliche Fächerkombination Religion und Chemie unterrichtete. 1964 baute er ein Labor, um seinen pyrotechnischen Experimenten nachzugehen, und schließlich gründete er das Unternehmen.

Dafür, dass er sich der Aufgabe geweiht hat, Freude und Erlösung in das Leben der Menschen zu bringen, finde ich Hochwürden in einer düsteren Stimmung. Die Branche wird sich nicht mehr lange halten können, befürchtet er. Er rasselt eine lange Liste von Erschwernissen herunter: „Gesundheits- und Sicherheitspropaganda, reißerische Supermarktangebote, chinesische Importe, Bürokratie." Ein Protestierender schrieb ihm, ob er sich nicht schäme, dass sein Feuerwerk die Atmosphäre mit Cadmium und Quecksilber belastet. „Ich schrieb zurück: Schauen Sie sich die Krematorien an und die Amalgamfüllungen und die explodierenden Herzschrittmacher." Es ist nicht zu übersehen, dass er mit Problemen zu kämpfen hat. Nach einer Reihe von „dummen" Unfällen und einer heftigen Kampagne der Verbraucherschützer wurde der Vertrieb von Feuerwerksartikeln zunehmend eingeschränkt – die lautesten Kracher wurden verboten, dann Feuerwerksartikel mit einer unberechenbaren Flugbahn, und andere Feuerwerkskörper wurden gedämpft oder gezügelt. Doch die neuen Vorschriften richten sich mehr gegen die unverantwortliche Nutzung als gegen die spezifischen Gefahren des Feuerwerks. Vor allem bedauert Lancaster die Nebenwirkung all dessen, und das ist die Entwicklung weg vom Feuerwerk im Garten hinterm Haus hin zu großen kommunalen Ereignissen, mit der Folge, dass „große Darbietungen in der Hand von Leuten liegen, die Feuerwerk hassen".

Daran ändert auch der Guy Fawkes Day nichts, der am 5. November gefeierte Jahrestag des vereitelten Sprengstoffanschlags auf das Parlament. „Das ist ein schrecklicher Tag." Lancaster ist überzeugt, dass Großbritannien sich mit Feuerwerken leichter täte, wenn unser jährlicher Vorwand, sie zu veranstalten, nicht in diesen nasskalten Monat fiele. Doch ein „Geist von Dünkirchen", der uns alle Jahre wieder überkommt, lässt uns die Sache mit zusammengebissenen Zähnen durchstehen, obwohl wir nie wirklich Spaß an dem Spektakel haben. „Die Veranstaltung scheitert an unserem phlegmatischen Temperament. Nehmen Sie Spanien – wo Sie auch hinkommen, es gibt keine Fiesta ohne Feuerwerk." Ich befrage per E-Mail eine Reihe von Freunden in den Vereinigten Staaten, Israel, Russland, Italien, Spanien … und zurück kommt tatsächlich eine Flut von festlichen Anlässen, bei denen ein Feuerwerk abgebrannt wird.

Vielleicht ist es ein Glück, dass Hochwürden Lancasters Leidenschaft nicht die Leitung seines Unternehmens ist, sondern die pyrotechnische Forschung. Ich lenke das Gespräch auf das Problem der Farben. Lancaster hatte seinen ersten Durchbruch, als ihm eine Lieferung Titanspäne von einer Flugzeug-Maschinenwerkstatt angeboten wurde. Sie sind zwar schwierig zu handhaben – sie sind sehr hart, weshalb sie reibungsempfindlich sind und dadurch leicht eine zufällige Zündung auslösen können –, aber er hat einen Weg gefunden, sie sicher in Feuerwerkskörper einzubauen, wo sie, wenn sie abbrennen, schöne silberne Funken erzeugen. Vor hundert Jahren hatte man Aluminium und Magnesium in die Feuerwerkskörper getan, mit einem ähnlichen Effekt, aber Titan ist heller und obendrein immun gegen Feuchtigkeit. In den sechziger Jahren waren die weißen Funken eine Zeitlang regelrecht Mode.

Eines der Ziele Lancasters war es, neue strahlende Farben zu schaffen, die zwischen den bekannten Farbtönen lagen, die von den chemischen Salzen erzeugt wurden. Eine davon war Lindgrün (Barium und Kupfer verbrennen mit einer eher meergrünen Farbe). Weil er es mit blendend hellem Licht zu tun hat, ist das Handwerk des Pyrotechnikers noch subtiler als das des Künstlers, der Farben mischt, verbinden sich in ihm doch Elemente der Chemie, der Ballistik, der Optik und der Wahrnehmung. Beim Lindgrün konnte er nicht einfach das Grün von Kupfer oder Barium und das Gelb von Natrium miteinander mischen, weil jede Farbe eine andere Flammentemperatur erfordert. Durch den Zusatz von Magnalium (einer Legierung aus Magnesium und Aluminium) konnte Lancaster Detailfarben und deren bessere Kontrolle bei einer höheren Temperatur erzeugen, aber dazu bedurfte es dann des Zusatzes weiterer Chemikalien, um ihnen Intensität zu verleihen.

Auch wenn man ein brauchbares orangefarbenes Licht beschaffen möchte, kann man nicht einfach das Rot beispielsweise von Strontium und das Gelb von Natrium miteinander vermischen. Lancaster fand heraus – und das hat etwas mit der visuellen Wahrnehmung des Menschen zu tun –, dass für den erwünschten Effekt auch ein wenig Grün erforderlich ist. Das entdeckte er im örtlichen Kino, als er sah, wie die Lichter der Musikbox von Rot zu Grün ineinander flossen und dabei kurz die Farbe schufen, um die es ihm ging.

Blau ist, wie sich gezeigt hat, besonders schwer zu erreichen. Im napoleonischen Frankreich war Claude-Fortuné Ruggieri der Erste, der systematisch Metallsalze für die Erzeugung farbiger Flammen einsetzte. Diese nutzte man sowohl zur Nachrichtenübermittlung des Heeres als auch für öffentliche Spektakel. Seine *Elémens de Pyrotechnie*, die Rezepte für zahlreiche Farbzusammenstellungen enthielten, darunter aber kein Blau, erlebten in der ersten Hälfte des 19. Jahrhunderts zahlreiche Auflagen. Von dem allgemein erhältlichen Metallen oder Salzen erzeugt keines eine starke blaue Emission – für ein Blau ist mehr Energie erforderlich, als sie normalerweise von den Elektronenübergängen angeregter Atome, die das Licht erzeugen, freigesetzt wird. Im 19. Jahrhundert wurden alle möglichen Substanzen ausprobiert, von Elfenbein über Bismut bis Zink, aber das Beste, was man dabei erreichte, war ein kaltes Weiß, das nur zusammen mit einem gelberen Licht blau erschien. Thackerays „azurblau" war pure Übertreibung. Erst später erkannte man, dass Kupfersalze, die von Natur aus mit einer grünen Flamme verbrennen, durch eine chemische Modifikation dazu gebracht werden konnten, blau zu brennen. Vor der Zeit der einschränkenden Gesetze nutzten die Hersteller zu diesem Zweck bisweilen das giftige und instabile Kupferarsenitacetat, das Pigment, das bei Künstlern als Pariser Grün oder auch Schweinfurter Grün bezeichnet wird. Aus jüngerer Zeit stammt die Entdeckung, dass der Effekt auch auf die weniger schädliche Weise erreicht werden kann, Kupfer in Anwesenheit von Chlor zu verbrennen. Um ganz sicherzugehen, wird der Pyrotechniker zusätzlich noch das Auge täuschen, indem er dem Blau ein kontrastierendes Licht beigesellt, das die Illusion eines tieferen Farbtons hervorruft.

Mir wird bedeutet, dass es für ein perfektes Feuerwerk nicht nur auf die Chemie, sondern auch auf die Psychologie ankommt. Die organisierten Darbietungen von heute ziehen zahlreiche Zuschauer an und verbrauchen große Mengen Munition. Mit bewundernswerter Professionalität werden die einzelnen Feuerwerkskörper elektronisch losgeschickt, oft zum Takt der begleitenden Musik, und das mit einer Präzision, über die Händel gestaunt hätte. Doch Hochwürden Lancaster beklagt auch diese Entwicklung. „Das Problem ist, dass es alles zu schnell passiert, weil es kontinuierlich mit der Musik zusammenpassen soll." Er weist auf einen komplizierten Sachverhalt hin: „Was Sie sehen und was Sie glauben, gesehen zu haben, hängt sehr stark von Ihrem Blickwinkel und den Bedingungen ab." Auch eine hochgradig abgestimmte öffentliche Darbietung kann enttäuschen, wenn das Wetter nicht mitspielt oder man hinter einer Absperrung fern vom Geschehen steht, während ein kleines spontanes Feuerwerk – Lancaster denkt daran zurück, wie er, ein Bier in der Hand, nach dem Sommerkarneval von Aldeburgh mit ein paar Freunden am Strand stand und in größeren Abständen ein paar Raketen über dem Meer aufsteigen ließ – eher im Gedächtnis haften bleibt.

Und wenn es, so mein Eindruck, am 5. November nur hinreichend milde und trocken ist, kann selbst ein bescheidener Satz Feuerwerkskörper ausreichen, um Staunen hervorzurufen. Die Farben, Rot und Grün, sind blendend hell. Gelegentliche weiße Blitze erzeugen ein Netzhautbrennen, das zur Folge hat, dass die Schauer von orangefarbenen Funken aus Eisenspänen nur braun und wenig lichtstark erscheinen. Ein schlichtes Feuerrad, das mein neunjähriger Sohn als Sonnenfinsternis deutet, dessen leuchtende Scheibe sich zunächst immer schneller dreht und dadurch das Licht des Feuers an den Rand wandern lässt, wo es eine überwältigende Corona bildet, bis es sich, während es langsamer wird und schließlich stillsteht, zu einer leuchtenden Scheibe zurückbildet. Hochwürden hat recht. Es ist wirklich zauberhaft hier an diesem matschigen Feldrand, und bei jeder Rakete, die hinaufschießt, spürt man den herabregnenden körnigen Ruß auf dem Gesicht und genießt den Schwefelduft in der diesigen Luft.

Cocktails im Fahlen Pferd

In dem Roman *Das fahle Pferd* von Agatha Christie wird festgestellt, dass eine Reihe von Morden auf eine Vergiftung mit dem Element Thallium zurückgeführt werden kann. Warum entschied Christie sich für ein so ausgefallenes Material, hatte sie doch die freie Wahl zwischen allen Giften, die der Menschheit bekannt sind? Was wusste sie darüber?

Thallium war schon seit seinem ersten öffentlichen Auftritt umstritten, seit der Internationalen Ausstellung 1862 in South Kensington, wo es der Anlass einer scharfen wissenschaftlichen Auseinandersetzung war. Inspiriert von Bunsen und Kirchhoff und ihrer Entdeckung des Caesiums, beschaffte sich ein junger Chemiker namens William Crookes am Royal College of Chemistry ein eigenes Spektroskop – eines der wenigen im Lande – und begann es 1861 für seine Experimente zu nutzen. Bei der Untersuchung eines bestimmten Minerals aus dem Harz, in dem er Tellurium zu finden hoffte, beobachtete er im grünen Bereich des Spektrums eine Linie, die er nicht kannte. „Ist Ihnen schon einmal eine einzelne helle grüne Linie aufgefallen, fast ebenso weit von Na [Natrium, gelb] auf der einen wie von Li [Lithium, rot] auf der anderen Seite entfernt? Wenn nicht, habe ich ein neues Element gefunden", schrieb er einem Mitarbeiter.[63] Er hatte tatsächlich ein neues Element gefunden, das er Thallium nannte, nach dem griechischen Wort für die grünen Zweige junger Pflanzen, denn die Entdeckung wurde im Frühling gemacht. (Wäre Thallium nicht so selten und so giftig, könnte es für Ron Lancasters Lindgrün einspringen.) Crookes begann, so viel von dem Element zusammenzukratzen, dass er es auf der bevorstehenden Ausstellung präsentieren konnte, in der Hoffnung, dies werde es ihm erleichtern, in die Royal Society aufgenommen zu werden.

In der Zwischenzeit war es Claude-Auguste Lamy, Professor für Physik an der Universität Lille in Frankreich, ebenfalls gelungen, Thallium zu isolieren, indem er es aus dem Bleikammerschlamm einer Schwefelsäurefabrik extrahierte. Im Juni 1862 traf er in London ein, im Gepäck einen 14 Gramm schweren Barren des neuen Metalls, den er auf der Ausstellung vorstellte, wobei er erklärte, Crookes' schwarze Pulverprobe sei nur ein unreines Sulfid. Crookes war sauer, als dem Franzosen ein Preis verliehen wurde, und er rief seine Freunde bei der wissenschaftlichen Presse zu Hilfe, die ihn lautstark zum ersten britischen Entdecker eines Elements seit Humphry Davy proklamierten. Crookes erreichte die ihm gebührende Wiedergutmachung seitens der Veranstalter der Ausstellung, und im Jahr darauf erlangte er die begehrte Mitgliedschaft in der Royal Society.

In Agatha Christies Krimi drehen sich die zwielichtigen Vorgänge, die uns zunächst zur Kenntnis gebracht werden, um einen alten Gasthof, das Fahle Pferd, der von drei „Hexen" bewohnt wird, die anscheinend bereit sind, Mordtaten zu organisieren. Man findet eine Abschussliste. Diejenigen, die man inzwischen tot aufgefunden hat, sind Krankheiten erlegen, die eine solche Vielfalt von Symptomen aufweisen, dass man zunächst vermutet, sie müssten alle an verschiedenen natürlichen Ursachen gestorben sein. Doch Mark Easterbrook, der Held der Geschichte, schöpft Verdacht, als er erfährt, dass eines der Opfer Haarausfall hatte. „Thallium wurde früher tatsächlich als Enthaarungsmittel angewendet, besonders bei Kindern, die Ringflechten hatten. Dann aber fand man heraus, dass es gefährlich war", erklärt er. „Meistens wird es nur noch gegen Ratten angewendet." Es stellt sich heraus, dass der Hexenzirkel nur eine Nebelwand ist, dass die Hexen keine Tötungen auf Bestellung ausführen und die Morde von dem „Zeugen", der als Erster auf sie hinwies, verübt wurden, indem er Gegenstände in den Häusern seiner Opfer durch entsprechende, mit Thallium vergiftete Gegenstände ersetzte.

Es ist offensichtlich, dass Christie sich für Thallium entschied, um das Rätselraten zu verlängern. Die Figuren des Romans und wir Leser werden über dreihundert Seiten hinweg durch die schiere Vielfalt der Symptome der Opfer in die Irre geführt. Woher hatte Christie ihre Kenntnisse? Sie verrät es uns durch ihren Romanhelden Easterbrook, der praktischerweise gefragt wird: „Wie kamen Sie eigentlich auf Thallium?" Er erwidert: „Ich hatte früher einmal einen Artikel über Thalliumvergiftungen gelesen, als ich in Amerika war. In einer Fabrik starb ein Arbeiter nach dem andern, und ihr Tod wurde auf die verschiedensten natürlichen Ursachen zurückgeführt. Darunter waren, wenn ich mich recht erinnere…", und dann führt er zwölf diagnostizierte Todesursachen und fünf Symptome auf (vermutlich, um uns beizubringen, dass Christie ihre Hausaufgaben gemacht hat).

Durch *Das fahle Pferd* wurde Thallium „populär", und das ist sicherlich einer der Gründe, warum es zunächst als das Gift vermutet wurde, das man gegen den ehemaligen russischen Spion Alexander Litwinenko einsetzte, der 2006 in London ermordet wurde. (Als Todesursache entpuppte sich dann das noch exotischere radioaktive Polonium, wenngleich einiges dafür spricht, dass der KGB bei der Vergiftung eines anderen Dissidenten, Nikolai Chochlow, im Jahr 1957 Thallium benutzte.)

In anderen Fällen könnte die durch Christies Krimi beförderte Kenntnis der Gefahren des Thalliums dazu beigetragen haben, echten Killern einen Strich durch die Rechnung zu machen. *The Agatha Christie Companion* kehrt die übliche Vermutung, dass Mordgeschichten Nachahmungstäter ermuntern, um und nennt drei Fälle, in denen „die Symptome von Thalliumvergiftung … erkannt und Menschenleben gerettet wurden, weil Personen, die zufällig *Das fahle Pferd* gelesen hatten, schnell schalteten".[64] In einem Fall hatte eine Frau aus Lateinamerika die Symptome bei einem Mann erkannt, der langsam von seiner Frau vergiftet wurde. Ein oder zwei Jahre später wurde ein 19 Monate altes Mädchen aus Katar, das offensichtlich an einer rätselhaften Krankheit litt, ins Londoner Hammersmith Hospital gebracht. Die Ärzte standen vor einem Rätsel, aber eine Schwester, die *Das fahle Pferd* gelesen hatte, schlug eine Behandlung gegen Thalliumvergiftung vor. Das Kind hatte Thallium eingenommen, das von ihren Eltern als Insektizid benutzt wurde.

Der dritte und beunruhigendste Fall trug sich 1971 bei den Hadlands Fotowerken in Bovingdon in Hertfordshire zu. Rund siebzig Personen erkrankten an dem, wie man sagte, „Bovingdon-Bazillus" und zwei starben. Die Belegschaft vermutete Umweltvergiftung, aber Untersuchungen in der Fabrik ergaben nichts. In einer Versammlung schloss der Betriebsarzt eine

Schwermetallvergiftung aus, aber ein Mitarbeiter, Graham Young, fiel ihm ins Wort: „Glauben Sie nicht, dass die Symptome sich mit Thalliumvergiftung in Einklang bringen lassen?" Der mittlerweile von Scotland Yard hinzugezogene Gerichtsmediziner erinnerte sich an die Symptome, die in *Das fahle Pferd* beschrieben wurden. Bei einer Durchsuchung der Wohnung von Young fand die Polizei große Mengen Thallium, und der junge Mann wurde schließlich der beiden Morde für schuldig befunden. Nach dem Prozess kam heraus, dass er erst vor kurzem aus dem psychiatrischen Hochsicherheitshospital Broadmoor entlassen worden war, wo man ihn neun Jahre zuvor eingesperrt hatte, weil er versucht hatte, die meisten Mitglieder seiner Familie zu vergiften, einschließlich der Katze.

Die Verfasser von *The Agatha Christie Companion* äußern sich nicht zu der Möglichkeit, dass auch Mörder *Das fahle Pferd* gelesen haben könnten, doch Christie selbst, gründlich wie immer, gab sich besondere Mühe, der Hoffnung Ausdruck zu verleihen, sie hätten das Buch nicht gelesen. Die normale Bevölkerung verharrt derweil in sorgloser Unkenntnis der Wirkungen von Thallium. Wie sonst könnte man die Entscheidung des Parfumeurs Jacques Evard erklären, einen Duftstoff für Männer auf den Markt zu bringen, den er Thallium nennt – ein Produkt, zu dessen unausgesprochenen Versprechungen Kahlköpfigkeit und Impotenz gehören?

Das Licht der Sonne

Die Suche nach den Elementen war schon immer ein riskantes Unternehmen. Sie vollzieht sich an den Grenzen der anerkannten wissenschaftlichen Disziplinen und an den Grenzen der seriösen Forschung. Neue Elemente fanden die Alchemisten als Nebenprodukte bei ihrer Suche nach Gold oder dem Stein der Weisen. Entdeckungen wurden angemeldet, lange bevor man handfeste Beweise für ein reines neues Material hatte, allein anhand der Farbe einer Flamme oder weil nach einer gängigen chemischen Analyse ein unerklärlicher Rest übrig blieb. Öfter, als Sie denken, entpuppten sich diese Funde später als bloße Phantasien, gestützt auf kurze, launenhafte Beobachtungen und den eitlen Ehrgeiz der Möchtegern-Entdecker. Man könnte ein paralleles Periodensystem zusammenstellen, mit hundert Elementen, die voller Hoffnung benannt und doch nie gesehen wurden. Doch aus der Geschichte eines Elements kann man die Maxime ableiten, dass für Forscher, die sich in diesen Dickichten verfingen, Vergebung vielleicht angebrachter ist als Verdammung.

Seit das Spektroskop in den Flammen von gewöhnlichem Salz und Tabakasche neue Elemente enthüllt hatte, musste man damit rechnen, dass irgendjemand das tolle neue Instrument der Chemie auf die Sonne richten würde. 1868 reiste der französische Astronom Pierre Janssen in den Golf von Bengalen, um die totale Sonnenfinsternis zu beobachten, die der Wissenschaft die erste Gelegenheit geben würde, die Atmosphäre der Sonne gründlich zu untersuchen. In Madras, wo er von Bord ging, wurde er vom britischen Provinzgouverneur begrüßt und eingeladen, seine Beobachtungsstation aufzuschlagen, wo immer er es wünschte. Er entschied sich für die Baumwollstadt Guntur, die mitten in der Bahn der Sonnenfinsternis und eingebettet zwischen Meer und Bergen lag, wo mit Nebel und Wolken nicht zu rechnen war. Vor dem Termin der Sonnenfinsternis regnete es mehrere Tage lang, und Janssen fürchtete schon, er könnte sein Gerät umsonst um die halbe Welt geschleppt haben. Doch nach Janssens Darstellung kam es anders: „Am Tag der Finsternis schien die Sonne beim Aufgang, allerdings noch in einer Nebelbank; bald stieg sie daraus empor, und in dem Moment, da unsere Teleskope uns den Beginn der Finsternis meldeten, strahlte sie auf in ihrem vollen Glanz."[65] Dann verzeichnete Janssen, während die wartenden Beobachter in Dunkel gehüllt waren, „zwei Spektren, bestehend aus fünf oder sechs sehr hellen Linien, rot, gelb, grün, blau und violett", die im Moment der totalen Verfinsterung auf beiden Seiten der Sonne entsprangen. Für das Auge wirkte dieses Licht nicht weiß wie das volle Sonnenlicht, sondern wie „die Flamme eines Schmiedefeuers". Doch das Spektroskop sah diskrete farbige Linien, getrennt durch schwarze Regionen, was es erleichterte, sie mit den Spektrallinien zu vergleichen, die von bekannten, im Laboratorium bestätigten Elementen erzeugt wurden. Während die roten und blauen Linien dem – auch im normalen Sonnenspektrum sichtbaren – Licht entsprachen, das von heißen Wasserstoffatomen emittiert wird, galt das für die gelbe Linie nicht. In der Farbe kam es ihm zwar nahe, aber es entsprach nicht exakt dem charakteristischen Gelb des Natriums. Janssen schloss daraus, dass diese Linie auf der Präsenz eines unbekannten Elements beruhen musste, doch er war nicht kühn genug, ihm einen Namen zu geben. Einige Monate später beobachtete der britische Astronom Norman Lockyer die Sonne am herbstlichen Himmel von Cambridge, und als er seine Befunde mit denen einer Entladungsröhre mit Wasserstoff (dem wichtigsten Gas der Sonne) verglich, gelangte er unabhängig von Janssen zu dem gleichen Schluss. In der Annahme, das Element sei vielleicht nur in der Sonne vorhanden und komme auf der Erde nicht vor, gab Lockyer ihm den Namen Helium, nach *helios*, dem griechischen Wort für Sonne.

Da sie keine strengen Beweise für ihre kühne Behauptung vorlegen konnten, mussten Janssen und Lockyer jahrelang den Spott ertragen, dass respektlose Wissenschaftler untereinander witzelten, dieses oder jenes unbekannte Gebräu müsse Helium sein. Viele Spektroskopierer hatten Zweifel, ob es Helium wirklich gibt, und selbst Edward Frankland, der Chemiker, der Lockyer bei seinen Experimenten geholfen hatte, war nach wie vor überzeugt, dass die gelbe Linie eher mit einer unentdeckten Emission von Wasserstoff zu erklären sei. Erst 1895 wurde Lockyer definitiv bestätigt, als William Ramsay ihm eine Entladungsröhre voller Heliumgas schicken konnte, das er aus dem radioaktiven Zerfall eines Uranminerals gewonnen hatte. Lockyer jubelte: „Der wunderbare gelbe Glanz der Röhre, als der Strom hindurchfloss, war ein sehenswerter Anblick".[66]

In der Zwischenzeit hatten, bevor Ramsay den beiden Männern zu Hilfe kommen konnte, andere Astronomen fröhlich damit begonnen, von weiteren Entdeckungen himmlischer Elemente zu berichten, die sich einem bestätigenden Labortest entzogen. Coronium wurde 1869 angemeldet, und erst 1939 wurde bewiesen, dass es sich um Eisen handelte. Dann folgte Nebulium, aber es entpuppte sich als eine energiereiche Form von Sauerstoff. Es war der Aufbau von Mendelejews Periodensystem – und die allmähliche Auffüllung der Leerstellen darin –, der diesen wilden Behauptungen schließlich ein Ende machte. Es gibt in den Annalen der Astronomie noch viele nicht identifizierte Spektrallinien, aber die Wahrscheinlichkeit, dass eine davon auf einem unentdeckten Element beruht und nicht auf nicht katalogisieren Elektronenanregungen in bekannten Elementen, ist heute gleich null.

Es gab jedoch nicht ganz so seriöse Forscher, die begierig darauf waren, die Aura des Geheimnisvollen auszuschlachten, die neu entdeckten Elementen vielfach anhaftet – oder auch Elementen, die, wie eben das Helium, in einer unbehaglichen Wartestellung vor der Entdeckung feststecken. Schließlich mutete die verschlüsselte Aussage des Spektroskops den Laien wohl kaum glaubhafter an als das wirre Gerede eines Kabbalisten. In einem wissenschaftlichen Zeitalter, in dem man von den Menschen erwartete, an unsichtbare Röntgenstrahlen zu glauben, die durch feste Materie hindurchsehen können, und an Radioaktivität, die auf magische Weise bewirkt, dass ein Element sich in ein anderes verwandelt, schien alles möglich zu sein. Und wenn man jenseits des Bereichs menschlicher Wahrnehmung Elemente finden konnte, indem man zum Himmel schaute, war es dann nicht plausibel, auch mit außersinnlichen Mitteln in unserer näheren Umgebung nach ihnen zu suchen?

Für diese Kehrseite der Geschichte steht der Fall des Occultums. Hier wurde die Entdeckung eines Elements nicht von gelehrten Männern der Wissenschaft beansprucht, sondern von Leuten, die nach eigenem Eingeständnis Mystiker waren, sich aber dennoch, genau wie Lockyer mit seinem Helium, auf visuelle Tatsachen beriefen, die auf geheimnisvolle Weise erlangt und nur von einigen ausgewählten Personen direkt beobachtet wurden.

PLATE IV.

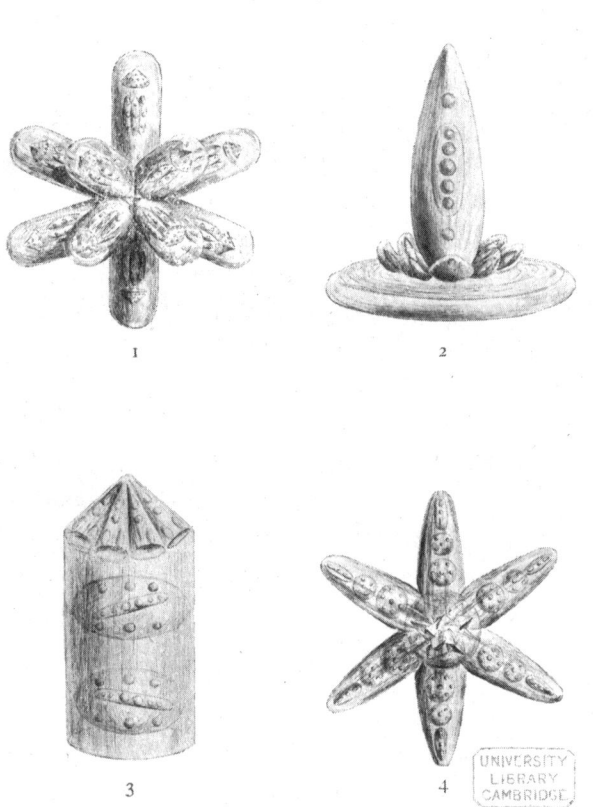

Bild 28: Atomzeichnungen der okkulten Chemie

Occultum war die „Entdeckung" von Annie Besant und Charles Lead-beater. Besant war eine Leuchte in der theosophischen religiösen Bewe-gung, Hellseherin, aktive Feministin und eine führende Vertreterin der Radikalen der viktorianischen Zeit. Zusammen mit Leadbeater, der einmal anglikanischer Prediger gewesen war, schrieb sie viele Bücher, darunter ei-nes mit dem Titel *Occult Chemistry*, in dem diese späteren Interessen mit dem zusammenflossen, was sie an der Londoner Universität als eine der ersten Studentinnen in Chemie gelernt hatte. Dieser Band, der 1909 er-schien und mehrere Auflagen erlebte, gab erschöpfende und präzise Be-schreibungen des Aussehens einzelner Atome von vielen der Elemente, wie sie zuerst Leadbeater und dann unter seiner Anleitung Besant erschienen waren, gesehen mit dem „dritten Auge" der Hellseherei. Die Illustrationen stammten von Curuppumullage Jinarajadasa, Leadbeaters jungem singha-lesischem Begleiter, der zusammen mit seinem weißen Kätzchen an den chemischen Seancen teilnahm. Er selbst sah die Atome nicht, aber er fer-tigte nach Leadbeaters und Besants Angaben detaillierte Zeichnungen da-von an. Sie ähnelten unheimlich den Spirogyra und den nadelförmigen Meeresorganismen, die der deutsche Biologe Ernst Haeckel zeichnete, des-sen wunderschönes Kompendium *Kunstformen der Natur* einige Zeit zuvor erschienen war.

Leadbeater und Besant begannen 1895 mit ihrem exzentrischen Atom-projekt. Besant erklärte in Erinnerung an ihre Studienzeit, dass es vor allem auf die Beobachtung ankomme, und gab sich in der Schilderung dessen, was die beiden angeblich gesehen hatten, betont neutral. Sie begannen mit einem Versuch, „ein Molekül Gold" zu beobachten, fanden aber offenbar, dass es eine „viel zu komplizierte Struktur (besaß), als dass man sie beschrei-ben könnte".[67] Leadbeater hatte mehr Glück mit Wasserstoff, der, wie er verkündete, eine abzählbare Zahl von kleineren Atomen aufwies, die „auf einer bestimmten Ebene angeordnet sind".[68] Dieses einfachste aller Ele-mente „bestand nach seiner Beobachtung aus sechs kleinen Körpern, die in einer eiähnlichen Form enthalten waren. Es rotierte mit großer Schnellig-keit um seine eigene Achse und vibrierte zur gleichen Zeit, und die internen Körper führten ähnliche Drehbewegungen aus."[69] Das Gewicht betrug 18 *Anu*, eine Maßeinheit, die von den Okkultisten ersonnen wurde und die sie nach dem Wort für die unteilbare Einheit der Materie in der jinistischen Metaphysik benannten. Leadbeater und Besant beobachteten Elemente, die komplizierter waren als Wasserstoff, aber nicht so entmutigend wie Gold, und „wogen" auch sie. Sie stellten fest, dass Stickstoff 261 und Sauerstoff 290 Anu wiegt. Die Übereinstimmung zwischen diesen Zahlen und dem relativen Atomgewicht der beiden Elemente, das mit konventionelleren Mitteln festgestellt wird, war recht erstaunlich.

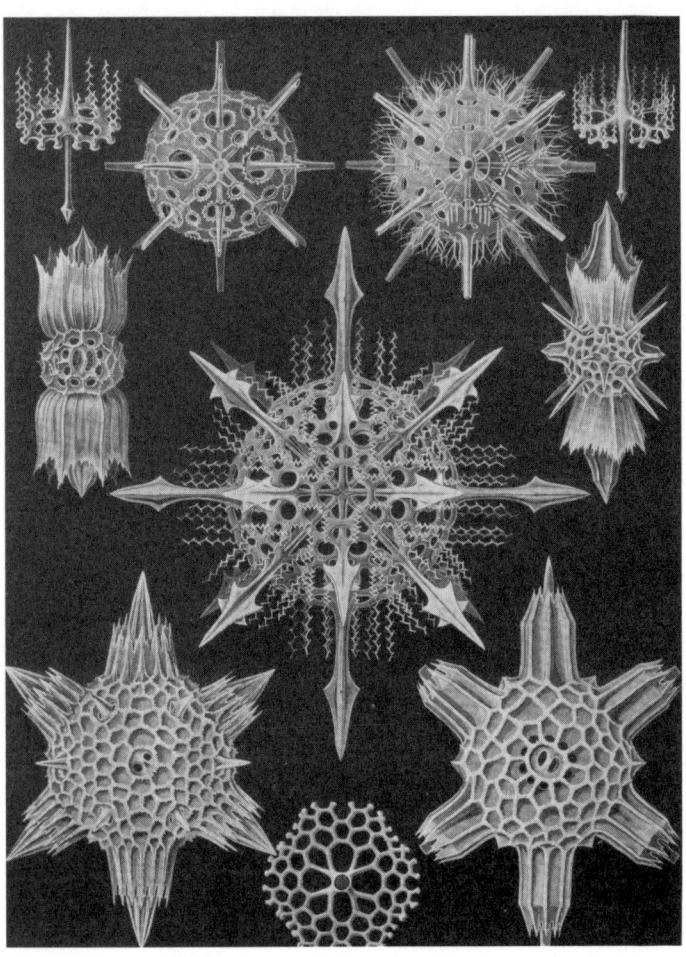

Bild 29: Haeckels Geschöpfe

Im selben Jahr – es war wohlgemerkt das Jahr, in dem Ramsay bestätigte, dass das schwer fassbare solare Gas auch auf der Erde vorkommt – beobachteten sie außerdem ein Atom, das „so leicht und in seiner Zusammensetzung so einfach war, dass wir dachten, es könnte Helium sein". Da sie jedoch nicht an eine nachgewiesene Probe von Helium herankamen, räumten sie ein, dass sie nicht in der Lage waren, diese Zuschreibung zu bestätigen. 1907 erhielten Leadbeater und Besant endlich etwas Heliumgas und unterzogen es der geheimnisvollen Prüfung durch das „dritte Auge". Sie erklärten, selbst überrascht zu sein, dass „es sich als etwas ganz anderes als das zuvor beobachtete Objekt erwies, und deshalb tauften wir das unerkannte Objekt einstweilen Occultum, bis die orthodoxe Wissenschaft es findet und auf korrekte Weise benennt."[70]

Die orthodoxe Wissenschaft fand es natürlich nie, und so ging Occultum verdientermaßen den gleichen Weg wie Coronium und Nebulium. Dennoch kann man Besant und Leadbeater nicht einfach als Spinner abtun. Sie verkehrten mit Wissenschaftlern. Sie beobachteten und maßen, und sie hielten ihre Beobachtungen und Messungen mit großer Gründlichkeit fest, wie es bei Wissenschaftlern üblich ist. Im Übrigen war es kein Geheimnis, dass führende Wissenschaftler sich nebenbei mit alternativer Religion beschäftigten. William Crookes, der Entdecker des Thalliums, war Mitglied der Theosophischen Gesellschaft und half den okkulten Chemikern hin und wieder mit Proben und Ratschlägen.

Auf der anderen Seite bestehen die Untersuchungen von Besant und Leadbeater nicht den primären Test der experimentellen Forschung, denn niemand konnte bisher ihre Ergebnisse wiederholen. Kürzlich hat Michael McBride, ein Chemiker an der Universität Yale, noch einmal auf ihre Daten geschaut und sie einer statistischen Analyse unterzogen. Er fand, dass die Übereinstimmung ihrer Zahlen für die relativen Atomgewichte der Elemente mit denen, die von der Wissenschaft anerkannt sind, nicht nur groß war, sondern zu groß, um wahr zu sein: Jedes echte experimentelle Verfahren hätte eine größere Streuung der Daten hervorgebracht. Doch vom Vorwurf des Betrugs spricht McBride Besant und Leadbeater frei. Er glaubt vielmehr, dass eine kollektive Selbsttäuschung sie bewog, ihre „beobachteten" Werte den etablierten Werten anzunähern.[71]

Sie sahen einfach keine einzelnen Atome, wie sie behaupteten, doch im Vergleich zu vielen anderen Dingen, die damals in Chemie und Physik geschahen, konnte man sagen, dass dies ihre Ergebnisse wissenschaftlicher und nicht weniger wissenschaftlich erscheinen ließ. (Röntgenstrahlen, die ebenfalls im Jahr 1895 entdeckt wurden, sollten schließlich Wissenschaftler befähigen, Atome zu „sehen".) Die Plausibilität von Besants und Leadbeaters Behauptungen wird außerdem gestärkt durch die Detailliertheit ihrer Darstellungen, ihr Beharren auf den konventionellen Forderungen der Wissenschaft („es ist sehr zu wünschen, dass unsere Ergebnisse von anderen überprüft werden, die von der gleichen Ausweitung der physikalischen Sichtweise Gebrauch machen können") und ihre unwiderstehlichen Illustrationen, die gewiss an seltsame Meerestiere erinnern, aber auch – und das ist verblüffend – sehr stark an die Diagramme der Bahnen von Elektronen um Atome und Moleküle, die sehr viel später ersonnen wurden, um unser Verständnis für die Natur der chemischen Bindungen zu unterstützen. Die Geschichte des Occultums könnte, wenngleich das sicher nicht die Absicht ihrer Erzähler war, auch als eine Satire auf die Rhetorik der wissenschaftlichen Darstellung betrachtet werden, die mit ihren Fachausdrücken, langatmigen Erklärungen und ausgefeilten Visualisierungen des eigentlich Unsichtbaren aufgepeppt wirkt.

Stellenweise wirkt das System der Elemente, das Besant und Leadbeater ersannen, schlicht verrückt, etwa wenn sie schreiben: „Mangan bietet uns nichts Neues, da es aus ‚Lithiumspikes' und ‚Stickstoffblasen' besteht."[72] Dennoch empfahl der große Crookes, der mit seinem Lob sparsam war, dass „ihre Arbeit zumindest insofern nützlich sein könnte, als sie den Wissenschaftlern Hinweise gibt, welche Art von Elementen sie in dem bislang unvollendeten Periodensystem noch entdecken könnten".[73] Am nächsten kamen ihre Visionen der Realität tatsächlich in der Atomphysik. Besant und Leadbeater glaubten, dass selbst das einfachste Atom, Wasserstoff, aus vielen subatomaren Teilchen zusammengesetzt ist und dass sowohl die Atome als auch ihre Bestandteile ständig rotieren und vibrieren – alles Phänomene, die im Verlauf der nächsten Jahrzehnte von der Physik beobachtet werden sollten, wobei der Spin des Elektrons tatsächlich durch die Untersuchung der Details des Heliumspektrums aufgedeckt wurde.

Die Nichtgreifbarkeit des Heliums ging Lockyer schließlich auf die Nerven. Nicht zufrieden mit Ramsays Geschenk, versuchte er seine eigene Probe des Elements zu erlangen, und so forderte er 1899 Quellenmaterial an, das ihm aussichtsreich erschien. Daraufhin schickte ihm der Leiter der Brunnen und Bäder in Harrogate einige Salze aus seinem Kurort. Man wusste inzwischen, dass die Wasser in solchen Orten nicht nur von Schwefelwasserstoff und Kohlendioxid sprudelten, sondern auch von geringfügigen Mengen der Edelgase. Nachdem er das von den Salzen freigesetzte Gas sorgfältig aufgefangen hatte, hielt Lockyer endlich das Element in der Hand, das er über dreißig Jahre zuvor entdeckt hatte.

TEIL 3: HANDWERK

Zu den Kassiteriden

Die Phönizier segelten weit umher auf der Suche nach Zinn. Vermutlich erlangten sie das Metall zunächst von Fundorten auf Kreta und in Kleinasien; später holten sie es im Westen aus Etrurien in Italien sowie aus Tarschisch im Süden Spaniens und im Osten von der fernen malaiischen Halbinsel, wo noch heute viel Zinn geschmolzen wird. Ihre berühmteste Quelle waren jedoch die Inseln, die als die Kassiteriden bekannt sind.

Die Phönizier siedelten in dem Landstrich, wo heute Syrien und der Libanon liegen, und erlebten eine um 1500 v.u.Z. einsetzende, über ein Jahrtausend währende Blütezeit, in der sie Handel und technischen Fortschritt förderten, aber kaum Dokumente über ihr Tun hinterließen. Es ist der griechische Schriftsteller Herodot, auf den vor allem der Mythos von den Kassiteriden zurückgeht, jenen Ort, mit dem das Metall für immer durch den Namen seines Erzes, Kassiterit, verbunden ist. Obwohl er selbst an der Existenz der Inseln zweifelte, nahm er sie dennoch um 430 v.u.Z. in seine *Historien* und damit, ob es sie nun gab oder nicht, in die Geschichte auf:

Das sind die äußersten Länder in Asien und in Libyen. Über die äußersten Länder in Europa, also nach Westen hin, kann ich nichts Bestimmtes mitteilen. Ich glaube nicht an den Eridanos, wie die Barbaren einen Fluss bezeichnen sollen, der ins Nordmeer, aus dem der Bernstein kommen soll, fließe. Ich weiß auch von den Zinninseln nichts, von denen das Zinn zu uns kommt. Schon der Name Eridanos erweist sich als hellenisch, nicht barbarisch, und also als Erfindung eines Dichters. Ferner kann ich trotz aller Mühe von keinem Augenzeugen Näheres über jenes Nordmeer in Europa erfahren. Dass Zinn und Bernstein aus dem äußersten Lande der Erde kommen, ist sicher.[74]

Doch es gibt ein Meer am äußersten Rande Europas, und die Kassiteriden müssen existieren, denn tatsächlich wurde Zinn aus dem Westen in den Mittelmeerraum gebracht, wobei der Handel von Karthago betrieben wurde. Aber wo im Westen? Das Rätsel war möglicherweise Absicht. Plinius der Ältere schreibt in seiner *Naturgeschichte*, dass das Metall aus „Lusitanien" und „Galläcien" kam und außerdem „von den Inseln des Atlantischen Ozeans auf mit Haut vernähten Barken" herbeigeführt wurde, während der griechische Geograph Strabon vierhundert Jahre nach Herodot vermutet, dass die Phönizier ihre Feinde über den Fundort der wertvollen Ressourcen getäuscht haben könnten, diese Inseln aber dennoch vor der iberischen Küste „nördlich vom Hafen der Artabrer" verortet.[75] Aber solche Inseln gibt es nicht. Spätere Gelehrte haben die klassischen Darstellungen als Hinweise auf das nordwestliche Ende Spaniens, die Bretagne oder die Inseln in der Mündung der Loire und der Charente in den Golf von Biskaya gedeutet. Aber Zinn gibt es an diesen Orten nicht. So weit, so unzuverlässig; und schließlich stellt ja ein modernes Werk über Metallurgie die scharfzüngige Frage: „Wie viele Historiker von heute könnten uns sagen, woher unser Zinn stammt?"[76]

Nun gibt es ein Vorgebirge, das in den Atlantik hineinragt und tatsächlich reich an Zinn ist, aber eine Insel ist Cornwall nicht. Mediterranen Schreibern erschien es vielleicht als eine unnötige Anstrengung ihres Vorstellungsvermögens, einer größeren Landmasse, die von Reisen in den endlosen Ozean westlich der Meerenge von Gibraltar gemeldet wurde, eine bestimmte Gestalt zuzumessen, wo es doch viel phantastischer klang, einfach eine Insel herbeizuzaubern. Und es klang auch plausibler, denn wer hätte den phönizischen Schiffen wohl zugetraut, dass sie ihre Reise abgebrochen und die Heimkehr angetreten hätten, wenn sie nicht mehr zu berichten hatten als die Entdeckung des anderen Endes eines Kontinents, den sie bereits kannten?

In Cornwall wurde Zinn seit mindestens 2000 v.u.Z. abgebaut, sei es durch Auswaschen aus Flussbetten, sei es durch Ausschmelzen direkt aus dem Gestein durch ein Feuer, und so war es eine längst bewährte Praxis, als die phönizischen Händler davon hörten. Doch die Idee, dass die Kassiteriden, die in der Antike so eindeutig als *Zinninseln* bezeichnet wurden und von denen es laut Strabon „zehn an der Zahl" gab, tatsächlich Inseln waren und nicht Teile einer größeren Landmasse, lässt sich nicht so einfach vom Tisch wischen. Die naheliegende Annahme, dass es sich bei ihnen möglicherweise um die Scilly-Inseln handelt, scheitert schon an der ersten Hürde, denn sie besitzen sehr wenig Zinn. Ich frage Richard Herrington vom Naturgeschichtlichen Museum in London, was er von den konkurrierenden Theorien hält. Er favorisiert die Idee, dass das Zinn tatsächlich aus Cornwall stammte und die Scilly-Inseln als ein zweckmäßiges Handelszentrum fungierten. Hier mochten Küstenschiffe – Plinius' „mit Häuten vernähte Barken" – sich mit den großen Schiffen der Phönizier getroffen haben, die, an Kap Finisterre („Artabrien") in Richtung Norden vorbeisegelnd, durchaus der Meinung sein konnten, dass die Scilly-Inseln vor der Küste Spaniens liegen. Bei diesem Szenario stimmen zumindest die Beschreibungen der Historiker mit den mineralogischen Fakten überein. Das britische Festland müssen die Phönizier überhaupt nicht zu Gesicht bekommen haben.

Das Rätsel der Kassiteriden hat noch eine weitere Dimension: ihren Namen. Nach landläufiger Meinung sind die Inseln nach dem wertvollen Erz benannt, das man dort findet, aber einige haben sich gefragt, ob nicht umgekehrt ein Schuh daraus wird und der Name des Erzes auf den zuvor schon existierenden Namen der Inseln zurückgeht, wie im Falle des Kupfers, von dem vielfach angenommen wird, dass sein lateinischer Name *cuprum* auf Zypern zurückgeht, die antike Hauptquelle dieses Elements im Mittelmeerraum. Das ist eher unwahrscheinlich, denn das Sanskritwort für Zinn, *kastira*, deutet auf eine indische Wortherkunft und damit auf asiatische Quellen des Metalls hin. Diese uralte Wurzel unterstützt aber zumindest den Anspruch von Cornwall, eine der allerältesten bekannten Quellen von Zinn zu sein.

Ich habe eine moderne Karte von Cornwall, die zwar nicht behauptet, dass es mit den Kassiteriden identisch sei, aber sehr wohl zeigt, dass es ein Land des Zinns ist. Es handelt sich um eine „metallogene" Karte der britischen Inseln – sie zeigt, wo der Schatz der Nation begraben ist. Die Landfläche ist in verschiedenen Pastelltönen gehalten, welche die großen geologischen Perioden darstellen, und darüber verstreut sind kleine bunte Rauten, als hätte jemand eine Tüte Lakritz ausgeschüttet. Die Streuung ist auffallend ungleichmäßig. Sie unterteilt das Land deutlich in zwei Teile: das milde Mesozoikum im Süden und Osten und die keltischen Regionen im Norden und Westen, wo die Geologie zeitlich in die Vergangenheit enteilt, über das Karbon ins Kambrium und weiter zurück. Die in den letzteren Regionen sich häufenden bunten Formen verweisen auf das Vorkommen von Elementen wie Strontium bei Strontian in Argyllshire, walisisches Gold und manches andere. Die Formen sollen eine Vorstellung vom Umfang des jeweiligen Vorkommens und sogar von der Richtung vermitteln, in der die Schichten verlaufen. Das Rückgrat von Cornwall ist mit orangefarbenen Rechtecken verziert, die auf Zinn, Wolfram, Kupfer, Molybdän und Arsen hinweisen. Die größten Rechtecke finden sich ganz am Ende der kornischen Halbinsel (auf den Scilly-Inseln dagegen kein einziges). Ich komme zu dem Schluss, dass ich mich selbst auf den Weg zu den Kassiteriden machen muss.

Es ist sofort deutlich, dass ich mich in einem Land mit einer interessanten Geologie befinde, sobald ich die Grenze nach Cornwall überquere. Überall finden sich Spuren von Tagebau und Bergbau, weiße Narben an den Berghängen als Hinterlassenschaft des Porzellanerdeabbaus, hohe Abraumhalden, hin und wieder eine Schachtanlage oder ein Schornstein. Die ältesten und heute malerischsten Zinnbergwerke liegen an der felsigen Nordküste der Halbinsel Land's End. Das Gebiet ist heute als UNESCO-Welterbe anerkannt und damit – man glaubt es nicht – auf einer Stufe mit der Osterinsel und den Pyramiden. Seltsamerweise werden die verfallenen Ziegelbauten dieser Ehre gerecht, schaffen ihre konischen Ziegelschornsteine und die klotzig emporragenden Schachtanlagen ihre eigene strenge Geometrie.

Bild 30: Zinnbergwerk in Cornwall

Die zerklüftete Landschaft ist mit vielen dieser Bauten übersät, doch die oberirdischen Gebäude machen den geringsten Teil davon aus. Unter Tage, so entnehme ich einem Drahtgittermodell von der Größe eines geräumigen Zimmers im Zinnbergwerk Geevor, befindet sich ein verwickeltes Netz von Stollen und Schächten, eine veritable Untergrundstadt, deren Strukturen den Zinnadern folgen, wohin sie auch führen mochten, manchmal sogar hinaus unter das Meer. Eine Besichtigung von Geevor vermittelt mir einen angemessenen Eindruck vom Los der Zinnkumpel. Über Tage befinden sich die Schuppen, in denen das Erz aufgebrochen und sortiert wurde, die riesigen abfallenden Räume mit den rhombenförmigen Schüttelsieben, wo das schwere Erz vom leichten getrennt wurde, und der Piranesische Horror des Röstofens, wo das Arsen herausgebrannt wurde. Schließlich führt man uns hinunter zu Wheal Mexico, einem der ältesten

Teile der Grube, aus dessen harten Granitwänden noch immer grelles Kupferblau hervortritt. Zurück an der Erdoberfläche, geht mir, dem eingebildeten Menschen des 21. Jahrhunderts, der Kontrast zwischen der atemberaubend schönen Landschaft und der Arbeitshölle unter Tage besonders unter die Haut.

Gleich neben Geevor liegt das Bergwerk von Levant, das mich an den Zweck meiner Besichtigung erinnert. Sind dies die Kassiteriden? Levante, der traditionelle Name des östlichen Mittelmeerufers, scheint mir ein allzu eindeutiger Hinweis zu sein. Ich vermute dahinter ein gewisses Maß von nachträglicher romantischer Rationalisierung. Wenn man einen Schacht Mexico nennen kann, in der Hoffnung, er könne Reichtümer bergen, die an die des Silbers aus jenem Land heranreichen, dann dürften wohl auch andere Namen ebenso nichtssagend sein. Man versichert mir jedoch, dass der Name weit älter ist als tausend Jahre und auf geschäftliche Beziehungen zu einem mediterranen Handelsunternehmen zurückgeht. Ich erfahre, dass neben den Scilly-Inseln auch die Insel St Michael's Mount, damals unter dem Namen Ictis bekannt, in der geschützten südlichen Bucht zwischen Land's End und Lizard gelegen, als Verladehafen für die Ausfuhr von britischem Zinn gedient haben könnte.

Kornisches Zinn war außergewöhnlich rein, und es bewahrte seinen Ruf jahrhundertelang in ganz Europa. Die meisten Gruben wurden erst Mitte des 20. Jahrhunderts geschlossen, und dass sie einen so guten Eindruck machen, liegt nicht daran, dass sie restauriert wurden, sondern einfach daran, dass sie keine Zeit hatten, zu verfallen. Einige Gruben wie Geevor machten weiter bis 1990, als das internationale Zinnkartell zusammenbrach und der Preis des Metalls auf unter drei Dollar pro Pfund sank, wodurch der Betrieb nicht mehr wirtschaftlich war. Die Erholung des Zinnpreises hat vor einiger Zeit Hoffnungen bestärkt, den Abbau eventuell wieder aufzunehmen. „Die Menschen in Cornwall hätten ihn gern wieder", sagt mir David Wright, der zum Fremdenführer gewordene Metallprüfer von Geevor. „Er hat viel Elend verursacht, aber er ist ein Teil der Geschichte Cornwalls."

Primo Levi nennt Zinn ein „freundliches" Metall. An oberster Stelle unter seinen liebenswürdigen Eigenschaften führt er an, dass es sich mit

Kupfer zu Bronze verbindet, „dem ehrbaren Stoff *par excellence,* der bekanntermaßen beständig und *well established* ist".[77]

Der Ausgangsstoff für Bronze war in der Antike das Kupfererz, das genügend Zinn enthielt, um die Legierung zu erzeugen, nur wusste man das damals nicht. An vielen Orten müssen Bronze und Kupfer als verschiedene Metalle gegolten haben. Die Suche nach den Elementen war Sache einer späteren Zeit, und man hatte keinen Anreiz, die Bronze in ihre Bestandteile zu zerlegen, da sie bereits für so viele Zwecke das überlegene Metall war. An einigen wenigen Orten wurde reines Zinn aus seinem eigenen Erz, Kassiterit, erschmolzen, und da es für Waffen und Geräte zu weich war, machte man daraus Zierrat. Dort, wo man Zinn und Kupfer aus verschiedenen Erzen gewann, kam man bald darauf, Bronze gezielt herzustellen, indem man die beiden Metalle zusammenfügte. Nachdem bekannt war, dass man Bronze auf diese Weise gewinnen konnte, statt sich auf Erze zu verlassen, die zufällig Kupfer und Zinn im richtigen Verhältnis enthielten, begann die Suche nach dem wundertätigen Metall, das die Fähigkeit besaß, Kupfer sowohl nützlicher als auch schöner zu machen.

Seine Rolle fand Zinn jedoch nicht nur als der wesentliche Bestandteil von Bronze. Das Metall hat seine eigenen Vorzüge. Im Unterschied zu Blei glänzt es hell. Es ist stark genug, um daraus Gebrauchsgegenstände zu machen, und gleichzeitig weich genug, um diese Artikel ohne besondere handwerkliche Fertigkeiten durch bloßes Hämmern zu formen. Vor allem ist es leicht zu schmelzen und zu gießen, denn sein Schmelzpunkt von 232 Grad Celsius liegt weit unter dem von Kupfer oder Silber.

Das wusste ich, denn schon als Junge hatte ich ein Stück Zinn immer wieder geschmolzen und neu gegossen. Aber ich werde daran erinnert bei einem Workshop, der Designer und Wissenschaftler, die ihre Tage damit verbringen, Computergrafik zu kreieren oder Leistungsscheine für Studenten auszufüllen, wieder mit realen Materialien vertraut machen soll. Unser Lehrer im Zinngießen ist Martin Conreen vom Goldsmiths College in London. Conreen hat jenes Zwinkern in den Augen, das aus ihm einen prima Kaufhaus-Weihnachtsmann machen würde, obwohl sein Bart fuchsrot ist. Fröhlich greift er in seinen Sack und teilt seinen metallischen Schatz aus, einen schimmernden kleinen Zinnbarren für jeden Teilnehmer – und einen Kalkschulp. Kalkschulpe wurden, so Conreen, wenigstens seit der Römerzeit als Formen für Zinnschmuckstücke benutzt. Skeptisch schauen wir ihn an, aber sobald wir uns ans Werk machen, verstehen wir warum. Der poröse Schulp lässt sich leicht schnitzen, hält aber auch der Hitze des geschmolzenen Zinns gut stand. Vorsichtig schmelzen wir unser Zinn und gießen es in die Vertiefungen, die wir in den Schulp geschnitzt haben. Nach einer kurzen Abkühlungsphase kann man die Schmucksachen herausnehmen. Ihr Gewicht und ihr silbriger Glanz machen es zu einem Vergnügen, sie in der Hand zu halten. Das geschmolzene Metall ist getreulich jedem Rinnsal gefolgt, das ich hineingeschnitzt habe, und hat sogar das Wabenmuster des Kalkschulps selbst übernommen, was ihm eine zusätzliche Schicht natürlicher Ornamentik verleiht. Die Befriedigung, etwas so Handfestes und Gefälliges gemacht zu haben, verrät sich im dümmlichen Grinsen auf unseren Gesichtern.

Weil Zinn sich so leicht umformen lässt, ist es von besonderem Wert beim Geschichtenerzählen: Man kann ihm unterschiedliche Rollen geben. Hans Christian Andersens Märchen *Der standhafte Zinnsoldat* endet tragisch, denn der Soldat wird zusammen mit der Tänzerin aus Papier, die er liebt, vom Feuer verschlungen. Als das Dienstmädchen am nächsten Morgen in der Asche stochert, findet es den Soldaten, der zu einem Herzen zusammengeschmolzen ist. Zinn ist wegwerfbar, zugleich aber unzerstörbar; der Zinnsoldat ist sterblich, aber seine Liebe bleibt.

Seine leichte Verarbeitung machte Zinn zum Metall für jedermann. Bronze blieb für Waffen vorbehalten, Gold und Silber für die Kirche und den Hof. Für Eisenwaren war man auf einen Schmied angewiesen, doch aus einem Stück Zinn konnte jeder etwas Brauchbares machen. Beim Bauern ersetzte Zinn all diese Metalle für Zierrat und Geräte gleichermaßen, es wurden daraus Teller, Kannen, Krüge, Musikinstrumente, Schmuck- und Spielsachen gemacht.

Zinn war außerdem ideal für die Herstellung von Prothesen, die man ganz den Formen des Körpers entsprechend gießen und hämmern konnte. Die englische Wendung *„tin ear"*, wörtlich „Zinnohr", die bedeutet, ein taubes Ohr zu haben, geht zurück auf die Zeit, als die Menschen durch die Verheerungen der Pocken oder einen bösen Unfall allzu leicht eine Gliedmaße verlieren konnten. (Man kannte auch Kupfernasen.) Der Blechmann in *Der Zauberer von Oz* ist ein Holzhacker, dessen Axt so verhext ist, dass sie ihm seine Gliedmaßen eine nach der anderen abtrennt und dann am Ende seinen Kopf abhackt. Er bekommt jedes Mal einen Ersatz aus Zinn – seine ständig rostanfälligen Gelenke zeigen allerdings, dass Metallkunde nicht gerade die starke Seite des Verfassers Frank Baum war.

Die Handwerker des Mittelalters verarbeiteten das Zinn, wie es kam, geschmolzen aus dem Erz ohne weitere Verfeinerung. Obwohl Zinn aus Cornwall für seine Reinheit berühmt war, enthielt auch dieses Metall häufig Beimengungen von Blei, Kupfer, Antimon und Arsen, was sich auf seine Eigenschaften auswirkte, oft vorteilhaft, zuweilen nachteilig. Später setzte man kleine Mengen Wismut hinzu, um aus dem weichen Metall eine härtere, glänzendere und klangvollere Legierung zu machen. Man hielt Wismut sogar für eine Mischung aus Blei und Zinn, bis eine ordentliche chemische Untersuchung im 18. Jahrhundert zeigte, dass es ein eigenes Element war.

Das Legieren von Zinn war das Geheimnis des Hartzinnschmiedes. Bei Hartzinn denkt man heute am ehesten an Taufbecher von zweifelhaftem Geschmack oder an die gravierten Krüge der Stammgäste von altmodischen Bierlokalen. Historisch war es eine Legierung aus überwiegend Zinn und Blei, die in Ungnade fiel, als man erkannte, dass Blei giftig ist. Heute ist Hartzinn gänzlich aus Zinn, mit einer kleinen Beimengung von Antimon, Wismut und Kupfer.

Während Hartzinn darum kämpft, seinen Stand als ein attraktives Material zu behalten, ist *tin* [das wir in diesem Zusammenhang nicht mit *Zinn*, sondern mit *Blech* übersetzen – Anm. d. Ü.] zu einem abschätzigen Ausdruck für jede Art von billigem Metall geworden. Münzen von niedrigem Nennwert, die gewöhnlich aus Kupfer sind, sind „Blech". Henry Fords Modell T, das einfachste aller Automobile, trug den Spitznamen „Tin Lizzie", zu deutsch „Blechliesel". Beschleunigt durch die Ausbreitung der Verzinnung im 19. Jahrhundert, hat die Bedeutung von *tin* sich erweitert und ist zu einer lockereren Metapher für alles Oberflächliche oder Verächtliche, für das Herabgesetzte und Emporgekommene geworden.

Die Metapher ist eigentlich nicht gerecht, denn das Zinn der Konservendosen, aus denen sich das britische Empire ernährte, diente dazu, Verderbnis von vornherein zu verhindern. Einmal wurde im Rahmen einer Vorlesung am Guy's Hospital in London eine Fleischkonserve, die von einer Marineexpedition im Jahr 1826 übrig geblieben war, rund zwanzig Jahre später geöffnet. Man stellte fest, dass der Inhalt gut aussah und gut roch, sogar so gut, dass er von einigen vorbeikommenden Krankenhausmitarbeitern rasch verzehrt wurde.

Auch dem *Tinker* begegnet man mit Argwohn. Nach verbreiteter Meinung bezieht sich die Bezeichnung auf Blechschmiede (englisch *tinsmiths*), doch in Wirklichkeit gilt sie umherziehenden Kesselflickern. Wer sich dieser Tätigkeit widmet, gilt allgemein als eher ungeschickt oder unzuverlässig. Die Würde des Wanderarbeiters und des Zinns wird jedoch wiederhergestellt in Rose Tremains jüngstem Roman *Der weite Weg nach Hause*, der die Erfahrungen von Lew beschreibt, einem Migranten aus Osteuropa, der zum Arbeiten nach Großbritannien fährt. Tremain stellt in ihrer Erzählung auf subtile Weise einen Gegensatz zwischen zwei Elementen her, dem Natrium und dem Zinn. Lews Bus überquert nachts die Grenze zu Österreich und hält an, um zu tanken, unter einem „Natriumhimmel", ein wiederkehrendes Bild. Daheim in Polen unterstützt seine Großmutter seine Familie durch die Anfertigung von Schmucksachen aus Zinn. Natrium bezeichnet die moderne technische Raffinesse, den urbanen Westen. Zinn spricht von der Heimat im ländlichen Osten, vom einfachen Handwerk, von einer Welt, die Lew so liebevoll schildert, dass sogar sein irischer Mitbewohner erwägt, dorthin zu ziehen. Zinn ist, wie Lew in der Geschichte, nachgiebig und billig, aber dennoch grundehrlich und anständig.

Vom Zinn sagt man, dass es weint oder schreit, wenn ein Stab daraus geknickt oder gebrochen wird, was für Primo Levi ein zusätzlicher Grund ist, es als ein freundliches Element zu betrachten, auch wenn er nicht an die „Zinnschreie" zu glauben scheint – „Es hat sie (soviel ich weiß) noch kein menschliches Auge gesehen und kein Ohr vernommen".[78] Levis Unkenntnis und mangelnde Wissbegier an dieser Stelle ist mir ein Rätsel. Ich habe dieses Weinen jedenfalls schon gehört, und ich hörte es wieder während Martin Conreens Workshop in Werkstoffkunde, als ich mein eigenes Stück Zinn quälte – ein langgezogenes knackendes Geräusch mit einem quietschenden Oberton, wie beim Öffnen einer Tür in einem Horrorfilm. Tatsächlich ist das Phänomen nicht einmal auf Zinn beschränkt, sondern kann mit jedem entsprechend spröden Metall erzeugt werden.

Die Klangwelt von Zinn ist dennoch etwas Besonderes. Schon der Name klingt: zinnnnn. Und das ist kein Zufall. Als das am häufigsten zu Hausgeräten verarbeitete Metall brachte Zinn Klangfülle ins Leben gewöhnlicher Bürger. Das auf kirchliche und staatliche Rituale beschränkte Läuten von Glocken und Tönen von Gongs erfuhr ein bescheidenes häusliches Echo in den Wohnungen der Menschen, wenn Zinn an Zinn stieß. Die Qualität des Metalls wurde nach der Reinheit seines Klangs beurteilt. Die Lautmalerei geht sehr weit. Das Wort geht zurück auf das althochdeutsche *zin*, und die Namen in anderen nordischen Sprachen klingen ähnlich. Das französische Wort ist trotz seiner anderen Herleitung aus dem lateinischen *stannum* das beinahe homophone *étain*. Das Wort Zink könnte, nebenbei bemerkt, ebenfalls auf *zin* zurückgehen; möglicherweise liegt das an der Unsicherheit der Chemie in einer Zeit, in der man noch nicht wusste, dass Zink ein vom Zinn verschiedenes Element ist. Blei (englisch *lead*) wird übrigens mit gleicher lautmalerischer Wahrheit benannt, weil es *nicht* klingt, umso mehr in den skandinavischen Sprachen, wo es *lod* heißt.

Zoe Laughlin, Materialwissenschaftlerin am King's College London, hat sich für eine Untersuchung der charakteristischen Klänge verschiedener Materialien die Mühe gemacht, gleich geformte Stimmgabeln aus Glas, Holz und einer Reihe von Metallen herzustellen. Dann zeichnete sie die Klänge auf, die sie erzeugen, wenn man sie anschlägt; dabei erfasste sie die objektiven Maße wie Tonhöhe und Klangfarbe, Lautstärke und Dämpfung, und zusätzlich bat sie eine Runde von Musikern um eine subjektive Beurteilung. Sie ermittelte, dass Stahlgabeln den hellsten Klang mit der größten Tonhöhe erzeugen. Kupfer und Messing klangen tiefer, aber fast ebenso hell. Der hellste Ton kam aus noch zu klärenden Gründen von einer vergoldeten Stahlgabel. Eine Gabel aus Lot, das hauptsächlich aus Zinn besteht, erzeugte leider überhaupt keinen Ton und zeigte rasch Anzeichen von Metallermüdung; ob sie weinte, ist nicht festgehalten worden.

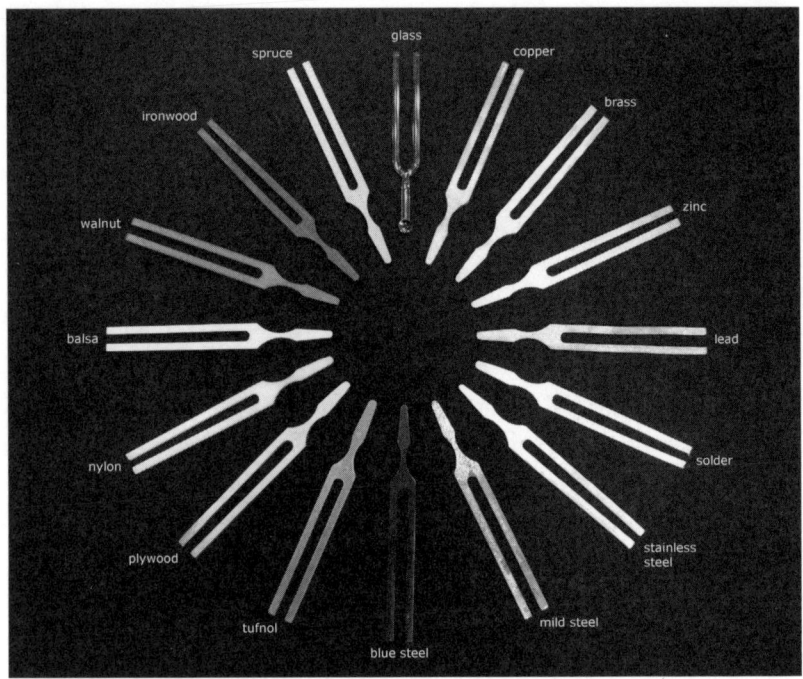

Bild 31: Zoes Stimmgabeln

Viele der Wörter, die mit klingenden Metallen zu tun haben, sind unspezifisch; welches Metall angeschlagen wird, spielt keine Rolle. In Spanien kennt man *Tinker* unter der Bezeichnung *quinquilleros*, und in Frankreich nennt man Eisenwarenhandlungen *quincailleries*, beides Wörter, die das Scheppern perfekt zum Ausdruck bringen. Im nordischen und germanischen Mythos besteht ein starker Zusammenhang zwischen dem Schmieden und dem Singen, und wir sprechen noch immer davon, (auf dem Klavier) „eine Melodie zu hämmern", was Wagner im *Rheingold* buchstäblich in Alberichs unterirdischer Schmiede schildert.

Weitere sinnliche Assoziationen sind spezifisch für Zinn, trotz des enttäuschenden Ergebnisses mit Laughlins Stimmgabel. Einige hängen physikalisch von den Eigenschaften des Materials ab, andere reichen im übertragenen Sinne tiefer in die aurale Welt hinein. Die am majestätischsten klingenden Orgelpfeifen werden traditionell aus einer Zinn-Blei-Legierung hergestellt, wobei sich der jeweilige Anteil nach dem gewünschten Ton richtet. Die Tin Pan Alley in New York bekam ihren Namen von dem Geklimper auf den Klavieren der Komponisten, die dort ihre populären Lieder zusammenkomponierten. Sogar Tinnitus, das Gefühl von Ohrensausen, gehört zu dieser Wortfamilie scheppernder Geräusche.

Verlassen wir dieses Element zum Klang von Glocken. Glocken kann man aus jedem beliebigen tönenden Metall machen – mein Freund Andrea Sella hat sogar eine aus Quecksilber hergestellt, die in einem Tiefkühlschrank des Chemie-Departements am University College London auf den kalten Tag wartet, an dem sie geläutet werden wird.* Dabei ist seit langem bekannt, dass eine Legierung aus Kupfer und Zinn im Verhältnis von drei oder vier zu eins den besten Ton ergibt. Diese spezielle Bronze ist spröde und bekanntermaßen schwer zu gießen, und einige alte Fabeln drehen sich um das Schicksal desjenigen, der das Geheimnis des Glockengießens besitzt. Viele Glocken sind gesprungen, darunter die Liberty Bell, die, nachdem sie den Atlantik im Jahr 1752 wohlbehalten überquert hatte, vom Rand bis zur Hüfte aufriss, als sie in Philadelphia zum ersten Mal geläutet wurde. Auch Big Ben erlitt kurz nach dem Einbau im neu errichteten Parlamentsgebäude im Jahr 1859 einen Riss. Die pompöse Bronze der Statuen mag ehrbar *par excellence* sein, wie Levi meint; das Glockenmetall mit seinem größeren Anteil von Zinn verkündet weithin die fröhlichen Unzulänglichkeiten der Menschheit.

---

* Nachdem ich dies geschrieben hatte, erfuhr ich, dass die Glocke ihre Bestimmung nicht erfüllen wird, da sie ein schmähliches Ende fand, als sie während eines Stromausfalls schmolz.

Die graue Wahrheit des schweren Bleis

In den 1880er Jahren schuf Auguste Rodin, der berühmteste und umstrittenste Künstler seiner Zeit, jenes Werk, das sich als sein populärstes erweisen sollte: *Der Denker*. Es war gedacht als zentraler Bestandteil einer sehr viel größeren Komposition, des *Tors zur Hölle*, die als monumentales Portal für das neue Museum der dekorativen Künste in Paris dienen sollte. Das kolossale Werk, fast sieben Meter hoch und brodelnd vor Humanität, wurde nie zur Zufriedenheit des Künstlers vollendet, aber Teile davon, einschließlich des *Denkers* (ursprünglich gedacht als eine Darstellung Dantes), wurden schließlich getrennt in einem sehr viel größeren Maßstab fertiggestellt. Die Pose – die Hand stützt das Kinn, der Ellbogen ruht auf dem Knie – mag inzwischen allzu vertraut sein, doch vermag sich die Skulptur noch immer über die Parodie zu erheben. Die Figur neigt sich unmöglich weit nach vorn. Dieser in sich ruhende Klumpen Bronze ist voller Leben, selbst am üblichen Maßstab Rodins gemessen, aber er ruft nicht, worum Bildhauer sich oft bemüht haben, einen äußeren Anschein von Bewegung hervor, sondern strahlt eine innere Aktivität aus. Er möchte uns unbedingt etwas mitteilen, und das ist die Macht des Denkens. Das ist der Skulptur in diesem so außerordentlichen Maße nur möglich, weil sie, wie Röntgenuntersuchungen kürzlich gezeigt haben, in ihrem Sockel ein massives Gegengewicht aus Blei verbirgt.

Blei ist die Verkörperung der Schwerkraft, sowohl physikalisch als auch geistig, und es ist das chemische Element, das am engsten mit dem Tod selbst assoziiert wird. Wenn wir von einem bleiernen Himmel sprechen, meinen wir nicht nur die Farbe: Die mit der Gravitation nicht zu vereinbarende Vorstellung prophezeit Schlimmeres als Regen – den Untergang einer auf den Kopf gestellten Welt. Bleisarkophage, in denen traditionell die sterblichen Überreste von Päpsten und Königen aufbewahrt werden, sollen verhindern, dass die Seele entweicht. Blei korrodiert nicht und bewahrt dadurch, was es enthält, weil es eine Oberflächenschicht ausbildet, die chemische Angriffe blockiert. Es ist diese dünne Schicht – dieselbe Substanz, die bei den Künstlern Bleiweiß heißt –, die letztlich die Dächer vieler Kathedralen und Kirchen Europas und die Leichname ihrer Prälaten erhält. Diese Verbindung beraubt das Metall überdies des geringen Glanzes, den es hat, wenn es frisch geschnitten wird, und belässt ihm ein Elefantengrau, das kaum Sonnenlicht reflektiert. Offenbar trägt auch dies dazu bei, dass Blei besser als andere Metalle für Rituale des Todes und der Bestattung geeignet ist.

Das gewichtige Verhältnis des Bleis zur Schwerkraft und seine Konnotationen des letztendlichen Sturzes – ins Grab – sind nur die extremsten seiner vielfältigen Assoziationen mit dem Schicksal und dem Fallen. Wenn wir bereit sind, eine Sache dem Zufall zu überlassen, dann lassen wir die Jetons „fallen, wo sie wollen", und nicht wir bestimmen, sondern allein die Gesetze der Physik. Eine der Nebenbedeutungen des deutschen Substantivs *Fall* ist schlicht „Ereignis", etwas, das geschieht oder sich zuträgt. Und ein Fall bekommt Gewicht, wenn das, was fällt, schwer fällt. Deshalb machten die Römer Würfel aus Blei.

In manchen Gegenden Mitteleuropas mit reichen Bleivorkommen ist der Brauch entstanden, die Zukunft vorherzusagen, indem man eine kleine Menge des geschmolzenen Metalls in Wasser stürzt. Das Metall erstarrt auf natürliche Weise in ausgefallenen Formen, aus denen das zukünftige Schicksal des Gießers abgeleitet wird. Die Deutschen vollziehen diese Zeremonie des Bleigießens am Silvesterabend. Wenn das erstarrte Blei einer Blume ähnelt, wird man im kommenden Jahr neue Freundschaften schließen; die Form eines Schweins deutet auf künftigen Wohlstand hin, ein Schiff auf eine lange Reise usw. In Ungarn findet die Zeremonie am Luca-Tag (13. Dezember) statt, an dem Liebende Blei gießen, um die Vorzüge ihres angestrebten Partners vorherzusagen.

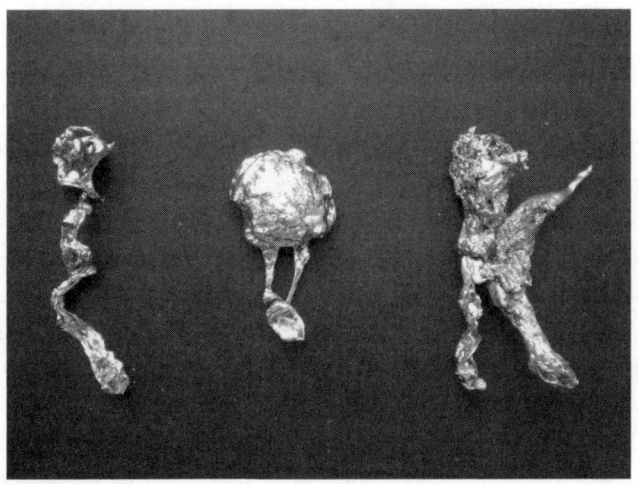

Bild 32: Bleigießen

Für das Verfahren braucht man natürlich keinen Experten, der die Ergebnisse deutet. Ich beschließe, zu improvisieren und Blei zu verwenden, das ich aus einem alten Bleiglasfenster gerettet habe. In einer Kelle von der Flamme eines Bunsenbrenners erhitzt, fällt das zerknautschte Metall leise in sich zusammen, bis es schließlich unter einer Schicht von weißem und gelbem Oxid zittert, fertig zum Gießen. Kannst du wirklich wahrsagen, fragt mein neunjähriger Sohn. Er ist als Erster dran. Ich gieße einen Teelöffel geschmolzenes Blei in einen Eimer Wasser, und er fischt eines der größeren Stücke heraus. Es ist birnenförmig, und wir wissen nicht recht, auf welche Karriere das hindeuten könnte. Da dreht er das Stück um und erklärt, dass es wie ein Ballon aussieht. Vielleicht wird er auf dem Luftweg um die Welt reisen. Dann ist meine Frau an der Reihe. Je mehr Übung man im Gießen hat, desto feiner werden die entstehenden Formen. Sie fischt ein längliches Stück heraus, das wunderbarerweise tatsächlich einer Blume an einem Stiel ähnelt. Eine neue Freundschaft im kommenden Jahr scheint keine allzu riskante Wette zu sein. Schließlich bin ich dran. Wieder gieße ich das Blei und ziehe einige unförmige Klumpen aus dem Wasser, die mir nichts sagen. Doch ein stärker geformtes Stück bietet der Phantasie mehr Spielraum: Es könnte eine menschliche Gestalt sein. Die Ähnlichkeit wird nur durch einen Klatscher Blei beeinträchtigt, der diagonal über die Mitte des Oberkörpers verläuft. Könnte auch ein Musikinstrument sein. Sollte ich anfangen, Laute zu spielen?

Shakespeare kodiert das Vorhersagepotential des Bleis im *Kaufmann von Venedig* anders. Um die schöne Erbin Porzia zu gewinnen, müssen ihre Freier eine Wahl zwischen Kästen aus Gold, Silber und Blei treffen. Jeder Kasten trägt eine Aufschrift, die im Falle der Kästen aus Edelmetall ein Versprechen gibt, das, auch wenn es rätselhaft formuliert ist, in irgendeiner materiellen Form eingelöst werden soll. Auf dem goldenen Kasten steht: „Wer mich erwählt, gewinnt, was mancher Mann begehrt", auf dem silbernen: „Wer mich erwählt, bekommt so viel, als er verdient". Die Aufschrift des bleiernen Kastens erkennt lediglich die Ungewissheit der Welt an: „Wer mich erwählt, der gibt und wagt sein Alles dran". Blei zu wählen ist gleichbedeutend mit dem Eingeständnis, dass es ganz und gar unmöglich ist, die Zukunft vorherzusagen.

Die beiden Freier, die in dem Stück zuerst auftreten und von Porzia als „weise Narren" betitelt werden, sind die Prinzen von Marokko und Arragon. Sie befinden, dass sie sich das Risiko des Lebens nicht leisten können; was sie vorziehen, ist eindeutig ein Handel, auch wenn dessen Bedingungen nicht klar sind. Der eitle Marokko wählt das Gold, der berechnende Arragon das Silber. Der ehrenwerte Freier Bassanio begründet seine Wahl anders. In einer „Welt, (die) immerdar durch Zier berückt wird", lehnt er sowohl Gold als auch Silber ab und entscheidet sich für den bleiernen Kasten, in dem er, als er ihn aufmacht, „der schönen Porzia Bildnis" findet, das Zeichen, dass er sie gewonnen hat.

Alle drei haben sich bei ihrer Wahl von ihrer Wahrnehmung des Wertes des jeweiligen Metalls leiten lassen. Das Blei haben sie im Zuge ihrer Überlegungen bald als „schwer", als „schlecht" oder als „mager" bezeichnet, auch wenn Porzia genau darauf geachtet hat, keinem der Metalle einen Wert zuzuordnen. Marokko und Arragon lassen sich durch die beigefügten Rätsel noch mehr verwirren, während Bassanio sie, soweit wir das beurteilen können, gar nicht erst liest. Seine Wahl ist eine materielle.

Es mag sein, dass man die Zukunft nicht vorhersagen kann, aber eines im Leben kann man nur allzu gut voraussagen. Bassanio weiß, dass er das, was er gewonnen hat, letzten Endes verlieren wird. Seine richtige Wahl deutet an, dass er die Sterblichkeit, seine eigene und die von Porzia, akzeptiert. Das Blei des Kastens hat dies bereits für alle Beteiligten klar ausgedrückt, wie es auch Marokko deutlich macht, wenn er fromm verkündet: „Lästrung wär's, zu denken solche Schmach", nämlich dass Porzias Bildnis in Voraussicht ihres Todes in Blei gehüllt ist. Bassanios Paradoxon besteht darin, dass er die schöne Porzia begehrt, aber dennoch in Bezug auf den bleiernen Kasten gesteht: „Dein schlichtes Ansehn spricht beredt mich an." Die langweilige Wahrheit des Bleis ist, dass Schönheit vergeht. Die Zeit zersetzt unsere Leiber, unsere Haut nimmt ihre eigene Oxidbeschichtung an, aber drinnen kann die Seele rein bewahrt werden. Die Wahl des bleiernen Kastens bejaht diese Unausweichlichkeit, und sie zeigt, dass Bassanio ein treuer Ehemann sein wird, bis in den Tod. „So", schrieb Freud in einem Essay über mythische Entscheidungen zwischen drei Möglichkeiten, „überwindet der Mensch den Tod, den er in seinem Denken anerkannt hat."[79]

Das Schicksal der gesamten Menschheit wird in Blei vorausgesagt. Die traditionellen Anwendungen des Elements, von denen viele heute aus gesundheitlichen Gründen von Ersatzstoffen wahrgenommen werden, sind ein Echo der ambivalenten Rolle, die es im Mythos spielt. Zwei seiner ältesten Nutzungen zeigen, dass das Blei die gesamte Bandbreite menschlicher Kreativität und Destruktivität umfasst: auf der einen Seite das Schrot der Soldaten, auf der anderen die Lettern der Drucker. Im Altertum wurden Bleikugeln als Schleuderprojektile benutzt, aber erst mit der Entdeckung im 14. Jahrhundert, dass man mit dem für Europa damals neuen Schießpulver eine Kugel aus einem Rohr hinausschleudern konnte, wurde die Kanone zu einer Kriegswaffe. Durch die allmähliche Verfeinerung dieses rohen Geräts entstand eine breite Vielfalt von Feuerwaffen, für die es einer nicht minder vielfältigen Batterie von Bleischrot und Kugeln bedurfte. Zunächst mühsam gegossen, wurde Bleischrot bald mit Hilfe der Schwerkraft in speziell dafür errichteten Türmen hergestellt. Doch anders als beim Bleigießen wird der Zufall hier sorgfältig ausgeschlossen. Aus einer bestimmten Höhe wird geschmolzenes Blei ausgegossen, um Tröpfchen einer gewissen Größe zu bilden, die sich, während sie herabfallen, abkühlen, bis sie schließlich in einer Wasserwanne abgeschreckt werden. Ich mache mich auf nach Crane Park am westlichen Stadtrand von London, wo einer dieser Bauten noch immer steht. Der sich nach oben verjüngende runde Turm wurde 1823 für die Hounslow Gunpowder Mills errichtet. Mittlerweile restauriert, liegt er malerisch am Rande einer Waldung, und in der Kuppel, die ihn krönt, huschen Sittiche lärmend ein und aus. Ein seichter Fluss liefert das notwendige Wasser. Wenn man auf einer der sechs Galerien steht, die innen an der nackten Backsteinwand umlaufen, kann man sich leicht vorstellen, wie das heiße Blei in der Mitte herunterfällt und unten in das Wasser klatscht. Ein langer Fall – die höchsten Schrottürme waren über zwanzig Stockwerke hoch – sorgt dafür, dass jedes Stück annähernd kugelrund ist, wenn es aufs Wasser trifft, aber auch dann ist noch eine Weiterbearbeitung nötig, um den Schrot zu sortieren und in Größen einzuteilen. Auch hier nutzt man die Schwerkraft: Man lässt die Kügelchen eine schiefe Ebene hinabrollen, auf ein Hindernis zu. Gut rollende Kugeln springen leicht darüber hinweg, übergroße und missgestaltete Faulenzer schaffen es nicht und werden eingesammelt, um wieder eingeschmolzen zu werden. (Der Zufallsfaktor kommt wieder ins Spiel, wenn das Schrot abgefeuert wird: Die Milliarden von Schrotpatronen, die hergestellt und im Zorn abgefeuert wurden, haben nur Millionen Menschenleben gefordert. Diese geringe Trefferquote geht nach Auskunft von Fachleuten noch weiter zurück, aus dem einfachen Grund, dass technische Fortschritte bei der Gestaltung von Feuerwaffen es so leicht machen, den Abzug zu betätigen.)

Eine der Neuerungen Johannes Gutenbergs, die uns veranlasst, ihn als Vater des Buchdrucks zu bezeichnen, bestand darin, dass er Blei für die Lettern wählte. Gutenberg besaß eine Ausbildung als Goldschmied und Kenntnisse in der Metallurgie, als er um das Jahr 1440 herum in Straßburg begann, sich mit dem Problem des Buchdrucks zu beschäftigen. Er erkannte, dass man die Pressen, die von den Winzern der Umgebung zum Keltern benutzt wurden, umbauen konnte, um die gesetzten Buchstaben auf Papier zu bringen. Um aber die Lettern austauschen zu können, damit er mit ihnen verschiedene Texte drucken konnte, brauchte er ein Material mit besonderen Eigenschaften. Es musste hochgradig formbar sein, um die verwickelte Form der einzelnen Buchstaben anzunehmen, aber auch haltbar genug, um dem wiederholten Druck auf das Papier standzuhalten. Damit die Lettern voll beweglich waren, musste jedes einzelne Teil, das jeweils einen Buchstaben umfasste, lose bleiben, damit man es nach Entnahme aus der Presse wiederverwenden konnte. Gutenbergs Lösung, zu der man ungefähr zur gleichen Zeit unabhängig in Korea gelangte, bestand darin, Blei in einer Legierung mit Zinn und ein wenig Antimon zu benutzen. Das sorgte für einen besseren Fluss des Metalls im geschmolzenen Zustand und für eine härtere Letter im festen Zustand. Diese Bleilegierung erwies sich als ideal im Vergleich zu Bronze, mit der zu arbeiten schwieriger war, oder traditionellen Materialien wie Holzblöcken und Ton, die nicht so haltbar waren. Dieses „Druckerblei" dominierte das gesamte Druckwesen bis in die Mitte des 20. Jahrhunderts; es hat enorm zur Ausbreitung des Wissens und zur Ausweitung der Rolle der Literatur beigetragen.

Bild 33: Schrotturm von Crane Park

Die profunden und widersprüchlichen Bedeutungen von Blei – Glück und Verhängnis, Kreativität und Zerstörung, Humor und Ernst, Liebe und

Tod – haben einige moderne Künstler dazu bewogen, es in ihrem Werk zu verwenden. Für ein so unmodernes und bescheidenes Material entscheiden sich vielleicht nicht viele, aber die wenigen, die es doch getan haben, gehören zu den angesehensten. So nutzen zum Beispiel der britische Bildhauer Antony Gormley und der deutsche Künstler Anselm Kiefer Blei auf eine Weise, welche die gegensätzlichen Aspekte seiner Natur ausschöpft.

Kiefer arbeitet mit einer ungewöhnlichen Bandbreite von elementaren, ja, man könnte sagen urtümlichen Materialien wie Asche, Kreide, Stroh und Fingernägeln. Blei, das im alchemistischen und kabbalistischen Denken als Urmaterie gilt, spielt bei Kiefer seit über dreißig Jahren eine wichtige Rolle, und er wählte es nicht nur aus praktischen Gründen der Verarbeitbarkeit – es ist eines der geschmeidigsten Metalle –, sondern auch und vor allem wegen seiner vielfältigen kulturellen Anklänge. Es ist, wie er sagt, „ein Material für Ideen".[80]

1989, als Ost- und Westdeutsche begannen, die Berliner Mauer abzutragen, war Kiefer dabei, ein bedeutendes Werk zu vollenden, das ein modernes Bombenflugzeug zum Vorbild hatte. Kiefers Flugzeug ist nicht aus Aluminium, dem leichtesten praktischen Metall, sondern aus Blei, dem schwersten. Die Bleibleche, aus denen es sich zusammensetzt, sind zurechtgebogen und -gefaltet und werden letztlich von einer groben Parodie jener Nieten zusammengehalten, denen wir zutrauen, dass sie uns zuverlässig durch die Lüfte befördern. Ich besichtige das Werk im dänischen Louisiana Museum, einem Ort der Harmonie von Land und Meer, Architektur und Kunst, wo von ihm ein heftiger Schock ausgeht, wie von einem verletzten Vogel, den man bei einem Spaziergang findet. Es hat etwas Komisches, ein Flugzeug, das niemals fliegen könnte. Wie die Bleiäxte der Römer wäre es als Kriegswaffe unbrauchbar. Und wie die winzigen Boote aus Blei aus der fünftausend Jahre zurückliegenden kykladischen Periode, die man auf der griechischen Insel Naxos gefunden hat, wird es sich nicht vom Fleck bewegen. Es verspricht Flüge der Phantasie, bleibt dabei aber ganz erdgebunden. Selbst seine langen Tragflächen und der Rumpf scheinen herabzusinken, und das spindeldürre Fahrwerk ist kaum in der Lage, dem unentrinnbaren Sog der Schwerkraft zu widerstehen. Das Werk trägt den Titel *Jason*. In der griechischen Mythologie bauen Jason und die Argonauten für die Suche nach dem Goldenen Vlies ein Schiff, die *Argo*, müssen aber feststellen, dass es zu schwer ist, um loszufahren. Es bedarf des magischen Eingreifens von Orpheus, der sich der Mannschaft angeschlossen hat, damit die Reise beginnen kann.

Bild 34: Kiefer, *Jason*

Kiefer ist daran interessiert, dass Blei nicht nur physisch wandelbar ist; es scheint auch, wie wir, seinen Charakter zu verändern. Viele Metalle leiden unter einem als Kriechen bezeichneten Phänomen, durch das es sich unter Belastung allmählich verformt. Blei ist so dicht und so weich, dass es schon unter der Schwerkraft kriecht, und diese Eigenschaft hat Kiefer sich in Werken zunutze gemacht, in denen Wogen von Blei sich auftürmen wie Wellen an einem Strand am unteren Rand eines Gemäldes. Unter den sieben Metallen, die man in der Antike kannte, galt Blei als die „Basis", aus der alle übrigen in der Natur gemacht wurden, und es war der naheliegende Ausgangspunkt für Alchemisten, die danach strebten, Gold zu machen. Kiefer glaubt, dass die weiße und gelbe Kruste, die sich auf der Oberfläche von geschmolzenem Blei bildet, ein Hinweis darauf ist, dass es ein „Potential (hat), einen höheren Zustand von Gold zu erreichen".[81] Das Element verkörpert also Hoffnung, und die Werke Kiefers, in denen es benutzt wird, sollen Hoffnung für die Menschheit ausdrücken, die das Potential hat, sich zum Besseren zu verändern. Doch für einen Künstler, der 1945 geboren wurde, in dem Jahr, in dem die Atombombe abgeworfen wurde, verbindet sich Blei auch mit einer nicht so freudigen Art von Wandelbarkeit. Blei ist das Endprodukt vieler radioaktiver Zerfallsreihen, einschließlich derer der wichtigsten Bestandteile der Atombombe, Uran und Plutonium. In der alten Alchemie spricht das Blei vom Potential für die Besserung der Menschheit, doch in der neuen lässt es ihre gewaltsame Vernichtung erahnen.

Antony Gormleys Einstellung zum Blei ist von vertrauteren Verfahren geprägt. Sein 1986 entstandenes Werk *Heart* ist ein unregelmäßiges Polygon aus Blei. Es spielt auf den Brauch an, Körperorgane in Blei aufzubewahren, und es verweist, zufällig oder nicht, auf das Werk Kiefers, denn derselbe angeschnittene Kubus kommt auch in einer langen Serie von Werken des Deutschen mit dem Titel *Melancholia* vor, die wiederum inspiriert ist von Albrecht Dürers Kupferstich *Melencolia I*. Die Verwendung von Blei ist hier angemessen, denn die Alchemisten setzten das Metall mit Saturn gleich, dem römischen Gott der Melancholie.

Gormleys Atelier ist eine große Affäre, ummauert und bewacht wie ein Botschaftskomplex in einem Kriegsgebiet. Drinnen hängen menschliche Figuren aus Metallgeflecht an Ketten von der hohen Decke. Licht durchflutet den weiten weißen Raum. Ich frage den Künstler nach seinen Materialien. „Ich mag Ton, weil er Erde ist. Ich mag Eisen in seiner ursprünglichen Form als Roheisen", sagt er. „Ich misstraue der Bronze." Während die Legierung Bronze mit menschlicher List belastet ist, noch bevor der Künstler sie sieht, sind der Lehm der Erde und das Eisen elementar. Blei ist ebenso fundamental. „Für mich ist wichtig, dass es zum Periodensystem gehört. Mir gefällt, dass es eine Brücke zwischen der alchemistischen und der nuklearen Welt schlägt." Gormley beschichtet, anders als Kiefer, das Blei, das er benutzt, um der Oxidation vorzubeugen, was ihm einen schwachen erlösenden Schimmer verleiht. In einem Werk mit dem Titel *Natural Selection* (1981) sind vertraute Objekte – eine Banane, eine Glühbirne, eine Pistole – in dieses gesalbte Metall gehüllt. Menschliche und andere große Formen werden in anderen Werken ähnlich behandelt, insbesondere in einer Serie namens *A Case for an Angel*, in der jede Skulptur einen menschlichen Körper mit riesigen ausgebreiteten Schwingen darstellt, bleierne Vorläufer seines aus Stahl geschaffenen *Angel of the North* von 1998. Diese „Körperhüllen" sind hohl – der Künstler zählt die Luft zu seinen Medien, damit wir das verstehen –, und deshalb fehlt ihnen die schwere Spannung der aus Blei geschaffenen Werke Kiefers. Für Gormley zählt beim Blei die Undurchdringlichkeit des Sarkophags. Wir sind ausgeschlossen; die Luft – und vielleicht etwas Spirituelles – ist eingeschlossen.

Kiefer dagegen schätzt das Blei wegen seiner Ehrlichkeit. Es stellt die ungeschminkte Wahrheit dar, mit all den ambivalenten Folgen, die sich daraus ergeben. „Es ist natürlich ein symbolisches Material", sagt er, „aber auch die Farbe ist sehr wichtig. Man kann nicht sagen, dass es hell oder dunkel ist. Es ist eine Farbe oder Unfarbe, mit der ich mich identifiziere. Ich glaube nicht an das Absolute. Die Wahrheit ist immer grau."[82]

Jason, das Bleiflugzeug mit seiner makaberen Fracht von Menschenzähnen und Schlangenhaut, ist eines von mehreren Flugzeugen, die Kiefer geschaffen hat und die er seine „Engel der Geschichte" nennt, in Anspielung auf die Ideen des Philosophen Walter Benjamin. Benjamins „Engel" ist ein rückwärts blickender Zeuge, der die Geschichte sieht, nicht wie wir als eine Folge von flüchtigen Ereignissen, sondern als ein ständig wachsender Haufen von Katastrophen, ein Zeuge, der, obwohl er es wünscht, nicht zurückgehen und den Schaden ungeschehen machen kann, weil ihm der unwiderstehliche Wind des Fortschritts ins Gesicht bläst. Kiefer arbeitete an der Skulptur, als der Kalte Krieg zu Ende ging, jene Zeit, in der unsere Sicherheit von solchen Flugzeugen garantiert wurde. Der Wind des technischen Fortschritts hatte uns bis zu dem Punkt gebracht, an dem unser kreativer und unser zerstörerischer Wille konvergierten in jener höchsten Errungenschaft einer Hightech-Maschine der Massentötung, und ebendieser Wind sollte uns nun in die Zukunft tragen mit all ihren unerkennbaren Entscheidungen. *Jason* ist also, wie so viele der bleiernen Artefakte der Vergangenheit, eine Votivgabe, eine, die nicht nur die helle Hoffnung ausdrückt, dass wir überleben werden, sondern auch die dunkle Furcht, dass wir nicht überleben werden.

Unser vollkommenes Spiegelbild

Richard Strauss' schimmernde, an Mozart gemahnende Oper *Der Rosenkavalier* (1910) dreht sich um den Moment, da Octavian, der zwar eine Affäre hat, aber im Grunde seines Herzens unschuldig ist, der Tochter eines neugeadelten reichen Mannes, Sophie, eine silberne Rose überreicht. Die Rose, Objekt einer komplexen Symbolik in einer Oper der Symbole, ist nach altem Brauch ein Zeichen der Brautwerbung, des Verlöbnisses zwischen Sophie und dem rüpelhaften Baron Ochs. Der siebzehnjährige Octavian wurde von seiner kultivierten Liebhaberin, der Marschallin, bewogen, als Abgesandter des Barons, eben als der titelgebende Rosenkavalier, zu fungieren. Es muss kaum erwähnt werden: Sophie ist von Ochs angewidert, vom hübschen Octavian dagegen bezaubert, der, um das Maß vollzumachen, in einem Gewand aus Silberbrokat vor sie tritt. Das Drama nimmt seinen Verlauf mit den opernüblichen Irrungen und Wirrungen bis zum unvermeidlichen Duett der Liebenden.

Der große Gatsby, F. Scott Fitzgeralds Porträt des reichen Amerika im Zeitalter des Jazz, strotzt vor Gold, aber auch vor Silber. Das Metall ist präsent in Bildern vom Mond und den Sternen und deren Spiegelungen sowie in der luxuriösen Kleidung, die der schnell zu Geld gekommene Millionär Gatsby trägt. Es ist sowohl das Zeichen von Reichtum als auch ein Indikator seiner mineralischen Herkunft, denn Gatsbys väterlicher Freund Cody hatte, wie wir erfahren, „sein Glück in den Silberminen von Nevada gemacht". Das Silber wird aber vor allem genutzt, um die lebhafte Daisy Buchanan zu charakterisieren, in die Gatsby sich vor Jahren verliebt hatte – „das erste ‚feine' Mädchen, das er kennengelernt hatte" –, die aber einen anderen heiratete. Als sie sich wiederbegegnen, wird Daisy mit einem silbernen Idol verglichen, während der junge, noch unbemittelte Gatsby sich zunächst sowohl wegen ihres Reichtums als auch wegen ihrer verdorbenen Unschuld zu ihr hingezogen fühlte; er war überwältigt von Daisy, die „wie ein silberner Stern aus stolzer Höhe auf die heißen Nöte und Kämpfe der Armen herabsah".

In England ist es dasselbe. Auch in der *Forsyte Saga* stellt Silber einen Zusammenhang zwischen Reichtum, Klasse und dem Weiblichen her. Soames Forsyte, „der reiche Mann", der dem ersten Band von John Galsworthys Romanreihe seinen Titel gibt, sammelt „Silberdosen", die er gern seinen Gästen zeigt und die ihm unter seinen Besitzungen ebenso wichtig sind wie seine Frau. „Konnte man etwas Hübscheres besitzen als diesen Esstisch ... mit den seltenen Silbergegenständen? Konnte ein Mann etwas Hübscheres besitzen als die Frau, die an diesem Tisch saß?"

Silber hat eine tiefe kulturelle Beziehung zum Weiblichen und zum Mond und steht in einem impliziten Gegensatz zu Gold, das mit der Sonne gleichgesetzt wird und das männliche Prinzip verkörpert. Dieser Glaube mag nicht auf der ganzen Welt verbreitet sein, aber er wird von vielen alten Kulturen, von Griechenland bis zum präkolumbianischen Amerika, weitgehend geteilt. Der weiße Schimmer des Metalls, der diese Assoziationen erklärt, geht überdies einher mit präziseren Bedeutungen, die um Reinheit und Jungfräulichkeit und im weiteren Sinne um Tugend, Unschuld, Hoffnung, Geduld und das Verstreichen der Zeit kreisen.

Für Baron Ochs ist die silberne Rose nur eine leere ritterliche Geste (die übrigens keine Grundlage im wirklichen Brauchtum hat – Hugo von Hofmannsthal, der Strauss'sche Librettist, hat sie für die Oper frei erfunden). Doch in den Händen Octavians wird sie zu einem machtvollen Symbol, in dem viele dieser Bedeutungen gleichzeitig und verwirrend präsent sind. Dadurch, dass die Rolle des Octavian, der an einer Stelle als Kammerzofe verkleidet auftreten muss, von einer Frau gesungen wird, ist der feminine Aspekt besonders aufgeladen.

In diesen silbernen Objekten setzt sich ein Motiv fort, das von dem silbernen Bogen der Artemis, der griechischen Göttin des Mondes und der Jungfräulichkeit und Hüterin der Frauen, bis zu William Blake reicht, für den es „Mädchen aus sanftem Silber und wütendem Gold" gab. Ausgesprochen daheim wirkt das Element jedoch in den Anfängen des 20. Jahrhunderts, während der sogenannten Belle Epoque. In dieser Zeit konnten sich dank der Ausweitung des Bergbaus in Nord- und Südamerika selbst Haushalte von bescheidenen Ansprüchen silbernes Tafelgeschirr leisten, und wenn nicht, war es mindestens versilbert. Über diese neuen Bergwerke wurde dasselbe kolportiert wie über die mediterranen Vorkommen im Altertum – bei einem Waldbrand würde das geschmolzene Metall von alleine aus dem Boden treten. Argentinien, das einzige nach einem chemischen Element benannte Land, war einmal, gestützt auf diese Ressource, das zehntreichste Land der Welt.

Bild 35: Werbung für *Silver Ring Thing*

Silber besitzt nicht mehr das Sozialprestige, das es vor hundert Jahren hatte, und sein Rohstoffpreis ist in den Keller gefallen. Es hat aber, was vielleicht überraschen mag, nichts von seinem symbolischen Wert verloren. Das *Silver Ring Thing* zum Beispiel ist eine Bewegung, die 1996 in den Vereinigten Staaten entstand, um die Keuschheit unter christlichen Teenagern zu fördern, wobei die „außerkirchliche Jugendarbeit", die hinter der Sache steht, die der Anwerbung von Mitgliedern zweifellos dienliche, aber der Symbolik abträgliche strategische Entscheidung getroffen hat, nicht nur die Keuschen aufzunehmen, sondern auch die Reuigen, die man ermuntert, „eine zweite Jungfräulichkeit anzunehmen".

Silber bleibt auch ein vertrautes Qualifikationsmerkmal von Marken-Konsumgütern, wobei man ihm allgemein unterstellt, eine Idee von Reinheit oder gar eine reinigende Eigenschaft zu vermitteln. Die British Sugar Corporation produziert einen Kristallzucker, den sie *Silver Spoon* (Silberlöffel) nennt, was einerseits ein unausrottbares Klassenbewusstsein seiner Käufer verrät und andererseits mit Ideen von Raffinieren und Verfeinerung spielt. Silber zeichnet Produkte aus, die vom Light-Bier und Mineralwasser bis zur Kosmetik reichen, insbesondere solche für die Zielgruppe der jüngeren Frauen. Dieser Linie entsprach es, dass Revlon dem mädchenhaften Parfüm *Charlie* aus Anlass seines fünfundzwanzigsten Jahrestages den neuen Markennamen *Charlie Silver* verpasste.

Vielleicht liegt es an der Fülle der Assoziationen und an der Tatsache, dass viele von ihnen mit den Problemen zusammenhängen, die junge Leute bei der Suche nach einem Sexpartner haben, dass Silber gemäß einer sonderbaren Studie von Santiago Alvarez, Chemieprofessor an der Universität Barcelona, das chemische Element ist, das am häufigsten in Songs erwähnt wird. Einer dieser Songs, „Vincent", Don McLeans berühmte Huldigung an van Gogh, bringt es sogar fertig, mit dem Bild einer im jungfräulichen Schnee liegenden Rose mit silbernen Dornen an den *Rosenkavalier* anzuknüpfen.

Silber war das hellste und weißeste der Elemente, die man in der Antike kannte. Sein lateinischer Name *argentum* leitet sich her von dem Sanskrit-Wort *arjuna*, das weiß bedeutet. Dies ist nun keine sonderlich überraschende Mitteilung aus einer Zeit, in der man so wenige Metalle kannte. Gold und Kupfer sind bunt, so dass nur Blei, Zinn und Eisen übrig bleiben, die alle grauer sind, und Quecksilber, das, auch wenn es flüssig ist und daher oft nicht als richtiges Metall betrachtet wird, dennoch in der Farbe vergleichbar ist und daher den Namen Quecksilber verdient. Was bemerkenswerter ist und die dauerhafte Symbolik dieses Elements zu erklären hilft, ist der Umstand, dass Silber auch im modernen, über achtzig Metalle umfassenden Periodensystem immer noch eines der hellsten und weißesten Elemente ist.

Eine polierte Oberfläche aus Silber hat ein gleichmäßig hohes Reflexionsvermögen von annähernd hundert Prozent über die gesamte Bandbreite des sichtbaren Farbspektrums. Deshalb ist Silber die bevorzugte Beschichtung der Spiegel in reflektierenden Teleskopen. (Aluminium reflektiert demgegenüber nur rund neunzig Prozent des Lichts über das ganze Spektrum.) Im violetten Bereich geht das Reflexionsvermögen von Silber auf fünfundneunzig Prozent zurück, und es ist diese geringfügige Verminderung des reflektierten violetten Lichts, die dem Metall seinen charakteristischen warmen Gelbstich verleiht. Silber verdient daher seinen Status als das herausragende schimmernde weiße Metall, und man könnte seine symbolische Bedeutung vielleicht schon auf diesen einen Vorzug zurückführen. Es gibt aber noch einen weiteren Grund, der erklärt, warum dieses Element seine machtvolle Bedeutung durch die Zeiten des Weißblechs, des rostfreien Stahls und des Chroms bewahrt und sogar gefestigt hat.

Mehr als jedes andere Metall bedeutet Silber Reinheit und besonders Jungfräulichkeit, und das nicht nur wegen seines weißen Glanzes, sondern auch wegen der beinahe menschlichen Neigung dieses Glanzes, in angelaufene Schwärze zu verfallen.

Gold läuft nicht an, weshalb man es mit Unsterblichkeit assoziiert. Das alchemistische Symbol für Gold ist die endlose Linie des Kreises, der nicht nur für die Sonne steht, sondern auch für Vollkommenheit. Das Symbol für Silber ist ein Halbkreis – eine Ikone des Mondes, aber auch ein Symbol der Unvollständigkeit oder Unvollkommenheit. Silber galt einfach als unvollständig, weil es (noch) nicht Gold war. Die Alchemisten überlegten, dass es nur etwas mehr Gelbstich bräuchte, den sie aus verschiedenen gelben Materialien zu übertragen versuchten, darunter Kupfer, Safran, Eigelb und Urin. Die Unvollkommenheit bestand in seiner offenkundigen Sterblichkeit, der Tendenz eines reinen Stücks Silber, zu korrodieren und in einem schwarzen Tod zu enden.

Silber oxidiert nicht leicht, im Unterschied zu vielen Metallen. Aber die Sulfidschicht, die sich bildet, wenn eine polierte Oberfläche aus Silber dem Schwefel in der Luft ausgesetzt ist – und das passiert überall, wo Kerzen oder Kaminfeuer brennen –, ist nicht braun wie die Oxide von Eisen und Kupfer, sondern ein feines, mattes, tiefes Schwarz.

Silberschmiede waren seit jeher bemüht, jene Qualitäten des Metalls hervorzuheben, die seine Verbindung mit Reinheit und Weiblichkeit betonen, und bevorzugten helle, glatte Oberflächen und fließende, sinnliche Formen. Sie wurden in ihrer Arbeit unterstützt vom niedrigen Schmelzpunkt und der hochgradigen Formbarkeit des Metalls, dank derer man es leicht gießen und kaltschmieden kann. Silberne Gefäße, die zum Waschen oder Trinken bestimmt sind, stellen in ihrer Oberflächengestaltung häufig Wasser dar und werden gern mit Delphinen oder Nixen verziert.

Auch in egalitären Zeiten bleibt Silber ein Metall „für Gegenstände des Luxus und der Schönheit", wie es in einer Geschichte dieses Materials heißt, „bestens geeignet nicht für die Monotonie einer maschinellen Oberflächenbehandlung, sondern für die liebevolle Berührung der Hand".[83] Die Massenfertigung von Silberwaren ist inzwischen zurückgegangen, und das Handwerk interessiert sich wieder für das Metall. Aber bei den Handwerkern von heute weiß man nicht, ob sie sich an die Tradition halten oder ob sie daraus etwas machen, was den gängigen Erwartungen widerspricht. Silber lädt besonders zur polemischen oder satirischen Behandlung ein, weil es so lange mit den Oberklassen identifiziert wurde. 2008 geriet ich zufällig in eine Ausstellung in der Londoner Galerie für moderne angewandte Kunst namens „Tea's Up", eine aufrührerische Ausstellung von handgefertigtem Tafelgeschirr, welche die selbstgefälligen Nettigkeiten der vornehmen englischen Teegesellschaft in der Luft zerfetzte. Porzellan war zerbrochen und falsch wieder zusammengefügt worden, Silberlöffel waren zu zerbröselnden, archäologischen Bruchstücken ähnelnden Resten reduziert, aus Tassen und Untertassen waren nutzlose Drahtgittermodelle gemacht worden. Der Schöpfer dieser Arbeiten, David Clarke, bekämpft offensichtlich die heuchlerische Tugend, die dem Silber anhaftet. „Das provoziert mich", sagt er mir. „Seine geradezu religiösen Assoziationen können mich vollkommen um den Verstand bringen. Dann muss ich wie ein Teufel die Reinheit besudeln." In anderen Werken erhitzt Clarke Silber mit Salzlauge, oder er mischt es mit Blei, das sich wie ein Krebs in es hineinfrisst. Das resultierende Werk ist chemisch aktiv und verändert sich mit der Atmosphäre. Im Sommer bewirkt das Salz, dass das Kupfer aus dem Lötmetall grün erblüht, während es im Winter zur grauen Farbe zurückkehrt. „Damit entsteht ein Dilemma. Was machst du: das Silber retten oder den Augenblick genießen? Der Beruf des Silberschmieds steckt in einer eingefahrenen Tradition. Es ist Zeit, sich davon zu verabschieden. Wenn das Silber eine Zukunft haben will, muss es diese Chance ergreifen. Wenn das Fach so selbstgefällig bleibt, geht es unter."

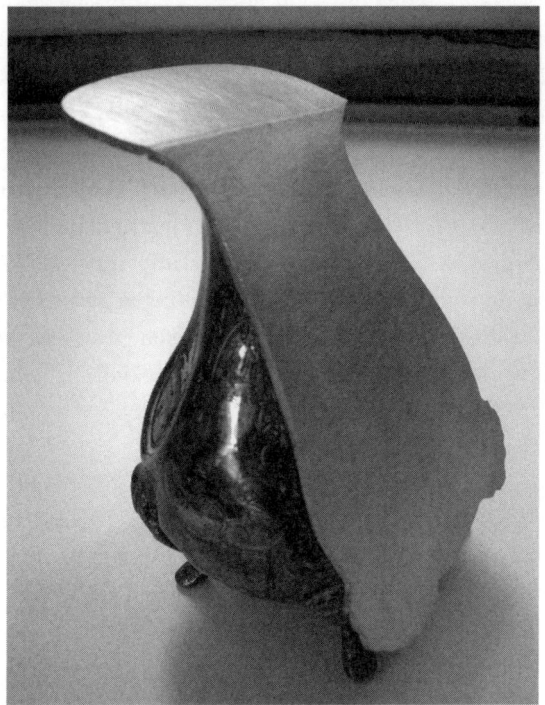

Bild 36: David Clarke, Silberware

Für dieses subversive Projekt muss das schwarze „Andere" des Silbers erkundet werden, und Clarke hat denn auch vor, sich mit dem Anlauf zu befassen – „nicht die saubere Seite des Silbers, sondern die schmutzige!" Die Künstlerin Cornelia Parker ist unterdessen so weit gegangen, den Anlauf zum Kern des Werkes zu machen. In einer Serie mit dem Titel *Stolen*

Thunder rieb sie mit Taschentüchern den Schmutzfilm von verschiedenen Objekten aus Silber und anderen Metallen. Es ist keine schöne Kunst, es sind einfach schmutzige Taschentücher. Was ihnen aber unsere Aufmerksamkeit sichert, ist die Information, dass die abwesenden Objekte bekannten Persönlichkeiten gehörten; es geht um Samuel Colts Suppenterrine, Charles Dickens' Messer, Horatio Nelsons Kerzenhalter, Guy Fawkes' Laterne. Irgendwie scheint der Anlauf den Preis zu repräsentieren, der für den Glanz des Ruhmes zu zahlen war. Die einfache chemische Veränderung des Metalls in schwarzen Anlauf und die mühsame physikalische Rückverwandlung in schimmerndes Metall durch rituelles Polieren haben ihn in ein Narrativ von Tod und Wiederauferstehung, Verderbnis und Erlösung eingeschrieben. Die Taschentücher sind Beweise, dass Parker Zeit aufgewendet hat, etwas vom Glanz berühmter Karrieren wiederherzustellen, und der Betrachter ist eingeladen, über die Tugendhaftigkeit dieses Tuns nachzudenken. „Silber ist für mich zehnmal faszinierender als Gold, weil es diese Dualität an sich hat und all die Abstufungen zwischen beiden", erklärt mir die Künstlerin. „Man muss es polieren, damit es weiter glänzt, und zugleich verliert man es, indem man jedes Mal eine Schicht fortnimmt. Es hat einen Makel an sich, eine Erbsünde."

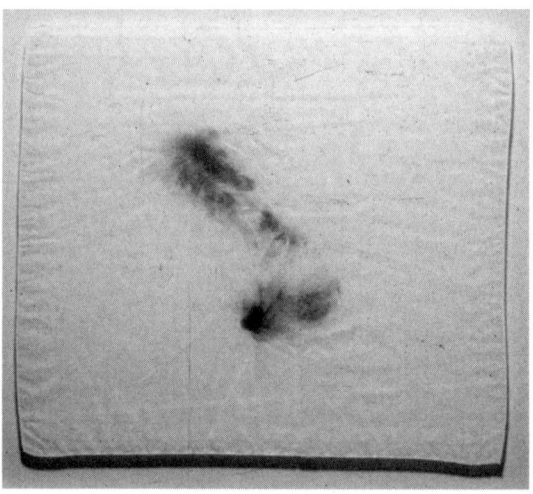

Bild 37: Cornelia Parker, *Stolen Thunder*, Putztuch mit Anlauf

Es ist nicht nur seine Neigung, schwarz anzulaufen, die den Ruf des Silbers besudelt, sondern auch die Tatsache, dass es in Gestalt von Geld durch so viele Hände geht. Dieser Gebrauch des Metalls verstärkt seine Ambivalenz in der Kultur. Es ist paradoxerweise der relative Überfluss an Silber, der es ihm ermöglicht hat, diese Funktion zu erfüllen. Gold, das offenkundige Zeichen von Reichtum, ist einfach zu knapp. Als das Münzwesen sich ausweitete, wurde rasch klar, dass es nie genügend Gold geben würde, um die Nachfrage nach Münzgeld zu befriedigen. Silber war selten genug, um wertvoll zu sein, aber auch häufig genug, um ein zum Prägen geeignetes Material zu sein, und so schlüpfte dieses Metall in seine inzwischen vertraute Rolle als Symbol des handelbaren Wertes.

Imperatoren mag es nach Gold gelüsten – der Aufstieg und Fall von Imperien richtet sich nach ihrem Zugang zu Silber. Ironischerweise waren es die Silberminen von Laurion am Kap Sunion, die das goldene Zeitalter von Athen verlängerten. Als später Sklavenaufstände in den Minen und kostspielige Feldzüge gegen Persien zusammenkamen, musste man, um die Wirtschaft in Gang zu halten, sogar das Silber von den Siegesstatuen der Akropolis herunterholen. Schließlich wurden im Jahr 406 v.u.Z. Kupfermünzen eingeführt.

Auch die Römer benutzten Silber für Münzen. Den Bergbau zählten sie eigentlich nie zu ihren technischen Errungenschaften, aber dafür wussten sie die bestehenden Minen in den von ihnen beherrschten Gebieten, zum Beispiel in Iberien, sehr gut auszubeuten und ihren Vorteil zu wahren, wenn unterworfene Völker neue Entdeckungen machten, wie es etwa in den Gebirgen Mitteleuropas der Fall war. Ein Großteil dieses neu entdeckten Silbers wanderte nach Osten im Austausch gegen Seide und Gewürze, die in den letzten Jahren des untergehenden Reiches in Rom sehr gefragt waren.

Als der Preis von Silber im späten 15. Jahrhundert in Europa eine Rekordhöhe erreichte, wurde es lohnend, sich auf die Suche nach neuen Reserven zu machen. Als die Spanier kurz darauf in Mexiko und Südamerika Gold und Silber entdeckten, wurde damit die Expansion eines neuen Imperiums finanziert. In Erinnerung ist vor allem der sagenhafte Goldschatz geblieben, doch Spanien importierte in Geldwert sechsmal so viel Silber. Die Freigebigkeit der Neuen Welt führte zu einer Periode des Silber-Überangebots, die, durch weitere Silberfunde in Nordamerika während des 19. Jahrhunderts verstärkt, bis heute anhält, so dass Silber heute nicht einmal ein Hundertstel dessen wert ist, was es auf seinem Höhepunkt im Jahr 1477 wert war.

In der christlichen Liturgie sind Gold und Silber ziemlich austauschbar. Goldschmiede arbeiteten seit jeher mit beiden Metallen, Silber wurde häufig vergoldet oder mit Kupfer legiert, damit es wie Gold aussah, und um einen gefälligeren Eindruck zu erzeugen, wurden Gold und Silber häufig zusammen verwendet. Das alles trug dazu bei, die Unterschiede zwischen den beiden Metallen zu verwischen. Und im gelben Licht der Kerzen in einer Kirche wirken Gold und Silber ja wirklich sehr ähnlich – beide gleichermaßen glanzvoll und kostbar.

Bedeutsamer als das Material solcher Objekte wie die bei der Heiligen Kommunion verwendeten Kelche und Hostienteller und sogar des bischöflichen Krummstabs waren der Stil ihrer Gestaltung und der Grad ihrer Ausschmückung. Daran konnte man eine Konfession auf Anhieb erkennen. Im Mittelalter wetteiferten die Goldschmiede darum, ihre Fähigkeit zur immer kunstvolleren Ausschmückung der einzelnen Teile unter Beweis zu stellen. Doch von diesen ausgefallenen Objekten wollte man in der Reformation nichts mehr wissen; sie wurden als „papistischer Tand" eingeschmolzen und in schlichterem Stil neu gestaltet. Silber galt jetzt als schicklicher denn Gold, und es wurde ohne Verzierungen vollendet, weil der Glanz einer glatten Fläche des polierten Metalls für den Ruhm Gottes ausreichte. Im Zuge dieser Veränderungen der liturgischen Praxis begann sich die Gemeinde an der Kommunion zu beteiligen, die zuvor vom Priester allein vollzogen worden war. Da konnte es passieren, dass die Gläubigen sich auf dem Höhepunkt der Zeremonie in den reinen reflektierenden Oberflächen des schlichteren Silberzeugs mit jenem in den Zeiten vor der allgemeinen Gebräuchlichkeit von Spiegeln seltenen Anblick konfrontiert sahen, den das Bild ihres eigenen Gesichts, in tugendhaftes Silber gerahmt, ihnen bot. Und durch das Trinken aus Silber könnten die Kommunikanten eine nicht nur spirituelle Wohltat erfahren haben, denn wie chemische Archäologen vor kurzem erkannt haben, könnte die geringe Menge Silber, die mit den organischen Bestandteilen des Weins reagierte, diesem antiseptische Eigenschaften verliehen haben, ähnlich den Silber-Nanopartikeln, mit denen man heute in Kühlschränken die Bakterien bekämpft.

Zwar hatten schon die Römer entdeckt, wie man Silber in der Weise auf Glas aufbringt, dass eine reflektierende Oberfläche entsteht, und im Mittelalter war dieses Geheimnis wiederentdeckt worden, doch es verlangte einiges an Geschick, eine hinreichend große Fläche herzustellen, in der man sein komplettes Erscheinungsbild überprüfen konnte, und bis weit ins 18. Jahrhundert hinein blieben Spiegel ein Luxus, den nur der Adel sich erlauben konnte. Shakespeares abgesetzter König Richard II. verlangt nach einem Spiegel, damit er sehen kann, wie sein Gesicht aussieht, „seitdem es seine Majestät verloren hat". Er schaut hinein, und dann schmeißt er den Spiegel zu Boden: „Eine zerbrechliche Majestät leuchtet in diesem Gesicht, und so zerbrechlich wie die Majestät, ist auch das Gesicht." Als der Prinz von Arragon den silbernen Kasten öffnet, ist er entsetzt, nicht das ersehnte Bildnis Porzias zu finden, sondern „eines Gecken Bild, der blinzt" – kurz, auch er sieht sich in einem Spiegel. Er ist der Idiot, weil er falsch gewählt hat und im Silber nur Silber findet: einen Spiegel im Kasten.

Diese beiden uralten Eigenschaften des Silbers – seine Neigung, anzulaufen und von Weiß zu Schwarz zu wechseln, und die Fähigkeit seiner polierten Oberfläche, Licht so vollständig zu reflektieren, dass man darin sein eigenes Gesicht erkennen kann – kommen in der modernen Welt zu einer überraschenden Synthese. Denn genau wie das Spiegelbild ist die Fotografie ein in Silber festgehaltenes optisches Dokument. Die Pioniere der Fotografie benutzten von Anfang an lichtempfindliche Silbersalze, um Schwarzweißbilder zu schaffen. Doch über die seit langem feststehende und weithin unstrittige symbolische Bedeutung des Silbers in dieser großen modernen Rolle scheint merkwürdigerweise niemand etwas geschrieben zu haben. Auf welche Weise verleiht die Wahl des Silbers, dieser elementaren Verkörperung von Reinheit, Tugend und Weiblichkeit, der Fotografie Bedeutung? Wie verhalten sich seine Werte zu den Werten des Kameraauges, seiner Wahrhaftigkeit und seiner allumfassenden Sicht? Bringt die Fotografie, dem königlichen Spiegel gleich, zwangsläufig eine ernüchternde Nachricht? Oder hat sie die Fähigkeit, den Porträtierten zu läutern? Mit Sicherheit ist das Fotografieren von Anfang an mit beiden Motiven betrieben wurden, zur Dokumentation der Wirklichkeit und zur Darstellung eines Ideals. Doch über das Silber, über diese Brücke zwischen den beiden Techniken der Herstellung eines Bildes (vom Menschen), verlieren die großen Kommentatoren der Fotografie – ich spreche von Susan Sontag und Roland Barthes – kein Wort. Da haben sie sich einen Riesenspaß mit der chemischen Semiotik des fotografischen Verfahrens entgehen lassen. Denn das reine Silber tritt hier unerwartet nicht als weißer, sondern als schwarzer Ritter auf. Die Herstellung eines fotografischen Abbilds beruht darauf, dass Silbersalze durch die Einwirkung von Licht chemisch in metallisches Silber umgewandelt werden, und diesmal ist es das reine Silber, das, anfangs als einzelne Atome und dann als winzige Häufchen freigesetzt, schwarz erscheint.

Im Jahr 1614 hielt ein gewisser Angelo Sala, ein aus Vicenza stammender Arzt, erstmals die natürliche Dunkelung von Silbernitrat durch Sonnenlicht fest. Ein Jahrhundert später wurden Silbersalze zum permanenten Schwärzen von Federn und Pelzen benutzt, und 1727 machte Johann Heinrich Schulze aus Magdeburg fotografische Abbilder von Wörtern, indem er Papierschablonen außen auf einer Flasche anbrachte, die eine Mischung aus Kreide und Königswasser enthielt, der Silber beigemengt war. Trotz dieser Demonstration und der Tatsache, dass viele Maler sich zur exakten Wiedergabe von Landschaften der Camera obscura bedienten, und selbst trotz der detaillierten Voraussicht der Fotografie in Charles-François de la Roches Roman *Giphantie* aus dem Jahr 1760 hat es dann nochmals hundert Jahre gedauert, bis jemand auf die Idee kam, diese optischen und chemischen Vorgänge zusammenzubringen und ein Bildnis von sich oder seinen Mitmenschen anzufertigen. Tatsächlich hätte man die Fotografie sehr viel früher erfinden können.

Wenngleich umstritten ist, wer die Ehre ihrer Erfindung verdient, und tatsächlich kein Einzelner sie beanspruchen kann, so steht doch fest, dass der Franzose Joseph Nicéphore Niépce als Erster mit Hilfe eines optischen Apparats, in dem wir eine Kamera erkennen würden, sowie eines Silberchlorid-Mediums originäre Bilder schuf. Louis Daguerre setzte sein Werk fort, indem er versilberte Platten mit Joddampf sensibilisierte, wodurch eine Silberjodidschicht entstand, die dann mit der festzuhaltenden Szene belichtet wurde. Das Silberjodid wurde an den Stellen, wo das Licht ein Negativbild erzeugt hatte, in Silber zurückverwandelt. Legte man dieses Negativ jedoch direkt auf die Oberfläche eines silbernen Spiegels, konnte man es allein durch die Veränderung seines Blickwinkels als ein Positivbild erscheinen lassen. Es gab noch viele, die wichtige Beiträge leisteten, darunter Humphry Davy, William Fox Talbot und John Herschel, doch weder die Künstler, die zwischen der sonnenbeschienenen Welt und der Dunkelkammer hin und her eilten, noch die Chemiker, die die abrupten Übergänge des Silbers von Weiß zu Schwarz und von Schwarz zu Weiß beobachteten, haben jemals innegehalten, um über die tiefere Bedeutung des Metalls, das sie anstarrten, nachzudenken.

Das weltweite Netz

Christopher Wrens Vision für den Wiederaufbau Londons nach dem großen Brand von 1666 war ein ungeniertes Produkt seiner Zeit, ein rationaler
Gesamtplan auf der Grundlage moderner wissenschaftlicher Prinzipien, der
mit dem stinkenden Gewirr mittelalterlicher Gassen aufräumen sollte, das
es dem Feuer überhaupt erst ermöglicht hatte, eine solche Verheerung anzurichten. Doch der gedachte Aufbau der Stadt wurde nur bruchstückhaft
realisiert. Die von Wren ins Auge gefassten Perspektiven, die von Ludgate
im Westen bis Aldgate und dem Tower in Osten reichten, und die großen
Plätze mit den oktagonal von ihnen ausgehenden Straßen wurden nie Wirklichkeit – solche grandiosen, von Paris beeinflussten Entwürfe rochen zu
sehr nach einem königlichen Absolutismus, der so kurz nach der Restaura-
tion der Monarchie unerträglich war. Im Herzen des Plans wurde die St
Paul's Cathedral nach Wrens Entwurf wiederaufgebaut, und sie fungiert
heute als ein Symbol der idealen Stadt, die der Architekt vor seinem geistigen Auge sah, einer Stadt, die zu Recht den Anspruch hätte erheben können, ein modernes Rom zu sein.

Wren studierte die größten Kuppelbauten der Welt, ließ sich von Italien
ebenso inspirieren wie von der byzantinischen und islamischen Architektur,
darunter auch die Basilika Hagia Sophia in Konstantinopel, um Wege zu
finden, die größte ihm mögliche Kuppel zu errichten. Die größte von allen
war die Betonkuppel des Pantheons in Rom, deren bronzene Abdeckung
1625 von Papst Urban VIII. für dringendere Projekte geplündert wurde.
Für die wetterdichte Abdeckung der neuen Kathedrale Londons entschied
Wren sich für reines Kupfer, das sich dünner klopfen ließ als andere Metalle,
um ein leichtgewichtiges Dach zu schaffen, das weniger stützende Säulen

benötigte und daher ein Maximum an Licht in das weite Innere einlassen würde.

Für Wren hatte Kupfer einen sichtbaren und symbolischen Vorteil und obendrein strukturelle Vorzüge. Das Metall würde mit der Zeit eine blassgrüne Patina annehmen, die die Kuppel zum hervorstechendsten Kennzeichen der wiedererstandenen Stadt machen würde. Unter den steinernen Türmen anderer Kirchen würde St Paul's als der Leuchtturm eines neuen Zeitalters der Wissenschaft herausragen. Doch die Vorliebe des Architekten für Kupfer stieß im Parlament ebenso auf Widerspruch wie zuvor sein Stadtplan. Daniel Defoe, der Wren einmal persönlich mit Baumaterial aus seiner Ziegelei in Tilbury beliefert hatte, schildert in *A Tour through England and Wales*, wie die Diskussion verlief: Denjenigen, die der Meinung waren, dass „das Kupferdach und die steinerne Laterne" für die massiven Säulen darunter zu schwer seien, hielt Wren entgegen, sein Bau könne nicht nur das Dach tragen, sondern „siebentausend Tonnen zusätzlicher Last über die vorgesehene hinaus".[84] Defoe persönlich bewunderte den „offenkundig kontinentalen (und hochkirchlichen) Entwurf" von Wrens Kuppel, der vermutlich der eigentliche Stein des Anstoßes war.[85]

Bild 38: Wrens Zeichnung des Monuments

Wren wünschte außerdem eine kupferne Verzierung für „das Monument", jene dorische Gedenksäule, die er zusammen mit dem Wissenschaftler Robert Hooke für die Stelle in der Nähe von St Paul's entworfen hatte, von der der große Brand ausgegangen war. Offenbar entging dem Architekten die Ironie, als er vorschlug, das Monument zu krönen mit „einer Kugel aus Kupfer, 9 Fuß Durchmesser ... wegen des guten Erscheinungsbildes aus der Ferne, und weil man hinaufgehen und sie betreten kann; & bei Gelegenheit für Feuerwerk nutzen".[86] Doch abermals erwies Kupfer sich als allzu revolutionär. Am Ende entschied man sich für einen Entwurf, der auf einer älteren, vom König favorisierten Idee beruhte: eine „große Kugel aus vergoldetem Metall".[87]

Die Kuppel von St Paul's wurde mit einer Bedeckung aus grauem Blei errichtet, was Wren umfängliche Überlegungen abverlangte, wie die Metallplatten befestigt werden könnten und wie ihr größeres Gewicht abzustützen sei. Die Tatsache, dass das Bleidach nach einigen Schätzungen sechshundert Tonnen schwerer war, straft das praktische Argument, das gegen das von Wren bevorzugte Kupfer angeführt wurde, Lügen. Wren mochte richtig gerechnet haben, doch er erlag offenbar einer fatalen Verkennung des englischen Charakters. Dreihundert Jahre später kann man sich nicht mehr vorstellen, dass dieses vertraute Wahrzeichen mit dem metallischen Rot neuen Kupfers bedeckt ist oder mit dem Grün, das mit der Zeit an dessen Stelle getreten wäre, bewirkt durch die Säure, die aus den Kaminen der Stadt darauf herabregnete. Der bleierne Schirm scheint in einem Land, das von grauen Himmeln gekennzeichnet ist, so sehr zu passen, dass wir selten daran denken, was hätte sein können.

Doch in kleinem Umfang fand Kupfer schließlich doch seinen Weg auf die Kuppel von St Paul's. Benjamin Franklin, berühmt für seinen Vorschlag, während eines Gewitters einen Drachen steigen zu lassen, um zu beweisen, dass der Blitz elektrischen Ursprungs ist, kam 1769 nach Britannien und überwachte persönlich die Anbringung von Blitzableitern an dem Gebäude. Sie waren von der Art, wie er sie generell für Gebäude und Schiffe befürwortete, bestehend aus einem langen Stab oder Barren von Eisen. Drei Jahre später wurde die Kathedrale von einem Blitz getroffen, und man beobachtete, dass das Eisen glühend rot wurde in dem Bemühen, die Ladung zur Erde zu befördern, so dass dem berühmten Bauwerk erneut die Zerstörung durch Feuer drohte. Danach wurde Franklins Blitzableiter durch einen teureren aus Kupfer ersetzt, der die Elektrizität wirksamer leiten und die Brandgefahr herabsetzen sollte.

Kupfer besitzt eine einzigartige Kombination von Eigenschaften, die in unterschiedlichen Phasen seiner langen Geschichte erkannt und genutzt wurden. Zusammen haben sie dafür gesorgt, dass das Element nie seine Vorrangstellung verlor, seit der Mensch vor über sechstausend Jahren begann, mit ihm zu arbeiten. Unter ihnen sticht natürlich auf Anhieb seine Farbe ins Auge. Es ist das einzige rote Metall. Dies verlieh dem Kupfer einen Sonderstatus gegenüber dem Gold, dem einzigen farbigen Metall außer ihm. In der Neuen Welt stellten europäische Forschungsreisende wie Cabot im Norden und Cortés im Süden fest, dass das Metall für Schmucksachen und fromme Anlässe benutzt wurde. Der florentinische Seefahrer Giovanni da Verrazzano glaubte, Kupfer werde von den Eingeborenen „mehr geschätzt als Gold". Der farbliche Gegensatz zwischen dem reinen roten Metall und seinen wässrig blauen und grünen Salzen wurde ebenfalls vielfach für bedeutsam gehalten. Diese Verkörperung von Gegensätzen galt als symbolträchtig in so unterschiedlichen Kulturen wie denen der Azteken und der Dogon in Mali, für die das Anwachsen der grünen Korrosion auf dem braunen Metall die Wiederkehr der Vegetation nach dem Regen symbolisierte.

Die erste der nützlichen Eigenschaften des Kupfers, die man sich zunutze machte, war seine Formbarkeit. Es war weich genug, um gehämmert und zu Gegenständen geformt zu werden, aber auch hart genug, dass diese Gegenstände gebrauchsfähig waren. Die alten Ägypter machten aus Kupfer Schwerter und Helme und sogar Wasserleitungen. Reichlich vorhanden und zugleich formbar, eignete Kupfer sich besser für Münzen als Gold und Silber, zuweilen weckte es aber auch Bedenken bei den Menschen, unter denen man es zirkulieren ließ, weil der Nennwert offenkundig von seinem tatsächlichen Wert abwich. Heinrich VIII. bekam den Spitznamen *Old Coppernose*, weil er der Silbermünze des Reiches so viel Kupfer beimengen ließ, dass die erhabenen Teile, zum Beispiel die Nase des Königs, sich durch Abnutzung rot färbten. Später kam es zu technischen Neuerungen, die es erlaubten, Kupfer maschinell zu dünnen Blechen zu walzen; so entstand das heute vertraute Bedachungsmaterial, das wir auf den Kuppeln europäischer Kathedralen finden und das schließlich auch die neuen Kapitole Nordamerikas bedeckte.

Als nächste Eigenschaft des Metalls erkannte man die gute Leitfähigkeit für Wärme und Elektrizität. Der amerikanische Patriot Paul Revere erlangte zu Beginn des 19. Jahrhunderts Ruhm durch seine Kochtöpfe und Pfannen mit Kupferboden. In derselben Zeit erkannten Wissenschaftler, die die Elektrizität erforschten, dass Kupfer elektrischen Strom besser leitet als jedes andere Material mit Ausnahme von Silber. Alessandro Volta machte seine erste elektrische Säule aus Schichten von Zink und Silber, aber in der Folgezeit nutzten die meisten Batterien Kupfer.

Doch es ist eine letzte Eigenschaft, die dem Kupfer zu seiner bedeutendsten Rolle in der Veränderung unserer Welt verhalf: seine Ziehbarkeit. Kupfer kann man nicht nur zu einem Blech schlagen, sondern auch zu einem Draht ziehen, einem Draht, der obendrein Strom leitet, und diese Tatsache führte zur Entstehung eines Phänomens, das man mit Fug und Recht als das erste weltweite Netz bezeichnen kann.

Die Verkabelung der Welt beruht auf einigen Durchbrüchen, die innerhalb relativ kurzer Zeit erreicht wurden: Batterien, die einen gleichbleibenden Strom bereitstellen konnten, Galvanometer, die ein elektrisches Signal entdecken und durch die Ablenkung einer Nadel anzeigen konnten, Kupfer, das zu hinreichend hoher Reinheit raffiniert wurde, um effizient Strom zu leiten, und die Entdeckung der isolierenden Eigenschaften von Guttapercha, einer harzigen, gummiartigen Substanz, die aus dem malaiischen Sapotillbaum gewonnen wird.

Die erste primitive elektrische Telegrafenleitung wurde in den 1790er Jahren von Francisco Salva errichtet und konnte Funken von Madrid bis zum fünfzig Kilometer entfernten Aranjuez übertragen. Salva benutzte für jeden Buchstaben des Alphabets einen eigenen Draht, und die eintreffenden Funken ließen kurz Buchstaben aufleuchten, die dann in Nachrichten übersetzt wurden. (Anscheinend erwog er auch, eine Person mit dem jeweiligen Draht zu verbinden, die dann, wenn sie einen Stromschlag erhielt, den entsprechenden Buchstaben ausrufen sollte.) In den folgenden Jahren wurden viele nicht minder exzentrische Einfälle ausprobiert, angespornt von dem offenkundigen Bedarf an einem wirksameren Kommunikationsmittel, als es die visuellen Verfahren boten, die Flaggen- und Lichtsignale über Relaisstationen weitergaben, wie man sie während der napoleonischen Kriege benutzte. Die Bemühungen führten jedoch nicht weiter, weil man die elektrischen Phänomene nur unzureichend verstand. Erst 1831, als Michael Faraday erstmals Kupferdraht um einen Eisenkern wickelte, um die elektromagnetische Induktion zu demonstrieren, gelangte man zu einem besseren Verständnis des Zusammenhangs zwischen verschiedenen Arten von Elektrizität und leitender Materie.

Charles Wheatstone und William Fothergill Cooke führten 1837 einen praktischeren Telegrafen vor, als sie eine zwei Kilometer lange Verbindung längs der damals frisch verlegten Eisenbahnstrecke zwischen Euston und Chalk Farm in London herstellten. Eine ähnliche, zwei Jahre später längs der Great Western Railway zwischen Paddington und West Drayton geschaffene Testverbindung wurde 1843 bis Slough verlängert. Die Phantasie der Öffentlichkeit fesselte dieser Telegraf, als John Tawell, der in der Stadt eine Frau ermordet hatte, einen Zug nach London bestieg in der Hoffnung, der Verfolgung zu entkommen. Er rechnete nicht damit, dass der geistesgegenwärtige Bahnhofsvorsteher seine Abfahrt telegrafisch durchgab. Als Tawell in Paddington aus dem Zug stieg, nahm die Polizei ihn fest.

Derweil hielt sich der amerikanische Erfinder Samuel Morse 1838 in England auf, um sein eigenes Telegrafensystem patentieren zu lassen. Wheatstone ließ seine Beziehungen spielen, damit der Antrag seines Konkurrenten abgelehnt wurde, und Morse musste in die Vereinigten Staaten zurückkehren, wo er ein Patent für das verschlüsselte Telegrafieverfahren erlangte, das noch immer seinen Namen trägt.

Nach diesen bescheidenen Anfängen ging es rasch voran, weil die Erfinder sich das Ziel setzten, immer größere Distanzen zu überbrücken. Die größten Herausforderungen waren die gleichen wie fünfzig Jahre später für den motorisierten Flug: erst der Ärmelkanal und dann der atlantische Ozean. Unterseekabel warfen sehr viel größere Probleme auf als Überlandleitungen, die man einfach im Boden vergraben oder an Masten aufhängen konnte. Der Draht musste in großen Längen vorfabriziert und auf Rollen gewickelt werden, so dass er auf See von eigens dazu umgerüsteten Schiffen abgespult werden konnte. Jacob und John Watkins Brett gelang es 1850, ein mit Guttapercha isoliertes Kupferkabel zwischen Dover und Calais zu verlegen, aber die Verbindung brach nach einem Tag ab. Als haltbarer erwies sich ein Kabel aus vier unabhängig isolierten Drähten, geschützt durch Schichten von Hanf und Teer und verstärkt durch Eisendraht, das im folgenden Jahr verlegt wurde. Im nachfolgenden Jahrzehnt wurde England mit Irland verbunden, Dänemark mit Schweden und Italien über Korsika mit Afrika. Neufundland wurde über die Cabotstraße mit Nova Scotia und von dort über Land mit New Brunswick, Maine und dem Rest von Nordamerika verbunden. Um die Kabelverbindung zwischen Europa und Amerika zu vollenden, musste jetzt nur noch die Lücke zwischen Irland und Neufundland geschlossen werden, annähernd zweitausend Meilen durch den Atlantik.

Die technischen Anforderungen dieser weit längeren und tieferen unterseeischen Verbindung waren gewaltig. Es gab keine Möglichkeit, an Zwischenpunkten längs des Kabels das Signal zu verstärken, wie es an Land möglich war, und deshalb musste der Kupferleiter über die gesamte Länge hinweg funktionieren. Daher kam es entscheidend darauf an, dass die Ingenieure Signalverluste minimierten, die durch Widerstand im Draht und die Auswirkungen der Versenkung im Meerwasser, das selbst ein äußerst leitfähiges Medium war, entstehen konnten. Der schottische Physiker William Thomson, der spätere Lord Kelvin, der als wissenschaftlicher Berater der Atlantic Telegraph Company berufen wurde, nahm sich des Problems gern an, da es ihm gestattete, seine Kenntnis der neuen Theorien des Elektromagnetismus für einen praktischen Zweck einzusetzen. „Es ist der schönste Gegenstand, der sich für eine mathematische Analyse denken lässt. Unbefriedigende Änderungen sind nicht gefragt; und jedes praktische Detail, zum Beispiel unvollkommene Isolierung, Widerstand in den erregenden und empfangenden Instrumenten, Unterschiede zwischen dem Isolierungsvermögen von Guttapercha und der Beschichtung aus Werg und Pech ringsum … wirft ein neues Problem mit einer interessanten mathematischen Besonderheit auf", schrieb er an seinen Freund Hermann von Helmholtz.[88] Thomson sprach sich dafür aus, einen dicken Kupferdraht zu verwenden und Ströme von geringerer Stärke hindurchzuschicken, die sich mit empfindlichen Detektoren auffangen ließen, aber er wurde von Vertretern der Firma ausmanövriert, die die billigere Lösung bevorzugten, stärkere Signale durch einen Draht von kleinerem Durchmesser zu schicken.

Der erste Versuch der Überquerung wurde für den Sommer des Jahres 1857 festgesetzt. Im August legten von Valentia an der Westküste Irlands die wuchtige HMS *Agamemnon* und die US-Fregatte *Niagara* ab, begleitet von einer Flottille von Unterstützungsschiffen, an Bord 1200 Stück Kupferdraht von je zwei Meilen Länge, die im Voraus zu acht Stücken von je 300 Meilen zusammengefügt worden waren. Das Kabel wog rund eine Tonne pro Seemeile, wovon der größte Teil auf die äußere Verstärkung durch Stahldraht und die Isolierung entfiel; das Kupfer, nicht dicker als eine Bleistiftmine, machte nur 107 Pfund pro Meile aus.

Während die letzten Reisevorbereitungen getroffen wurden, machte Thomson noch eine wichtige Entdeckung: Die Leitfähigkeit des Kupfers hing in hohem Maß von seiner Reinheit ab. Praktisch seine letzte Tat, bevor er an Bord des Schiffes ging, war ein Vortrag vor der Royal Society „Über die elektrische Leitfähigkeit von handelsüblichem Kupfer unterschiedlicher Art", in dem er seine neuen Erkenntnisse bekannt gab. Niemand hatte dieser Frage auch nur die geringste Beachtung geschenkt. Trotz seiner wissenschaftlichen Bedenken fuhr Thomson als einer der Direktoren der Atlantic Telegraph Company pflichtgemäß an Bord der *Agamemnon* mit, während Samuel Morse an Bord der *Niagara* mit Seekrankheit und einer Beinverletzung kämpfte.

Vielleicht hätte es ohnehin nicht richtig geklappt, aber schon nach vierhundert Meilen riss das Kabel. Das Vorhaben wurde über den Winter eingestellt. Im folgenden Sommer wurden zwei weitere Versuche unternommen, die Arbeit mit denselben Schiffen und demselben Kabel zu beenden. Der erste scheiterte an Stürmen, mit denen man in dieser Jahreszeit nicht gerechnet hatte. Der zweite Versuch schien gelungen zu sein, doch die Jubelfeiern erwiesen sich als voreilig, denn nach weniger als einem Monat brach die Verbindung ab. Nach gegenseitigen Beschuldigungen kam es zu einer Untersuchung, die ergab, dass das Kabel irreparabel beschädigt worden war, und zwar durch Versuche, die Signalstärke zu erhöhen, indem man höhere Spannungen anlegte, für die das Kabel nicht ausgelegt war – genau das Missgeschick, das William Thomson befürchtet hatte.

Während des amerikanischen Bürgerkrieges verschlechterten sich die Beziehungen zwischen England und Amerika so sehr, dass Präsident Lincoln es vorzog, sich Zar Alexander II. anzunähern und ihm ein Kabel von Alaska nach Sibirien und weiter durch Russland bis in die Städte Europas vorzuschlagen, statt das Atlantikprojekt weiterzuverfolgen. Doch 1866 wurde endlich von Brunels Dampfschiff *Great Eastern* ein permanentes Transatlantikkabel verlegt. Ein Korrespondent der *Times* verglich das Schiff mit „einem Elefanten, der ein Spinnennetz in die Länge zieht". Zusätzlich wurde ein im Vorjahr aufgegebenes Kabel ebenfalls fertig, so dass man eine Ersatzleitung hatte und die schwer geprüften Aktionäre des telegrafischen Unternehmens beruhigen konnte, dass die Verbindung diesmal wirklich von Dauer sein würde. Man hatte die Kabel nach den zuvor von Thomson vorgeschlagenen Grundsätzen abgeändert und dreimal so viel Kupfer in sieben Drähten verwendet – insgesamt 365 Tonnen –, wobei jedes Stück vorher auf Reinheit und Leitfähigkeit geprüft wurde.

Nachdem das Kabel in Betrieb gegangen war, nahm einer der Ingenieure einen einfachen Test an der Leitung in Valentia vor. Er stellte eine kleine Elektrolysezelle her, für die er ein Stück Zink und einen Spritzer Säure in einem Fingerhut verwendete. Das Zink wurde dann mit dem einen Kupferende des Kabels verbunden, während das andere in die Säure getaucht wurde. Das von dieser improvisierten Batterie erzeugte eine Volt reichte aus, um einen Strom 3700 Meilen über den Ozean und zurück zu schicken.

Weitere Kabel über den Atlantik und anderswo sollten rasch folgen, unterstützt von den Regierungen zahlreicher Staaten, während Britannien sich bemühte, alle seine Dominions zu vernetzen. 1901, am Ende der imperialen Herrschaft von Königin Victoria, verlegte das Kabel-Dampfschiff *Britannia* Teile eines Kabels quer durch den pazifischen Ozean, von Australien und Neuseeland über die Norfolkinsel, Fidschi und die abgelegene Fanning Island bis nach Vancouver – womit die Union der auf der Weltkarte rosafarbenen Länder durch das rosafarbene Kupfer vollendet wurde. Die Welt von heute ist eingesponnen in Kupferdraht, und trotz des Aufkommens von Glasfaserleitungen, Satelliten und kabellosen Netzwerkverbindungen wird noch immer über die Hälfte des abgebauten Kupfers zu Draht gezogen oder auf andere Weise in der Kommunikation und in elektrischen Geräten genutzt. Kupfer ist, obwohl weitgehend unseren Blicken entzogen, genau zu dem Symbol der Zivilisation geworden, das Wren in ihm sah, als er daran dachte, es zur Bedeckung der Kuppel von St Paul's zu verwenden.

Au zinc oder An der Theke

Niemand hat der Stadt Berlin so sehr seinen Stempel aufgedrückt wie der preußische Architekt Karl Friedrich Schinkel. Zwar konnte er auf Verlangen auch gotisch bauen, doch gefeiert wird er dafür, dass er einen griechisch inspirierten klassizistischen Stil entwickelte, der seine Monumentalität durch herausragende Detailarbeit mäßigt. In diesem Idiom entwarf er viele der kulturellen Bauten, die Berlin heute seine strenge Würde verleihen – das Schauspielhaus, das Alte Museum, die Singakademie –, sowie Kirchen, Villen und Bauten für seine Gönner, König Friedrich Wilhelm III., und seinen Erben im nahen Potsdam.

Diese Bauten sind ehrlich und beeindruckend, wie sie es sein mussten, um Preußens wiedererlangte Unabhängigkeit von Napoleons Armeen und dem damit einhergehenden Einfluss des kleinlichen französischen Beaux-Arts-Stils zum Ausdruck zu bringen. Doch manchmal trügt der Schein. Schinkel begann seine Laufbahn als Bühnenbildner – er entwarf die noch immer berühmte halbkugelförmige Sternenkulisse für eine Inszenierung der *Zauberflöte* –, und es ging ihm mehr um den Effekt als um Authentizität. Daher sind die in die Gesimse und Giebel seiner Bauten eingefügten Statuen nicht immer aus dem Stein oder der Bronze, aus dem oder der sie zu sein scheinen, sondern hin und wieder nichts als hohles Zink. Schinkel schuf auch das Eiserne Kreuz, die höchste militärische Auszeichnung Preußens, und auch dieser Orden war, seinen Namen Lügen strafend, manchmal zum Teil aus Zink.

Zink war das erste nützliche metallische Element, das nach Eisen, Blei und Zinn bekannt wurde, die Jahrtausende früher entdeckt worden waren. In einem indischen Text aus dem 13. Jahrhundert wird beschrieben, wie dieses Metall durch Erhitzen von Galmei, einer traditionellen Arznei, die hauptsächlich aus Zinkoxid besteht, mit organischer Materie gewonnen wurde. Dies macht Zink zu dem einzigen Element mit zuschreibbarem Entdeckungsdatum, bei dem die westliche Wissenschaft nicht beanspruchen kann, die Erste gewesen zu sein. Nach Europa gelangten Nachrichten über das Metall aus China, das es als erstes Land im großen Maßstab nutzte. Der berühmte Alchemist Paracelsus berichtete im 16. Jahrhundert von Gerüchten über das neue Metall, und es dauerte nicht lange, bis Muster von Zinkwaren auf Handelsschiffen in den Westen gelangten. Erst im 18. Jahrhundert wurden Erzvorkommen ausfindig gemacht, die es gestatteten, das Metall in Europa zu erschmelzen.

Zink befindet sich in einem Niemandsland zwischen den Metallen der Antike und den modernen Metallen, die den Erzen durch die Findigkeit der Wissenschaft und die Wucht der industriellen Revolution entrissen wurden. Seine ungeklärte Stellung wird durch die Tatsache unterstrichen, dass es seit Tausenden von Jahren unwissentlich genutzt wurde, nämlich in Gestalt von Messing (einer Legierung aus Kupfer und Zink, die lange vor dem Zink selbst bekannt war, weil ihre Erze oft zusammen auftreten). Zink sollte rasch seine eigenständige Nutzung finden, aber da es nun einmal auf diesem Umweg bekannt geworden war, hatte es nichts von jenem kulturellen Gepäck, welches das Kupfer für Christopher Wren eindeutig besaß.

Für Schinkel war diese Geschichtslosigkeit eine Verheißung von Möglichkeiten. Der Architekt, der zum Verfechter der in den 1830er Jahren aufkommenden Zinkgießereien wurde, benutzte das Metall für die Statuen und Verzierungen einiger seiner späteren Bauten, und er ermahnte andere Architekten, es ihm gleichzutun. Oft aus Blechen des Metalls gestanzt statt gegossen, wurde die „weiße Bronze" rasch für Statuen aller Art beliebt, insbesondere dort, wo echte Bronze aus Gewichts- oder Kostengründen nicht in Frage kam. Die Produktion beliebter Zinkfiguren von Friedhofsengeln und Gartengöttern lief bald auf Hochtouren. Der Trend griff auf die Vereinigten Staaten über, wo ein gewisser Moritz Seelig, der nach der Revolution von 1848 aus Deutschland geflüchtet war, in Brooklyn eine Zinkgießerei gründete. Sein Geschäft florierte, weil Bürgermeister aus ganz Amerika bestrebt waren, ihre Städte mit möglichst großartigen Skulpturen zu möglichst niedrigen Kosten zu verschönern. Die Statuen der Justitia und die Bürgerkriegsdenkmäler, die heute in den Parks und auf den Plätzen amerikanischer Provinzstädte langsam zerfallen, wurden zum großen Teil aus Seeligs Verkaufskatalogen ausgewählt.

Bild 39: Zinkstatue von der Firma Seelig

Zink hat in der Architektur einen Markt, aber vielleicht noch keine Rolle gefunden. Doch das könnte sich ändern, durch ein bemerkenswertes Berliner Bauwerk.

1989 gewann Daniel Libeskind den Auftrag für ein neues Jüdisches Museum in der deutschen Hauptstadt. Die Jury, die unter 165 eingereichten Wettbewerbsbeiträgen zu wählen hatte, bewertete den Entwurf des jungen

Amerikaners, der auf der fragmentierten Musik Schönbergs, den Schriften Walter Benjamins und Motiven anderer jüdischer Intellektueller basierte, die das kulturelle Leben Deutschlands bereichert hatten, als den glänzendsten und komplexesten – auch wenn er möglicherweise unbaubar war. Er erwies sich jedoch durchaus als baubar, und als der Bau 1999 fertig war, hielt man ihn für so bemerkenswert, dass er für Besucher geöffnet wurde, noch bevor auch nur ein Exponat aufgestellt war. Das Publikum zahlte, um tunnelartige Hohlräume und verdrehte, ständig zurückweichende Räume zu erleben, die die Perspektive, ja sogar die Schwerkraft selbst zu manipulieren schienen und verstörende Effekte hervorriefen.

Bild 40: Verkleidung des Jüdischen Museums

Das Äußere ist kaum weniger befremdlich. Das Gebäude beschreibt einen Zickzackschnörkel auf dem Boden, aus dem sich auf allen Seiten nackte Wände erheben, die ganz und gar von Parallelogrammen aus Zink umkleidet sind. Streifenförmige Fenster durchschneiden diese Fassade diagonal und treffen unter scheinbar willkürlichen Winkeln aufeinander, und was sie auf diese Weise trassieren, könnte ein dekonstruierter Davidsstern oder ein Zickzackweg von Wanderung und Verlust sein.

Libeskind hat erklärt, er habe sich für Zink entschieden, um Schinkels Aufruf zu folgen, und im Sinne einer erkennbaren Geste der Angleichung an das angrenzende Berliner Museum, dessen Fenster in Zink gerahmt sind. Doch eine tiefere Symbolik lässt das Material hier als besonders angemessen erscheinen. Ich stoße darauf, dass Zink in Traumdeutungen mit Wanderungen assoziiert wird. Es ist eine naheliegende Wahl für ein Gebäude, das eine Bürgerschaft von Emigranten feiert, die ein weiteres Mal emigriert sind. Diese Symbolik mag sich vielleicht durch das schlechte historische Timing des Zinks erklären, das zu spät kam, um einen Partner in dem alchemistischen Tanz zu finden, der die Metalle mit den Himmelskörpern des Sonnensystems paarte. Kupfer, Eisen, Zinn und Blei werden jeweils (etwas abweichend, je nachdem, welcher Tradition man folgt) mit einem Planeten assoziiert. Aber Zink tanzt allein. Von Zink heißt es aber auch, es symbolisiere den Fortschritt auf ein Ziel hin, was offenbar zu einem Gebäude passt, das, wie Libeskind sagt, „sich ständig dem Werden nähert".

Offenkundiger ist der Zusammenhang des Zinks mit Zeremonien der Bewahrung und des Begräbnisses. Oft wird das Metall zur Auskleidung von Särgen benutzt, als eine relativ billige, sichere Alternative zu Blei: Mein Chemie-Berater Andrea Sella erinnert sich aus seiner Jugendzeit in Italien an Begräbnisvorbereitungen, die begleitet wurden vom Geräusch eines Schweißbrenners, mit dem man das Zink des Sarges versiegelte, bevor der Deckel zugeschraubt wurde. Der deutsche Künstler Joseph Beuys hat in einigen seiner Werke Zinkkisten als Behälter für Fett verwendet. Die Aufmerksamkeit der Kritiker galt zwar vor allem dem Fett, das zusammen mit Filz eines der für Beuys typischen Materialien war, doch auch das Zink ist beachtenswert, das nicht zuletzt gewählt wurde, weil es Gegensätze repräsentiert: als Gift und als Salbe, als ein Siegel, das letztendlich zerfällt. In diesem Kontext wird Libeskinds Bau zu einem riesigen Sarkophag, einem metaphorischen Behälter der Leichen der sechs Millionen Juden, die im Holocaust ermordet wurden, und zugleich zu einem Mittel, die Erinnerung an sie zu bewahren.

Zink kommt auch bei der hygienischen Beförderung von Leichen über Staatsgrenzen hinweg zum Einsatz. Es soll das Eindringen von Keimen verhindern, die den Zerfall des Körpers beschleunigen würden, aber es dient auch dazu, potentiell infektiöses Material einzuschließen. In einem Gedicht von Bertolt Brecht, „Begräbnis des Hetzers im Zinksarg", ist es zugleich eine undurchdringliche Schicht, die ein finsteres Geheimnis bewahrt. Das Gedicht wurde zusammen mit einem anderen, „An die Kämpfer in den Konzentrationslagern", von Hanns Eisler, einem Schüler Schönbergs, in seiner gewaltigen *Deutschen Sinfonie* vertont. Das Werk sollte im Rahmen der Pariser Weltausstellung von 1937 aufgeführt werden, aber die Nazis nötigten die Veranstalter, Eisler den Vorschlag zu unterbreiten, die Gesangspartien durch Saxophone zu ersetzen, damit Brechts Worte nicht verbreitet würden. Eisler lehnte das natürlich ab und nahm stattdessen eine frühere Komposition ins Programm auf. Die *Deutsche Sinfonie* wurde erst 1959 uraufgeführt.

Paris hat fröhlichere Assoziationen zum Zink. Wohin ich auch schaue, sehe ich Dachbedeckungen aus hellen Blechen, die sich an gerundete Mansarden schmiegen. Irgendwann muss das Material Blei und Schiefer abgelöst haben, mit der angenehmen Folge, dass die Dächer nicht mehr dunkle Deckel auf den Gebäuden sind, sondern sich mühelos in dem milchig- blauen Himmel auflösen.

Doch nachts soll man das Metall angeblich in den Bars finden. Die englische Sprache kennt nicht wenige Synekdochen im Bereich der Elemente – wir benutzen *irons* [Eisen, gemeint sind Bügeleisen], wir bezahlen mit *nickels* und *coppers* [Nickel- und Kupfermünzen, „Fünfer" und „Zehner"], und früher machten wir von wichtigen Dokumenten *carbons* [wörtlich Kohlenstoff, hier Durchschläge]. Doch in Paris wurden in der Glanzzeit der frühen zwanziger Jahre aus den Bars *zincs*. Jacques Prévert machte aus dem trunkenen Gefasel eines *zingueur*, wie man die Zinkdachdecker in der Stadt nannte, an einer Zinktheke ein Gedicht, und Yves Montand verwandelte es in ein berühmtes Lied: „Et la fête continue". Ich finde eines der wenigen noch verbliebenen *zincs* im Quartier Latin gleich um die Ecke von den berühmten *Deux Magots* und dem *Café de Flore*. Möglich, dass Ernest Hemingway und Gertrude Stein einst auch diese Bar unterstützt haben. Jetzt von einer Restaurantkette betrieben, weiß man in dem Lokal, dass die einstige *zinciness* zu seiner historischen Identität gehört, und man kehrt sie entsprechend heraus. Die Stühle sind mit metallischer Farbe gestrichen, der Name des Restaurants ist aus Metallblech ausgestanzt, die Speisekarten sind in Grau gehalten. Doch von dem authentischen *zinc* ist kaum etwas übrig geblieben. Eine schimmernde neue Bar befindet sich am anderen Ende des Raums, aber sie glänzt verdächtig hell in den Tönen eines anderen Metalls.

Das machte mich ratlos, und so spürte ich den einzigen Kunsthandwerker auf, der diese Bars noch beliefert und restauriert. Bei den Ateliers Nectoux gleich hinter dem Geschäftsviertel La Défense verrät Thierry Nectoux, dass alles, was er macht, tatsächlich aus Zinn ist, wie schon seit drei Generationen. „Zink haben wir in unserem Atelier nie verarbeitet", sagt er. „Zink darf man für eine Arbeitsplatte nicht verwenden, weil es nicht für den Umgang mit Nahrungsmitteln geeignet ist, und es oxidiert. Außerdem ist es nicht leicht kalt zu schneiden oder zu bearbeiten oder zu reinigen. Zinn ist das genaue Gegenteil." Das leuchtete mir ein. Jeder weiß noch aus dem Chemieunterricht in der Schule, dass Zink sich in Säure auflöst – mit verschüttetem Zitronensaft oder Coca-Cola würde es sich nicht gut vertragen.

Aber wie kamen die Bars, wenn ihre Theken in Wirklichkeit aus Zinn sind, zu dem Namen *zincs*? Was Nectoux darüber denkt, klingt abstrus. Er meint zum Beispiel, sie hätten ihren Namen von den *zingueurs*, die vor der Arbeit bei diesen Bars hereinschauten, um sich gegen die Höhenangst Mut anzutrinken. Das erscheint mir nicht plausibel. Vermutlich wurden Zinkbars *zincs* genannt, weil sie früher wirklich aus Zink waren, und Zinn war eine Abwandlung dieser Tradition. Der *Larousse de Poche* meines Großvaters scheint diese Vermutung zu bestätigen. Das Wörterbuch, erschienen 1922, auf dem Höhepunkt der *zinc*-Ära, verzeichnet als umgangssprachliche Bedeutung des Wortes *zinc* eine Theke, über die Wein verkauft wird.

Über seine Herkunft lässt es sich nicht aus, aber es sagt auch nichts, was darauf hinausliefe, dass die Bars in Wirklichkeit gar nicht aus Zink waren.

Banalisierung

Die Vorzeichen hatten sich seit Jahrzehnten gehäuft, doch der eigentliche Durchbruch zur literarischen Moderne erfolgte 1922 mit dem Erscheinen von *Ulysses* und *The Waste Land*. In dieses Jahr fiel auch die erste Aufführung eines musikalischen Stückes, das unter dem Titel *Façade* in einem Salon in Bloomsbury gegeben wurde; die Musik des zwanzigjährigen Komponisten William Walton hoppelte einher zu den dadaesken Worten der Dichterin und Doyenne der englischen Exzentriker, Edith Sitwell, die, hinter einem Vorhang verborgen, ihren Text durch ein Megaphon verkündete. Die Gäste der privaten Aufführung, etwas über zwanzig, waren teils verwirrt, teils erheitert. Die öffentliche Premiere im Jahr darauf wurde, wie vorherzusehen war, mit Hohn und Spott aufgenommen.

In dieser Zeit wilden Experimentierens gab Ediths jüngerer Bruder Osbert bei Maurice Lambert, einem Mitglied ihrer Clique, eine Skulptur seiner Schwester in Auftrag. Abgüsse des Kopfes, die etwas weniger als lebensgroß sind, stehen heute in Renishaw Hall, dem Stammsitz der Sitwells in Derbyshire, und in der National Portrait Gallery in London. Der Kopf selbst ist klein und oval, getragen von einem länglichen, leicht gekrümmten Hals. Der modische kantige Haarschnitt und die spitze Nase verleihen dem Werk eine vielleicht nicht unbeabsichtigte Ähnlichkeit mit einem sächsischen Helm. Doch jeder Hauch von Primitivismus wird aufgewogen durch das Material: Die Köpfe sind in Aluminium gegossen.

Weder die heutigen Nachfahren der Sitwells noch Ediths Biograph wissen, wer die Entscheidung für Aluminium getroffen hat. Auch Maurice' Biograph und sein komponierender Bruder Constant Lambert wissen es nicht. Als Maurice Lambert einige Jahre später den Kopf von Walton modellierte, wurde er wie üblich in Bronze ausgeführt, woraus wir folgern können, dass das Aluminium vermutlich eher eine Idee von Edith als von Lambert war. Es mag der Hinweis genügen, dass die Wahl des Materials ganz dem Urteil der Mehrheit der Kritiker entsprach, das künstlerische Projekt von Edith sei sowohl leichtgewichtig als auch ganz unnötigerweise modern.

Bild 41: Sitwell-Büste

In Großbritannien musste man geradezu ein Exzentriker sein, um an Aluminium etwas Positives zu entdecken. Es blieb Ländern mit einer weniger ambivalenten Einstellung zu technischen Neuheiten überlassen, nach Möglichkeiten eines zweckmäßigeren Einsatzes für das Metall zu suchen. Während die Briten mit ihrem Silber und ihrem Hartzinn den Klassenkampf ausfochten, machten die Franzosen und Amerikaner aus Aluminium Objekte, die rasch als Ikonen des Fortschritts und der Moderne anerkannt wurden – Sachen auf Beinen wie etwa die Möbel von Charlotte Perriand und Charles Eames; Sachen auf Rädern wie den Airstream-Wohnwagen, die ersten Citroëns 2CV und den Greyhound-Bus mit seiner unverwechselbaren geriffelten Aluminiumverkleidung. Aluminium warf die Fesseln der Vergangenheit ab und brachte neue Hoffnung der Mobilität und Befreiung.

Lange bevor Aluminium diese allgemeine Anerkennung erlangen konnte, genoss es kurzfristig kaiserliche Gunst. Dieses heute allgegenwärtige Material, das für uns so lebenswichtig ist wie Stahl und sichtbarer als irgendeines der Metalle, die man in der Antike kannte, wurde erst in den 1820er Jahren isoliert, und erst in den 1850er Jahren fand man ein auch nur halbwegs wirtschaftliches Verfahren, es von seinem Erz, dem Bauxit, zu trennen, benannt nach Les Baux in der Provence, wo man noch die ausgebleichten Steinbrüche auf dem Berg oberhalb der Stadt sehen kann. Bei dem von Henri Sainte-Claire Deville in Paris entwickelten Verfahren ging es darum, Verbindungen von Aluminium mit Natriummetall zu erhitzen, das äußerst schwer zu beschaffen war, und das machte sein Aluminium überaus kostspielig. Heute erscheint es uns kaum glaublich, aber Aluminium wurde als ein neues, Gold und Silber ebenbürtiges Edelmetall gefeiert, das uns mit seinen gewaltigen Kosten und seiner Exotik für die geringe Dichte und den diffusen Schimmer entschädigte, und diesem Status entsprechend wurde es bearbeitet und zur Schau gestellt.

Devilles Durchbruch kam zur rechten Zeit. Die Gerüchte über das neue „Silber aus Ton" versetzten Paris in Aufregung. Eine Handvoll kleiner Barren Aluminium präsentierte Deville erstmals auf der Pariser Weltausstellung von 1855, wo sie die Bewunderung von Kaiser Napoleon III. erregten, der dem Chemiker sogleich finanzielle Unterstützung gewährte. Das Metall wurde daraufhin mit 3000 Franken pro Kilogramm bepreist und war ein Dutzend mal so viel wert wie Silber. Dies war aber für die bedeutendsten Handwerker von damals eher Anreiz als Abschreckung. Der renommierte Goldschmied Christofle gewann Interesse an dem neuen Material und schuf einige der ersten handgefertigten Tafelgeschirre und Schmucksachen. Es heißt, der Kaiser habe Bankette gegeben, bei denen die Ehrengäste Aluminiumbesteck erhielten, während das gemeine Volk sich mit Silber und Gold begnügen musste. Die Adler aus Messing, die die Fahnenstangen der kaiserlichen Garde verzierten, wurden durch solche aus Aluminium ersetzt, eine Geste, die von ihren Trägern vermutlich geschätzt wurde. Während Handwerker wie Christofle das Metall vor allem deshalb für ornamentale Zwecke nutzten, weil es als kostbar galt, erkannte Napoleon, dass sein geringes Gewicht sich als die wertvollste Eigenschaft des Aluminiums erweisen könnte. Hinweise auf diese verheißungsvolle Zukunft können wir vielleicht in einigen damals angefertigten Objekten sehen, die eine Brücke zwischen Funktion und Ornament schlagen, wie beispielsweise Orden und Operngläser. Doch dass das größere Potenzial von Aluminium seinerzeit nicht von weiteren Kreisen erkannt wurde, kann auf dem Höhepunkt der industriellen Revolution, als die neuesten technischen Wunder aus Eisen waren, nicht überraschen.

In der *Theorie der feinen Leute* wählt Thorstein Veblen einen Aluminium- und einen Silberlöffel zur Veranschaulichung seines Diktums, dass die Nützlichkeit von Gegenständen, die man ihrer Schönheit wegen hochschätzt, „eng mit dem Preis zusammenhängt".[89] Die Nützlichkeit, von der Veblen spricht, ist weniger eine funktionale als eine soziale; er sagt, dass wir dazu neigen, Dinge höher zu schätzen, wenn wir wissen, dass sie teuer sind. In den 1890er Jahren, als Veblen an dem Buch schrieb, das uns den Ausdruck „demonstrativer Konsum" schenken sollte, war Aluminium billig; der Aluminiumlöffel kostete vielleicht zehn oder zwanzig Cent, der Silberlöffel ebenso viel in Dollar. Wir wissen, dass der leichtere Aluminiumlöffel einfacher zu verwenden ist, ziehen aber dennoch den silbernen vor, weil er „unseren Geschmack befriigt". Das dürftige Gewicht, die maschinelle Herstellung und die allgemeine Schlichtheit – sie alle verraten, dass der Aluminiumlöffel derjenige ist, den wir verachten sollten.

Doch die Unterstützung durch Napoleon III. stellte die Situation im Jahr 1855 auf den Kopf. Für einen kurzen Moment war es das Aluminium, das, kunstvoll gearbeitet, in den prunkvollen Räumen des Louvre wegen seiner Leichtheit liebkost und wegen seiner geheimnisvollen Blässe bewundert wurde. Den Kaiser hingegen befeuerte die Idee, dass man das neue Metall zur Herstellung von Panzerung und Waffen verwenden könnte, und 1856 wurde der französischen Akademie der Wissenschaften der Prototyp eines Aluminiumhelms vorgelegt. Er war robust und brauchbar – und obendrein schön, was freilich nicht zur Sache gehörte. Aber widerstrebend mussten die Anwesenden melden, dass er außerdem viel zu teuer war. Es sollte fast ein Jahrhundert vergehen, bis sich Napoleons Hoffnungen vom Aluminium als einem nützlichen Metall erfüllten.

„Der US-Kongress hätte an der Spitze des Washington Monument fast eine glänzende Verkleidung aus Aluminiumfolie anbringen lassen, um zu zeigen, was für eine großartige, wohlhabende Nation die Vereinigten Staaten geworden waren", schreibt Bill Bryson in *Eine kurze Geschichte von fast allem*.[90] Das Denkmal wurde wirklich mit Aluminium abgedeckt, allerdings ohne die von Bryson angedeutete symbolische Intention. Es war eine schwere Geburt. 1783 brachte der Kongress die Kugel ins Rollen, zunächst nur indem er ein Reiterstandbild des Generals genehmigte, der das Land in die Unabhängigkeit geführt hatte. Sechs Jahre später wurde George Washington erster Präsident des Landes und hatte das Amt dann acht Jahre lang inne. Als er 1799 starb, konnte man die spätere Pracht der nach ihm benannten Stadt schon erahnen. Das Kapitol war im Entstehen begriffen, die erste Perle in einer Kette neoklassischer Tempel der Demokratie, und es schlich sich der Gedanke ein, dass etwas Majestätischeres nötig sei, um den Landesvater zu ehren. Der Grundstein für den gewaltigen Marmor-Obelisken wurde schließlich 1848 gelegt, und die Einweihung des Denkmals erfolgte endlich im Jahr 1885.

Die obersten 22 Zentimeter des damals höchsten Bauwerks der Welt nahm ein Blitzableiter aus Aluminiumguss ein, dessen Scheitelpunkt so spitz wie ein Bleistift war. Man hatte verschiedene Metalle in Erwägung gezogen, darunter Kupfer, Bronze und Messing, die dann mit Platin überzogen werden sollten. Oberst Thomas Casey vom US Army Corps of Engineers entschied sich für Aluminium, „wegen seiner Weiße und der Wahrscheinlichkeit, dass seine polierten Oberflächen durch den Kontakt mit der Luft nicht anlaufen werden".[91] Den Blicken entzogen, verläuft ein Spinnennetz von kupfernen Blitzableitern von der Spitze bis in den Boden.

Aluminium kostete mittlerweile einen Dollar pro Unze und damit ungefähr so viel wie Silber – und wie der Zufall es wollte, begann der Preis zu fallen, sobald das Denkmal vollendet war. Im Dezember 1884, als die kleine Aluminiumpyramide vor ihrer endgültigen Installation für kurze Zeit dem Publikum in New York gezeigt wurde, galt Aluminium allerdings noch immer eindeutig als Edelmetall: Die Ausstellung fand bei Tiffany's statt, dem berühmten Juwelier an der Fifth Avenue.

Diese schimmernden Verschönerungen mögen funktional sein, aber sie sind auch, ob bewusst oder nicht, rhetorische Verkündigungen aus dem Zentrum der Macht. Sowohl das Besteck Napoleons III. als auch Washingtons Denkmal sind eindeutige Beweise des Engagements des Staates für die Moderne. Andere Elemente wie etwa Neon und Chrom wurden, wie wir noch sehen werden, zu Zeichen des auf die Zukunft gerichteten Strebens und Hoffens, aber hier ging es um Schwärmereien der Massen, billig, fröhlich und demokratisch über das ganze Land verteilt. Aluminium war ein Spielzeug und ein Projekt der Mächtigen. Das sollte es jedoch nicht lange bleiben.

Die Geschichte des Aluminiums ist „ein Prozess der Banalisierung", wie es in der Firmengeschichte des staatlichen Produzenten L'Aluminium Français heißt.[92] Die Aluminiumnutzung hat den Weg vom Einzigartigen zum Allgemeinen und vom Allgemeinen zum Banalen in nur einem Jahrhundert zurückgelegt – Eisen und Kupfer haben dafür Jahrtausende gebraucht. Der wichtigsten Schritte auf dieser Reise waren der, mit dem sie überhaupt begann, und der, mit dem das Kupfer von seinem Sockel als Edelmetall heruntergestoßen wurde. Es fügte sich gut, dass ein Franzose und ein Amerikaner den Durchbruch gleichzeitig erzielten. Paul Héroult und Charles Martin Hall waren 1886 beide Anfang zwanzig, als sie unabhängig voneinander einen Prozess perfektionierten, der statt der chemischen Energie des Natriums elektrischen Strom benutzte, um das Aluminium von seinem Erz zu befreien. Das Metall wird noch heute durch Elektrolyse gewonnen. Als der Preis des Aluminiums weit unter den des Silbers und schließlich sogar unter den des Kupfers sank, verloren Kunsthandwerker wie Christofle ihr Interesse daran, und es konnte beginnen, seine wahre Bestimmung als neues industrielles Wundermetall zu erfüllen. Das ausgeklügelte Verfahren seiner Herstellung bekräftigte seinen Anspruch, etwas durch und durch Modernes zu sein. Schon in seinem Entstehungsprozess mit der „zweiten industriellen Revolution" verbunden, die durch die weitgehende Verfügbarkeit von Strom ausgelöst wurde, schien Aluminium der Inbegriff des technologischen 20. Jahrhunderts zu sein.

Wenn Amerika und Frankreich der Entwicklung des Aluminiums den Weg bereitet haben, so waren sie sich doch über die Schreibung seines Namens uneins. Selbst der bedeutende Kritiker H. L. Mencken kann sich das nicht erklären. In *The American Language* muss er bekennen: „Wie *aluminium* in Amerika seine vierte Silbe verloren hat, konnte ich nicht ermitteln, aber alle amerikanischen Behörden machen aus ihm jetzt *aluminum*, und alle englischen Behörden halten an *aluminium* fest."[93] Andere Quellen deuten an, dass Charles Hall dafür verantwortlich war. In den Patenten, die er für seine elektrolytische Kupferraffination nahm, spricht er von „aluminium", während sein Werbematerial die Vorzüge von „aluminum" anpries – ob hier Absicht oder der Druckfehlerteufel waltete, ist nicht bekannt. In den Vereinigten Staaten hat das kürzere Wort sich ausgebreitet und durchgesetzt; in Frankreich, Großbritannien und dem übrigen Europa ist die zusätzliche Silbe geblieben.

Der Hall-Héroult-Prozess lieferte den zündenden Funken. Aluminium, das häufigste metallische Element in der Erdkruste, konnte nun dank der rasch expandierenden elektrischen Energie in den Dienst des Menschen gestellt werden. Die auffälligsten frühen Nutzungen gab es im Fahrzeugbau, wo es wegen seines geringen Gewichts große Vorteile bot. Die französischen Autohersteller Renault und Citroën nutzten es zunächst nicht als Ersatz für schwere Stahlbleche, sondern für Räder und dekorative Teile wie Radkappen (die bei den Franzosen den bezaubernden Namen *enjoliveurs* tragen, Hübschmacher). In größerem Maßstab benutzte man das Metall zur Umkleidung von Industriemaschinen und im Fahrzeugbau für Sonderanfertigungen wie Eisenbahnwagen und Lieferwagen. Auf der Chicagoer Weltausstellung, die 1933 unter dem Motto „Ein Jahrhundert des Fortschritts" stattfand, wurde ein Eisenbahnwagen von Pullman gezeigt, der nur noch halb so viel wog wie der übliche Wagen aus Stahl. Auf der Pariser Weltausstellung 1937 war ein Aluminium-Pavillon zu sehen, und auch bei den Brücken Pont Alexandre III und Pont de l'Alma sowie an anderen Stellen der Stadt des Lichts wurde Aluminium reichlich verwendet.

Aber so richtig ging die Geschichte erst los, als man zur Verbesserung der aerodynamischen Bilanz Bleche aus dem Material zu verführerischen Formen presste und bog. Die Verwendung von Aluminium für die Außenhaut und die tragenden Teile von Passagierflugzeugen setzte in größerem Maßstab ganz plötzlich im Jahr 1931 ein, nach dem tödlichen Absturz einer Linienmaschine mit Holzskelett, die mit einem berühmten Football-Trainer an Bord nach Los Angeles unterwegs gewesen war. Flugzeuge wie die Douglas DC-3, das glamouröse Transportmittel der Hollywood-Stars, lieferten das Vorbild für terrestrische Imitationen in Gestalt von Personenwagen, Bussen und Wohnwagen, deren glänzende, sich wölbende Formen nach der Weltwirtschaftskrise einen Schimmer der Hoffnung auf ein besseres Leben vermittelten. Der Airstream-Wohnwagen trieb den „Griff nach den Sternen" am weitesten: Er äffte auf seiner geschwungenen Außenhaut sogar die Reihen der Nieten nach, die ein Flugzeug zusammenhalten. Zu einer Zeit, da Wohnwagen in Europa eher Zigeunerwagen ähnelten, „denen", wie es ein Designkritiker formulierte, „nur noch ein Strohdach fehlte", schwelgte dieser amerikanische Entwurf, entwickelt mit Hilfe eines der Schöpfer der *Spirit of St Louis*, mit der Charles Lindbergh 1927 von New York nach Paris geflogen war, in seiner drallen Aluminium-Nacktheit.[94]

Aluminium hielt auch bald Einzug ins Haus, begeistert begrüßt von Industriedesignern und Hausfrauen, die sein geringes Gewicht ebenso schätzten wie die Tatsache, dass es nicht poliert werden musste. Das Metall ließ sich mit neuen Verfahren verarbeiten, was seine moderne Anmutung verstärkte. Das repräsentativste, durch die Entwürfe von Russel Wright berühmt gewordene Verfahren war der Schleuderguss, bei dem das geschmolzene Metall in eine rotierende Form gegossen wird. Beim Küchengeschirr, das bisher aus Hartzinn hergestellt worden war, benutzte man nun Aluminium. Es war außerdem, weil es Wärme besser speichert als Kupfer oder Gusseisen, ideal für Töpfe und Pfannen „vom Herd auf den Tisch", ein Segen für Haushalte ohne Bedienstete. Die weichen runden Formen, oft akzentuiert durch die horizontalen Linien des Schleuderprozesses und ein abschließendes Bürsten, verkündeten überall die schnittige neue Ordnung der Dinge.

Als der Zweite Weltkrieg zu Ende war, standen für die neue Nachfrage neue Kapazitäten zur Verfügung, und man spielte mit dem Gedanken, ganze Häuser aus Aluminium zu bauen. In Wichita in Kansas stellte der visionäre Designer und Dichter Richard Buckminster Fuller eine ganze Flugzeugfabrik auf die Herstellung von kugelförmigen Aluminiumhäusern um. Fullers Häuser basieren auf einem kreisförmigen Grundriss und sehen aus wie bewohnbare Versionen der Gefäße, die Russel Wright zehn Jahre zuvor gestaltet hatte. Der französische Architekt Jean Prouvé, ein Pionier der Metall-Vorfertigung, verwendete Aluminiumpaneele in Notunterkünften für Menschen, die durch den Krieg obdachlos geworden waren, und später entwarf er Flat-Pack-Metallhäuser für die letzte Generation der kolonialen Aufseher in Französisch-Westafrika. Sogar die Briten bauten in den vierziger Jahren Tausende von Häusern aus Aluminiumpaneelen, die allerdings freudlose Hütten waren, verglichen mit den stilvollen Prototypen der Franzosen und Amerikaner.

Fullers runde Häuser setzten sich nicht durch, aber das Aluminium, aus dem sie gemacht waren, war so billig und so praktisch, dass man nicht an ihm vorbeikam. Die Hinterlassenschaft dieses kühnen Nachkriegsexperiments besteht in Tausenden von Hektar gewellter Aluminium-Hausverkleidung, die in den fünfziger und sechziger Jahren von Haustürverkäufern vertrieben und als der letzte Schrei in Sachen Witterungsschutz an amerikanischen Häusern befestigt wurden. Die fiktiven Eskapaden zweier solcher Verkäufer sind Thema des 1987 entstandenen Films *Tin Men* [„Blechverkäufer"]. Dass das Metall, das sie verkauften, vor so kurzer Zeit noch von Kaisern begehrt, jetzt als bloßes Blech verächtlich gemacht wurde, ist ein sicheres Zeichen dafür, dass der Prozess der „Banalisierung" vollendet war.

Der Weg von Pflugscharen zu Schwertern und zurück zu Pflugscharen ist allein dem Aluminium vorbehalten, das im Vergleich zu anderen Metallen einen hohen Schrottwert hat, weil seine elektrolytische Gewinnung aus Bauxit so energieintensiv ist. Hatte Napoleon III. einst davon geträumt, sein Aluminiumbesteck in Kriegsgerät umzuwandeln, so appellierte Lord

Beaverbrook über sein Zeitungsimperium an das britische Volk, seine Aluminiumutensilien abzuliefern, um sie „in Spitfires und Hurricanes verwandeln" zu lassen.[95] Nach dem Krieg galten dann plötzlich wieder die alten Prioritäten, und das Land sollte jetzt wieder von *„Spitfires to saucepans"* zurückgeführt werden – von Jagdflugzeugen zu Kochtöpfen.[96]

Bild 42: Picquot Teeservice

Das ist möglicherweise geschehen, auch wenn die meisten davon nichts bemerkt haben. Auf einer Antiquitätenmesse in Dorset entdeckte ich ein Teeservice, das in den fünfziger Jahren aus *„Magnailium lustre"* hergestellt worden war, und erwarb es. Es war unbenutzt, und das Metall hatte einen ungewöhnlichen lila Schimmer. Der Verkäufer hatte mir angedeutet, das Service sei aus eingeschmolzenen Teilen von Militärflugzeugen hergestellt worden. Mir gefiel das Design, denn irgendwie schien es die Abwärtsspirale des Aluminiums zu erfassen, das mit höheren Berufungen begann und im Hausrat endete. Das Wort *„magnailium"* war vermutlich eine Zusammenziehung von Aluminium und Magnesium. Die Dichte des Magnesiums beträgt zwei Drittel derer von Aluminium, und während des Krieges wurden die beiden zu einer Legierung verbunden, die leichter und stärker, aber auch erheblich teurer war als reines Aluminium.

Aber ich hatte meine Zweifel. Zunächst einmal kamen mir die Teile ziemlich schwer vor, auch wenn man den dickwandigen Guss berücksichtigt. Und dann war da das Schildchen: „Designed by Jean Picquot. Fashioned by craftsmen". Wer war dieser Designer, von dem ich nie gehört hatte und der in den üblichen Nachschlagewerken über Design nicht vorkam? Bald stellte sich heraus, dass er oder sie eine Erfindung des behäbig englisch klingenden Herstellers der Sachen, der Firma Burrage & Boyde, war, auf die man wahrscheinlich verfallen war, um von dem guten Ruf zu profitieren, den sich das Aluminium in den Händen der innovativen Franzosen erworben hatte.

Inzwischen war ich doch sehr skeptisch geworden. Aber das Rätsel des *magnailium* ließe sich ja durch einen einfachen Test klären. Ich entschied mich für das Milchkännchen, das einzige Teil des Service, das keinen Holzgriff hatte. Zuerst wog ich es, und dann tauchte ich es in Wasser, um anhand der Verdrängung das Volumen des Metalls zu ermitteln. Wenn ich das eine durch das andere teilte, würde ich die Dichte des Materials bekommen, die mir einen wichtigen Hinweis auf die verwendeten Metalle liefern würde. Es stellte sich heraus, dass die Dichte rund 3,9 betrug, mehr als das Doppelte der 1,7 des Magnesiums und sogar mehr als die 2,7 von reinem Aluminium. Mein *magnailium* war eindeutig keine raffinierte Luftfahrt-Legierung. Es konnte nur eine Verbindung von Aluminium mit einem schwereren Metall sein, zum Beispiel eine gewöhnliche Legierung mit Kupfer. Ich hielt trotzdem lieber an dem Mythos fest und tröstete mich mit dem Gedanken, dass zumindest einige der Metallatome meines Teeservice in der Luftschlacht um England mitgeflogen sein könnten.

„In Miesmuscheln verwandelt"

Als die Residenz des amerikanischen Präsidenten in Washington, D.C. gebaut wurde, strich man sie mit einer feuchtigkeitsabweisenden Mischung aus Löschkalk und Leim, und seitdem spricht man vom Weißen Haus. Auch Grabstätten wurden zum Schutz vor den verheerenden Wirkungen des Wetters gekalkt. Übertünchte Gräber erscheinen im Matthäus-Evangelium als ein Bild der Heuchelei, und sie verweisen auf jene Gräber, „die von außen zwar schön scheinen, inwendig aber voll von Totengebeinen und aller Unreinigkeit sind".

Weiße bedeutet Freiheit von Farbe und eine Flucht vor dem regenbogenfarbenen Chaos des Lebens. Die Weiße des Kalks ist eine geißelnde Einfachheit, die Reinheit eines Ideals, die Endgültigkeit eines Todes. Weißen ist die Addition einer Schicht Kalk, doch zugleich ist es eine Subtraktion, eine Geste in Richtung Befreiung, ein Abbürsten von Erde und dem Irdischen, eine Entlastung, eine buchstäbliche Aufhellung und zugleich die Erleichterung einer Last. In der reinigenden und bewahrenden Aktion des Tünchens spiegelt sich das Ritual, dass wir zusammen mit der Leiche Kalk ins Grab werfen. Unsere Leiber zerfallen, unsere Knochen bleiben, säuberlich verlesen und gebleicht von aller Farbe. Wir verbleichen ins Weiße.

Kalk ist Kalziumoxid. Er wird dadurch gewonnen, dass man Kalkstein oder Seemuscheln erhitzt, um das Kohlendioxid zu vertreiben. Das so entstehende stark alkalische weiße Pulver nimmt dann allmählich Wasser und Kohlendioxid aus der Luft auf, und diese unwiderstehlichen Aktionen sind der Schlüssel zu seinen zahlreichen, seit langem etablierten Anwendungen. Bei Begräbnissen verwendet man Löschkalk wegen dieser hygroskopischen Eigenschaft: Er zieht Feuchtigkeit aus der Leiche und verringert das Risiko einer durch die Verwesung verursachten Erkrankung. Mit Wasser gesättigt oder gelöscht, wird er zu Tünche. Kalk im Mörtel trocknet schnell, und indem das Wasser, das er verliert, durch Kohlendioxid ersetzt wird, wird das weiche weiße Pulver zu dauerhaftem Stein. Diese Aktion war für die Routinen von Leben und Tod so zentral, dass der Kalkstein, bei den Römern *calx* genannt, seinen Namen hergab für den Allgemeinbegriff der Alchemisten und ersten Chemiker für das Brennen an der Luft oder Rösten, Kalzinieren. Lavoisier gab dem Kalkstein einen Platz auf seiner Liste der Elemente und zählte ihn zu den „salzbildungsfähigen einfachen erdigen Substanzen", obwohl er bei seiner Vermutung blieb, dass die weiße Substanz selbst kein reines Element war, sondern in sich ein neues Metall barg, das man bisher nicht hatte extrahieren können. Das Kalzium wurde erst 1808 von seinem unverzichtbaren Oxid befreit, als Humphry Davy es der Elektrolyse unterwarf, die er schon bei der Entdeckung des Kaliums und des Natriums benutzt hatte. Erst hundert Jahre später wurde das Metall in großem Maßstab hergestellt.

Kalzium ist also das Rückgrat von Kalk, Kalkstein, Kreide und etlichen Mineralien wie Kalkspat und Gips. Kalzium ist vielleicht nicht das einzige Element, das vorwiegend oder ausschließlich weiße Verbindungen bildet, aber es ist dank dieser wichtigen und reichlich vorkommenden Naturstoffe das Element, das wir am stärksten mit der Abwesenheit von Farbe assoziieren. Unsere Gleichnisse für Weiß sind, abgesehen vom Schnee, kalkhaltig – weiß wie Marmor, Alabaster, Kreide; weiß wie Elfenbein, Bein oder Zähne; weiß wie Perlen. Das Weiß das Kalziums ist ikonisch: Ich zögere, ein so überstrapaziertes Adjektiv zu benutzen, aber schon das Beispiel des Weißen Hauses scheint es zu unterstützen.

Thomas Huxley hielt 1868 vor den Bürgern von Norwich einen Vortrag „Über ein Stück Kreide". Beginnend mit der Kreide in seiner Hand, ging er zurück zu „jener langen Reihe weißer Klippen, denen England seinen Namen Albion verdankt", um schließlich zu seinem Thema zu gelangen, dem Darwinismus. Er stellte eine provozierende Behauptung auf:

Der Mann, der die wahre Geschichte des Stücks Kreide kennt, das jeder Zimmermann in seiner Hosentasche mit sich herumträgt, wird, selbst wenn er von aller sonstigen Geschichte nichts weiß, sofern er bereit ist, sein Wissen bis zu den letzten Konsequenzen zu Ende zu denken, wahrscheinlich eine zutreffendere und daher bessere Vorstellung von diesem wunderbaren Universum und der Stellung des Menschen in ihm haben als der Forscher, der sich sehr gut in der Menschheitsgeschichte auskennt, aber von der Naturgeschichte nichts weiß.[97]

Er beschrieb die mikroskopischen Skelette der unzähligen Billionen von Kalziumkarbonat-Algen, die in der Kreidezeit lebten und starben und aus dem hellen Schluff ihres Zerfalls schließlich die mächtigen Schichten der England beschützenden Kreideklippen aufbauten, die „weit älter sind als Adam". Huxleys geologischer Überblick stellte das benachbarte Städtchen Cromer und den Garten Eden auf die gleiche Grundlage von Kreide und Ton, was bei seinen Zuhörern sicherlich einen Wonneschauer auslöste. Für einige mag die Wonne jedoch von kurzer Dauer gewesen sein, denn das alles war für Huxley nur das Vorspiel zu seinem gewohnten Thema – die wissenschaftlichen Erkenntnisse über die Gesteine führte er nur an, um die biblische Schöpfungsgeschichte zu vernichten.

Shakespeare scheint von diesem Zyklus, in dem dasselbe weiße Mineral immer wieder lebt und stirbt, etwas geahnt zu haben. Im *Sturm* fordert Trinculo Caliban vor ihrem Angriff auf Prosperos Höhle auf: „Komm, schmier ein bisschen Kalk an deine Finger." Doch Caliban „will nichts davon. Wir verlieren unsere Zeit und werden am Ende in Miesmuscheln verwandelt." Es ist trotzdem eine merkwürdige Vorstellung, dass der Kalk, den wir ins Grab streuen, selbst einmal Leben war, in Gestalt von Millionen winziger Meeresorganismen, und dass irgendwann auch unsere Knochen zur Nahrung künftiger Generationen von Schalentieren werden könnten. Die natürlichen Kreisläufe von Wasser, Sauerstoff und Stickstoff haben wir vielleicht verstanden, aber von dem knirschenden Kreislauf des Leben spendenden Kalziums, das sich unter unseren Füßen ständig verwandelt, wissen wir nichts.

Weil Huxley unbedingt die Leute verspotten wollte, die anderweitig gebildet sein mögen, aber von den Naturwissenschaften keine Ahnung haben, unterließ er es, jene Eigenschaft der Kreide zu betrachten, die den „Forscher, der sich sehr gut in der Menschheitsgeschichte auskennt", höchstwahrscheinlich davon abhält – ihre Weiße. Wir neigen zu der Annahme, dass die amtlichen Dokumente der menschlichen Zivilisation schwarz auf weiß vorliegen. Unsere Spuren waren aber vielfach das genaue Gegenteil davon, dringliche, aber wohlerwogene Abgrenzungen, die in Weiß auf dem Boden eingezeichnet wurden – sei es die Ziellinie im Circus Maximus, sei es der kaukasische Kreidekreis, der in Bertolt Brechts gleichnamigem Stück dazu dient, ein salomonisches Urteil abzugeben, sei es der Umriss eines Mordopfers. Weiß kommt am Schluss, wenn das endgültige Urteil gesprochen wird.

Bild 43: Hüpfekästchen in Kreide

Die in Weiß gezeichneten Intentionen der Menschen sind nicht immer von finsterer Schicksalhaftigkeit. Herman Melville schweift einmal ein ganzes Kapitel lang von der Jagd nach Moby Dick ab, um darüber zu meditieren, wie „die Weiße bei vielen Gegenständen auf raffinierte Weise die Schönheit veredelt, als ob sie ihnen eine besondere, ihr eigene Reinheit verliehe, wie bei Marmor, Kamelien und Perlen". Zwei von diesen drei sind, was niemanden überrascht, kalziumweiß. Die Ausnahme macht die Kamelie: Das Weiße in der Natur, wo sie nicht mineralisch ist – man denke an echte weiße Pferde, weiße Bären, weiße Elefanten, den Albino und den Albatros – ist nicht auf Kalzium zurückzuführen, sondern darauf, dass organische Materie in Zellen so angeordnet ist, dass sie Licht aller Farben streut. Melvilles berühmter Wal hat weiße Merkmale von beiderlei Art; seine Haut ist weiß, weil keine anderen Pigmente da sind, aber seine Elfenbeinzähne sind imprägniert von Kalziumsalzen.

Die Zusammensetzung des Elfenbeins aus einer zähen, faserigen Matrix mit einer steinharten Ausfüllung macht es zu einem angenehmen Material für den Künstler. Elfenbein wird schon seit uralter Zeit geschnitzt. Die seefahrenden Phönizier verzierten die kalkhaltigem Überreste von Lebewesen, die sie im und rings um das Mittelmeer fanden, darunter auch die Stoßzähne von Nilpferden. Aber erst die Ausweitung des Walfangs im 19. Jahrhundert ließ das Handwerk des Schnitzers von Walelfenbein entstehen. Das bei den Fischbeinschnitzern beliebteste Material waren die massiven Zähne des Pottwals, aber auch die Hörner von Narwalen und die Stoßzähne von Walrossen – beides evolutionäre Mutationen von Zähnen – wurden nicht verschmäht. Sie ritzten Bilder von Schiffen und Landkarten und patriotischen Themen ein, aber auch von Frauen in nixenhaften Zuständen der Entkleidung, wobei sich das Material besonders gut für die feinlinige Darstellung von Schiffen mit geblähten Segeln oder von herabwallenden Haaren eignete, so dass, wie Melville schrieb, eine hohe künstlerische Qualität entstand, „mit einem Wirrsal von Mustern dicht überzogen", berückend wie die Holzschnitte Albrecht Dürers.

Das Material, das sowohl in der Bildhauerei als auch in der Architektur am höchsten geschätzt wird, ist seit jeher der Marmor, die reinste und weißeste Form von Kalziumkarbonat, die der Künstler unter seinen Meißel nimmt. Die Pracht, die Griechenland und Rom in der Antike entfalteten, verdankt sich auch dem Umstand, dass es in der Nähe Marmorbrüche gab. Phidias benutzte pentelischen Marmor aus den Bergen unweit Athens für den Bau des Parthenon, dessen muskulöse dorische Säulen verraten, dass sein Baustatiker die herkömmliche Holzkonstruktion behutsam abwandelte. Der parische Marmor, etwas grobkörniger, kam von der Insel Paros und wurde auf Baustellen außerhalb Attikas benutzt, etwa in Delphi, Korinth und am Kap Sunion.

Bild 44: Kathedrale von Orvieto

Römische Monumente, vom Pantheon bis hin zur Trajanssäule, wurden aus Marmor errichtet, der aus den berühmten Steinbrüchen von Carrara an der toskanischen Küste herbeigeschafft wurde. Der Dom Sant'Andrea von Carrara ist deshalb bemerkenswert, weil der gesamte Bau aus Marmor besteht, eine Entscheidung, die möglicherweise nicht zu vermeiden war, aber die leidige Folge hatte, dass das Innere wie eine trostlose Höhle wirkt. Andere große Kathedralen machten vom Carrara-Marmor kunstvolleren Gebrauch – ein beeindruckendes Beispiel ist der aus dem 13. Jahrhundert stammende Dom von Siena, den außen und innen Bänder aus weißem und dunkelgrünem Marmor durchziehen. Doch am liebsten von allen italienischen Kathedralen ist mir die, die wie ein Schatzkästlein auf dem Felsplateau von Orvieto steht. Wenn man aus einer Seitenstraße leicht versetzt auf ihre Westfront schaut, schimmert sie, von gewöhnlichen Häusern eingerahmt, mit einem sanften weißen Licht, einer Glut himmlischer Glückseligkeit. Aus diesem Blickwinkel ballen sich ihre gotischen Giebelspitzen wie die funkelnden Wolkenkratzer einer großen Metropole, einer Smaragdstadt, ja eines Jerusalem. Drinnen sind die Fenster längs des Hauptschiffs nicht verglast, sondern mit dünnen Platten aus demselben Marmor abgeschlossen. Sie lassen ein beruhigendes Licht ein, das keinen Schatten wirft.

Michelangelo wählte für viele seiner bedeutendsten Werke Carrara-Marmor, und er reiste oft nach Carrara, um die Blöcke für seinen *David* und andere Skulpturen aus dem weißesten Marmortyp *statuario* persönlich auszuwählen. Ein Projekt von großer persönlicher Bedeutung für ihn war das Grabmal von Papst Julius II., mit dem er 1513 nach Julius'. Tod begann und an dem er unter der Herrschaft fünf nachfolgender Päpste hin und wieder weiterarbeitete. Das Werk wurde nie plangemäß fertig, aber seine verschiedenen Statuen zeigen den Künstler auf dem Höhepunkt seines Könnens. Giorgio Vasari, Michelangelos Lehrling, Biograph und der Bildhauer seines Grabmals, fand die Gestalt des Moses so schön und realistisch, dass „man es, wenn man es lange betrachtet, unwillkürlich mit einem Schleier verhüllen möchte, weil die Herrlichkeit des Herrn so überaus glanzvoll und strahlend darauf leuchtet. So getreu verrät der Marmor das Göttliche, das Gott selbst diesem heiligen Antlitz aufprägte."[98]

Bild 45: Grabmal von Papst Julius II.

Die größte, vollständig realisierte Marmorschöpfung der Renaissance ist, nicht überraschend, ein anderes Werk der Grabkunst: die Medicikapelle und ihre Gräber, geplant von Michelangelo und vollendet von Vasari. Es ist das Urbild des „weißen Würfels" der modernen Kunst, der neutrale Raum, in dem reines Licht die Wahrheit der Vision des Künstlers offenbart.

Nach Michelangelo trieben Bildhauer wie Gian Lorenzo Bernini und Antonio Canova den Carrara-Marmor zu neuen und entgegengesetzten

Extremen des expressiven Überschwangs und der klassischen Tugend, wobei jeder ihn wegen des einheitlichen Weiß schätzte, das dem Betrachter nichts bot, was ihn von der Brillanz der Schnitzkunst hätte ablenken können. Moderne Bildhauer, die durch ihre Wahl des Materials mit dieser Tradition verbunden sind, können nicht umhin, den Geist der klassischen Antike zu beschwören. Für Barbara Hepworth und ihre Freunde in den zwanziger Jahren, die entschlossen waren, die Kunst des Steinreliefs wiederzubeleben und dem Diktum der „Materialtreue" zu gehorchen, war Marmor das reinste Signal ihrer Absicht. „Weiß war die Farbe der Spiritualität", schrieb ihr Biograph.[99] Am besten fand sie weißen Marmor, denn seit jeher kam es ihr so vor, als reflektiere er ein helleres, mediterraneres Licht. Hepworth entdeckte das Material schon früh, als sie Carrara besuchte und von einem römischen *marmista* die Steinmetzkunst erlernte. Doch eine Reise nach Griechenland im Jahr 1954, die sie nach dem Zerbrechen ihrer Ehe mit dem Künstler Ben Nicholson und dem Verlust ihres ersten Sohnes bei einem Flugzeugunfall unternahm, wurde zu einer Wallfahrt der künstlerischen Umwidmung, nach der eine Reihe von Skulpturen entstand, die nach mythischen Figuren und klassischen Schauplätzen benannt und in dem perfekten durchscheinenden weißen Marmor ausgeführt wurden. Sie wählte das Material, um sicherzustellen, dass die Aufmerksamkeit immer nur der Form galt, aber auch als Demonstration der organischen Geburt der Skulptur in der Landschaft, und um ein neues Glied in der Kette zu schmieden, die über Michelangelo und Phidias bis zu den historischen Kreidefiguren in den Hügeln der Vorgeschichte zurückreicht.

Der Kreislauf von Leben und Tod hört natürlich nie auf. Kalzium ist gesund, sagt man uns. Man ermahnt uns, Milch zu trinken und Käse zu essen, um unsere Knochen und Zähne zu erhalten. (Kreide und Käse mögen sich in mancher Hinsicht unterscheiden, aber sie haben beide einen hohen Kalziumgehalt.) Wir nehmen Kalzium-Nahrungsergänzungsmittel zu uns – Kreide, die umgeformt wurde in glatte, längliche Pillen, als wären es Mini-Hepworths oder uralte Sarkophage.

Plinius erzählt in seiner *Naturgeschichte* die Story von der ultimativen Kalzium-Nahrungsergänzung. Als Kleopatra um Mark Anton warb, versuchte sie den übersättigten Römer mit der Ankündigung zu beeindrucken, sie werde das teuerste Bankett veranstalten, das jemals gegeben wurde. Als es so weit war, wurde die übliche Kost aufgetragen, durchaus üppig, aber kaum die zehn Millionen Sesterzen wert, die die Königin versprochen hatte. Als Mark Anton protestierte, ließ Kleopatra den Hauptgang auftragen. Der Diener stellte ein Glas Essig vor sie hin, dann nahm Kleopatra einen ihrer Perlenohrringe – die größten Perlen, die man je gesehen hatte, ererbt von den Königen aus dem Morgenland –, warf ihn in den Essig und wartete ab, bis er sich aufgelöst hatte; darauf trank sie die Flüssigkeit aus und forderte ihren Wetteinsatz.

Bild 46: Marmorskulptur von Barbara Hepworth

Literaturwissenschaftler haben diese Story angefochten. Neuere Ausgaben der *Naturgeschichte* weisen in Anmerkungen auf die überlieferte Erkenntnis hin, dass die Essigsäure des Essigs nicht stark genug ist, um Perlen aufzulösen, und geben zu verstehen, dass „Kleopatra die Perle vermutlich (unaufgelöst) geschluckt und anschließend auf dem natürlichen Wege zurückgewonnen hat".[100] Dem widersprechen allerdings Chemiker, und tatsächlich haben Experimente mit Zuchtperlen ergeben, dass sie sich in gewöhnlichem Weinessig durchaus auflösen. Der Cocktail ist trinkbar, schmeckt aber widerlich.

Dauerhaft kann der Schaden des Gebräus so oder so nicht gewesen sein. Kleopatra nahm sich bekanntlich das Leben, und zwar auf effektivere Weise, indem sie sich einer Viper bediente, um sich zu vergiften, nachdem sie erfahren hatte, dass Mark Anton sich nach seiner Niederlage in der Schlacht bei Actium selbst getötet hatte. Unter den Archäologen gab es reichlich Spekulationen über die Frage, wo sich ihr Grab befindet und ob sie es mit ihrem römischen Liebhaber geteilt habe. Würde man es finden, könnten seine Schätze die von Tutenchamun und Nofretete übertreffen. Im Zentrum der Aufmerksamkeit standen letzthin die Kalksteinruinen des Tempels von Isis und Osiris in Taposiris Magna südlich von Alexandria. Das wichtigste Beweisstück ist eine kleine Büste einer Frau, die im Jahr 2008 ausgegraben wurde. Leider ist die Nase abgescheuert, so dass man nicht sagen kann, ob sie die Königin von Ägypten darstellt oder nicht. Sie ist aus weißestem Alabaster geschnitzt.

Die Zunft der Schweißer
in der Luftfahrtindustrie

In seinem Atelier im ländlichen Suffolk begrüßt mich David Poston mit einem kräftigen Händedruck und bittet mich hinein. David ist Juwelier und Metallarbeiter, und ich habe ihn deshalb aufgesucht, weil zu den Werkstoffen, mit denen er arbeitet, das Element Titan gehört. Der Raum, in dem ich mich befinde, ist unaufgeräumt und sieht ganz so aus, wie man es von einer Werkstatt erwarten würde, in der Metall verarbeitet wird. Farblich dominieren schmutzige Grau- und Brauntöne. Hämmer und andere Handwerkszeuge liegen herum, und das Aroma von Lötpaste erfüllt die Luft, auf seine Weise ebenso einladend wie der Duft von warmem Brot aus einer Bäckerei.

Das Ungewöhnliche an Postons Atelier ist, dass es auch ein Obergeschoss hat, und das ist laborweiß. Unter einer maßgeschneiderten Staubabdeckung aus Kunststoff in der Mitte des Raums steht sein größtes Gerät, der Laser. Wenn viele Handwerker Titan als ein Material betrachten, mit dem man nicht arbeiten kann, liegt das vielleicht daran, dass sie von seinem Ruf in der Luftfahrtindustrie und anderen glamourösen modernen Industriezweigen eingeschüchtert sind. Doch für David, der außer Handwerker auch noch Ingenieur und Erfinder ist, birgt es keine Schrecken. Es ist zwar hart und hat einen höheren Schmelzpunkt als sogar Eisen, aber dafür hat es Vorzüge, für die es die Mühe lohnt. Es ist leicht und zäh, und es kann eine schöne Patina annehmen.

Titan kann geschnitten und gehämmert, aber nicht gelötet werden. Teile aus Titan kann man nur mit einem speziellen Schweißverfahren zusammenfügen, und dafür hat David sich den Laser angeschafft. Er hat ihn sich statt eines neuen Autos gegönnt. „Macht mehr Spaß", sagt er, während er mich an der geräuschlosen Maschine Platz nehmen lässt. Ich lange durch zwei Armlöcher in die Schweißkammer und ergreife dort zwei dünne Stücke Titanblech. In jeder Hand ein Stück haltend, führe ich meine Augen an den binokularen Sucher, dann drücke ich mit leichter Beklommenheit behutsam ein Pedal nieder, um den Laser in Gang zu setzen. Jetzt spüre ich an meinen Fingern, dass zur Vorbereitung Argon eingeblasen wird, um den Sauerstoff, der das Metall umgibt, wegzufegen, denn sonst würde es in der Hitze, die der Laser erzeugt, verbrennen. Dann folgen mit einem knackigen Klick-klick-klick die gleichmäßigen Pulse des Lasers. Bei jedem Puls bricht aus dem Metall ein starker weißer Blitz hervor, mit einem Stich ins Grüne, sofern meine Augen nicht durch das helle Licht getäuscht werden. Ich schiebe die Metallteile ein Stück vor, wobei ich mich bemühe, den Winkel, unter dem sie im Fadenkreuz zusammentreffen, beizubehalten, damit ich eine halbwegs saubere Schweißnaht bekomme. Damit das Metall schmilzt, muss die Temperatur mindestens 1660 °C betragen, aber der Strahl ist so stark fokussiert, dass ich keinen Schutz für meine Finger brauche, die nur Millimeter von der Naht entfernt die Titanteile halten.

Die Elemente, zu denen wir das engste Verhältnis haben, sind verständlicherweise die, die wir am längsten kennen. Zu den alten Metallen haben sich in Jahrhunderten des Schmelzens und Gießens, Hämmerns und Treibens mehr oder weniger gefestigte kulturelle Assoziationen herausgebildet. Gold ist das universelle Edelmetall mit den Bedeutungen Reichtum, Königswürde und Unsterblichkeit. Eisen ist das Element der Männlichkeit, der Stärke und des Krieges. Weißes Silber ist das Kennzeichen für jungfräuliche Reinheit und das Weibliche. Blei, Zinn und Kupfer, die übrigen Metalle, die den Alten bekannt waren, haben ebenfalls ihre speziellen Bedeutungen. Diese sind nicht das Produkt eines idealen Wissens oder auch nur der langen Bekanntschaft, sondern des engen physischen Kontakts während der Jahrhunderte, in denen der Mensch sie für seine Zwecke zurechtgebogen hat.

Dass es auf die Enge der Beziehung ankommt und nicht auf ihre Dauer, zeigen die metallischen Elemente, die uns erst durch die moderne Wissenschaft bekannt geworden sind. Denn diejenigen unter ihnen, die sich als besonders nützlich erwiesen haben, wie Zink und Aluminium, haben auch in der relativ kurzen Zeit, seit wir sie kennen, ihre spezifische kulturelle Aura erworben. Die Materialien oder Stoffe sind „kulturell folgenreich", wie der Soziologe Richard Sennett kürzlich dargelegt hat: „Wenn man Stoffen sittliche Qualitäten wie Ehrlichkeit, Bescheidenheit oder Tugend zuschreibt, soll damit keine Erklärung geliefert werden. Vielmehr geht es darum, unser Bewusstsein für die betreffenden Stoffe zu schärfen, damit wir über deren Wert nachdenken."[101] So abstrakt die menschlichen Qualitäten auch sein mögen, die man einzelnen Metallen zuschreibt – Blei ist ernst, Zinn ist ehrlich, Silber tugendhaft –, so können sie doch immer auf die physikalischen und chemischen Eigenheiten zurückgeführt werden, über die nachzusinnen der Handwerker hinreichend Zeit hat, während er sich bemüht, sie nach seinem Willen zu formen.

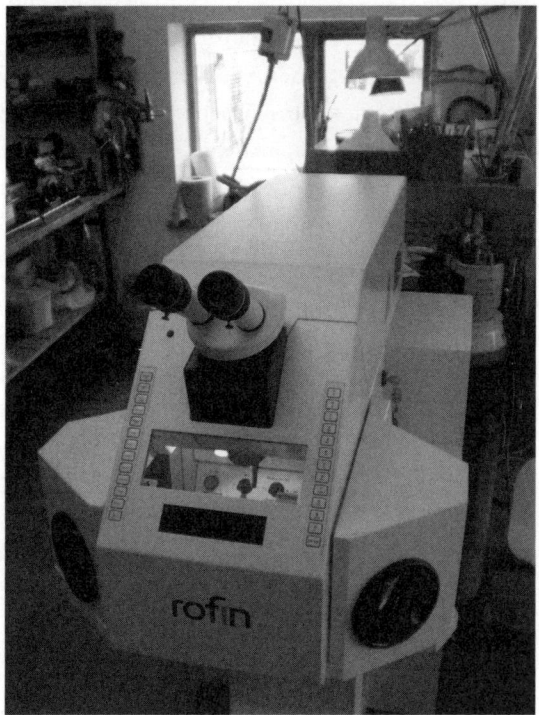

Bild 47: Postons Atelier

Was ist also mit Titan? Es hat eine futuristische Aura, gewiss, aber Tatsache ist, dass Kunsthandwerker es sich seit fünfzig Jahren mühelos beschaffen können. Findet es seine Bedeutung? „Titan bietet viele Möglichkeiten, aber die Leute kommen nicht so schnell darauf", antwortet David. In großen Fertigungsbetrieben kennt man sich mit seinen Eigenschaften aus. Er beschreibt, wie bei Aérospatiale die Zelle des Airbus zusammengeschweißt wird. Der ganze Hangar ist mit Argon gefüllt, und die Techniker tragen bei ihrer Arbeit Atemschutzgeräte. Das geht natürlich über die Möglichkeiten eines Künstlerateliers hinaus. Wichtiger ist aber, dass die in diesen Unternehmen entwickelten Fachkenntnisse nicht in Lehrbüchern an die Allgemeinheit weitergegeben werden. Die Geheimnisse der Titanschweißer der Luftfahrtindustrie werden so streng gehütet wie die der mittelalterlichen Zünfte, die einst über das Handwerk des Goldschmieds wachten.

Darum sind Leute wie David auf Einfallsreichtum und praktisches Herumprobieren angewiesen. „Es ist Erfahrungssache, und gerade das macht mir Spaß", sagt er tapfer. Abgesehen vom Laser benutzt David auch die traditionelleren Werkzeuge der Metallarbeiter. Er hat eine große Auswahl von Ambossen, und auf einer Werkbank befindet sich ein stählerner Schraubstock, den er benutzt, um Armbänder in die richtige Form zu hämmern. Durch wiederholtes Erhitzen und Abkühlen erhalten seine fertigen Titanteile eine Instant-Patina, eine fleckige Oxidbeschichtung, die farblich von eingetrocknetem Blut über Schiefer bis zu seegrün variiert. Steife Armbänder und Halsreife, deren raffinierter Verschluss sich in der schlichten Form des Ganzen versteckt, bekommen damit plötzlich etwas von einem archäologischen Fund. Aber sie sind leicht – ein Ring kommt einem fast gewichtslos vor –, und machen ein schepperndes Geräusch, wenn man sie auf den Tisch legt, das uns daran erinnert, dass sie aus einem harten neuen Metall sind.

Titan ist ein Element im Übergang. Es ist weder so lange bekannt und in seinen Nutzungsmöglichkeiten so etabliert, dass sich eine reaktionäre Kultur mit begrenzter Erwartung um es herum gebildet hätte, noch ist es so neuartig, knapp oder auf andere Weise esoterisch, dass nur Fachleute in Laboratorien und technischen Betrieben ahnen würden, was man mit ihm machen kann. Sein Erz wurde schon 1791 entdeckt, aber reines Titanmetall erhielt man erst 1910, und in wirtschaftlich nutzbaren Mengen wurde es erst in den 1950er Jahren erhältlich, nachdem sich während des Zweiten Weltkriegs gezeigt hatte, welches Potenzial in diesem starken, leichten und korrosionsbeständigen Metall steckt.

Titan war schon ein fester Bestandteil unseres Lebens – es steckt in Hüftprothesen und Fahrrädern, Flugzeugen und Autos, und sein weißes Oxid begegnet uns überall in gewöhnlicher weißer Farbe –, als der kanadische Architekt Frank Gehry am Plan für das Guggenheim-Museum in Bilbao zu arbeiten begann. Gehry erkundete die Möglichkeiten seines Auftrags in der bei ihm üblichen Weise anhand winziger Modelle aus Holz und Schleifen aus Papier, um sich einen Eindruck von den skulpturalen Flächen zu verschaffen, die er für das Bauwerk am Wasser nutzen könnte. Bilbao hatte dank des im Baskenland gefundenen Eisenerzes während des 19. Jahrhunderts durch Schiffbau und Stahlerzeugung eine Blütezeit erlebt, und so hatte die Hafenstadt eine überlieferte innere Vorstellung von riesigen Schiffen, die mit ihren Metallwänden den Blick aus den Straßen versperren. Weil er diesen Geist des Ortes wiederbeleben wollte, dachte Gehry daran, die hoch aufragenden Wände des Guggenheim mit Stahlplatten zu verkleiden.

Gehrys Mitarbeiter bearbeiteten seinen Entwurf mit Hilfe von Konstruktionssoftware, die für die Luftfahrtindustrie entwickelt worden war. Dank dieser Computer-Unterstützung konnten sie die auseinanderstrebenden äußeren Formen des Gebäudes mit so praktischen Dingen wie den Materialkosten und der unerlässlichen Statik des Bauwerks in Einklang bringen. Während der Arbeit an diesem Projekt beobachtete einer der Mitarbeiter eine noch nie da gewesene Entwicklung am Weltmarkt für Metalle: Der Preis für Titan brach ein. Möglicherweise war es auf einmal billiger, das Gebäude mit dem exotischen neuen Metall statt mit dem konventionellen rostfreien Stahl zu verkleiden. Man kannte Gehrys Vorliebe für ungewöhnliche Materialien, und er bewunderte seit langem die „sanfte, butterartige Anmutung" von Titan.[102] Gehry nutzte die Gunst der Stunde. Das fertige Museum, das 1997 unter begeistertem Beifall eröffnet wurde, ist mit 33.000 Titanplatten von einem halben Millimeter Dicke verkleidet, die für ein ziemlich großes Kriegsschiff ausreichen würden, und jede einzelne wurde darauf zugeschnitten, der geschwungenen Form des Gebäudes zu folgen.

Die polierte Oberfläche hat einen gelbbraunen Schimmer, der sich von der klinischen Kühle des Stahls abhebt. Wenn Stahl den Himmel widerspiegelt, zeigt er bevorzugt dessen Blau- und Grautöne. Titan scheint dagegen die Wärme der Sonne zu suchen. Man hat das Guggenheim Bilbao mit der Kathedrale von Chartres verglichen, und dem Vergleich mit der Oper von Sydney und dem ursprünglichen, von Frank Lloyd Wright entworfenen Guggenheim-Museum in New York, seinen offenkundigen Vorläufern im 20. Jahrhundert, hält es auf jeden Fall stand. Es hat bisher über zehn Millionen Besucher aus aller Welt angelockt und damit die Hoffnung auf einen kräftigen Impuls für die heimische Wirtschaft mehr als erfüllt; Provinzbürgermeister in aller Welt fühlen sich angestachelt, ähnliche Anstrengungen zu unternehmen. Das Gebäude könnte sich noch als Gehrys Meisterstück erweisen.

Wie bedeutsam für den Erfolg des Museums ist das Metall, das für den ersten Eindruck verantwortlich ist, den jeder von dem Gebäude gewinnt? Seine Neuartigkeit, die von allen Journalisten pflichtgemäß vermerkt wurde, deutet auf kühne Innovation hin, auf jeden Fall beim Architekten, aber auch bei jenen, die ihn beauftragten. Das Material ist futuristisch, und so wird das Bauwerk zu einer monumentalen Bekundung von Optimismus im Hinblick auf die Zukunft. Zugleich erinnern aber die Formen, in die es gebracht wurde, an die Schiffbautradition von Bilbao, ein Zeichen des Respekts vor der Vergangenheit. Material, Form und Standort demonstrieren vereint, dass kompromisslose moderne Architektur gleichwohl *dazugehört*.

Denkbar ist aber auch eine weniger großzügige Deutung. Durch einige Straßenblocks vom Leben der Stadt getrennt, scheint das Guggenheim-Museum die Distanz von sich aus zu betonen, seine Fremdartigkeit durch die unbekümmerte Exotik seiner Formen und Materialien noch zu verstärken. Es ist ein aus der Luft abgeworfenes Paket Kulturimperialismus, sein Metall nicht mehr als eine protzige Fassade, die den Mangel an bedeutenden Kunstwerken im Inneren nicht verschleiern kann, ein überflüssiges Wedeln mit dem Geldbündel eines Ausländers. Die glänzenden Titanplatten sind mit Fischschuppen verglichen worden, bei Gehry ein wiederkehrendes Motiv. Für einen Kritiker jedoch „wirken sie eher wie Geld, wie in das Baumaterial hineingepresste Silbermünzen".[103]

Einen instruktiven Vergleich bietet die Walt Disney Concert Hall in Los Angeles. Eigentlich hätte sie für Gehry das bedeutendere Bauwerk sein müssen. Das Projekt ist älter als der Guggenheim-Auftrag – eine größere Spende von Disney war schon vorhanden, und Gehrys Plan war 1991 fertig, doch das Gebäude wurde erst 2003 vollendet. Es war der erste größere Auftrag, den Gehry von der Stadt erhielt, in der er lange gelebt und gearbeitet hatte; das hätte man als einen bedeutenden Meilenstein in der Karriere eines Architekten betrachten können, der damals Anfang siebzig war. Zunächst hatte Gehry vorgehabt, in Stein zu bauen, aber die Erfahrung mit dem Guggenheim bewog ihn dann, zur Metallverkleidung zu wechseln. Hier jedoch kein Titan. Die Walt Disney Concert Hall ist in rostfreien Stahl gehüllt, der aber, wie man nach Vollendung des Projekts feststellte, dermaßen glänzt, dass man ihn abschmirgeln musste, um die gebündelten Sonnenstrahlen, die er in benachbarte Wohnungen schickte, zu zerstreuen. Kritiker sehen in ihr das bedeutendere Werk. „Die Fassade der Disney Hall ist raffinierter als die des Guggenheim, und kostbarer, obwohl das Material, rostfreier Stahl, billiger ist als Titan", schrieb ein Kritiker. Doch die herbeigeredete Erwartung, sie werde in ihrer Gesamtwirkung das Guggenheim übertreffen, hat sie nicht erfüllt. Der „Bilbao-Effekt" ließ sich in Kalifornien nicht wiederholen. Ob es nun das Feuer des technischen Optimismus war oder nur die goldene Tönung des Profits – Titan hat eindeutig etwas, was Stahl nicht hat.

Der Marsch der Elemente

Gibt es Elemente, die wir heute als edel oder exotisch betrachten, so wie das Aluminium den Parisern während der längsten Zeit des 19. Jahrhunderts als edel und exotisch galt, Elemente, die eines Tages ihr Prestige verlieren werden? Ist es zum Beispiel das Titan, das sich jetzt auf dem Weg zur Banalisierung befindet? Und wenn ja, was kommt danach?

Noch ist nicht abzusehen, wo Titan seinen Platz finden wird. Es lässt einstweilen allzu viele Fragen offen. Zum Beispiel die, welches Geschlecht Titan hat. Die Frage klingt merkwürdig, aber die Antwort darauf ist wichtig, wenn wir wissen wollen, was wir daraus machen werden. In der Kultur galt es lange als Gewissheit, dass Gold und Eisen männlich sind und Silber weiblich ist. Sportkleidung mit dem Markenzeichen Titan zielt eindeutig auf Männer, aber durch farbig anodisierte Beschichtungen ist es bei Schmuck für Frauen populär geworden. Im gegenwärtigen Moment seiner Geschichte lässt sich feststellen: Titan kann entweder männlich oder weiblich, beides oder keins von beiden sein. „Es befreit einen von diesen Einstufungen", sagt David Poston.

Am Edinburgh College of Art hat Ann Marie Shillito ebenfalls Titan für die Schmuckherstellung verwendet, wobei sie sein leichtes Gewicht und die Farben, die man durch Anodisieren erzeugen kann, nutzt, um ein ästhetisches Territorium abzustecken, das von den schwereren Edelmetallen ein ganzes Stück entfernt ist. Die geringe Dichte des Metalls (unter den praktisch genutzten Metallen sind nur Aluminium und Magnesium leichter) erlaubt es ihr, Artikel wie Ohrringe in einer Größe anzufertigen, die ihr sonst verschlossen wäre. Doch die Tatsache, dass Titan bei Kaltbearbeitung schneller aushärtet als andere Metalle, macht es auch sehr stark. Da sich eine unerwünschte Verbiegung nicht einfach rückgängig machen lässt, stellt es in der Verarbeitung hohe Anforderungen. Shillito hat auf Wunsch schon Trauringe für Männer und Ohrringe für Frauen aus Titan gefertigt. Es gibt aber auch Menschen, denen das Metall gerade durch seine dem Raumzeitalter angemessene Leichtgewichtigkeit verleidet wird – sie können ihre kulturelle Konditionierung nicht vergessen, die sie gelehrt hat, größeren Wert mit größerem Gewicht zu assoziieren.

Dieses Problem veranlasste Shillito, sich noch einmal im Periodensystem umzuschauen. „Da bin ich auf Niob umgestiegen", sagt sie. Im Periodensystem steht Niob in der Reihe unter dem Titan, was bedeutet, dass es dichter ist. Shillito arbeitet auch mit Tantal, noch eine Reihe darunter, dort, wo die echten Schwergewichte Wolfram und Gold stehen.

In Mineralien kommen Niob und Tantal oft zusammen vor, was nach ihrer Entdeckung für einige Verwirrung und Frustration sorgte; darum benannte man die beiden Elemente schließlich nach Tantalus, der von Zeus dazu verdammt war, unter einem Baum zu stehen, dessen Früchte ihm immer unerreichbar blieben, und nach Niobe, seiner Tochter, der Göttin der Tränen. „Niob ist doppelt so dicht wie Titan und halb so dicht wie Tantal. In dieser Hinsicht kommt es dem Silber nahe, und es fühlt sich kostbarer an als Titan", erklärt Ann Marie. Als die Massenproduktion von Titanschmuck es ihr erschwerte, Käufer für ihre kostspieligeren, einzeln angefertigten Stücke zu finden, ging sie dazu über, nur noch mit Niob zu arbeiten, das einen höheren Preis rechtfertigt, weil die Leute meinen, es müsse wertvoller sein. Doch das andere Material fordert auch eine andere Bearbeitung. Niob lässt sich mehr gefallen als Titan, so dass Shillito daraus Bänder und Platten formen kann. Ihre Entwürfe aus Niob wirken spontaner und freier, als es in Titan möglich gewesen wäre. Das schwerere Metall ist außerdem beim Anodisieren leichter zu kontrollieren. Beim Titan kann der Künstler nicht sicher sein, welche Farben herauskommen – Ann Marie genoss durchaus dieses Zufallselement, das sich einschlich, nachdem das Material ihr vorher bei der Formung große Genauigkeit abverlangt hatte. Doch beim Niob und Tantal kann man die Anodisierungsspannung derart genau auf eine gewünschte Farbe einstellen, dass ein Schmuckstück mit der Garderobe einer Kundin harmoniert.

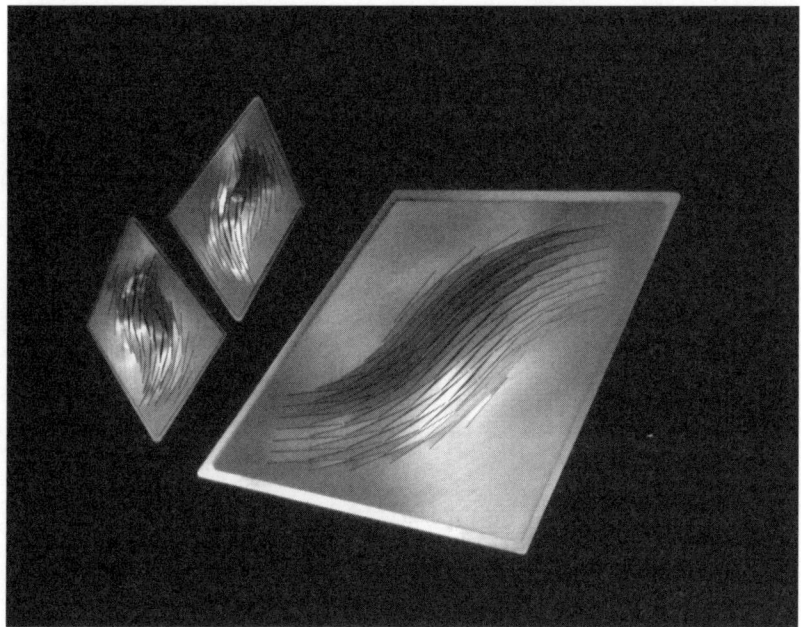

Bild 48: Schmuck von Shillito

Ann Marie zeigt mir einige Titanschmuckstücke, in die sie Niob und Tantal eingearbeitet hat. Die schwereren Materialien sind, wie andere kostbare Metalle, weicher und lassen sich, obwohl sie mit einer härteren Titanunterlage verschmolzen sind, mit einem Laser wie Knetmasse zu dekorativ strukturierten Oberflächen verarbeiten. Die Anodisierungsspannung ruft bei den drei Metallen unterschiedliche Farben hervor. Auf eine Brosche, die aus einem Stück Titan besteht – matt gebürstet, mittelgrau mit einem Hauch grün –, hat sie kleine, helle Rauten aus Niob gehämmert, die in hellen Farben anodisiert waren. Viele Leute glauben, die Farben seien nachträglich wie Emaille aufgetragen worden; sie verstehen nicht, dass die Farben dem Metall und seiner dünnen Oxidschicht immanent sind, sagt sie. Es sei derselbe Effekt wie bei Schmetterlingsflügeln, der Farbeindruck werde nicht von einem Pigment oder einer Farbe hervorgerufen, sondern von einer Interferenz des Lichts, das von der Oberfläche zurückgeworfen wird. Vielleicht wird man irgendwann begreifen, dass dieser Regenbogenschimmer für diese Elemente genauso charakteristisch ist wie der Grünspan für Kupfer und der Anlauf für Silber.

So verläuft der Marsch der Elemente, die in unser Leben Einzug halten. Für Phönizier und Römer waren Zinn und Blei die hochgeschätzten neuen Materialien des Tages, erlangt unter Schwierigkeiten und Gefahren aus den fernsten Gegenden, noch ohne Nimbus oder Mythos, aber dafür behaftet mit dem Reiz einer wunderbaren Neuheit der Natur. Titan hat jetzt seinen Weg von den Minen ins Labor und aus dem Labor in die Werkstätten und Fabriken gefunden, und es ist im Begriff, seinen Weg in unsere Kultur zu finden. Für Niob und Tantal beginnt diese Reise erst.

TEIL 4: SCHÖNHEIT

Die Revolution der Farben

Beim Entrümpeln einiger alter Kisten meines Vaters stoße ich auf seine alten Künstlerfarben, die er in den vierziger Jahren als Teenager benutzte. Als ich den schwarzen Metallkasten öffne, bietet sich mir ein Bild der Verwüstung. Die kleinen Farbtuben aus Zinn liegen verdreht wie Leichen in ihren schmalen Fächern, oft angeklebt von dem Leinöl, das sich von dem Pigment gelöst hat, und gelegentlich mit Farbe verkrustet, die aus den aufgerissenen Tuben ausgelaufen ist. Ich drehe sie um und lese die Etiketten: Chromgelb, Chromgrün, Zinkweiß; Terre Verte, bestehend aus Eisenoxid; Viridiangrün, eine weitere Chromfarbe; andere sind so verkrustet, dass man sie nicht entziffern kann. Einige dieser Farben sind heute so gut wie verboten, ersetzt durch unschädliche synthetische Pigmente, die ihnen nicht ganz ebenbürtig sind, aber in diesem Satz finde ich noch ausgefallenere Pigmente wie zum Beispiel Vermilion, das brillante Flammenrot, das auf dem giftigen Quecksilbersulfid in Pulverform beruht, und Grüntöne, die reich an Arsen sind.

Doch es war ein weiteres Element, das mehr und leuchtendere Künstlerpigmente lieferte als jedes andere. Die Entdeckung des Cadmiums durch Friedrich Stromeyer sollte eine Farborgie auslösen, wie sie die Kunst noch nicht erlebt hatte, und er war sich von Anfang an über diese Wirkung im Klaren.

Bild 49: Die Farben meines Vaters

1817 war Stromeyer Professor der Chemie und Pharmazie an der Universität Göttingen, und außerdem bekleidete er eine offizielle Position als Generalinspektor der Apotheken des Königreichs Hannover. Bei einer seiner Inspektionen zeigte sich, dass ein Präparat von medizinischem Zinkoxid offensichtlich nicht war, was es zu sein behauptete. Als Stromeyer die Substanz erhitzte, wurde sie erst gelb und dann orange. Das war normalerweise ein Hinweis auf Blei – und auf unerlässliche Untersuchungen, wer verfälschte Medikamente herstellte. Aber weitere Versuche, Blei nachzuweisen, blieben ergebnislos. Stromeyer bezog die Chemiefabrik, die die Apotheke beliefert hatte, in seine Untersuchung ein und nahm eine Probe des verdächtigen Materials mit, um es in seinem eigenen Labor genauer unter die Lupe zu nehmen. Dort ermittelte er geschickt die Ursache der Abweichung, durch eine Reihe von chemischen Verfahren, um das bekannte Zink herauszuziehen. Als das geschehen war, blieb ein erbsengroßes Klümpchen eines bläulich-grauen Metalls zurück, äußerlich dem Zink ähnelnd, aber glänzender. Das war der erste, flüchtige Eindruck von einem neuen Metall, das den Namen Cadmium erhielt, nach dem griechischen Wort für das Zinkerz Galmei, mit dem es, wie sich bald zeigte, oft zusammen gefunden wurde.

Stromeyer stellte Cadmiumsulfid her und berichtete, dass es eine schöne gelbe Farbe ergebe, ergiebig, von großer Deckkraft und Beständigkeit; er empfahl sie speziell für Künstler, weil sie sich gut mit blauen Farbtönen vermischen lasse. Von reichem Vorkommen konnte keine Rede sein, aber in kleinen Mengen fand man Cadmium zuverlässig in vielen Zinkgruben, deren Zahl damals rasch zunahm, um die Nachfrage nach Messingwaren zu befriedigen. Das Sulfid wurde bald zu einem handelsüblichen Pigment. Was es attraktiv machte, war nicht nur die Bequemlichkeit seiner Beschaffung, sondern auch die Vielfalt der Farben, die man daraus herstellen konnte – mehr als aus jedem anderen Element. Pigmente aus Cadmiumsulfid reichen, je nach dem Grad der Verunreinigung, von einem leicht schmutzigen Frühlingsgrün über Gelb und Orange bis zu einem unglaublich strahlenden Rot, verschiedenen tieferen Rottönen und einem dunklen Kastanienbraun – praktisch das gesamte Spektrum mit Ausnahme von Blau.

Diese überragenden Farben wurden für die Künstler unentbehrlich. Es gab Einzelne, die ihre angebliche Künstlichkeit bemängelten – William Holman Hunt klagte, Cadmiumgelb sei „bestenfalls sehr launenhaft" –, aber die meisten nahmen die strahlenden, reinen Farben als das, was sie waren.[104] Die Impressionisten, Postimpressionisten und vor allem die Fauvisten nutzten das Cadmium weidlich – oder um genauer zu sein: Cadmium ermöglichte erst diese aufeinanderfolgenden Wellen einer künstlerischen Revolution. Sobald ein neuer Farbton verfügbar wurde, befeuerte er eine künstlerische Neuerung, seien es die gelben Sonnenuntergänge Monets, die orange durchtränkten Interieurs von Arles van Goghs oder *Das rote Atelier* von Matisse. Man hat sich romantische Vorstellungen über van Gogh gemacht: Er sei zu arm gewesen, um sich die neuen Farben leisten zu können, oder sein seelischer Zustand habe möglicherweise darunter gelitten, dass er Cadmium benutzte (obwohl er sicherlich auch noch schädlichere Pigmente benutzt hat). Fest steht, dass er und seine Kollegen auf einmal Zugang zu einer Farbpalette von einer nie zuvor erlebten Intensität hatten.

John Chafee, republikanischer Senator für den Bundesstaat Rhode Island im US-Senat und später Vorsitzender des Umweltausschusses des Senats, bemühte sich 1989 im Rahmen einer Serie von Maßnahmen zur Verringerung des Risikos, dass Toxine aus Mülldeponien ins Grundwasser gelangen, um ein Verbot der Verwendung von Cadmium in Farbstoffen. In ganz Amerika sahen empfindsame Seelen sich hin und her gerissen zwischen den Interessen der Umwelt auf der einen und der künstlerischen Freiheit auf der anderen Seite. Dass metallische Elemente in Farbstoffen nicht unbedenklich sind, war allgemein bekannt, aber der Gesetzesentwurf schien speziell das Cadmium zu ächten. Ein Maler sprach von „chemischer Zensur" und erklärte, ein erzwungener Verzicht auf Cadmiumfarben sei vergleichbar mit dem Kochen ohne Knoblauch.

Die Proteste verdeckten die Tatsache, dass Künstlerfarben nur einen geringen Teil der insgesamt genutzten Cadmiumfarben ausmachen. Artikel wie bunte Kunststoff-Waschschüsseln stellten bei gedankenloser Entsorgung ein weit größeres Risiko dar, und es war relativ einfach, für solche anspruchslosen Zwecke sicherere Farbstoffe zu finden. Viele Maler blieben jedoch bei der Überzeugung, dass Cadmium ästhetisch einfach nicht zu ersetzen sei. Die traurige Wahrheit war, dass die Wünsche der Künstler für die Farbenindustrie nicht mehr die Rolle spielten, die sie vielleicht in der Renaissance noch gespielt hatten, und jetzt schien es, als stehe das Ende der kurzen Herrschaft des Cadmiums als beliebtester Farbstoff des Malers bevor. Doch nach einer langwierigen Kampagne erreichten die amerikanischen Künstler einen Aufschub, dem sich andere Länder, die sich ebenfalls bemüht hatten, die Nutzung von Cadmium stärker zu beschränken, rasch anschlossen. Heute dürfen Künstler ihr Cadmiumgelb, Cadmiumorange und Cadmiumrot ebenso unbekümmert benutzen wie Jackson Pollock und van Gogh.

Es hat seinen Grund, dass Künstler sich zu einem derart wirkungsvollen Protest provoziert sahen, und er hat nichts mit den ästhetischen Vorzügen der Cadmiumfarbe zu tun. Das Cadmium auf der Leinwand kann ja erst wieder in die Umwelt gelangen, wenn ein Gemälde *zerstört* wird. Ihre Forderung, von dem allgemeinen Verbot des Cadmium-Einsatzes in Kunststoffen, Batterien und anderen prosaischen Artikeln ausgenommen zu werden, begründeten die Künstler mit der Erwartung, dass ihre Gemälde von diesem schändlichen Schicksal verschont bleiben würden. Leinwand ist so teuer, dass Künstler eher dazu neigen, ein misslungenes Werk zu übermalen, als es wegzuwerfen, und sobald ein Gemälde das Atelier verlässt, gewinnt es tendenziell an Wert, was dazu beiträgt, sein Überleben zu sichern. Was die amerikanischen Künstler in Wirklichkeit aufgestört hatte, war also nicht die Gefahr, eine beliebte Farbe zu verlieren, sondern der schmerzliche Gedanke, dass die Wertschätzung ihres Werkes möglicherweise nicht von Dauer sein könnte.

Es scheint eine mehr als bedauerliche, ja geradezu unsittliche Beleidigung unserer Fähigkeit zu sinnlichem Genuss zu sein, dass so viele der stark färbenden Chemikalien auch noch giftig sein sollen. Dies gilt nicht nur für die Salze des Cadmiums, sondern auch für viele längst bekannte Farbstoffe wie das gelbe Bleichromat und das Rot des Quecksilbersulfids. In Märchen werden Gifte oft in farbigen Flaschen aufbewahrt, oder sie sind selbst farbig. Wenn Christian Dior sein Parfüm kontraintuitiv als *Poison* [Gift] bezeichnet und in einer dunkelvioletten Flasche in Form eines Apfels auf den Markt bringt, schlachtet er diesen Mythos aus.

Die Wurzeln dieser Assoziation reichen tief in die evolutionäre Psychologie und Biochemie zurück. Beim Menschen und vielen Tierarten hat die Evolution dafür gesorgt, dass sie von leuchtenden Farben in der Natur angezogen werden, sich gleichzeitig aber auch vor ihnen in Acht nehmen. Die Farben können reife Früchte und frisches Fleisch anzeigen, aber auch vor giftigen Beeren und Geschöpfen warnen. Ihre chemische Zusammensetzung ist generell eine völlig andere als die der auf Schwermetallen basierenden menschengemachten Farbstoffe. Die Farben von Früchten basieren zum Beispiel auf dem gelben Xanthophyll, den orangefarbenen Karotinen und den blauroten Anthozyaninen, allesamt organische Verbindungen, die keine metallischen Elemente enthalten. Ein und dieselben Farbstoffe können von den sagenhaften Gefahren der Stechpalmenbeeren wie des giftigen roten Fliegenpilzes künden (giftig sind dann allerdings nicht diese Farbstoffe, sondern andere organische Verbindungen).

Wodurch werden dann die auf Metall basierenden Farbstoffe des Künstlers giftig? Dafür sind unterschiedliche Mechanismen verantwortlich. Einige Salze wie zum Beispiel die Chromate sind starke Oxidantien, die krebserregende Sauerstoffradikale im Körper freisetzen. Andere greifen in biochemische Abläufe ein, bei denen es auf lebenswichtige Metalle wie

Eisen und Zink ankommt: So kann Cadmium dem Körper das Zink entziehen, indem es sich an seiner Stelle mit bestimmten Proteinen verbindet; auf dieselbe Weise können Chrom, Kobalt und Mangan das Eisen aus dem Blutplasma verdrängen. Diese biochemischen Vorgänge sind noch nicht restlos geklärt, aber man rechnet damit, dass es der Menschheit einmal gelingen könnte, dieses System zu ihrem und zum Vorteil der Natur zu nutzen. Durch den Einsatz bestimmter Proteine könnten wir selektiv wertvolle Schwermetalle zurückgewinnen, mit denen wir unsere Umwelt vergiftet haben, darunter nicht nur Cadmium und Chrom, die in den Farbstoffen stecken, sondern auch die radioaktiven Elemente Uran und Plutonium.

Stromeyer versah seine öffentlichen Pflichten vorbildlich, als er Käufer, die bei dem Apotheker das verunreinigte Zinkoxidpräparat erwarben, vor einer Belastung mit Cadmium bewahrte. Andernorts wurde die Gefahr zu spät erkannt. Cadmiumgelb, Cadmiumorange und Cadmiumrot sind das eine, aber der sogenannte „Cadmium-Blues" ist etwas ganz anderes. Mit diesem Ausdruck bezeichnet man die ersten Symptome einer fiebrigen Erkältung bei denjenigen, die chronisch einer zu hohen Belastung durch das Metall ausgesetzt waren, entweder durch lösliche Salze oder durch das Einatmen von Cadmiumdampf. Das größte Risiko besteht in der berufsbedingten Belastung. Ein makabres Beispiel lieferten Schweißer, die in dem unbelüfteten Raum in einem der Türme der Severn-Brücke ein temporäres Metallgerüst abbauten. Die Männer benutzten Sauerstoff-Acetylen-Schweißbrenner zum Durchtrennen von cadmiumbeschichteten Bolzen. Als sie am folgenden Tag Schwierigkeiten beim Atmen hatten, brachte man sie ins Krankenhaus, wo einer von ihnen später der Vergiftung erlag, die er sich durch das Einatmen des Metalldampfes zugezogen hatte. In Fuchu an der Nordküste Japans erkrankten Hunderte von Menschen an einer Knochenerweichung, die sie *itai-itai* nannten (*itai* ist der japanische Ausdruck für „aua"); sie beruhte, wie sich herausstellte, auf einem hohen Cadmiumgehalt in dem Reis, den man stromabwärts unterhalb einer großen Zink- und Silbergrube geerntet hatte. Gemessen an diesen Risiken ist die Gefahr, die Cadmium für Künstler darstellt, nicht groß: Die in Farben verwendeten

Pigmente sind nicht besonders löslich und werden daher vom Körper, selbst wenn er sie eingenommen hat, nicht ohne weiteres absorbiert.

Das Künstleratelier ist nicht der einzige Schauplatz, auf dem die Kombination von Farbe und Giftigkeit des Cadmiums Kontroversen ausgelöst hat. Seit Jahren wusste ich von einem Gerücht, dass Norwich, wo ich lebe, eines Nachts einen unwillkommenen chemischen Besuch erhalten hatte. Nach heutigem Wissensstand spielte sich Folgendes ab. Der 28. März 1963, ein Donnerstag, war ein schöner Tag gewesen, und es war fast keine Wolke am Himmel, als am Abend ein Leichtflugzeug über die Grafschaft Norfolk flog. Es war beladen mit 150 Pfund eines speziell hergestellten Zink-Cadmiumsulfid-Pigments, das in einer Höhe von 150 Metern ausgeschüttet wurde. Eine leichte Südwestbrise blies die fluoreszierenden orangefarbenen Teilchen zu einem unsichtbaren Dunst auseinander. Am Boden verteilten sich geheimnisvolle Beamte – sie waren vom Chemical Defence Experimental Establishment, auch wenn sie keine entsprechenden Abzeichen auf ihrer Schutzkleidung trugen – auf vierzig Stellen inner- und außerhalb von Norwich, wo sie mit Kollektoren die herabgefallenen Teilchen zählten. Aus freigegebenen staatlichen Dokumenten geht hervor, dass das Ziel der Übung darin bestand, die Wirksamkeit von Methoden der biologischen Kriegsführung zu testen. Das fluoreszierende Cadmiumpigment war bloß ein bequemer und vermeintlich unschädlicher Tracer, den man so präpariert hatte, dass er einem potentiellen biologischen Wirkstoff ähnelte. Das Verteidigungsministerium führte ab Mitte der fünfziger Jahre viele derartige Tests durch, oft, um keine unnötige Aufmerksamkeit zu erregen, über militärischem Sperrgebiet. Zuweilen hielten es die Beamten jedoch für geboten, ein realistischeres Ziel auszuwählen. Das war in Norwich der Fall, wo man ermitteln wollte, ob die Teilchen in einer städtischen Umgebung gegen den Strom der aus der dichten Bebauung aufsteigenden warmen Luft den Boden erreichen würden. An jenem Donnerstagabend verzeichneten die Kollektoren nur geringe Mengen des Pigments. In den kalten ersten Monaten des Jahres 1964 wurden die Versuche viermal wiederholt.

Damit hatte es sein Bewenden, bis die Information über die Tests dreißig Jahre später freigegeben wurde, was Befürchtungen auslöste, reale Gefahren seien verschleiert worden. Ein im Jahr 2002 veröffentlichter unabhängiger Bericht sprach davon, das Risiko für die Allgemeinheit aus der Belastung mit dem Cadmiumpigment sei vergleichbar mit dem, was man in einer beliebigen Stadt innerhalb weniger Wochen einatme oder, was schon weniger beruhigend klang, mit dem Rauchen von hundert Zigaretten, und habe „wohl keine negativen Auswirkungen auf die Gesundheit der Bevölkerung des Vereinigten Königreichs gehabt".[105] Einige Jahre später ließ ein Chirurg aus Norwich die öffentliche Besorgnis erneut aufflammen, als er mutmaßte, die überdurchschnittliche Häufigkeit von Speiseröhrenkrebs, die er in der Gegend beobachtet habe, könne vielleicht auf Cadmium zurückgeführt werden – worauf eine Sprecherin des Verteidigungsministeriums nach einer Meldung in den *Norwich Evening News* erklärte, bei dem Versuchsmaterial habe es sich um „harmlose Stimulanzien" gehandelt (ein fantasievoller Widerspruch in sich – sie sagte vermutlich „Simulantien" oder hätte es sagen sollen). Anschließend wurde nachgewiesen, dass die Krebsrate dem entsprach, was bei Berücksichtigung der Altersstruktur und des allgemeinen Gesundheitszustandes der Bevölkerung zu erwarten war. Das höchste tatsächliche Risiko trugen am Ende möglicherweise die amtlichen Beobachter, und es ging von dem ultravioletten Licht aus, unter dem sie arbeiteten, um die fluoreszierenden Teilchen zu zählen.

Wenn man durch die schmalen Gassen dieser beschaulichen Stadt bummelt, begreift man kaum, warum gerade sie für eine so scheußliche Übung ausgesucht wurde. Ich mache vor einem der zahlreichen Geschäfte für Künstlerbedarf halt. Hier kann jeder die Tuben mit Cadmiumsulfid-Farbe bestaunen, die stolz ihren Sonnenblumenglanz zur Schau stellen, und jeder kann sie kaufen, in weit größeren Mengen, als sie jemals von einem Flugzeug auf eine ahnungslose Bevölkerung abgeworfen wurden. Man braucht nur reinzugehen und danach zu fragen.

Der Anblick dieser leuchtenden Cadmiumfarben bringt mich unweigerlich auf den Gedanken, wie schwierig es ist, Farben überhaupt zu beschreiben. Unser Wortschatz für Farben ist sehr beschränkt. Rot, orange, gelb, grün, blau, indigo, violett – das reicht nicht einmal annäherungsweise, wenn schon das normale Auge mehrere Millionen Töne unterscheiden kann. (Wissenschaftler haben für diese wunderbare menschliche Fähigkeit eine Maßeinheit erfunden, die ausgesprochen vertrackt klingt, die „differentielle Wahrnehmbarkeitsschwelle".) Diese sieben Farben des Spektrums verraten uns weniger über die Farbe als über unsere Faulheit, wenn es darum geht, sie zu benennen.

Globale Marken wie BP und Coca-Cola halten sich an diese Primärfarben, weil das „Eigentum" an ihnen leichter zu verteidigen ist als subtile Zwischentöne, für die es keine einheitliche Benennung gibt. Ein darüber hinausgehendes Vokabular für reine Farben existiert nicht. Wir können höchstens noch eine nähere Bestimmung hinzusetzen – hell, dunkel, matt, grünlich und so weiter – oder nach Ähnlichkeiten in Dingen suchen, die typischerweise die Farbe haben, die wir zu beschreiben versuchen. Diese können aus der Natur stammen – primelfarben zum Beispiel oder eisvogelblau –, und gelegentlich gehen sie direkt auf die Elemente zurück, wie beim Chromgelb oder Kobaltblau. Die korrekte Deutung ist aber auf eine gemeinsame kulturelle Grundlage angewiesen. „Briefkastenrot" ist für Sie nur dann jener spezielle Rotton, wenn Sie dort leben, wo Briefkästen tatsächlich rot sind. Meistens sind die Ausdrücke hoffnungslos vage – denken wir etwa an himmelblau –, oder wenn nicht, dann nur für Eingeweihte präzise, wie etwa die Künstlerfarbe Mumienbraun, die rasch wieder aus der Mode kam, als man erkannte, dass sie tatsächlich aus zermahlen ägyptischen Mumien gewonnen wurde.

Bei einer Besichtigung der Firma Winsor & Newton, die Künstlerfarben herstellt, wird mir bewusst, dass ich mich zunehmend an diese Nuancen der Semantik und der visuellen Wahrnehmung gewöhne. Peter Waldron, Chefchemiker des Unternehmens, erzählt mir, wie unter den zahlreichen Nationalitäten, die in der Fabrik beschäftigt sind, eines Tages die Farbe Khaki zum Gesprächsthema wurde. Die britischen Mitarbeiter dachten, sie wüssten genau, was das Wort bedeutete, denn Khaki ist bekanntlich die Farbe britischer Armeeuniformen. Ich dachte, ich wüsste es auch, bis ich später in meinem Lexikon nachschaute, wo die Farbe als „ein leicht gelbliches Braun" beschrieben wurde – ich hatte es mehr als ein schmutziges Graugrün in Erinnerung. Auch die indischen Mitarbeiter waren sich ihrer Antwort sicher, denn *khaki* stammt aus dem Hindi und bedeutet staubfarben. Das steigerte wiederum die Verwirrung bei den französischen und chinesischen Beschäftigten.

Solche Schwierigkeiten verschlimmern sich, wenn es um die Erfindung neuer Farben geht, die einen gewichtigen Anteil an der Tätigkeit von Winsor & Newton hat. William Winsor und Henry Newton gründeten das Unternehmen 1832 mit einem innovativen Spektrum feuchter Aquarellpigmente, die für Künstler einfacher zu verwenden waren. Heutzutage machen Künstlerfarben nur einen winzigen Bruchteil des Marktes für Pigmente aus, und die Forschung beschränkt sich auf die Nutzbarmachung von Technologien aus anderen Bereichen. „Wir machen Anleihen aus allen Branchen, die Farben verwenden – Keramik, Druckfarben, industrielle Farben, Nahrungsmittel, Baumaterialien", sagt Peter. Die größte Anstrengung gilt dem Ersatz von Pigmenten, von denen man heute weiß, dass sie gefährlich giftig sind wie etwa diejenigen, die auf Blei und Arsen und bis zu einem gewissen Grad auf Cadmium und Chrom basieren, durch sicherere Äquivalente, die von Künstlern mindestens genauso gut zu handhaben sind. „Die Herausforderung bestand in der Produktion moderner Farben, die alles, was Menschen früher gemacht haben, reproduzieren können."

Aber Künstler sind auch an ganz neuen Farben interessiert. Ein Faszinosum sind etwa Metallicfarben, wie sie lange bei Autos populär waren. Ein weiterer Wunsch gilt ultrahellen Farben, die lichtbeständig sind, weil die meisten fluoreszierenden Pigmente inhärent flüchtig sind. Für Winsor & Newton geht es dabei darum, die teuren Fehler von anderen zu vermeiden. Peter berichtet mir leicht amüsiert von einem hellgelben Bismutpigment, das von der Autoindustrie begeistert aufgegriffen wurde. Zunächst erkannte man nicht, wie stark die Farbe verblasste, wenn sie dem Licht ausgesetzt war, weil sie gleichmäßig verblasste und ihre vorherige Strahlkraft wiederkehrte, wenn das Licht nachließ. Das Problem trat erst zutage, als das Testauto unter einem Baum geparkt wurde. Als der Fahrer zurückkehrte, konnte man die Lackierung nur als gesprenkelt bezeichnen.

„Einsam verchromtes Amerika"

Im Jahr 1951 veranstaltete das Museum of Modern Art in New York eine Ausstellung unter dem Titel „Eight Automobiles". In Anbetracht der chronischen Vorliebe des Museums für europäische Gestaltung und Kunst waren fünf der acht Exponate europäische Entwürfe von untadeligem Karosseriebau-Stammbaum und stützten die These des Kurators, dass Autos eine „rollende Skulptur" seien oder sein sollten.[106] Die übrigen drei boten ein repräsentatives Bild des damaligen Standes amerikanischer Formgebung: ein üppiger Lincoln Continental von 1941, ein Cord 812 Sedan von 1937, der mit Chromverzierungen wettmachte, was ihm an schöner Linienführung fehlte; und ein Army-Jeep als zweckmäßige Alternative für diejenigen, die für den Sirenengesang von Kurven und Glanz taub waren.

Die Vorbereitungen für die Ausstellung hatten im Jahr zuvor mit einer Konferenz über automobile Gestaltung begonnen, auf der einer der Kuratoren, der Architekt Philip Johnson – schuldbewusst, wie man sich denken kann, wie bei einem Treffen der Anonymen Alkoholiker – verkündete, er besitze einen nagelneuen Buick. Buick war die frechste der Modellreihen von General Motors, zu denen auch die Marken Cadillac und Chevrolet gehörten: „Sieht aus wie ein Düsenflugzeug, fährt auch so", versprach damals eine Anzeige. Johnsons Auto lief tatsächlich nicht schlecht, nur der protzige Stil war ihm peinlich, besonders wenn er mit seinen europhilen Freunden zusammen war, die Autos wie den britischen MG fuhren. Um also nicht ihr Stilgefühl oder sein eigenes zu verletzen, hatte er die Chromverzierungen abmontieren lassen.

Wie schafft es ein Metall, solch ein Entzücken und solch eine Abneigung hervorzurufen? Chrom war schon 1798 von Nicolas-Louis Vauquelin entdeckt worden, aber populär wurde es erst in den 1920er Jahren mit der Ausbreitung der galvanischen Beschichtung. Bis dahin hatte man Nickel für diese Oberflächenbehandlung bevorzugt. Eine Deckschicht aus Nickel hat einen sanften gelben Schimmer, aber poliertes Chrom ergibt eine kalte, blauweiße Farbe und einen stechenden Glanz. Verchromte Objekte wie Lampen und Möbel waren 1925 ein Blickfang auf der einflussreichen Pariser Exposition Internationale des Arts Décoratifs et Industriels Modernes, und anschließend wurde das Metall zum Bestandteil der visuellen Grammatik der Art-Deco-Bewegung. Es war die perfekte Glasur für zerbrechliche Zeiten. In *Eine Handvoll Staub*, Evelyn Waughs meisterhaftem Sittenbild der Zwischenkriegszeit, gehört zu Mrs. Beavers unablässigem Drang, die Wohnungen anderer Leute neu zu dekorieren, gewohnheitsmäßig ein großzügiger Einsatz von Chrom.

Das glamouröse neue Metall empfahl sich für luxuriöse Interieurs ebenso wie für praktische Haushaltsgegenstände. Es war das Markenzeichen von Art-Deco-Prunkstücken wie dem Strand Palace Hotel in London. Aber auch modernistische Designer machten reichlich Gebrauch von Chrom, im Widerspruch zum ihnen so oft nachgesagten Puritanismus. Am Weimarer Bauhaus trug der Künstler László Moholy-Nagy die Revolution in die Metallwerkstatt, als er die Schmiede dazu brachte, „von Weinkrügen zu Beleuchtungskörpern" zu wechseln und die kunsthandwerkliche Arbeit mit Silber und Gold aufzugeben, um sich in Gestaltungen für die Massenproduktion mit Stahl, Nickel und Verchromung anzufreunden.[107] Die filigranen kreuzförmigen Stahlstützen von Ludwig Mies van der Rohes Barcelona-Pavillon von 1929 – des opulentesten und sinnlichsten aller temporären Ausstellungsbauten – waren verchromt, ebenso wie die von ihm entworfenen Möbel.

Der unerreichbare Glanz dieser von der Fülle schimmernder Oberflächen gekennzeichneten Entwürfe machte den Konsumenten nur mehr Lust darauf. Als der Pariser Art Deco den Atlantik überquerte, um mühelos vom egalitäreren Geist des – wie die Amerikaner sagten – Maschinenzeitalters vereinnahmt zu werden, war Chrom auch dabei, und man nutzte es zur Verzierung luxuriöser Haushaltsgeräte und anderer teurer Artikel. Erst nach dem Zweiten Weltkrieg, als man verchromte Teile mit einer sehr beständigen und ansprechenden Oberfläche produzieren konnte, kam es zum geradezu verschwenderischen Einsatz von Chrom in vielen weiteren Produkten.

Chrom wurde rasch zu dem metallischen Element, das man am engsten mit der aufkommenden Konsumgesellschaft identifizierte. Es versprühte Modernität, Glanz, Schwung und Tempo. Aber es hatte auch noch etwas anderes an sich. Im Unterschied zum Aluminium, einem anderen damals modernen Material, das wegen seines leichten Gewichts an einigen dieser Assoziationen teilhat, traf man Chrom fast nur in der galvanisierten Form an, was ihm die zusätzliche Bedeutung der Oberflächlichkeit eintrug. Doch für eine Weile reichte sein Schimmer aus, um etwaige Zweifel auszulöschen und den Menschen das zu geben, was sie nach Weltwirtschaftskrise und Krieg in ihrem persönlichen Leben ersehnten – ein bisschen erschwinglichen Glanz.

Nirgendwo war der Chromverbrauch auffälliger als in der Autoindustrie. Vor allem amerikanische Autos wurden zu den geschmückten Emblemen der fünfziger und sechziger Jahre. Der Mann, der hauptsächlich für die grinsenden Kühlergrills, die sich wölbenden Stoßstangen und die von Jahr zu Jahr höher wachsenden Heckflossen verantwortlich war, war Harley Earl, der „da Vinci von Detroit". Zu General Motors geholt, um die neu geschaffene Abteilung für Gestaltung und Farbe zu leiten, verpasste Earl Motown eine Spritze Hollywood und wurde zum anerkannten Pionier der automobilen Formgebung, der auf den gesamten Modellbereich von General Motors – Buick, Cadillac, Pontiac und Chevrolet – einen gewaltigen Einfluss ausübte. Er war es auch, der das Konzept des „neuen Modelljahres" einführte, das seinem Designteam permanente Beschäftigung sicherte und mit seiner unwiderstehlichen Formel der Veränderung um ihrer selbst willen jedes Jahr im Herbst die spektakuläre Enthüllung der neuen Modelle mit sich brachte. Es war wie bei der Evolution des Pfaus – irgendwann gab es nur noch den einen Weg zur ständigen Übersteigerung, und das bedeutete immer mehr Chrom.

Chrom wurde zur internationalen Visitenkarte amerikanischen Überflusses. In der *West Side Story* von Leonard Bernstein und Stephen Sondheim singen die puertoricanischen Mädchen:

Automobile in America
Chromium steel in America
Wire-spoke wheel in America
Very big deal in America!

Die Bedeutungen von Chrom sind mit der Zeit zahlreicher und vielseitiger geworden. Aber die Designer benutzten das Metall ganz bewusst, um vor allem ein Gefühl von Tempo zu vermitteln, gelegentlich auch bei Dingen, die nie irgendwo hinfahren, wie bei mechanischen Bleistiftanspitzern. Harley Earls Stilisten schmückten ihre Buicks und Cadillacs mit glänzenden Bugschürzen und raffinierten waagerechten Wellenformen, die garantiert das Licht einfingen und in die Augen der bewundernden Beobachter lenkten. Die raketenförmigen Scheinwerferbefestigungen und die dolchartigen Querruder waren ebenfalls verchromt, und ihre Linien sollten offenkundig nicht nur an Tempo erinnern, sondern auch an eine aggressive Männlichkeit. (Die im Chrom geformten männlichen Merkmale finden ihr weibliches Gegenstück in den gemalten Rundungen der Karosserie, was diese Entwürfe zu voll durchdachten hermaphroditischen Sexmaschinen macht.)

Der Zusammenhang zwischen schimmerndem Metall und Tempo ist offenbar ein bleibender. In der Geschichte von Phaethons Sonnenwagen in Ovids *Metamorphosen* bittet Phaethon seinen Vater, ihm seinen Wagen zu überlassen, den er dann prompt brennend abstürzen lässt.

Golden war ihm die Achs, und die Deichsel von Gold und des Rades Felgen waren von Gold, und von Silber die Reihe der Speichen.

Reichlich ungeschickt bekam einer der Cords von 1937 dann den Namen „Aufgeladener Phaeton".

Eine explosive Apotheose erfährt diese Tendenz dann in *Crash*, dem verstörenden Roman von J. G. Ballard, in dem – erdachte und inszenierte – Autounfälle als ein sexuell erregender Fetisch erkundet werden. Chrom dient durchweg als Stimulus, indem er zunächst das Prisma bietet, durch das erotische Visionen erhascht werden: „Im polierten Aschenbecher konnte ich die linke Brust samt erigiertem Nippel der jungen Frau sehen. Ihre spitzen Brüste blitzten im Stahl- und Chromgehäuse des fahrenden Automobils." Und dann wird es zur Waffe in Szenen von zunehmend entsetzlicher Gewalt, in denen die harten Metallteile in das Fleisch eindringen, um Empfindungen von hoher sexueller Intensität zu erzeugen. Entscheidend ist der brutale Schimmer des Metalls. Ballard imaginiert „die blitzenden Lanzen des Nachmittagslichts", das von verchromten Armaturenbrettern zurückgeworfen wird und die Haut angreift, dann spricht er von „schlaffen Brüsten älterer Frauen, von Chromverstrebungen und Zierleisten der Fenster durchbohrt".

In dieser Kritik an unserer vernunftlosen Vorliebe für gefährliche Technologien ist Chrom nur die Oberfläche, die zunächst unsere Lust erregt. *Crash* erschien 1973, als die erste Ölkrise zuschlug und die allgemeine Passion für Chrom an Autos sich bereits abkühlte. Doch zu diesem Zeitpunkt hatte das Metall seinen Einfluss bereits weit über Paris, Weimar und Detroit hinaus ausgeweitet und war zu einer machtvollen Chiffre für den Konsumismus überhaupt geworden.

Ein oder zwei Jahre nachdem Philip Johnson das Chrom von seinem Buick entfernt hatte, kam im Institute of Contemporary Art in Mayfair eine Gruppe von Künstlern und Schriftstellern zusammen, die beschlossen, einmal einen ungenierten Blick auf das Zeug zu werfen, das seinen Anstoß erregt hatte. Zu den Gründern der „Independent Group", wie sie sich nannte, gehörten die Künstler Richard Hamilton und Eduardo Paolozzi sowie der Kritiker Reyner Banham. Sie bezogen eine versöhnlichere Position zur Technik und der sich ausbreitenden Kultur des Konsumismus, und sie feierten die Schundliteratur, den Film, die Werbung und die massenhaft hergestellten Produkte, von denen das künstlerische Establishment nichts wissen wollte. Sie wählten Dinge aus, die das besaßen, was sie „symbolischen Gehalt" nannten, weil sie der Meinung waren, nicht der patrizische gute Geschmack, sondern eben diese Dinge seien maßgebend, wenn man das produzieren wolle, was die Leute wirklich mögen. Bei einem Treffen lobte Banham ausdrücklich die Formgebung aus Detroit. Er zog später nach Los Angeles, wo er endlich Autofahren lernen musste, eine Erfahrung, die er mit dem Erlernen der italienischen Sprache verglich, um Dante im Original lesen zu können.

Richard Hamilton, einer der Begründer der Pop Art, enthüllte vor den Mitgliedern der Gruppe in regelmäßigen Abständen seine neuen Gemälde. In diese collageartigen Kompositionen bezog er die Formen dieser schimmernden Konsumgüter ein. Amerikanische Autos wurden ausdrücklich dargestellt in Werken wie *Hommage à Chrysler Corp.* von 1957, wo die Melange aus sexuellen und maschinellen Elementen in Pink und Chrom lediglich die Symbolik akzentuiert, die in der damaligen Werbung für Autos bereits erkennbar war. Mit der Wiedergabe des Glanzes von Chrom auf einem Ölgemälde gesellte sich Hamilton zu jenen Künstlern aller Zeitalter, die metallische Objekte in ihre Stillleben aufnahmen, um ihre meisterliche Beherrschung von Optik und Farbe unter Beweis zu stellen. Für Hamilton tat sich hier jedoch ein Paradoxon auf, denn je größer der Realismus, desto stärker verliehen die behutsam gewählten Farbtöne dem Objekt Tiefe und Solidität. Dort, wo er den Betrachter an die wesenhafte Oberflächlichkeit des Chromüberzugs erinnern wollte, tat er deshalb ebenfalls etwas Oberflächliches, indem er zum Schluss ein Stück Metallfolie auf das Bild klebte.

Man könnte meinen, dass diese Gemälde mit ihren Parallelen zwischen den Konturen des weiblichen Körpers und den Rundungen häuslicher Geräte wie Toaster so etwas wie eine krypto-feministische Attacke auf die Wohlstandsgesellschaft darstellten. Hamilton selbst äußert sich dazu jedoch ambivalenter. Chrom hatte, speziell am Auto, etwas Machohaftes bekommen, das sich bis heute erhalten hat, vor allem an amerikanischen Lastwagen und Motorrädern. Doch Chrom wurde auch von Frauen als begehrenswert empfunden. Hamiltons Werk mit dem Titel *$he* zeigt in halb abstrakter Form einen Teil eines weiblichen Torsos, eine Schürze, eine pinkfarbene offen stehende Kühlschranktür und im Vordergrund ein mutiertes Haushaltsgerät aus Chrom, das teils aus einem Toaster, teils aus einem Staubsauger besteht. „Diese Beziehung zwischen der Frau und den Geräten ist ein grundlegendes Thema unserer Kultur", sagte Hamilton, „genauso obsessiv und archetypisch wie das Revolverduell im Westernfilm." Jedenfalls erkannten die Frauen, was auch immer sie über solche Gemälde gedacht haben mögen, sehr rasch den eindeutigen Vorteil, den der jungfräuliche weiße Schimmer des Chroms gegenüber den vorher bei Haushaltsgeräten üblichen Metallen Kupfer und Hartzinn boten, die oft poliert werden mussten. „Es gibt, wie mir scheint, kein Metall, das eine so vollständige Antwort auf das Gebet der Hausfrau darstellt wie Chrom", schrieb die amerikanische Gesellschaftspublizistin Emily Post, und sie fand es „ansprechend nicht nur für das Auge, sondern auch für die praktischen Erfordernisse".[108]

Doch sehr bald schien sich das Bild des Chroms zu wandeln: Aus einem Material, das so etwas wie universalen Glanz versprach, wurde ein Material, das protzig und sogar kitschig wirkte. Als Erste durchschauten Schriftsteller das Geglitzer. Ein Kulturkritiker bemerkte: „Es gibt kaum etwas, das am amerikanischen Auto verkehrt ist, was nicht auch an der amerikanischen Gesellschaft verkehrt ist" – eine geschickte Umkehrung des Patentrezepts des General-Motors-Präsidenten, der einst verkündet hatte: „Was gut für das Land ist, ist auch gut für General Motors, und umgekehrt."[109] Vladimir Nabokov beschreibt Lolitas Mutter „in der deprimierend hellen Küche mit ihrem Chromgeglitzer und dem Eisenwaren-und-Co.-Kalender und der lauschigen Imbissnische" – eines der Bilder, die viele Schriftsteller von dem Land haben, dass Don DeLillo in seinem wuchtigen Roman *Unterwelt* als „einsam verchromtes Amerika" bezeichnet.

Chrom fesselte nicht länger die Fantasie des sozialen Aufsteigers, und der Ruf des Metalls stürzte von dem Klippenrand, an dem es gestanden hatte. Das Fetischistische an poliertem Chrom wurde in der erotischen Kunst ausgeschlachtet, die den nackten weiblichen Körper als eine schimmernde Maschine darstellte. Chrom ist der Name einer Prostituierten in William Gibsons 1982 erschienener Erzählung „Chrom brennt". Ein postmodernistischer Künstler wie Jeff Koons gab dem Chrom noch einmal einen Schub, indem er den wertlosen Klimbim, der normalerweise an einem Rückspiegel baumelt, in poliertem Chromstahl ins Monumentale vergrößerte und dabei die Ironie des extrem schlechten Geschmacks seiner supergroßen schimmernden Symbole genoss. Gleichzeitig wurden Chromoberflächen häufiger vorgetäuscht als je zuvor, denn heute kann man selbst Kunststoff mit einer glänzenden Metallic-Lackierung überziehen.

Noch ein Stück weiter von der materiellen Wahrheit entfernt, ist die visuelle Simulation von Chrom – schwer zu erreichen, weil das Auge Unregelmäßigkeiten in der polierten Oberfläche leicht erkennt – zu einem Maßstab für Realismus in der Computergrafik geworden, wie man sie im

Kultfilmen wie *Der Rasenmähermann* und *Terminator 2* sehen kann. Doch selbst die Zauberer der Computergrafik schauen mittlerweile hinter die Oberfläche, denn nachdem man in den frühen neunziger Jahren mit solchen Filmen begonnen hat, benutzen sie den Ausdruck „Chrom" heute als Schimpfwort für Arbeiten, die allzu sehr auf den technischen Effekt setzen.

Abt Sugers Saphirglas

Der Anmarsch zur Abteikirche von Saint-Denis außerhalb von Paris ist nicht gerade verheißungsvoll, und der erste Anblick ist kaum besser. Das Gebäude wirkt gedrungen, schief und etwas ramponiert. Aber ich bin wegen seines Inneren gekommen, und sobald ich mich an das Halbdunkel gewöhnt habe, erkenne ich, dass ich nicht enttäuscht sein werde. Mein erster Eindruck eines senkrechten Aufstrebens wird durch die Reihen von Säulen erzeugt, die bis zum Dach durchgehen. Trotz des wenig reizvollen grauen Steins ist das Innere für mittelalterliche Verhältnisse licht, dank der großen Zahl der Buntglasfenster und der Schlankheit der Stützpfeiler zwischen ihnen. Zum Altar hin überwiegt ein tiefblaues Licht, das das Sonnenlicht während der Umwandlung seiner Farbe noch zu verstärken scheint. Andere Farben in dem Buntglas werfen juwelengeschmückte Lichtstreifen auf den Boden. Das blaue Leuchten scheint sich dagegen nicht an einem Punkt zu konzentrieren, sondern alles zu durchdringen und mich langsam zu verschlingen, so als würde ich im Meer versinken.

Saint-Denis ist der Vorläufer der gotischen Kathedrale, die herrliche Schöpfung des berühmten Abtes Suger. Bei gotischen Kathedralen denken wir an etwas Schweres und Gruseliges, aber das ist hier nicht der Fall. Das blaue Glas, eines der vielen schönen und neuen Materialien, die Suger verwendete, sitzt um einer größtmöglichen Wirkung willen vor allem in den Fenstern am Ostende, wo auf den erwartungsvollen Blick der Gläubigen die Morgensonne antwortet. Die Kirche, sagte Suger, „erstrahlte in einem herrlichen, ununterbrochenen Licht".

Einige der Fenster wurden im 19. Jahrhundert restauriert; in den ausgetauschten Scheiben sind die Farben heller, und dort, wo sie gereinigt wurden, ist das Detail klarer. Aber das authentische gotische Blau ist genauso intensiv wie das neue. An dem Fenster, das Christi Geburt darstellt, erkennt man, dass die mittelalterlichen Handwerker sich bewusst waren, dass diese Farbe etwas Besonderes ist: Christus ist in dieses reiche Blau gewickelt, und auch Marias Gewand trägt diese Farbe.

Blau gehörte schon immer zu den Farben, die der Natur nur unter größten Schwierigkeiten zu entreißen sind, und oft erschien sie so ungreifbar wie der Himmel selbst. Aber Suger konnte neu entdeckte Quellen eines Blau von höchster Qualität nutzen, das aus Erzen des damals noch unbekannten Metalls Kobalt gewonnen wurde. Kobaltverbindungen können eine Farbintensität erreichen, die andere Farbstoffe von Glas um das Fünffache übertrifft, und die Erreichbarkeit dieser außergewöhnlichen Minerale entfachte im 12. Jahrhundert eine ausgesprochene Mode für Blau. Dem Beispiel von Saint-Denis folgend, zeigten erst Chartres, dann Le Mans und andere große Kirchen jener Zeit „kostbare Platten von Saphirglas" in ihren Fenstern.[110] Von den Glasherstellern inspiriert, begannen auch andere Handwerke, in Emaillearbeiten, Malerei, Bekleidung und Heraldik häufiger Blau zu benutzen. Man bevorzugte es für das Gewand der Jungfrau Maria, und wegen dieser heiligen Assoziation wurde es auch von der französischen Monarchie übernommen. Als ich Saint-Denis verlasse und mich wieder auf den Weg nach Paris mache, fällt mir auf, dass ich in der ganzen Stadt auf dieses Blau treffe: auf den traditionellen blau-weißen Emaille-Straßenschildern und den Schildern in der Metro.

Am Ende des Jahrhunderts war die Nachfrage nach blauem Glas so groß, dass man, um den kirchlichen Bedarf zu befriedigen, auf Kupfer und Mangan zurückgreifen musste. Doch während diese weniger stabilen Blautöne im Lauf der Jahrhunderte verblasst sind, ist das Kobaltblau von Saint-Denis und allen übrigen Kirchen, in denen man es verwendet hatte, noch genauso dicht und intensiv wie zu Sugers Zeit, und manche betrachten seine „lichte Dunkelheit" als vollkommene Darstellung der „göttlichen Präsenz".[111]

Im Prinzip kann man jedes Mineral anhand seiner charakteristischen Verunreinigungen bis zu seiner Quelle zurückverfolgen, wie ein Detektiv, der das Erdreich an einem Schuh analysiert. Doch in der Praxis hat man

noch kaum damit begonnen, die Elemente, die in fertige Produkte eingegangen sind, mit der Zusammensetzung bestimmter Grubenerze abzuglei-
chen. Allerdings spricht einiges dafür, dass Sugers Blau auf dem einen oder
anderen Weg aus Gruben in Persien gekommen war. Durch Händler könnte
rohes Smaltiterz – oder Schmalte, das glasige Derivat davon – nach Frankreich gelangt sein, aber darüber kann man nichts Sicheres sagen, weil neues
Glas im Mittelalter vielfach aus römischem Glas und byzantinischen Mo-
saikfliesen gewonnen wurde, deren Rohstoffe vermutlich aus denselben
persischen Quellen stammten.

Smaltit ist ein schimmerndes graues Mineral, dem man die intensive
Farbe, die in ihm steckt, nicht ansieht. Das Kobaltoxid, das man erhält,
wenn man es an der Luft röstet, ist ebenfalls unscheinbar. Erst wenn das
Material mit Quarz oder Pottasche verschmolzen wird, entsteht die strahlend blaue Schmalte. Selbst ein glasiges Material, eignet die Schmalte sich
perfekt zum Verschmelzen mit Glas und Keramik, doch als Pigment in
Farbe eignet sie sich trotz ihres intensiven Blau weniger. Wird sie zu fein
gemahlen, streut sie das gesamte Licht aller Wellenlängen, statt nur das
Blau zurückzuwerfen, und dann erscheint sie blass. Mahlt man sie aber zu
grob, führt das in Ölfarbe zu einer streifigen Oberfläche. Dennoch wurden
Schmalte-Pigmente von Künstlern des 16. Jahrhunderts gern als Grundie-
rung oder dünn verteilt für gemalte Himmel verwendet. Maler wie Tizian,
die in ihren Gemälden auffällig viele blaue Gewänder zeigten und dafür
Schmalte benutzten, zogen als Firnis dennoch das aus Lapislazuli gewonnene Ultramarin vor.

Ich kaufe mir in einem Geschäft für Künstlerbedarf ein Töpfchen
Schmalte. Es ist kein Pulver wie andere Pigmente, sondern fühlt sich an
wie sehr feiner Sand. Bei heller Beleuchtung erkenne ich, dass das intensive
Blau leicht moduliert ist: Die Farbe des Materials ist dunkler, als ich sie
zunächst wahrgenommen hatte, aber sie wird durch das Funkeln ihre Kris-
tallkörner aufgehellt. Ich mische sie mit Leinöl, genau wie die Künstler der
Renaissance. Die Mischung knirscht leise unter meiner Spachtel, und als
die Flüssigkeit sich in dem Pigment ausbreitet, dunkelt sie, wird beinahe
schwarz. Doch als ich dann die angerührte Farbe auf der Leinwand verteile,
kommt die Farbe wieder, aber egal, wie dünn ich sie ausbreite, ich kriege

kein blasses Blau hin, sondern nur immer kratzigere Flecken und Streifen der intensiven Originalfarbe.

Die Beliebtheit der Farbe Blau nahm noch zu, als man im 16. Jahrhundert in Europa eine neue Quelle entdeckte: das Erzgebirge, in dessen seit langem bestehenden Silbergruben ein reiches Vorkommen von Smaltit ermittelt wurde. Doch den sächsischen Bergleuten, die traditionell als die besten in Europa galten, war die Mühsal, das neue Material abzubauen, zuwider. Die Arbeit war schwer, und man war schädlichem Qualm ausgesetzt, wenn beim Rösten des Erzes der andere Hauptbestandteil, Arsen, freigesetzt wurde. Die Bergleute schoben ihre Beschwerden auf einen kleinen Erddämon namens Kobold.

Als Goethes Faust zum ersten Mal die Gestalt des Mephisto herbeizitiert, beschwört er zuvor „die vier elementaren Geister" von Feuer, Luft, Wasser und Erde, wobei die Erde durch diesen bösen Geist verkörpert wird:

> Erst zu begegnen dem Tiere,
> Brauch' ich den Spruch der Viere:
> Salamander soll glühen,
> Undene sich winden,
> Sylphe verschwinden,
> Kobold sich mühen.

Dass man die chemische Beschaffenheit des blauen Pigments nicht genau kannte und das Element, das dahinter steckte, keinen eigenen Namen hatte, verhinderte natürlich nicht, dass Kobalt ein sehr gefragter Rohstoff wurde. Jahrhundertelang prosperierte Kobalt namenlos, bis es 1735 von dem Chemiker und Aufseher der schwedischen Münzanstalt Georg Brandt entdeckt wurde; er ahnte, dass Smaltit nicht die vermutete Verbindung bekannter Metalle mit Arsen war. Er gab dem neuen Metall den Namen Kobalt, nach diesem Inkubus der Unterwelt, um die unglücklichen Bergleute zu ehren – und vielleicht auch, um diesen Namen aus seinen heidnischen Zusammenhängen zu lösen und dem Schild der aufgeklärten Wissenschaft anzuheften.

Schmalte vertrug sich nicht nur sehr gut mit der Glasherstellung, sondern auch mit den Materialien und Prozessen der Töpferei. Sie war eine der wenigen Substanzen, die ihre Farbe nicht änderten, wenn Töpferwaren gebrannt wurden. Durch die Hitze wurde das Blau sogar noch intensiver. Andere Farben konnte man immer noch nachträglich auftragen, aber die Möglichkeit, dass man die Farbe unter der Glasur einbrennen konnte, sicherte ihr die Dominanz. Die ersten europäischen Keramiken, die dieses Blau verwendeten, zum Beispiel Majolika und Fayence, waren auf Kobalt aus Persien angewiesen, ebenso wie die Glashersteller von Venedig. Zwar stimmte die Zusammensetzung nicht immer überein, doch die blauen Gläser und Keramiken, die von den dekorativen Künsten in der islamischen wie in der christlichen Welt des Mittelalters geschaffen wurden, enthielten ebenfalls Kobalt aus dieser fruchtbaren Quelle. Das Kleinod der persischen Kultur ist die von Schah Abbas I. Anfang des 17. Jahrhunderts in Isfahan errichtete Moschee, auf deren Fassade sich golden leuchtende arabische Schriftzeichen von dieser blauen Glasur abheben. Die Chinesen, die in ihrer Keramik seit dem 9. Jahrhundert blaue Muster geschaffen hatten, waren ebenfalls darauf angewiesen, dass das „Mohammedaner-Blau" aus Persien über die Seidenstraße nach China geliefert wurde.

Vor meinem inneren Auge habe ich ein Bild von staubigen blauen Pisten, die von den Gruben Persiens und Sachsens nach Ost und West zu den großen Kunstzentren der Welt verlaufen, wie die Strahlenkränze des Linienplans einer Fluggesellschaft. Die Linien breiteten sich immer weiter aus. Europäische Töpfer versuchten unter Einsatz der heimischen Schmalte aus Sachsen, dem künstlerischen Geschick der Chinesen nachzueifern. Delft wurde zum Zentrum dieser Aktivität, und der Name der Stadt wurde zum Synonym für die blau-weiße Keramik, die zu jener Zeit überall in den Niederlanden geschaffen wurde. Eine neue Mischung von Porzellanerden und heißere Brennöfen versetzten Europa im Jahr 1708 schließlich in die Lage, es mit dem chinesischen Porzellan aufzunehmen. In Meißen, dicht bei den Quellen der Schmalte und der neuen Porzellanerden, wurde königlich-sächsisches Porzellan hergestellt, das es bald in vielen Mustern gab, doch eines der beständigste ist das Zwiebelmuster, ein florales Design, das entfernt auf einem chinesischen Vorbild beruht. Rasch entstanden überall in

Europa Porzellanfabriken. Zwar kamen dann auch Pigmente in anderen Farben auf, aber die blauen Muster, die viele von ihnen von Anfang an produzierten, gehören bis heute zu ihren beliebtesten.

Ich besorgte mir meine Schmalte bei einem berühmten alten Geschäft für Künstlerbedarf, J. Cornelissen and Son in Bloomsbury. Es sieht dort ganz so aus, wie es einst ausgesehen haben muss, als Monet und Pissarro sich das Material für ihre Londoner Stadtlandschaften kauften und André Derain die üppigen neuen Cadmiumfarben für seine psychedelische Vision *Der Hafen von London* auswählte. Schwarze Holzregale reichen an allen Wänden von dem schlichten Dielenfußboden bis zur Decke. In Augenhöhe sind die Farbtuben angeordnet, aber was am meisten ins Auge sticht, sind die Reihen von großen Flaschen mit Glasstöpseln darüber, die pulverisiertes Pigment in kräftigen Farbtönen enthalten. Dies ist Farbe pur. Das Kobaltblau war strahlender und blasser als meine sandige Schmalte, mit einem deutlichen Rotstich. Daneben stand Manganblau, ein sagenhaft leuchtendes Blau mit einem Grünton auf der Grundlage von Bariummanganat, Chromgelb und Chromgrün, ein ganzes Spektrum brillanter Cadmiumfarben und Kobaltviolett, ein an Süßigkeiten erinnernder Farbton, der so unwahrscheinlich ist, dass man sich nicht vorstellen kann, dass er einen natürlichen Ursprung hat.

Später begebe ich mich in Cornelissens Warenlager, um mit dem Einkäufer der Pigmente zu sprechen. Eine sonderbare Ähnlichkeit muss ihn dazu bewogen haben, hier zu arbeiten, denn der Einkäufer heißt tatsächlich Ole Corneliussen. Er ist Däne von Geburt und betont, nicht mit dem Belgier verwandt zu sein, der das Unternehmen 1855 gründete. Ich bin ein wenig enttäuscht, als ich erfahre, dass es nicht zu seinen Aufgaben gehört, Mineralvorkommen in fernen Ländern zu besichtigen. „Ich weiß nicht, ob Sie schon auf dem Gewürzmarkt in Istanbul waren", äußert Ole mit leichtem Bedauern. Ich nicke. „So ist es nicht." Vielmehr werden von den Herstellern Pigmentproben angefordert und begutachtet; wo genau das Pigment gewonnen oder raffiniert wurde, spielt bei der Kaufentscheidung kaum eine Rolle. Es mag sein, dass Sienafarben noch immer aus der Nähe von Siena kommen und Kupferfarben wie Grünerde aus Zypern, aber die Qualität des Materials hat immer Vorrang vor sentimentalen Erwägungen.

Bild 50: Der Laden von Cornelissen

All die alten Pigmente sind noch immer erhältlich, sogar Auripigment und Realgar, die alten Gelb- und Rotpigmente auf der Grundlage höchst unliebsamer Arsensulfide, die von Fachleuten für die Restaurierung alter Kunstwerke gekauft werden. Oft sind die Farben nicht ganz das, was sie auf den ersten Blick zu sein scheinen. Selbst Schwarz und Weiß sind nicht schwarz-weiß. Gewöhnliches Lampenschwarz, das Kohlenstoffpulver, das durch Abbrennen von Öllampen gewonnen wird, ist, wie ich sehe, nicht wirklich schwarz, sondern ein sehr tiefes Blaugrau; Spinell, das auf Mangan- und Kupferoxiden basiert, ist sehr viel schwärzer. Ole zeigt mir etwas von dem letzten Flockenweiß, das er noch wird verkaufen können, bevor neue europäische Gesundheits- und Sicherheitsvorschriften in Kraft treten; danach werden Künstler sich mit Titanweiß begnügen müssen. Nicht alle freuen sich auf diese Aussicht. „Titan ist sehr klebrig, wenn man es zerreibt, während Flockenweiß sich nachgiebig anfühlt, wie man es vom

Blei kennt", erklärt er. Flockenweiß ist Bleikarbonat, das aus einem Blätterteig von Bleiblech und Kreideschichten besteht – deshalb die „Flocken". Die angerührte Farbe fühlt sich auf dem Pinsel schwer an, weil sie so dicht ist, und Künstler mögen die Art, wie sie sich verarbeiten lässt und wie sie trocknet.

Ole Corneliussen selbst malt nicht, weshalb seine Wertschätzung allein den Pigmenten gilt – „vor allem wegen der Farbe, aber es ist nicht immer ganz leicht zu beschreiben" – und dem gelegentlichen Kitzel, eine seltene Kuriosität aufzustöbern. Zu seinen Favoriten gehört das kitschige Kobaltviolett, das mir im Laden aufgefallen war. Es ist gleichzeitig strahlend und intensiv, „eine der sehr wenigen Farben, die diese Qualität haben, es ist ein sehr tiefes Violett, obwohl es im Ton hell ist – schwer zu beschreiben, ohne das Wort fluoreszierend zu benutzen".

Ich verlasse ihn, damit er sich um eine Bestellung des Künstlers Anish Kapoor kümmern kann, der eine Tonne Kalziumkarbonat, Schlämmkreide, haben möchte – „weiß der Geier, was er damit vorhat".

Erbschaftspulver

Arsen, schrieb Gustave Flaubert in seinem *Wörterbuch der Gemeinplätze*, „findet man überall (siehe Mme. Lafarge). Es gibt Bevölkerungen, die es regelmäßig essen!"

Wie üblich kennt Flaubert, Sohn eines Chirurgen, sich in wissenschaftlichen Dingen aus. Arsen ist verbreitet und reichlich vorhanden, so reichlich, dass man es gar nicht abbauen muss, sondern in Hülle und Fülle aus dem Abraum erhält, der beim Graben nach anderen Dingen anfällt, und wenn es seinen Ruf als Gift auch verdient hat, so ist es doch wichtig für den menschlichen Körper. Es wird nicht nur gegessen, besonders in Muscheln, sondern hat auch eine lange, verdienstvolle Geschichte als Medikament, die bis heute anhält. Im 19. Jahrhundert nutzte man Arsenverbindungen als Pigmente und Farbstoffe, in vielen medizinischen Präparaten, legiert mit Blei in Schrotkugeln, in der Glasherstellung und bei Feuerwerkskörpern.

Am bekanntesten ist Arsen aber als der klassische Giftstoff, und unter den vielen Geschichten über Arsenvergiftungen ist die über den Tod Napoleons auf der abgelegenen südatlantischen Insel St. Helena sicherlich die umstrittenste. An ihr zeigt sich abermals, wie Farbe und Toxizität in der Natur miteinander zusammenhängen. Als der abgesetzte Kaiser im Mai 1821 starb, nahm sein Leibarzt, der ihn in die Verbannung begleitet hatte und Korse war wie er, eine Autopsie vor, bei der er ein Magengeschwür fand und als Todesursache Magenkrebs angab. Zweifel wurden erst laut, als sehr viel später, im Jahr 1955, das Tagebuch des kaiserlichen Kammerdieners veröffentlicht wurde.

Laut Ben Weider, einem kanadischen Napoleonverehrer, deuteten die darin enthaltenen Notizen über den sich in den ersten Monaten des Jahres 1821 verschlechternden Gesundheitszustand des Kaisers offenkundig auf eine Vergiftung hin. Sten Forshufvud, ein schwedischer Toxikologe, untersuchte im Jahr 1961 Haarproben – etliche der treuen Diener Napoleons waren so vorausschauend gewesen, sich eine kaiserliche Locke abzuschneiden – mit dem Ergebnis, dass sie tatsächlich einen hohen Arsengehalt aufwiesen. Die beiden Männer taten sich schließlich zusammen und führten weitere Untersuchungen durch, um ihre Theorie zu stützen, Napoleon sei Opfer einer vorsätzlichen Vergiftung geworden, und durch verworrene Folgerungen im Stil eines Kriminalromans kamen sie zu einem eindeutigen Schluss, wer der Schuldige war. Ohne sich allzu viele weitere Fragen zu stellen, verbreiteten Weider und Forshufvud ihre Theorie in einer Reihe von Büchern.

Die dadurch entfachte Publizität brachte den Chemiker David Jones zu der Überlegung, ob nicht die Tapete in Longwood House, wo Napoleon auf St. Helena gefangen gehalten worden war, eine plausiblere Quelle des giftigen Arsens sein könnte als ein Mörder. Grüntöne auf Tapeten jener Zeit wurden häufig mit Hilfe von Arsenverbindungen hergestellt, nachdem Carl Scheele das Kupferarsenit entdeckt hatte, eine Farbe, die unter der Bezeichnung Scheelesches Grün bekannt wurde. Zur Zeit von Napoleons Verbannung gab es auch ein neues helles Grün, das auf Kupferacetoarsenit basierte – ein Zufallsprodukt des natürlichen Dranges der Farbenmischer, einmal auszuprobieren, was passieren würde, wenn man Kupferazetat, das seit langem gebräuchliche Pigment, das wir als Grünspan kennen, mit Scheeles dunklerem Ton kombinierte.

Diese Farbe ist derart beeindruckend, dass man sie unter dem Namen Smaragdgrün vermarktete. Wegen ihrer giftigen Eigenschaften ist sie nicht länger im Handel, aber ich finde eine kleine Tube davon unter den Farben meines Vaters, deren Etikett nach sechzigjähriger Absorption von Leinöl durchscheinend geworden ist. Zu meiner Überraschung gibt der gerändelte Metallverschluss sofort nach, und die Farbe darin gibt ihren Glanz bereitwillig preis. Sie ist grell und hat einen bläulich-grauen Unterton, durch den sie sich von jedem natürlichen Farbton unterscheidet. Dieses widerliche, in den Augen schmerzende Grün bringt mich auf die Frage, ob es, wenn wir von einem „giftigen Farbton" sprechen, nicht die Arsenpigmente sind, auf die diese Wendung zurückgeht.

Bild 51: Longwood House

Jones wusste jedenfalls, dass aus dem Arsen, das in solchen Materialien enthalten ist, unter geeigneten Bedingungen gasförmige Substanzen entstehen können, zum Beispiel das Hydrid Arsin. In einer Radiosendung kam er zufällig auf dieses Phänomen zu sprechen, und dabei erwähnte er, dass sich viele rätselhafte Erkrankungen und Todesfälle im 19. Jahrhundert damit erklären ließen, und auch Napoleons Tod könnte auf diese Weise beschleunigt worden sein. Wenn man nur wüsste, welche Farbe die Tapete in Longwood hatte, könnte das zur Klärung beitragen. Jones war sehr überrascht, als er nach der Sendung einen Brief von einer Frau erhielt, die nicht nur die Farbe der Tapete kannte, sondern auch eine Probe davon besaß, die ein Vorfahr von ihr in ein Album über seine Reisen eingeklebt hatte. Eine Seite des Albums enthielt Souvenirs von einem Besuch auf St. Helena im Jahr 1823, darunter „ein Stück Tapete, entnommen aus dem Raum, in dem der Geist Napoleons zu Gott zurückkehrte, der ihn gegeben hatte". Jones unterzog die Tapete – sie zeigte ein Sternenmuster in Grün und Gold – einer chemischen Analyse, deren Ergebnis er 1982 in *Nature* veröffentlichte; sie bestätigte das Vorliegen von Arsen, was angesichts der großen Beliebtheit der Farbe in jener Zeit nicht verwundert. Gleichzeitig wurden Zweifel an Forshudvuds ursprünglicher Analyse geäußert. Neue Untersuchungen mit raffinierteren Geräten zeigten, dass die Haare des Kaisers einen hohen Anteil an Antimon und anderen potenziell schädlichen Elementen sowie an Arsen enthielten. Das Antimon stammte vermutlich aus einem Brechmittel, das Napoleon verordnet wurde, und es ist ziemlich wahrscheinlich, dass ihm das Medikament mehr geschadet als genützt hat.

Fast zweihundert Jahre später ist es nicht mehr möglich, Ursache und Wirkung zuverlässig zu ermitteln, und auch der heute selbverständliche DNA-Test zur Bestätigung der Echtheit der untersuchten Haare steht noch aus. Dennoch wird in neueren Napoleon-Biographien konzediert, dass seine Symptome sich mit einer Arsenvergiftung in Einklang bringen ließen und dass Arsen, wo immer es auch herkam, zu seinem Tod beigetragen haben könnte. Nach der heute vorherrschenden Meinung haben seine britischen Bewacher die wahre Todesursache zu verschleiern versucht, wie sie ja überhaupt einiges zu vertuschen hatten, denn es lag an ihrer verlotterten Verwaltung der Insel, dass sich dort die Ruhr ausbreiten konnte. Zu ausschweifenden Mordtheorien besteht jedoch kein Anlass.

Die bisher letzte Untersuchung ergab im Jahr 2008, dass Napoleons Haare aus der Zeit vor seiner Verbannung ebenso wie die Haare seiner Frau Josephine und die anderer Angehöriger allesamt einen Arsenanteil aufwiesen, den man heute als erhöht bezeichnen würde. Es gab keinen Anhaltspunkt für einen plötzlichen Anstieg der Arsenkonzentration nach seiner Inhaftierung, wie er bei einer vorsätzlichen Vergiftung entstanden wäre. Doch die Mühe, Napoleons Locken für die Untersuchung aufzutreiben, hätten sich die Verfasser dieser jüngsten Studie ersparen können – sie hätten bloß die toxikologische Literatur zu überfliegen brauchen. Dort hätten sie gefunden, dass menschliche Überreste aus dieser Zeit insgesamt einen Arsengehalt aufweisen können, den man nach heutigem Maßstab als gefährlich einstufen würde, worin sich nichts anderes äußern würde als die Tatsache, dass man das Element tatsächlich „überall findet".

Es sei dahingestellt, ob Arsen zum Tode Napoleons beigetragen hat oder nicht – fest steht jedenfalls, dass es für viele weitere, sowohl vorsätzliche als auch ungewollte Vergiftungen verantwortlich war. Der Fall, der dem Szenario der Tapeten von Longwood am ähnlichsten ist, betrifft Clare Boothe Luce, Botschafterin der Vereinigten Staaten in Italien in den 1950er Jahren, die – ohne Absicht, wie später gezeigt wurde – langsam durch Farbflocken vergiftet wurde, die von den geschmückten Decken der Botschafterresidenz herabfielen. Nachdem sie krankheitshalber den Dienst aufgegeben hatte, erholte sie sich wieder.

Luce war ein unglückliches verspätetes Opfer einer verbreiteten Gefahr. Grüne Farbe, grüne Farbdrucke und farbige Papiere, grüne Tapeten, grün gefärbte Möbel und Kleider, vor allem aber die grüne Farbe, die man für die Blätter von künstlichen Blumen benutzte – sie alle enthielten Arsenverbindungen, die vermutlich für viele ungeklärte Todesfälle in feuchten Schlaf- und Kinderzimmern verantwortlich waren. Während der viktorianischen Epoche gerieten diese Materialien zunehmend in Verdacht. Die medizinischen Zeitschriften *Lancet* und *British Medical Journal* schlugen Alarm und zogen energisch gegen Arsen zu Felde. Es gab dann zwar einige Unternehmen, die für arsenfreie Tapeten zu werben begannen, aber die Mehrheit der Innenausstatter wehrte sich lautstark gegen die Idee, dass ihre Produkte bei normaler Raumtemperatur schädliche Substanzen ausscheiden könnten. Erst 1893 gelang der Nachweis, dass durch die Reaktion von Schimmel auf Tapetenkleister mit dem grünen Farbstoff das gasförmige Arsin entstehen kann. Im selben Jahr veröffentlichte der Designer William Morris einen Essay über die Kunst des Färbens, in dem er über die synthetischen Farbstoffe, darunter auch Arsengrün, lästerte: Sie „erweisen den Kapitalisten in ihrer Jagd nach Profiten einen großen Dienst", doch die Innendekorateure würden „furchtbar verletzt" und „beinahe zerstört".[112] Morris kämpfte lautstark für die Erhaltung der traditionellen pflanzlichen Farbstoffe in Tapeten und Textilien. Da berührt es dann merkwürdig, wenn bei einer Röntgenuntersuchung von Morris' eigenen Tapetenmustern kürzlich herauskam, dass sein Grün aus Kupferarsenit bestand, während eine rote Rose aus Quecksilbersulfid bestand, das man gemeinhin als Zinnoberrot bezeichnet – „ein sehr gefährliches Kunstwerk!"[113]

Bild 52: Ein Stück von Morris' Tapete

Andere nahmen Arsen im vollen Bewusstsein dessen, was sie taten. Der jugendliche Dichter Thomas Chatterton, ein Romantiker *avant la lettre*, benutzte im Jahr 1770 Arsen, um Selbstmord zu begehen. In Tulle in der französischen Region Limousin wurde Marie Lafarge vor Gericht gestellt und für schuldig befunden, ihren Ehemann 1840 mit Arsen vergiftet zu haben. Der Fall erregte ein solches Aufsehen, dass Flaubert ihn über dreißig Jahre später getrost in sein Wörterbuch aufnehmen konnte, in dem Bewusstsein, dass seine Leser sich an den Casus erinnern würden. Natürlich hatte der Verfasser ein mehr als nur vorübergehendes Interesse an verzweifelten Hausfrauen, denn Emma Bovary, sein eigenes Geschöpf, benutzte ebenfalls Arsen, um Selbstmord zu begehen. Madame Lafarge wurde verurteilt, als das Gutachten des glänzenden Toxikologen Mathieu Orfila, den der Anwalt zu ihrer *Verteidigung* berufen hatte, ergab, dass sich sowohl im exhumierten Leichnam ihres Mannes als auch in Essensresten Arsen befand. Es war der erste Fall, in dem die forensische Chemie zur Absicherung eines Urteils benutzt wurde.

Sowohl in der Realität als auch in der Kriminalliteratur besorgte man sich Arsen im Allgemeinen in Apotheken, die es an jedermann verkauften, und zwar als Medizin ebenso wie als Rattengift. Die in diesen Fällen verwendete Form des Elements war vermutlich das zuckerähnliche Oxid, das man unter der Bezeichnung weißes Arsenik kennt. Es wurde als Mittel für Morde innerhalb der Familie so bekannt, dass es sich rasch den Spitznamen „Erbschaftspulver" zuzog. Was Smaragdgrün angeht, stellte Winsor & Newton die Herstellung um 1970 ein, nachdem ein Patient im psychiatrischen Hochsicherheitshospital Broadmoor beim Kunstunterricht für Häftlinge genug davon angehäuft hatte, um sich zu töten.

Auf der Suche nach Todesfällen, die auf Arsenvergiftung zurückgeführt wurden, stieß ich auf den Fall von Mary Stannard aus New Haven, Connecticut. Sie wurde 1878 im Alter von zweiundzwanzig Jahren von ihrem Liebhaber, Pastor Herbert Hayden, ermordet, als herauskam, dass sie schwanger sein könnte. Er verabreichte ihr eine große Dosis eines Mittels, von dem sie glaubte, es solle eine Abtreibung herbeiführen, aber in Wahrheit handelte es sich um Arsenik. Danach prügelte er sie zu Tode und schnitt ihr die Kehle durch. Doch es war nicht diese blutrünstige Geschichte, die mich dazu brachte, diesen Fall nicht weiter zu verfolgen. Was mich davon abhielt, war vielmehr die Tatsache, dass Mary und Stannard die beiden Vornamen meiner Mutter sind, die 1930 in Connecticut geboren wurde. Handelte es sich hier um einen Zweig meines eigenen Stammbaums, der so brutal abgetrennt worden war?

Bis zum 20. Jahrhundert hatte jedermann fast uneingeschränkten Zugang zu Arsen. Heute wird weißes Arsenik besser bewacht, doch in der Medizin wird es noch immer vielfach genutzt: Die Lebensmittelsicherheitsbehörde der Vereinigten Staaten genehmigte es kürzlich für die Behandlung von Patienten mit Leukämie.

In der Natur wird Arsen nicht so bereitwillig aufgenommen, und hier richten seine Verbindungen unbemerkt großen Schaden an. Das Trinkwasser von bis zu 100 Millionen Menschen könnte damit verunreinigt sein. In Bangladesch wurden in Gewässern, Böden und Reisgetreide Arsengehalte ermittelt, die weit über dem Grenzwert lagen, der im Westen als unbedenklich gilt und der ziemlich willkürlich festgesetzt wurde, in Reaktion auf die öffentliche Empörung über die von Tapeten verursachten Todesfälle. Das Phänomen ist jüngeren Datums, und man hat es auf den Wechsel von Tiefbrunnen zu sogenannten Röhrenbrunnen zurückgeführt, die in oberflächliche Flusssedimente getrieben werden. Diese Brunnen fördern Trinkwasser für Millionen von Menschen, aber das Wasser enthält Arsen, das stromaufwärts aus natürlichen Lagerstätten ausgewaschen wurde. Eine Krebsepidemie sei die unausweichliche Folge, glauben einige Wissenschaftler. Es ist nicht das, woran Flaubert dachte, aber es trifft leider zu, und zwar in einem weit größeren Maße, als er sich vorstellte: Es gibt tatsächlich Bevölkerungen, die es regelmäßig essen.

Regenbogen im Blut

Zwischen Lee Chongs Kramladen und Doras Absteige in Monterey lag einer der vielen Läden, die John Steinbeck in der *Straße der Ölsardinen* beschreibt. Es ist das Laboratorium von Western Biological, wo man alles bekam, „die schönen Tiere des Meeres, Schwämme, Manteltiere, Meeranemonen, grünliche Schlangensterne, Seeigel und Seesterne, Sonnensterne, Muscheln, Seepocken, Würmer, die vielgestaltigen märchenhaften Geschwister der Tiefsee" und vieles mehr.

Sammler von Präparaten staunen seit jeher über die Lebensformen der Tiefsee, die oft so schön und rätselhaft sind und von denen man nicht sagen kann, ob sie zu den Pflanzen, den Tieren oder zum Reich der Minerale gehören, Wesen, die nur gelegentlich durch einen Sturm den Tiefen entrissen und an den Strand geworfen werden. Ein sehr rätselhafter Posten auf Steinbecks Liste sind die Manteltiere, zu denen auch die Seescheiden gehören, die normalerweise in farbigen Kolonien von sackartigen Organismen auf dem Meeresboden leben. Ich konnte mir einmal für eine Ausstellung aus dem Naturgeschichtlichen Museum ein Manteltierpräparat entleihen. Es kam in einem fast quadratischen, mit Konservierungsflüssigkeit gefüllten Tank aus dickem Glas. Das Geschöpf (oder die Geschöpfe oder das Gewächs – die Wissenschaftler sind sich noch nicht ganz sicher, wie sie die Dinger einstufen sollen) war eine chaotische Eruption von Formen und Farben, wie ein absurder Tafelaufsatz. Jeder „Sack" trägt seinen eigenen durchsichtigen Mantel, wie eine Regenhaut, und pumpt durch sanfte Auf-und-ab-Bewegungen das Meerwasser herbei, dem er die Nährstoffe entzieht. Die Organismen sind zwar für einige biologische Funktionen auf die Kolonie als Ganze angewiesen, schaffen es aber dennoch auf wunderbare

Weise, ihre Individualität in Blau, Grün, Rot, Pink, Gelb und Weiß auszu-drücken.

Bild 53: Manteltier

Der deutsche Physiologe Martin Henze wollte herausfinden, warum sie scheinbar wahllos diese Farben annehmen, und zog 1911 einige Manteltiere aus der Bucht von Neapel. Er stellte erstaunt fest, dass ihr Blut ungewöhnliche Mengen des Elements Vanadium enthält. Vanadium, das im Periodensystem eine Stelle vor dem Chrom steht, geht wie das Chrom Verbindungen mit den unterschiedlichsten Farben ein. Das Vanadium kann in diesen Geschöpfen hundertmal stärker konzentriert sein als im Meerwasser, dem sie ihre Nahrung entnehmen, und wie Wissenschaftler der Universität Hiroshima festgestellt haben, besitzen Manteltiere unter allen Tieren die größte Fähigkeit, Metalle welcher Art auch immer anzureichern. Man darf wohl annehmen, dass das Vanadium zu einem bestimmten Zweck geerntet wird, aber welcher Zweck das ist, darüber sind sich die Wissenschaftler noch im Unklaren. Anfangs dachte man, das Vanadium könne eine ähnliche Funktion wie das Eisen in unserem Blut haben, aber diese Vorstellung wurde verworfen; vielleicht spielt das Element eine Rolle im Immunsystem der Tiere.

Auf diese sonderbare Anomalie der Natur wurden während des Zweiten Weltkriegs die Militärs aufmerksam. Weil Vanadium im Vergleich zu allen anderen Metallen dem Stahl eine sehr viel größere Zähigkeit verleiht, sollte es sowohl für die Helme der Soldaten und für Panzerungen als auch für Maschinen verwendet werden. Das Kriegsministerium der Vereinigten Staaten trat an Donald Abbott von der Hopkins Marine Station heran – das ist die Forschungs-Außenstelle der Universität Stanford in Monterey, die Steinbeck als Modell für Western Biological diente – und wollte von ihm wissen, ob es möglich sei, Manteltiere wegen des exotischen Metalls abzufischen oder gar zu kultivieren. Die Regierungsvertreter schmeichelten dem Wissenschaftler mit der Bemerkung, das Vanadium werde nicht für konventionelle Panzerung benötigt, sondern für das streng geheime Atombombenprojekt. Abbott hat sich dann vermutlich mit dem Problem befasst, aber mehr war darüber nicht zu erfahren. Abbotts Witwe Isabella, die wie er als Wissenschaftlerin auf der Station tätig war, bestätigte viele Jahre später: „Es gab eine solche Anfrage an Don, aber er zeigt ihnen, wie viel Vanadium in den Manteltieren war, die es aufnahmen, und es war einfach zu wenig, um sich damit abzugeben, und damit war die Sache meines Wissens beendet."[114] Aber vielleicht war Vanadium gar nicht das eigentliche Ziel. „Vanadiumabbau" war während des Krieges das Stichwort für die Suche nach Uranerzen, die man für die Atombombe brauchte. (Die beiden Elemente kommen in manchen Mineralen gemeinsam vor, was sich in dem Ortsnamen Uravan im westlichen Colorado niedergeschlagen hat, einem der Schürforte, wo man sich dieses Codewortes bediente.) Möglicherweise hat das Kriegsministerium sich ja gefragt, ob man die Manteltiere nicht auch einsetzen könnte, um Uran anzureichern.

Vanadium wurde zweimal entdeckt, und beide Male orientierte sich die Namensgebung an seiner farbigen Chemie. Im Jahr 1801, nur drei Jahre nachdem Nicolas-Louis Vauquelin in Paris das Chrom entdeckt hatte, identifizierte Andrés Manuel del Río, ein aus Spanien stammender Mineraloge an der Bergbauakademie in Mexiko-Stadt, das neue Element in einem der zahlreichen unbekannten Minerale, die ihm ins Labor gebracht wurden. Er war von den vielen Farben seiner Salze entzückt und nannte es deshalb

Panchromium. Einige Jahre darauf kam der Forschungsreisende und Naturforscher Alexander von Humboldt nach Mexiko und nahm Proben des Minerals mit, um es in Paris untersuchen zu lassen. Einer von Vauquelins Kollegen untersuchte die Substanz und erklärte, es sei nichts weiter als Chrom. Del Río beugte sich diesem Urteil, ohne zu ahnen, dass es fehlerhaft war und dass die Dokumente, die seinen Anspruch auf die Entdeckung besser gestützt hätten und die er gesondert geschickt hatte, bei einem Schiffbruch untergegangen waren.

Erst 1831 wurde das Element eine halbe Welt entfernt in einem ganz andersartigen Mineral ein zweites Mal entdeckt, von dem Schweden Nils Sefström, der ihm den Namen gab, unter dem wir es heute kennen. Sefström war Bergwerksdirektor in Falun, zweihundert Kilometer nordwestlich von Stockholm. Er war zuvor Assistent bei Jöns Jacob Berzelius gewesen, einer der bedeutendsten Gestalten in der Geschichte der Chemie, der, wie wir noch sehen werden, seine ganz eigene Rolle in der Entdeckung der Elemente spielte. Es war Berzelius, der den Namen Vanadium wählte, nach Vanadis, einem anderen Namen für die Göttin Freyja, die in einigen Versionen der nordischen Edda erscheint. Vanadis (die *dis* der Vanir, also „die Herrin der Glänzenden") ist die Göttin der Liebe, der Schönheit und der Fruchtbarkeit. Wenn sie sich einmal nicht der nackten Verführung widmet, was sie oft tut, erscheint sie in Farben gewandet und glitzernd vor Juwelen. Weint sie, so sind ihre Tränen von rotem Gold, wenn sie auf festen Grund fallen, oder aus Bernstein, wenn sie ins Meer fallen.

Das Vanadiummineral, ein Erz mit einer unvorhersagbaren Ausbeute an Eisen, das sich manchmal als stark, manchmal aber auch als spröde erwies, war Berzelius eine Zeitlang ein Rätsel gewesen. 1823 wurde es von dem Deutschen Friedrich Wöhler untersucht, dem berühmtesten der zahlreichen Chemiker, die bei Berzelius gelernt hatten. Wöhler war später der Erste, der eine in lebenden Organismen vorkommende Substanz (und zwar den Harnstoff, ein schlichtes Endprodukt des Proteinzerfalls) ausschließlich aus mineralischen Vorläufern synthetisierte und damit bewies, dass die Chemie sich auf die gesamte Natur erstreckt, die belebte wie die unbelebte. Doch bei dieser Entdeckung gab es keine Sensation. Als Sefström endlich seinen Durchbruch geschafft hatte, glich der Bericht, den Berzelius Wöhler schickte, einer eigenen kleinen Edda:

Im hohen Norden wohnte in alter Zeit die Göttin Vanadis, schön und liebenswürdig. Eines Tages klopfte es an ihre Thür. Die Göttin blieb bequem sitzen und dachte: es kann wohl noch einmal angeklopft werden; aber es wurde nicht mehr geklopft, sondern der Klopfende ging die Treppe hinunter. Die Göttin war neugierig zu sehen, wer es sein könnte, dem es so gleichgültig wäre, eingelassen zu werden, sprang zum Fenster und sah dem Weggehenden nach. Ach! Sagte sie zu sich selbst, das ist der Schalk Wöhler. Nun, das hat er wohl verdient, es hätte ihm wohl ein bischen mehr daran gelegen sein können, so wäre er hereingelassen worden. Der Kerl guckt nicht mal im Vorbeigehen zum Fenster. Nach einigen Tagen klopfte es nochmals an die Thür; es wurde aber immer wieder und wieder geklopft. Die Göttin kam endlich selbst und öffnete die Thür. Sefström trat ein und aus dieser Begegnung wurde Vanadium geboren.[115]

Der Name eines Elements kann seinem Entdecker Unsterblichkeit verleihen. Zunächst einmal wäre der unglückliche del Río heute vielleicht besser bekannt, wenn ein konkurrierender Vorschlag, seine Entdeckung Rionium zu nennen, mehr Unterstützung gefunden hätte. Aber auch Götter können durch eine chemische Assoziation sehr viel gewinnen. „Mit seiner Benennung der Elemente hauchte Berzelius den Gestalten der skandinavischen Mythologie neues Leben ein", schrieb einer seiner Biographen. „Thorium und Vanadium werden auch dann noch zum Periodensystem gehören, wenn Thor und Vanadis und die anderen Götter und Göttinnen der Wikinger längst vergessen sind."[116]

In der Sammlung des Berzelius-Museums in Stockholm haben sich rund drei Dutzend Reagenzgläser mit den verschiedenen Vanadiumsalzen erhalten, die der Schwede hat darstellen können. Zu den Farben gehören ein helles Türkis und ein blasses Himmelblau, Orange, Bordeaux, Kastanie und Hellbraun, verschiedene Ockertöne, ein matschiges Grün und Schwarz – viele der Töne, die man auch bei den Manteltieren antrifft.

Zerbrechende Smaragde

Schönheit kommt aus der Notwendigkeit. Wir mögen die Wahrheit mit ausgefallenen ästhetischen Theorien aufhübschen können, doch biologisch sind wir im Interesse unseres Überlebens darauf programmiert, die Farbe und den zurückgeworfenen Glanz der Sonne zu schätzen. Diese Dinge signalisieren uns reife Früchte in den Bäumen und das Glitzern frischen Wassers. Kein Wunder, dass Vanadis ihre Töchter – mit einem, wie uns heute scheint, erschreckenden Gespür für das new-age-mäßig Angesagte – Hnoss (Juwel) und Gersemi (Schatz) nannte, ein Ausdruck dieser im eintönigen, dunklen Norden so begehrten Eigenschaften, des Farbigen und des Schimmernden.

Besonders geschätzt sind Funde oder Artefakte, die diese beiden Qualitäten in sich vereinen, etwa polierte Edelsteine und natürlich das schimmernde gelbe Metall Gold. Der wikingische Goldschmied verbindet metallischen Glanz mit kristalliner Farbe, wenn er einen Stein einsetzt – das Brisingamen wird im *Beowulf* als „edelsteinförmiges Filigran" beschrieben. Was der Schmied aber nicht wissen kann: Metall und Juwelen könnten den gleichen elementaren Ursprung haben. Vauquelin hatte das helle Chrom durch Zufall in einer bescheidenen, wenn auch seltenen Probe von rotem Bleispat aus Sibirien entdeckt. Ihn und andere Wissenschaftler seiner Zeit beschäftigte sehr die Frage, woher die Edelsteine ihre charakteristische Farbe haben. In der gewaltigen chemischen Enzyklopädie, die er zusammen mit seinem Mentor Antoine-François de Fourcroy zwischen den Jahren 1786 und 1815 schuf, stimmte Nicolas-Louis Vauquelin zu, dass der Rubin „der geschätzteste aller Edelsteine" sei, und er wies darauf hin, dass die Berylle, eine Klasse von Edelsteinen, der er auch die Smaragde zurechnete, in allen erdenklichen Farben vorkommen, vom Blaugrün bis zum „Rotgelb des Honigs"; „die besten Smaragde kommen aus Peru", fügte er hinzu.[117]

Kurz nachdem er das Chrom entdeckt hatte, sollte man Vauquelin, der zum amtlichen Edelmetallprüfer befördert worden war, dabei überraschen, dass er mit Mörser und Stößel peruanischen Smaragd zerstieß und das Pulver in Salpetersäure auflöste, um das Rätsel der bunten Schmuckschatulle zu enthüllen. Er konnte zeigen, dass der Rest sich in dieselbe Substanz verwandeln ließ, die er aus dem sibirischen Erz erhalten hatte, womit bewiesen war, dass der färbende Wirkstoff im Smaragd das Chrom war. Anschließend wies er nach, dass auch das Rot des Rubins auf Chrom beruhte. Umfassendere Untersuchungen, die erst nach über einem Jahrhundert möglich wurden, erklärten schließlich, warum diese Edelsteine seit so langer Zeit geschätzt werden. Das tiefe Rot der Rubine und das klare Grün der Smaragde sind nur die eine Hälfte – das Chrom in beiden Steinen fluoresziert außerdem unter rotem Licht, so dass es den Anschein hat, als zuckte in den Steinen ein inneres Feuer.

Wenn ein und dasselbe kontaminierende Metall – Chrom – für zwei so glänzend kontrastierende Farben verantwortlich sein konnte, würde es sich lohnen, in der Grundmatrix der Rubin- und Beryllkristalle, in die das Chrom eingebunden war, nach einer Erklärung für diesen dramatischen Unterschied zu suchen. Vauquelin machte sich nochmals daran, die Berylle genauer zu untersuchen, und er fand heraus, dass sie sich aus einer Reihe von grundlegenden Erzen zusammensetzen. Der Hauptbestandteil war Kieselerde, also Siliziumdioxid, und zwar in den Formen Sand, Quarz und Amethyst. Der Rest bestand zum großen Teil aus Tonerde. Diese kristalline Form von Aluminiumoxid ist der Hauptbestandteil von Korund, den es in den Formen Rubin und Saphir gibt. Der war aber außerdem, wie Vauquelin jetzt erkannte, ein neues Oxid, das wegen seiner unauffälligen Ähnlichkeit mit den anderen bisher der Entdeckung entgangen war. Isoliert und gereinigt, besaß dieses Oxid jedoch eine außergewöhnliche Eigenschaft. Es schmeckte süß, und deshalb nannte Vauquelin es „Glucina". Das neue metallische Element, das es, wie er wusste, enthalten musste, nannte er „Glucinum", auch wenn es noch dreißig Jahre lang niemandem gelingen sollte, es darzustellen. (Zirkonium, ein anderes neues Element, das auf ähnliche Weise 1789 von Vauquelins deutschem Freund Martin Klaproth in dem Mineral Zirkon entdeckt wurde, blieb ebenfalls lange unerkannt und konnte erst 1824 von Berzelius isoliert werden.) Später stellte sich heraus, dass Glucina nicht die einzige süß schmeckende Metallverbindung war, also wurde es umbenannt in Beryll, und das mit ihm verwandte Element erhielt den Namen Beryllium.

Für diejenigen, die nach Reichtum strebten, muss die Nachricht von diesen Experimenten eine Enttäuschung gewesen sein. Es war jetzt klar, dass auch die kostbarsten Edelsteine keine kostbare Essenz enthalten, wie es die eher zur Alchemie tendierenden Forscher sicherlich erhofft hatten. Im Unterschied zu den schmutzigen Erzen, aus denen sich schimmerndes Metall gewinnen ließ, verloren diese Kristalle durch ihre Bearbeitung im Labor ihren ganzen Wert. Nur zwei Jahre vor Vauquelins Experimenten mit Smaragd und Rubin hatte der englische Chemiker Smithson Tennant sogar einen Diamanten restlos verbrannt und damit gezeigt, dass er aus nichts Exotischerem als Kohlenstoff bestand.

Die Chemiker bekamen gleichwohl ihren Lohn: Vauquelin hatte sein Chrom und Beryllium, Sefström und Berzelius ihr Vanadium, Klaproth sein Zirkonium. Durch ihre Arbeit wurde viel Verwirrendes im Juwelen-handel geklärt. Legenden über kostbare Artefakte, die von aufgeregten For-schungsreisenden in fernen Ländern gesichtet worden waren, konnten jetzt einer Überprüfung unterzogen werden. Dabei stellte sich beispielsweise heraus, dass viele Steine, die als Smaragde ausgegeben wurden, viel zu groß waren, um echte Edelsteine zu sein, und dass man die Bezeichnung nur als einen Ausdruck der Bewunderung für alle möglichen grünen Objekte be-nutzte, die in Wirklichkeit aus Jade oder sogar aus Glas waren. Nachdem in der Herstellung von künstlichen Steinen große Fortschritte erzielt wur-den, behält man das Wort „Edelstein" heute im Allgemeinen den natürlichen Mustern vor. Problematisch ist eher die Einteilung nach Farben. Weil die Farbe von Edelsteinen auf Verunreinigungen beruht, gibt es keine strenge Definition dessen, was einen Smaragd oder einen Rubin ausmacht. Ein Beryll ist daher nur ein Stein, der zu blass ist, um anhand einer willkürli-chen Skala von Grünheit Smaragd genannt zu werden.

Durch den zunehmenden Kolonialhandel mit Ländern, die reich an diesen Mineralen waren, etwa Burma und Kolumbien, und maschinelle Schneideverfahren wurden farbige Juwelen im 19. Jahrhundert immer beliebter. Juwelen besaßen in einer Zeit, da die Strenge der Moral sich mit der Kostspieligkeit des Schmucks messen musste, eine faszinierende Ambivalenz. Noch seltener als Rubine sind nur tugendhafte Frauen und die Weisheit, heißt es in der Bibel. Juwelen zu tragen war ein Zeichen der Tugend, aber auch ein Lockmittel. Die Steine selbst sind von Natur aus schön, aber die Kunst, sie zu schneiden, hat etwas Teuflisches, und es überrascht uns nicht sonderlich, als Mephisto Gretchen in Goethes *Faust* ein verlockendes Schmuckkästchen zuspielt.

Die Verbreitung von Edelsteinen als luxuriöse Konsumgüter hat sachkundigere Anspielungen in der Literatur nach sich gezogen. Die Smaragde, auf die sich Edmund Spenser in *The Faerie Queene* bezieht, oder die in Miltons *Paradise Lost* könnten ein beliebiger grüner Stein sein, auf deren genaue Farbe es weniger ankommt als auf ihre allgemeine Seltenheit. Doch in unserer Vorstellung ist die Smaragdstadt aus dem 1900 erschienenen *Zauberer von Oz* von L. Frank Baum wirklich aus diesem Stein erbaut. Und hier könnte die Farbe durchaus von Bedeutung sein. Leicht zerstreute akademische Ökonomen haben die Geschichte als eine Allegorie auf die Währungspolitik der Vereinigten Staaten am Ende des 19. Jahrhunderts gedeutet: Die gelbe Ziegelsteinstraße steht für den Goldstandard, der in die Smaragdstadt führt, die die Farbe des Greenback, des Dollars, hat, und regiert wird die Stadt von dem untauglichen Zauberer, der kein anderer ist als Präsident Grover Cleveland. Die Botschaft dieser Allegorie beruht darauf, dass Dorothy silberne Schlappen trägt, die zum Symbol der Populisten mit ihrer Parole „Freies Silber" werden, einer Bewegung, die nach der Entdeckung neuer Vorkommen im amerikanischen Westen die Münzanstalt der Vereinigten Staaten drängte, Silber zur Basis der Währung zu machen (wie es das Gold bereits war). Nachdem sie der allgemeinen Aufmerksamkeit entgangen war, als das Buch erschien und das Thema aktuell war, ging diese amüsante Unterströmung dann in der legendären Filmfassung von 1939 vollkommen unter. Inzwischen war der Subtext eher ein technischer als ein ökonomischer: Dorothy erhielt bekanntlich rubinrote

Schlappen, um das Technicolor-Verfahren zu feiern, mit dem dieser Teil des Films aufgenommen wurde.

Das rote Licht von Neon

Stellen Sie sich vor, Sie entdeckten das sprichwörtliche Gemälde auf dem Dachboden. Sie lassen es untersuchen, und man versichert Ihnen, es sei ein Original, ja, ein Meisterwerk, und obendrein von einem Maler, der in der Welt der Kunst völlig unbekannt sei. Natürlich schauen Sie daraufhin auf dem Dachboden nach, was dort sonst noch zu finden ist. Und Sie entdecken in dem Staub ein anderes Gemälde und noch einige mehr, ja, das komplette Œuvre eines großen Meisters, von dessen Existenz niemand wusste.

So erging es William Ramsay, dem Professor der Chemie am University College London, der in den 1890er Jahren fünf neue chemische Elemente entdeckte. Diese neuen Elemente zeigen eine große Familienähnlichkeit: Alle sind Gase, alle farb- und geruchlos, alle ausgesprochen reaktionsträge. Sie wurden zu Recht als inerte oder Edelgase bezeichnet, und die meisten Chemiker fanden sie langweilig. Für uns heute sind sie aber gerade durch ihre Trägheit von Nutzen, vor allem in der Beleuchtung: Nach einer elektrischen Anregung erstrahlen sie hell, bleiben chemisch aber unverändert.

Ramsay machte die erste dieser Entdeckungen im Jahr 1894, als er mit Lord Rayleigh am Cavendish Laboratory in Cambridge arbeitete. Rayleigh war darauf gestoßen, dass Stickstoff, der auf chemischem Wege aus Mineralen gewonnen war, seltsamerweise leichter war als Stickstoff, der in der Luft übrig blieb, nachdem der gesamte Sauerstoff verbrannt war. Ramsay löste das Rätsel ganz einfach: Er verbrannte Magnesiumspäne in atmosphärischem Stickstoff. Das Gas verband sich zum größten Teil mit dem reaktionsfreudigen Metall. Doch etwas blieb übrig, und als man es zum Glühen brachte, entsprach sein Spektrallicht keiner bekannten Substanz. Rayleigh und Ramsay gaben die Entdeckung eines neuen Elements bekannt, das sie Argon nannten, „eine erstaunlich reaktionslose Substanz", wie sie schrieben.[118] Weil Argon schwerer ist als Stickstoff, war durch seinen einprozentigen Anteil an der Atmosphäre der Eindruck entstanden, als sei der Luftstickstoff um einen Bruchteil schwerer als der chemisch gewonnene Stickstoff. Bei einem Festessen am College brachte der Dichter A. E. Housman den Toast auf Argon aus und rief die Versammelten auf: „Stoßen wir an auf das Gas".[119]

Ramsay wurde von der mitreißenden Idee gepackt, dass Argon möglicherweise das erste aus einer Gruppe von Elementen sein könnte, die in der tabellarischen Darstellung des Periodensystems zusammen eine neue Spalte bilden würden. 1895 erhielt er von einem amerikanischen Geochemiker die Mitteilung, er habe durch Erhitzen einer Mineralprobe ein Edelgas erhalten. Ramsay wollte herausbekommen, ob es sich dabei ebenfalls um Argon handelte. Er suchte überall nach vergleichbaren Proben, und bald gelang es Ramsay, das Experiment des Amerikaners zu wiederholen. Die Spektrallinien des entstandenen Gases entsprachen jedoch nicht nicht denen von Argon. Sie deuteten auf etwas anderes hin, mit dem er gar nicht gerechnet hatte, denn sie entsprachen Linien, die zuvor im Licht der Sonne beobachtet worden waren. Damit hatte Ramsay den Nachweis erbracht, dass das gasförmige Element Helium auch auf der Erde vorkommt.

Die nächsten drei Jahre verbrachte Ramsay mit dem Versuch, weitere gasförmige Elemente aus Mineralen zu erhalten. Im Labor witzelte man schon über den Tag, an dem das neue Element auftauchen würde, aber dieser Tag kam nie. Im Mai 1898 schlugen er und sein Assistent Morris Travers einen neuen Weg ein und machten sich die durch technische Entwicklungen möglich gewordene Verflüssigung von Gasen in großer Menge zunutze. Da Argon in der Atmosphäre relativ häufig ist, könnten wir auch von anderen, ebenso reaktionsträgen Elementen umgeben sein, so ihre Überlegung. Sie erhielten eine Gallone flüssiger Luft, die sie sorgfältig in ihre Bestandteile zerlegten, bis nur noch ein kleiner Rest übrig war. Bei der Analyse dieses Restes zeigten sich wieder neue Spektrallinien. Sie gingen von einem dichten Gas aus, dem Ramsay und Travers den Namen Krypton gaben, den sie anfangs für das Argon in Erwägung gezogen hatten. (Krypton bedeutet „verborgen", Argon „träge", so dass die Namen unter chemischen Aspekten eigentlich für alle passen, aber da Krypton seltener ist als Argon, war es eine gute Entscheidung.) Ramsay unterrichtete seine Frau, die sich in Schottland aufhielt, telegrafisch über die Entdeckung. „Sobald ich weg bin, entdeckst du ein neues Element", schrieb sie zurück, von den Fähigkeiten ihres Mannes offensichtlich stärker überzeugt als seine Kollegen.[120]

Nun, da ihre grundlegende Vermutung sich bestätigt hatte, verfeinerten William Ramsay und Morris Travers ihr Experiment um den Faktor 1000 und begannen nicht mit verflüssigter Luft, sondern mit flüssigem Argon. Trotz der Sticheleien von Konkurrenten und Zweiflern glaubte Ramsay an den Erfolg. Wer sie überholen wollte, würde zunächst mehrere Eimervoll reines Argon beschaffen müssen, was schon für sich genommen kein Kinderspiel war. Bei vorsichtigen Verdampfungsexperimenten entdeckten die beiden Männer diesmal ein leichtes Gas, das vor dem Argon siedet. Im Juni gab Ramsay diese neueste Entdeckung bekannt. Sein dreizehnjähriger Sohn Willie, ein aufgeweckter Bursche, schlug für das neue Element den Namen „Novum" vor, den sein Vater sofort akzeptierte, zumindest im Prinzip; nur wegen der Konvention, bei der Benennung von Elementen griechische und nicht lateinische Begriffe zu verwenden, wurde aus "Novum" schließlich „Neon".

Auch diesmal konnten Ramsay und Travers ihren Fund spektroskopisch bestätigen. Als sie eine elektrische Spannung an ein Volumen des Gases anlegten, sahen sie zu ihrer Freude einen charakteristischen neuen Lichtschein. Travers war nicht nur ein geschickter Laborgehilfe, er wurde auch zu Ramsays Biographen, und er war nicht zu bescheiden, um sich selbst in der dritten Person in der Erzählung zu berücksichtigen. Seine Schilderung des Tages ist sicherlich eine der besten Darstellungen des dramatischen Moments der Entdeckung: „Als Ramsay den Schalter der Induktionsspule betätigte, griffen er und Travers sich eines der Sucherprismen, die immer auf dem Labortisch herumlagen, in der Hoffnung, im Spektrum des Gases im Reagenzglas einige ganz charakteristische Linien oder Gruppen von Linien zu erkennen. Aber sie brauchten die Prismen gar nicht, denn der Glanz des ganz unerwartet aus dem Glas dringenden roten Lichts ließ sie für einige Momente wie verzaubert dastehen."[121]

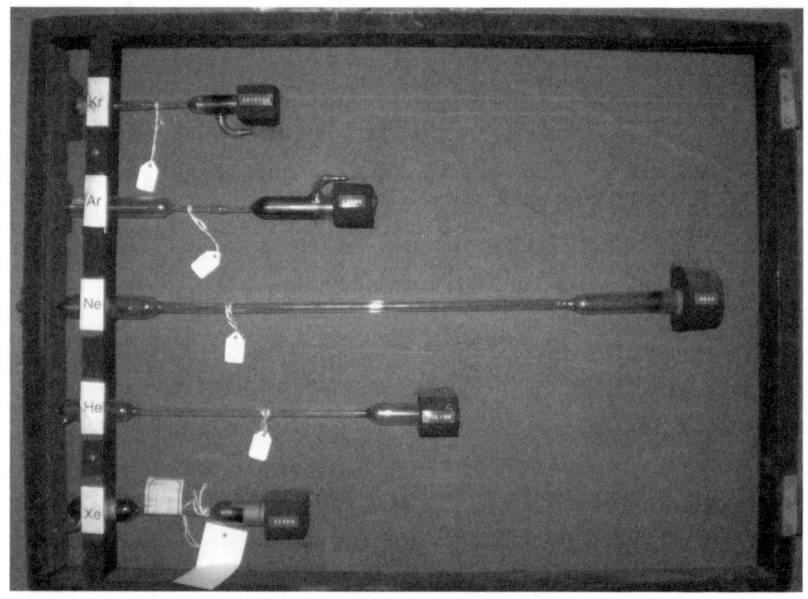

Bild 54: Ramsays Röhren

Als sie dann einen weiteren Versuch mit flüssigem Neon und Krypton machten, fanden sie noch ein Edelgas, Xenon, „der Fremde". Da der Beweis der Unverwechselbarkeit dieser Elemente sich allein auf ihre Spektren stützte – die physikalischen Eigenschaften waren nicht gemessen, chemische Reaktionen nicht beobachtet worden –, ist es kein Wunder, dass Ramsay seine Kritiker hatte, zumal er sich angewöhnt hatte, seine Entdeckungen hin und wieder anzukündigen, bevor er sie tatsächlich gemacht hatte. Unter den Zweiflern war nicht zuletzt Dmitri Mendelejew, der 1895 erklärt hatte, Argon passe nicht in sein Periodensystem und es müsse sich daher um eine schwere Form von Stickstoff handeln. Die britischen Wissenschaftler verbrachten die beiden nächsten Jahre damit, die Proben ihrer neuen Elemente zu reinigen, um deren Existenz ein für alle Mal zu beweisen. Im Jahr 1900 waren die Skeptiker endlich überzeugt. Ramsay hatte fünf Lücken im Periodensystem ausgefüllt, und als ihm einige Jahre später der Nobelpreis für Chemie zuerkannt wurde, hatten andere das radioaktive Gas Radon entdeckt, das die Liste der Edelgase vervollständigte.

Ramsays Laboratorium am University College existiert nicht mehr, aber viele der Gasentladungsröhren, mit denen er den farbigen Glanz der Gase demonstrierte, sind erhalten. Alwyn Davies, ein organischer Chemiker, der eine gewisse Begeisterung für Ramsays Werk entwickelt hat, führt mich in einen wenig verheißungsvollen Korridor aus Porenbetonstein und öffnet einige Schubladen. Darin liegen die hantelförmigen Glasröhren unterschiedlicher Länge, die Ramsay selbst geblasen und mit den darin enthaltenen Gasen gekennzeichnet hat. Auf der Innenseite sieht man rauchige Ablagerungen von dem Dampf der Platinelektroden, das einzige Zeichen von Abnutzung. Einige der Röhren, versichert er mir, funktionieren noch.

Jedes Element ist im Moment seiner Entdeckung neu und würde den Namen Neon verdienen. Aber Travers' „rotes Licht" sollte die in seinem Namen liegende Bestimmung in einer Art erfüllen, die an der Wende des Jahrhunderts niemand vorhersehen konnte.

Schon 1902 begann der französische Erfinder Georges Claude mit elektrischen Entladungen in verschlossenen, mit Neon gefüllten Röhren zu experimentieren. Am 11. Dezember 1910 führte er den Besuchern der Pariser Autoausstellung die erste im Handel erhältliche Neonlampe vor. Claudes Neuerung bestand darin, sicherzustellen, dass das chemisch träge Neon innerhalb der Röhre rein blieb, nicht verunreinigt durch reaktionsfreudigere Gase wie Stickstoff, die die Elektroden zerfressen und die Helligkeit der Entladung vermindern konnten. Das helle rote Licht war faszinierend, galt aber nur begrenzt als für die häusliche Beleuchtung geeignet, und von der Nutzung in Automobilen wurde es wegen des für seine Erzeugung erforderlichen Hochspannungsgeräts klar ausgeschlossen. Ideal war es dagegen für Reklame, mit der es eine bis heute unauslöschliche Verbindung eingegangen ist. Neon gab selbst an sonnigen Tagen ein helles Licht ab, das den Qualm der Stadt durchdrang und aus weiter Ferne zu erkennen war. Ohne erkennbare Lichtquelle – kein Brennmaterial, kein Glühdraht, nur ein schwebendes Glühen von Dampf – hatte Neon etwas Magisches. Hier und da wurde es als „flüssiges Feuer" bezeichnet.

Claude konnte seine Neonröhren größer und heller machen, weil er Substanzen wie Kohlendioxid hinzunahm und durch beständiges Pumpen den richtigen Dampfdruck aufrechterhielt. Außerdem konnte man die Röhren praktisch sich selbst überlassen; anderwärts hergestellt und mit Gas befüllt, dann zu einem Gebäude befördert, an dem man sie problemlos anbringen konnte, musste man sie nur an eine Steckdose anschließen, dann liefen sie von selbst. Die erste Neonwerbung, die den Spaziergängern auf den Champs Elysées den Cinzano nahebrachte, erstrahlte im Jahr 1913, in demselben Jahr, in dem der musikalische Chronist des technischen Fortschritts Erik Satie ein kleines Stück für Piano verfasste, „Sur Une Lanterne", dessen Text die neuen Straßenlampen bat: „N'allumez pas encore. Vous avez le temps..." („Geht noch nicht an, ihr habt Zeit...")

Aber die Moderne lockte, und die Lichter gingen unverzüglich an. Claude ging es blendend, er meldete Patente im Ausland an und erlangte ein Quasimonopol auf Neonröhren. Schon von Anfang an nach seiner Neuartigkeit benannt, wurde Neon zum Signum des Neuen. Die coole rote Wärme reinen Neons wurde bald ergänzt durch andere Farben, die durch Beimischungen anderer Gase erreicht wurden. Röhren mit Argon gaben ein blasses blaues Licht. Der Zusatz von etwas Quecksilber ergab ein helles weißes Licht. Röhren aus farbigem Glas vervollständigten den elektrischen Regenbogen. „Neon" in all seinen Schattierungen befand sich in einem sonderbaren Einklang mit der Zeit. Paris und New York waren im ersten Teil des 20. Jahrhunderts wohl die beiden Städte mit dem stärksten Anspruch auf die Aufmerksamkeit der Welt, und beide machten viel aus dem neuen Material. Der Künstler Fernand Léger, der in Paris arbeitete, als Claude seinen ersten Schriftzug dort anbringen ließ, war später begeistert von dem sich ständig verändernden, durch die Leuchtzeichen am Broadway hervorgerufenen Widerschein der Primärfarben auf den Gesichtern der New Yorker. Der Aufstieg der auf der Pariser Weltausstellung von 1925 lancierten Art Deco fiel zusammen mit der Vermehrung der Automobile und dem Wachstum der Städte und ihrer neuen Vorstädte, die jeweils ihre eigenen Formen des Nachtlebens entwickelten. Dass dieser schimmernde neue Stil gut mit der neuen Technologie zusammenpasste, lag nicht nur an der Betonung des oberflächlichen Glanzes. Mit einem steigenden Andrang von Verbrauchern, die nach Einbruch der Dunkelheit ihr Vergnügen suchten, war es unvermeidlich, dass Neon zum Kennzeichen nicht nur der Vergnügungsviertel der großen Städte wurde, sondern auch von Badeorten von

Miami bis Le Touquet, deren neue Restaurants, Bars und Apartments mit Neonschildern lockten und bisweilen sogar ihre Umrisse in Neon anzeigten, um ihre moderne Architektur ins Licht zu rücken.

Seine Rolle fand Neon nicht nur in den gottlosen Großstädten. Als die Fernverkehrsstraßen Amerikas ab Mitte der zwanziger Jahre gepflastert und numeriert wurden, half Neon den Tankstellen, Motels und Diners am Straßenrand, die Kundschaft auf sich aufmerksam zu machen. Heller als andere Lichter, waren Neonschilder aus größerer Entfernung erkennbar, besonders in den offenen Weiten des Westens und in der klaren Wüstennacht. Und wenn das Licht aus größerer Entfernung zu sehen war, musste auch der Schriftzug entsprechend größer sein, damit man die Botschaft aus der Ferne auch lesen konnte. Schilder neben der Straße mussten so gestaltet sein, dass sie aus einer Meile Entfernung zu sehen waren – und dann fuhr man vielleicht mit hundert Kilometern pro Stunde an ihnen vorbei.

Die schwebende Transzendenz des Neonlichts hat Künstler verlockt, ihre eigenen leuchtenden Glyphen zu schaffen. Oft verbiegen sie die vertraute Form des Reklameschildes, um geheimnisvollere Nachrichten hinauszusenden. Der Witz besteht darin, ein Medium, das ganz auf sofortige Befriedigung eingestellt ist, dafür zu verwenden, etwas Langsames oder Sibyllinisches zu sagen. Die konkrete handwerkliche Anfertigung ist für die meisten eine Belanglosigkeit. Fiona Banner macht ihre Glaswaren jedoch selbst, in einem manuellen Verfahren, das für sie eine direkte Beziehung zu den ersten Röhren dieser Art herstellt, die jemals gemacht wurden, jenen in Ramsays Laboratorium. „Neon verkauft am besten Dinge für den Augenblick", erklärt sie mir. „Die unmittelbaren Bedürfnisse – Sex, Döner, Filme." Das Geisterhafte dieses Lichts transportiert aber auch zeitlose Erinnerungen an Buntglas und den Himmel selbst, macht es zu einer sowohl „retinalen wie kulturellen Einladung. Wenn es an ist, ist es (seine physische Gestalt) in seinem eigenen Licht verborgen, verschwindet das Objekt, um lesbar zu sein. Es ist eine Art und Weise, etwas (ein Wort) ohne Stimme sagen zu können." Diese Sprache nimmt Banners jüngstes Werk auseinander. *Every Word Unmade* ist ein Satz von 26 Neonschildern, eines für jeden Buchstaben des Alphabets, die Bestandteile von noch ungeschriebenen dringenden Nachrichten. Ein Werk mit dem Titel *Bones* schenkt derweil den Interpunktionszeichen Leben, die bei kommerziellen Neonschildern immer fortgelassen werden. Den leuchtenden Zeichen, deren Formen an primitive Waffen erinnern, die bei einer archäologischen Ausgrabung gefunden wurden, wachsen für Banner tiefe neue Bedeutungen zu.

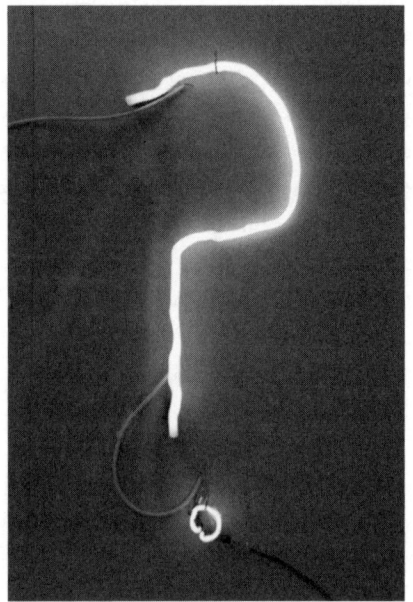

Bild 55: Fiona Banner, Fragezeichen in Neon

Nirgendwo verbindet sich die Beschwörung der Wüste durch das Neon so wirkungsvoll mit seinem unbekümmerten städtischen Glanz wie in Las Vegas. Erst 1911 mit gerade einmal 800 Einwohnern zur Stadt geworden, begann der eigentliche Aufschwung von Las Vegas im Jahr 1931, als in der Nähe die Bauarbeiten am Hoover-Staudamm losgingen; im selben Jahr wurde das Glücksspiel legalisiert. Seitdem hat sich die Einwohnerzahl in jedem Jahrzehnt mehr als verdoppelt, heute liegt sie bei fast zwei Millionen. Der Ort hatte schon früh etwas Protziges. Es waren die Schilder („Caesars Palace", „Golden Nugget", „Stardust", „Flamingo"), die den Charakter der Hauptgeschäftsstraße der Stadt bestimmten, die wir unter dem Namen „The

Strip" kennen. Das Land war noch billig, die Ausblicke waren weit, und die Schilder waren oft höher als die rasch um sich greifenden Gebäude, für die sie warben. Aber die Größe sollte niemals ausreichen in einer derart von Konkurrenz bestimmten Umgebung. Immer fantasievollere Entwürfe wurden in Auftrag gegeben, mit blinkenden Farben und bewegten Bildern, die zum Beispiel Wein zeigen, der in ein Glas gegossen wird, oder Bier, das in einem Maßkrug schäumt – seltener allerdings Geld, das in aufgehaltene Hände fällt. Die Dinosaurier, die in diesem unablässigen Schaustück der natürlichen Auslese zum Aussterben getrieben werden, landen derweil auf dem städtischen „Neon-Friedhof".

Bild 56: Neon-Friedhof

Das rastlose Geflacker ist einfach zu viel für Raoul Duke und seinen Anwalt in Hunter S. Thompsons *Angst und Schrecken in Las Vegas*. Als sie in ein Hotel einchecken, entdecken sie draußen direkt vor ihrem Fenster eine Art „elektrische Schlange ... und sie kommt direkt auf uns zu.

'Knall sie ab', sagte mein Anwalt.

'Noch nicht', sagte ich. 'Ich muss zuerst ihre Gewohnheiten studieren.'

Vorsichtshalber schloss der Anwalt die Vorhänge."

Zwei, die tatsächlich seine Gewohnheiten studierten, waren die Architekturtheoretiker Robert Venturi und Denise Scott Brown. Im Anschluss an Ed Ruscha und die Pop-Künstler, die als Erste die Ästhetik der Geschäftsstraße neu bewerteten, beschlossen sie, aus Vegas „unser Florenz" zu machen. Venturi und Scott Brown bemerkten, dass das Licht in vielen Fällen die Architektur war. Die Gebäude werden nicht wie historische Sehenswürdigkeiten geschmackvoll angestrahlt, sondern sind selber Licht. Sie erhalten leuchtende Umrisse, und jede Fläche wird zu einem illuminierten Zeichen für irgendetwas, seien es nun Casinos oder „Hochzeitskapellen aus umgebauten Bungalows mit hinzugebauten neongesäumten Kirchtürmen".[122] Das Einzige, was die Architekten in ihrer enthusiastischen Feier von allem, was in Vegas Tradition ist, an den Illuminationen nicht mochten, war deren Tendenz, „große Probleme mit Insekten" zu schaffen. Ihre Abneigung war möglicherweise mehr als nur physisch, und vielleicht sahen sie in den Insekten, die von dem Licht angezogen wurden, eine Metapher für uns selbst und unser hilfloses Angezogensein von den Neon-Versuchungen.

Doch was für manche ein Ärgernis ist, ist eine Chance für einen ernsthaften Schmetterlingsforscher wie den jungen Vladimir Nabokov, der einmal „an den Neonlichtern einer Tankstelle zwischen Dallas und Fort Worth ein paar sehr gute Nachtfalter fing".[123] Nabokovs Beschäftigung war sehr viel mehr als nur ein Kindheitshobby, und so entdeckte er auf dieser Autofahrt tatsächlich eine neue Schmetterlingsart, die er *Neonympha dorothea* nannte, nach der Studentin, die den Wagen fuhr. Nabokov, der Meister der Wortspiele, hat es vermutlich sehr geschätzt, dass die Linnésche Benennung eines Fundes außerdem den Namen des Lichtes zu berücksichtigen vermochte, mit dessen Hilfe er gefunden wurde.

Das Bild der Insekten, die ein Neonschild umschwärmen, benutzte der Autor sehr viel später in *Lolita*, seinem berüchtigten Roman über einen aus Paris ausgewanderten Schriftsteller namens Humbert Humbert, der einem zwölfjährigen Nymphchen sexuell nachstellt. Die späteren Abschnitte des Buches beschreiben eine Autoreise durch die USA, unterbrochen von Motels, Tankstellen und Schokoriegeln. Auf einer Ebene erzählt die Geschichte offensichtlich von der Vernarrtheit des alten Europa (Humbert) in das neue Amerika (Lolita), aber es ist ein neonbeschienenes Fünfziger-Jahre-Amerika, das sich als weit weniger unschuldig entpuppt, als es den Anschein hat – denn Humbert erfährt überrascht zu Beginn ihrer gemeinsamen Fahrt, dass seine Gefangene Lolita bereits verdorben worden ist. Schließlich bringt

Humbert es über sich, Lolita freizulassen, damit sie ihr eigenes Leben leben kann, und er tröstet sich damit, dass er einen ihrer anderen Verführer abschlachtet. Als er sich vom Schauplatz des Mordes entfernt, begleiten ihn „kirschrote Lichtbuchstaben" und ein Restaurantschild in Gestalt einer großen Kaffeekanne, die jede zweite Sekunde in „smaragdgrünes Leben" ausbricht.

Isebels Augen

Das Alte Testament klagt über geschminkte Damen. „Wenn du deine Augen mit Schminke vergrößerst: vergeblich machst du dich schön", warnt der Herr die Töchter Zions (Jeremia 4:30). Die Schwestern Ohola und Oholiba werden verurteilt wegen ihrer Lüsternheit, weil sie sich begehrenswerte junge Männer aus Assyrien, Ägypten und Babylon in ihre Betten holten. Die Männer konnten natürlich nicht anders und „gingen zu ihr ein, wie man zu einer Hure eingeht", geködert von einladenden Blicken, Schmuck und der Tatsache, dass sie sich extra gebadet und ihre Augen geschminkt hatten (Hesekiel 23:40).

Die Taten Isebels, der Frau Ahabs, des Königs von Israel im 9. Jahrhundert v. u. Z., sind so unheilsam, dass sie in der Offenbarung noch einmal für einen Gastauftritt herbeigezerrt wird, als Verkörperung reueloser sexueller Verworfenheit. Ihr Name ist seither zu einem Synonym für weibliche Schamlosigkeit geworden. Dass sie nichts taugt, erkennt man leicht, denn auch sie „tat Schminke an ihre Augen" (2 Könige 9:30). Hieronymus bezeichnet die Substanz, die sie benutzte, in der Vulgata, seiner lateinischen Bibelübersetzung, als *stibio* – Antimon.

Die Bibel erwähnt Antimon noch in anderen Zusammenhängen, zum Beispiel als weiche Fassung für Edelsteine, was sich aber auf eine beliebige schimmernde Metalllegierung beziehen konnte; auf der sichereren Seite ist man jedoch dort, wo die Kosmetik als Antimon bezeichnet wird (auch wenn das schwarze Pulver, das seit langem gebräuchlich war, um die Umgebung der Augen dunkel zu schminken, in Wirklichkeit Antimonsulfid war, denn in einer Zeit, in der man die Grundregeln der chemischen Verbindung noch nicht kannte, war es naturgemäß schwer, das Element und seine Verbindungen auseinanderzuhalten). Der hebräische und arabische Ausdruck für diese Substanz lautet *kuhl*, wovon sich Kajal, die moderne Bezeichnung für Lidschatten, ableitet.

Zwar zeigen erhaltene Wandbilder eindrücklich, dass schwarzes Augen-Makeup schon im alten Ägypten ein Bestandteil des Alltagslebens war, aber es ist nicht klar, ob damals Antimon benutzt wurde. Auf jeden Fall standen auch andere schwarze Pulver zur Verfügung, und am einfachsten kam man an Kohlenstoff in Form von Lampenschwarz oder dem dunkleren Beinschwarz, das oft zum Tuschen der Wimpern benutzt wurde. (Dieses „Mascara" galt später offenbar als ebenso verdammungswürdig wie der schwarze Antimon-Lidschatten; das Wort stammt aus dem Italienischen, wo es „Hexe" bedeutet.) Doch Antimon galt als das überlegene Produkt, dem man, abgesehen davon, dass es die Augen heller erstrahlen ließ, noch andere Wohltaten zuschrieb, von der Glättung der Stirn bis zur Erweiterung der Pupillen – ein Effekt, der vermutlich darauf beruhte, dass das Element die Augen reizt.

Antimon ist eine der vielen, oft bedenklichen Substanzen, die man im Laufe der Jahrhunderte benutzt hat, um uns schöner zu machen. Ein einschlägiges Handbuch mit dem Titel *Harry's Cosmeticology* führt eine beunruhigende Fülle auf, die von Aluminium (Pulver für glänzende Augen) bis Zirkonium (Salze zur Festigung der Fingernägel) reicht. Ein Register, das insgesamt über vierzig der Elemente anführt, nennt unter anderem Arsenpyrite als Haarentferner, Bismutchloridoxid als Perlmuttpigmentzusatz zu Lippenstiften und Cadmiumsulfid zur Bekämpfung von Kopfschuppen.

Ich eile zum Schminktisch meiner Frau, um nachzuschauen, was sich da unter den süß parfümierten, unschuldig wirkenden weißen Cremes verbergen mag, und da stelle ich überrascht und beunruhigt fest, dass die Verpackungen, anders als bei Lebensmitteln, keinerlei Erläuterungen zum Inhalt bieten. Hat eine Branche, die auf eine unrühmliche Vergangenheit der Verwendung gefährlicher Chemikalien zurückblickt, sich so sehr gebessert, dass es einer Rechenschaftslegung nicht mehr bedarf? Oder hält man das Risiko um der Schönheit willen für hinnehmbar? Zwar haben die Chemiker neue Materialien mit wunderschönen Farben ersonnen, doch die Kosmetikindustrie hält es offenbar für klug, sich auf ein relativ schmales Repertoire von Farbstoffen zu beschränken, die von Instanzen wie der Lebensmittelbehörde der Vereinigten Staaten genehmigt wurden. Sogenannte Interferenzpigmente holen also aus den wenigen Grundfarben die breitere Vielfalt von Schattierungen heraus, die der Markt verlangt. In vielen Lippenstiften werden heute statt Schwermetallpigmenten intensive organische Farbstoffe wie Fluoreszein verwendet, die man in einem Medium von weißem Titandioxid auflöst. Merkwürdige plastikartige Zusätze liefern andere erwünschte Effekte, zum Beispiel mikroskopisch kleine Perspexkügelchen, die einen perlmuttartigen Glanz erzeugen.

Samuel Johnson besaß „einen Apparat für chemische Experimente" und bezeichnete die Chemie als seinen „täglichen Zeitvertreib".[124] Seine Vertrautheit mit der Wissenschaft schlägt sich in seinem berühmten Wörterbuch nieder, das Einträge über die meisten der Mitte des 18. Jahrhunderts bekannten Elemente enthält, darunter das erst vor kurzem isolierte Kobalt. Ausgesprochen unterhaltsam ist sein Eintrag über Antimon. „Der Grund für seine Neubenennung" im Gegensatz zum lateinischen *stibium* ist nach seiner Meinung

bei Basilius Valentinus zu suchen, einem deutschen Mönch, der, wie die Überlieferung berichtet, nachdem er etwas davon den Schweinen vorgeworfen hatte, beobachtete, dass sie, nachdem es sie herzhaft purgiert hatte, innerhalb kürzester Zeit fett wurden; woraus er folgerte, dass es seinen Mitmönchen nach einer ähnlichen Dosis besser ergehen werde. Der Versuch ging jedoch so übel aus, dass sie alle daran starben, und hinfort wurde die Medizin *antimoine* genannt, *antimönchisch*.

Dass Johnson glaubte, Antimon in sein Wörterbuch aufnehmen zu sollen, war verständlich. Was uns heute als ein eher marginales Element vorkommt, genoss damals hohes Ansehen, nachdem die Alchemisten ihm eine zentrale Bedeutung zuerkannt hatten. Wohl wichen die dunklen Künste der Alchemie langsam einer systematischeren Chemie, doch die Texte der Alchemisten galten nach wie vor als unumgängliche Quellen, auch wenn sie nicht immer ganz hielten, was sie versprachen. Ein mysteriöser Band mit dem Titel *Triumphwagen Antimonii* spricht von der Fähigkeit des Antimons, Lepra und die französischen Pocken [gemeint ist die Syphilis, Anm. d. Ü.] zu heilen, aber er enthält auch solide Wissenschaft, indem er treffend auf die beiden gegensätzlichen Formen des Elements verweist, ein sprödes silbriges Metall und ein graues Pulver. Alchemisten hielten diese Dualität für bedeutsam, denn sie stellte eine enge Beziehung des Antimons sowohl zum Quecksilber als auch zum Schwefel her, der Mutter und dem Vater aller Metalle.

Dass Antimon diese beiden Formen annehmen kann, sorgte für erhebliches hermeneutisches Kopfzerbrechen. Was die Dinge zusätzlich kompliziert, ist der Umstand, dass das Element in der Natur zumeist als Sulfid vorkommt, als Stibnit. Wenn man dieses schwarze Pulver, Isebels Kajal, auf bestimmte Weise präpariert, verändert es sich nochmals und wird orange, wobei es für den Wechsel zwischen diesen verwirrenden Formen weder eines heißen Ofens noch eines besonderen Apparats bedarf. Der mutmaßliche Verfasser des *Triumphwagens*, Basilius Valentinus, und seine alchemistischen Kollegen betrachteten die amorphe graue Phase des Antimons – den „grauen Stoff der Weisen" und den „grauen Wolf der Philosophen" – als das quälende letzte Stadium vor der Verwirklichung des Steins der Weisen, weil es die ambivalente Fähigkeit besaß, entweder den Glanz oder den Farbton von Gold zu erzeugen, aber bislang niemals beide zusammen.

Noch verführerischer ist die metallische Form von Antimon, die seit der Antike gerühmt wurde wegen ihrer Fähigkeit, zu einer großen kristallinen Masse zu erstarren, die den Schimmer des Edelmetalls mit den facettenreichen Symmetrien von Edelsteinen verbindet. Das Phänomen wurde unzweifelhaft bemerkt, als man erstmals das reine Element, einen Regulus, darstellte. Die scheibenförmige Kruste, die sich auf der Schmelze bildete, erhielt die Bezeichnung „Sternantimon", nach dem charakteristischen Strahlenmuster, das beim Kristallisieren des Antimons im Kühlgefäß entstand.

Isaac Newton, der sowohl Alchemist als auch Mathematiker und Physiker war, las Valentinus und befolgte dessen Rezept für die Herstellung des Regulus von Antimon, in der Hoffnung, seine schimmernde Oberfläche in Teleskopen verwenden zu können. Einer seiner Biographen lädt uns zu der

Annahme ein, das Sternenmuster, das er bekam, habe ihm geholfen, sich die Kraftlinien bildlich vorzustellen, die ihn dazu brachten, die Gravitationstheorie zu entwickeln. Das finde ich abwegig. Dass die Muster ihn auf Ideen bezüglich der Optik gebracht haben könnten, mit der Newton sich zum Zeitpunkt seiner Experimente mit Antimon ebenfalls befasste, leuchtet mir noch ein, aber einen Zusammenhang mit der Gravitation sehe ich nicht. Ich beschließe, mich auf die Suche nach Antimonsternen zu machen.

Bild 57: Antimonstern

Dafür, dass sie solche schönen Artefakte der Natur sind, ist es erstaunlich schwer, sie zu finden. Rasch werde ich von dem Irrtum geheilt, jeder viktorianische Sammler müsse einen besessen haben und heute würden sie die Depots von Provinzmuseen verstopfen. Ich finde zwar Fotos und Illustrationen, doch sie zeigen Kristallmuster, die nicht nadelförmig sind, also nicht den Chromspeichenrädern eines Sportwagens ähneln, deren Speichen in einem Mittelpunkt zusammenlaufen, wie es für ein Diagramm der Gravitationskraft der Fall sein müsste. Die geschlossene Antimonfläche neigt vielmehr dazu, sich in polygonale Bereiche zu unterteilen, die in der Nähe des Zentrums der Scheibe ebenmäßiger und größer sind und zum äußeren Rand hin mit fortschreitender Abkühlung in üppig belaubtes Intaglio zerfallen, wie Eisblumen auf einer Fensterscheibe. Der Gesamteindruck ist in der Tat sternartig, nicht im astronomischen Sinne einer punktförmigen Quelle, von der das gesamte Licht ausstrahlt, sondern in der Art einer typischen Kinderzeichnung eines Sterns mit einigen Dreieckspunkten oder, was hier vielleicht eher zutrifft, in der Art von Renaissance-Emblemen der flammenden Sonne.

Diese Ähnlichkeit könnte ein anderes berühmtes Experiment mit Antimon inspiriert haben. Im Jahr 1650 war ein gewisser Nicolas le Febre damit beauftragt, im Jardin du Roi in Paris chemische Experimente vorzuführen, und zur Erbauung des jungen Königs Ludwig XIV., damals ein nachdenklicher Knabe von elf Jahren, begann er mit der „solaren Calcinierung von Antimon" mittels eines „magischen und himmlischen Feuers, gewonnen aus den Strahlen der Sonne mit Hilfe eines refraktierenden oder Brennglases".[125] Le Febre konzentrierte das Sonnenlicht auf „den stellaren oder sternförmigen Regulus" und zeigte, dass das, was aus der Reaktion entstand, mehr wog als das Antimon, mit dem er begonnen hatte. Möglich, dass der Antimonstern dem jungen Ludwig die Idee zu dem Symbol eingab, das über seiner langen Herrschaft als Sonnenkönig scheinen sollte. Wie auch immer es sich verhielt – das Experiment war ein Meilenstein der modernen Chemie, denn es demonstrierte die korrekte Methode anstelle des alchemistischen Obskurantismus, und es ließ die ersten Ansätze der Einsicht erahnen, dass die Luft selbst aus chemischen Elementen besteht.

TEIL 5: ERDE

Schwedisches Gestein

Zu Beginn meiner chemischen Odyssee hatte ich mir eine Weltkarte gezeichnet und überall dort, wo eines der Elemente entdeckt worden war, einen Punkt gemacht. Dabei kam eine ganz eigenartige Karte heraus. Zink und Platin einmal ausgenommen, die ohne Hilfe der westlichen Wissenschaft in Indien bzw. Amerika gefunden wurden, entfielen alle Punkte, die sich auf die natürlich vorkommenden Elemente beziehen, auf Europa. In Berkeley, Kalifornien, kamen ein paar Punkte zusammen, die sich auf die meisten der Elemente bezogen, die schwerer als Uran sind und nach der Entdeckung der Kernspaltung künstlich erzeugt worden waren. Eine weitere Anhäufung von Punkten in Dubna nördlich von Moskau zeigte, wo man einige jüngere radioaktive Elemente synthetisiert hatte.

Europa wies vier größere Hotspots älteren Datums auf – allein London, in die Höhe getrieben durch die mehrfachen Erfolge von Davy und Ramsay, und Paris konnten jeweils knapp über ein Dutzend Elemente verbuchen. Berlin, Genf und Edinburgh hatten sich ebenfalls hervorgetan. Aber die zwei größten Ansammlungen von Punkten nach Paris und London befanden sich beide in Schweden, die ein bei der alten Universitätsstadt Uppsala, die andere in der Hauptstadt Stockholm. Die schwedische Wissenschaft konnte die Entdeckung von mindestens neunzehn Elementen für sich in Anspruch nehmen, mehr als ein Fünftel aller natürlich vorkommenden

Elemente. Etliche von ihnen feierten sogar die Orte, wo sie gefunden worden waren (Yttrium, Erbium, Terbium und Ytterbium, benannt nach der Erzgrube Ytterby; Holmium benannt nach Stockholm selbst), oder sie waren nach mehr oder weniger romantischen Vorstellungen über Skandinavien benannt worden (Skandium, Thulium). (Im alten Europa kam es recht häufig vor, dass die Elemente nach Orten benannt wurden, die etwas mit ihrer Entdeckung zu tun haben. Strontium zum Beispiel scheint das einzige Element zu sein, das nach einem Ort auf den britischen Inseln benannt ist, Strontian in Schottland. In dem Vereinigten Staaten verhält es sich in der Regel anders herum – dort waren die hilfreichen chemischen Erkenntnisse schon da, als die Expansion nach Westen und der Ansturm auf die noch zu entdeckenden Schätze der Wildnis begannen. Die *Golden Hills* und *Silver Lakes* Amerikas waren keine müßige poetische Anspielung, sondern Ausdruck einer direkten Verbindung zu der Erde, in welche die Abenteurer ihre Zeltpflöcke schlugen, und der Hoffnung, mochte sie sich nun erfüllen oder letztlich doch enttäuscht werden, dass man diese Edelmetalle doch irgendwo finden werde. Sieht man von Gold und Silber einmal ab, so taucht ein Dutzend Elemente ganz offen im Stadtnamen auf, angefangen mit den erhofften Eisenerzen von Irons in Missouri und Utah, Leadville [Bleistadt] in Colorado und Copper Center [Kupferzentrum] in Alaska bis zu den, ehrlich gesagt, überraschenden Orten namens Sulphur [Schwefel] in Oklahoma, Cobalt in Idaho, Antimony [Antimon] in Utah und Boron [Bor] in Kalifornien.)

Woran lag es, dass Schweden in der Geschichte der Elemente eine so große Rolle spielt? Es hat mir in diesem ganzen Buch zu schaffen gemacht, dass wir mit vielen der Elemente nur durch die Kultur vertraut sind, also ohne jemals einen Fuß in ein Labor gesetzt zu haben. Wir kennen Neon und Natrium durch das Licht, das sie spenden, Jod durch die braune Tinktur, Chrom durch den billigen Glanz. Andere wie Schwefel, Arsen und Plutonium kennen wir eher von ihrem guten oder schlechten Ruf her. Gemessen daran, sind die schwedischen Funde größtenteils unbekannt, zu ihnen zählen Metalle wie Mangan und Molybdän sowie eine gute Handvoll jener Elemente, die man gemeinsam als *Seltene Erden* bezeichnet, eine Gruppe, zu der all die Elemente gehören, die direkt nach einem schwedischen Ort benannt sind. Sie haben sich nicht in dem Sinne hervorgetan, dass sie zu einem Synonym für Leiden oder Freuden der Menschheit geworden wären. Eine Verbindung zur Kultur haben diese Elemente aber doch, und es ist, wie ihre Toponymie impliziert, eine tiefgehende Verbindung. Paris und London enthüllten der Welt neue Elemente, weil sie große Zentren des geistigen Lebens waren. Berkeley und Dubna waren zufällig die Orte, die man sich für die Spezialmaschinen ausgesucht hatte, die man brauchte, um die schwereren Elemente jenseits des Urans im Periodensystem zu bilden. Doch im Falle Schwedens ist an der Logik nicht zu rütteln: Seine Elemente entsprangen genau dem Boden, auf dem das Land steht.

Um mehr über diesen fruchtbaren Schoß der Elemente zu erfahren und darüber, wie es kam, dass es dort Männer der Wissenschaft gab, die bereit waren, als Hebammen zu fungieren, beschloss ich, mich persönlich nach Schweden zu begeben und herauszubekommen, wieso zwei Städte am Rande Europas – eine davon kaum größer als eine Kleinstadt – es schafften, über einen Zeitraum von anderthalb Jahrhunderten hinweg einen Vorsprung zu behaupten, der sie befähigte, London und Paris in diesem Entdeckungswettlauf in den Schatten zu stellen. In der ersten Hälfte des 17. Jahrhunderts wurde Schweden für kurze Zeit die neue Supermacht Nordeuropas, die sich Norwegen, Finnland und Teile Russlands, Norddeutschlands sowie das Gebiet der heutigen baltischen Staaten untertan machte. Grundlage der Expansion waren Schwedens riesige Reserven an Eisen- und Kupfererz, die für die notwendige militärische und wirtschaftliche Stärke sorgten. Irgendwann wurden diese imperialen Ambitionen von einer neuen, sympathischeren Idee abgelöst, der Idee Skandinaviens. Doch der Bergbau ging weiter, und dank dieser Bergwerke konnte Schweden in den Jahren seines allmählichen Niedergangs seinen großzügigen Beitrag zum Periodensystem leisten. Während mein Flugzeug über Seen und Wälder hinweg Richtung Stockholm fliegt, denke ich über diese Geschichte nach und wie sie sich in den schwedischen Elementen niedergeschlagen hat, deren Namen mit jeder weiteren Entdeckung etwas von ihrem lokalen Bezug verloren, vom Yttrium im Jahr 1794 bis zum Skandium im Jahr 1879.

In Stockholm bin ich mit dem Chemiehistoriker Hjalmar Fors verabredet. Der junge Mann mit seinem blonden Flaumbart hat sich bereit erklärt, mich auf einer Fußwanderung zu den wissenschaftlichen Sehenswürdigkeiten zu führen. Wir beginnen auf dem Stortorget. Das bedeutet „großer Platz", auch wenn es in Wirklichkeit ein kleiner Platz auf der kleinen Insel Stadsholmen ist, Stockholms Altstadt. Eine Schmalseite des Platzes wird dominiert von einem rot getünchten Kaufmannshaus mit barocken Giebeln und einem Psalm auf einer Tafel über der Tür; hier hat Carl Scheele, der beinahe zum Entdecker des Sauerstoffs und des Chlors geworden wäre, um das Jahr 1768 als Apotheker gearbeitet. Unsere nächste Station ist die staatliche Münzanstalt, die in unmittelbarer Nähe des königlichen Schlosses am Ufer liegt. Hier stellte Georg Brandt 1735 die Überlegung an, dass die blaue Farbe des Kobalterzes, das als Nebenprodukt in den königlichen Kupferminen anfiel, die Spur zu einem neuen Element sein könnte. Das in der Münzanstalt amtierende Bergskollegium war für die Untersuchung von Mineralen zuständig und betrieb das erste chemische Labor in Schweden, lange bevor es an der Universität Uppsala oder anderswo ein Laboratorium gab. Brandt war Rationalist, aber seine Vorgesetzten waren Rosenkreuzer, die nicht geneigt waren, ihre mystischen Anschauungen aufzugeben. Doch mit der Zeit gewann Brandt einen größeren Einfluss und konnte mehr im Sinne der Aufklärung wirken. Auch im späteren Verlauf seiner Karriere widmete er sich mit großer Kraft der Widerlegung der Behauptungen von Scharlatanen, sie hätten Silber und andere Metalle in Gold verwandelt. Es dauerte sieben Jahre, bis er die erste Probe von Kobaltmetall in Händen hielt. Es war, wie Hjalmar mir sagt, die erste wirklich moderne Entdeckung eines chemischen Elements, das heißt, die erste, die sich auf eine solide Vorstellung von chemischer Theorie stützte und nicht bloß auf alchemistischen Hokuspokus.

Von hier aus begeben wir uns über die Brücke zum Platz Karls XII. Zu den großen Gebäuden an diesem parkartig angelegten Platz gehört ein ansehnliches, in gelbem Ocker gehaltenes Bauwerk aus dem 19. Jahrhundert; es war die Zentrale des Eisenerzbergbaus, als Schweden der größte Exporteur des Metalls war. Über die gesamte Front des Gebäudes zieht sich im Obergeschoss ein ausgedehntes Basrelief-Fries, dessen heroische Figuren mit verschiedenen Stadien der Eisenherstellung beschäftigt sind, vom Abbau des Erzes über das Schmelzen im Hochofen bis zum Gießen des Roheisen. Den unteren Bereich der Fassade schmücken Gipsmedaillons von Scheele, Berzelius und anderen bedeutenden schwedischen Chemikern. „Eigentlich mag ich das", sagt Hjalmar mit schelmischem Blick. „Im Grunde weiß keiner mehr, wer diese Typen sind. Aber trotzdem sind sie immer noch da oben an der Wand."

Langsam wird mir klar, wie eng der Wohlstand des Landes mit dem Bergbau, aber auch der Bergbau mit der chemischen Wissenschaft zusammenhing. Die ersten richtigen Chemiker Schwedens wurden auf die eine oder andere Weise von Bergbauunternehmen beschäftigt. Sie waren, anders als ihre Kollegen in England und Frankreich, in der Regel hochgradig spezialisiert auf die Analyse von Mineralen. Sie arbeiteten bei der Königlichen Münzanstalt oder dem Bergskollegium oder direkt für die Bergwerksbesitzer. Sie erhielten ihre Proben von den Bergwerken und waren häufig zu Gast bei den Bergwerken von Falun und Västmanland, eine oder zwei Tagesreisen von Stockholm oder Uppsala entfernt. Hier hat man sie sicherlich beobachten können, wie sie das Abfallerz auf außergewöhnliche Steine durchwühlten oder die freigelegten Adern auf Glimmer von ungewöhnlicher Farbe absuchten, wobei sie ihre ersten Analysen des Öfteren in behelfsmäßigen, an Ort und Stelle errichteten Labors vornahmen. Dies waren keine Adligen, die sich in vornehmen Heimlaboratorien die Zeit vertrieben, sondern Realisten, die genau wussten, dass der Reichtum durch harte Arbeit aus der kalten Erde kam und jede darüber hinausgehende wissenschaftliche Erkenntnis umso verdienstvoller sein würde, wenn sie zur Steigerung dieses Reichtums beitrug. Und diese Männer wurden von der Geschäftswelt, der sie dienten, für ihren Realismus gerecht belohnt, denn an den Rohstoffbörsen von Paris und London wird man Medaillons von Lavoisier oder Cavendish vergeblich suchen.

Bild 58: Statue Scheeles

Wir kehren auf ein Bier in ein Café im Königlichen Hopfengarten ein, wo Hjalmar mir von seinem Wunschtraum erzählt, die Geschichte der Wissenschaft durch eine Schwerpunktverlagerung nach Osten umzuschreiben; über die zänkische Rivalität zwischen Engländern und Franzosen würde er zur Abwechslung hinweggehen und stattdessen den geistigen Austausch im Ostseeraum zwischen Skandinaviern, Deutschen und Russen in den Blick nehmen. Den Mauerblümchen in den schwedischen Bergbau-Laboratorien, Männern, die die Veröffentlichung ihrer Entdeckungen wegen ihrer angeborenen Bescheidenheit entweder aufschoben oder ganz unterließen und so dazu beitrugen, dass ihnen nie die Anerkennung zuteilwurde, die ihnen auf der Weltbühne zugestanden hätte, würde durch dieses Projekt der rechtmäßige Platz im Pantheon der Chemie zuerkannt – er erwähnt Johan Gahn, den Entdecker des Mangans; Torbern Bergman, die graue Eminenz hinter vielen der Metalle, die erstmals aus schwedischen Quellen isoliert wurden, ohne selbst eines davon entdeckt zu haben, und er nennt Scheele, der von Stockholm nach Uppsala gegangen war, aber selbst diese Stadt noch zu aufregend fand und sich während der Jahre, in denen er hätte berühmt werden können, in der Kleinstadt Köping in Västmanland vergrub und Arbeitsplatzangebote reicher englischer und deutscher Gönner ausschlug.

Am nächsten Tag nehme ich den Zug nach Uppsala. Stockholm war das Handels- und Finanzzentrum, wo die Metalle aus dem Landesinneren untersucht, gehandelt und zu Münzen geschlagen wurden. Welche Rolle spielte Uppsala? Uppsala hat die älteste, 1477 gegründete Universität Skandinaviens, aber es tut sich nicht schwer mit seiner Geschichte. Man hat nicht den Eindruck, dass hier der Geist blüht. Die wenigen Einkaufsstraßen sind belebt, aber von Geschäftigkeit kann keine Rede sein. Fußgänger und Radfahrer teilen sich vergnügt die Straße, Autos sind kaum zu sehen; man kann sich leicht vorstellen, wie es hier vor zwei- oder dreihundert Jahren zugegangen sein muss. Zwischen Stadt und Universität strömt ein Fluss in seinem Granitbett dahin, aber Studenten sind ebenso dünn gesät wie Passanten.

Ich treffe Anders Lundgren, Dozent für Wissenschaftsgeschichte an der Universität, der mit einem prächtigen grauen Bart aufwartet, von dem Hjalmar Fors nur träumen kann. Während unseres Bummels bemerke ich beiläufig, dass Uppsala einen ausgesprochen freundlichen Eindruck macht. „Das stimmt", pflichtet Anders mir bei, „jetzt. Aber nicht im Winter." Es ist Anfang Juni. Er deutet auf ein weißes Gebäude mit Mansardendach, in dem Mitte des 18. Jahrhunderts die ersten Chemieprofessoren Uppsalas, Johan Wallerius und Torbern Bergman, ihre Laboratorien einrichteten. In diesem Haus und seinen Nachfolgern haben die meisten Entdecker schwedischer Elemente ihre Kunst erlernt oder als Professoren an die nächste Generation weitergegeben. Das galt unabhängig davon, ob sie aus Stockholm kamen wie Anders Ekeberg (Tantal) und Per Cleve (Holmium und Thulium) oder aus dem Bergbaugebiet wie Brandt (Kobalt) oder gar aus den finnischen Gebieten wie Johan Gadolin (Yttrium) – sie alle haben eine Zeitlang in Uppsala gelebt. Peter Hjelm (Molybdän) und Lars Nilson (Skandium) gehörten ebenfalls zu den Absolventen von Uppsala. Scheele betrieb derweil die Apotheke am Marktplatz, wo er erstmals Chlor und Sauerstoff darstellte, obwohl er offiziell nicht am akademischen Leben teilnahm. Uppsala hat ein großartiges Universitätsmuseum, das Gustavianum mit seiner

Zwiebelkuppel, aber es denkt nicht daran, auch nur einen dieser Männer zu feiern – das muss ich wohl als Eigenart der Schweden akzeptieren.

Gleich weit von Stockholm und den Bergwerken entfernt, war Uppsala der dritte Punkt eines Dreiecks, das denkende Gehirn gegenüber der fleißigen Hand und dem pumpenden Herzen des schwedischen Gemeinwesens. Das Verhältnis war allerdings nicht einfach. Die Krone brauchte die Bergwerke, um ihre imperialen Ambitionen zu finanzieren, und die Bergwerksbesitzer genossen ohne Zweifel die Gunst des Königs. Demgegenüber ist nicht auf Anhieb erkennbar, wozu die einen oder anderen die Wissenschaftler brauchten. Anders Lundgren hat sich mit dem Einfluss des Bergbaus auf die Entwicklung der Wissenschaft in Schweden befasst. „Die Chemie hatte dem Bergbau nie etwas zu bieten", erklärt er. Die Bergleute hatten keinen Bedarf für Chemiker, die ihnen die wertvollen Erze erklärt hätten, und sie mochten sich durchaus über diese profanen Eindringlinge mit ihrem unbekümmerten Desinteresse an den dunklen Traditionen der Bergleute geärgert haben. Und wenn die Chemiker das Glück hatten, neue Elemente zu entdecken, dann waren diese für sie auch nicht von Interesse. Vielleicht füllten sie irgendwelche Lücken im theoretischen Verständnis aus. „Aber vor einem Hochofen konnte man mit Theorien über chemische Affinität nichts anfangen."

Dennoch gewannen die Chemiker eine solche Unterstützung, dass die Chemie in Schweden lange wohl die einzige Wissenschaft war, die Aussichten auf eine anständige Karriere bot. Die Krone gewann intellektuelles Ansehen durch die Förderung des Laboratoriums der Bergskommission, und die Bergwerksbesitzer eiferten dieser Großzügigkeit nach ihren eigenen bescheidenen Maßstäben nach. Es gab sogar Bergwerksbesitzer wie Wilhelm Hisinger, der Gönner und Mitarbeiter von Berzelius, die selbst Gelehrte waren. Die nationale „Minerographie" zum Beispiel – so etwas wie ein Atlas der Bodenschätze –, die Hisinger mit 24 Jahren verfasste, war nicht so sehr das Projekt eines habgierigen Prospektors, der sich Schürfrechte sichern wollte, als vielmehr ein Produkt humanistischer Freude an der Erkenntnis um ihrer selbst willen.

So wenig es vielleicht auch zu ihrem Gedenken beitragen mag, bot das Gustavianum doch noch einen Hinweis auf den außergewöhnlichen Erfolg der schwedischen Chemiker. Ich habe an anderer Stelle darauf hingewiesen, dass die Entdeckung von Elementen oft davon abhängig ist, dass man über eine bestimmte Technologie verfügt, und dass sich die Entdeckungen, sofern man im Besitz des entsprechenden Geräts oder Verfahrens ist, dann oft von selbst einstellen. Offensichtlich gab es im 18. Jahrhundert keine Technologie, die geholfen hätte, dem widerwilligen schwedischen Gestein die Seltenen Erden und andere Elemente zu entreißen. Doch es gab ein Instrument, das kein schwedischer Chemiker, der auf sich hielt, nicht bei sich geführt hätte: sein Blasrohr. Das Exemplar im Museum ist vielleicht zwanzig Zentimeter lang und scheint aus Eisen zu sein. Es ist ein dünnes, elegant zugespitztes Rohr, das einer Zigarettenspitze ähnelt. An einem Ende ist es leicht aufgeweitet, damit der Benutzer es gut mit seinem Mund umschließen kann. Am anderen Ende ist der Luftkanal um neunzig Grad gebogen, und die Luft muss durch ein kleines Loch passieren, während durch ein gesondertes Ventil Speichel abfließen kann, wie bei einem Blasinstrument.

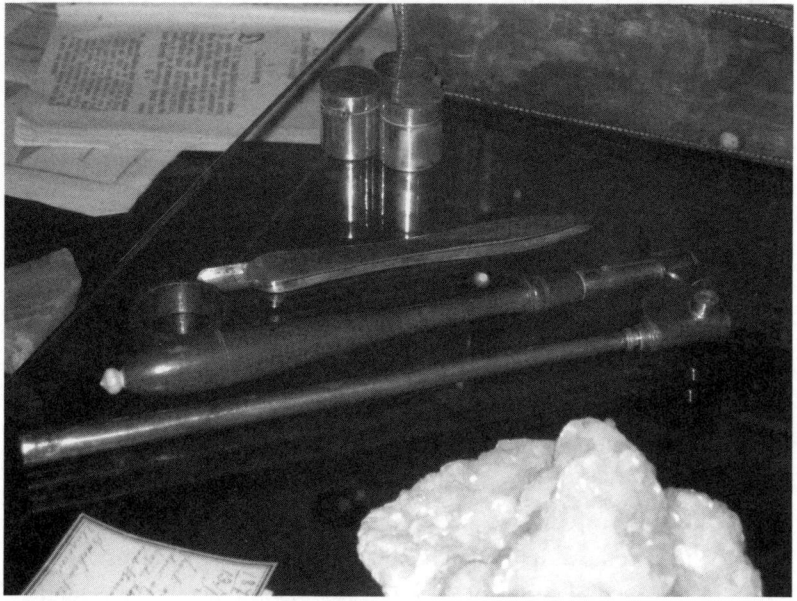

Bild 59: Blasrohr

Dieses schlichteste aller Geräte war der Schlüssel zur Analyse unbekannter Minerale. Es war, wie ein bekannter schwedischer Mineraloge in einem Handbuch schrieb, nichts Geringeres als ein „Taschenlabor". Als eifriger wissenschaftlicher Dilettant ließ selbst Goethe sich von Berzelius in seine Benutzung einweisen. Das Blasrohr wurde schließlich vom Spektroskop überholt, aber es blieb bis in die Mitte des 20. Jahrhunderts hinein ein fester Bestandteil der analytischen Chemie. So einfach es aussieht, verlangt es doch eine kräftige Lunge und teuflische Geschicklichkeit, wenn es gute Ergebnisse liefern soll. Seine große Vielseitigkeit beruht darauf, dass man es benutzen kann, um einen Luftstrom durch verschiedene Bereiche einer Flamme zu blasen, wodurch eine Hochtemperaturzone entsteht, die eine in die Flamme gehaltene Mineralprobe entweder oxidieren oder umgekehrt reduzieren kann.

Wenn alle Sinne hellwach sind, kann dieser scheinbar primitive Vorgang eine ganze Menge diagnostischer Informationen abwerfen. Hat der Benutzer genügend Atem, um den Luftstrom zehn oder fünfzehn Minuten lang aufrechtzuerhalten, damit das untersuchte Mineral glühend rot wird, kann sich die Farbe der Flamme wiederholt ändern, weil unterschiedliche Elemente von ihr verdampft werden (der Luftkanal ist übrigens deshalb gebogen, damit der Benutzer den Punkt gut sehen kann, an dem die Flamme auf das Mineral trifft). Der Geruch der Dämpfe verrät, ob nichtmetallische Bestandteile wie Schwefel, Selen und Tellur vorliegen. Sogar das Geräusch kann bedeutsam sein; ein Knistern verrät zum Beispiel, dass gebundenes Wasser aus der Probe freigesetzt wird.

Das Blasrohr ist für mich Ausdruck des Wesens der, wie Anders sagt, typisch „langweiligen alten Chemie" Schwedens. Selbst die Wissenschaftler werden sich bisweilen gelangweilt haben, wenn ein Mineral sein Geheimnis partout nicht preisgeben wollte und sie es schwitzend und schnaubend immer wieder in Lösung gaben, um eine endlose Folge fast ununterscheidbarer Salze zu erzeugen. Da war man doch sehr weit entfernt von den Gold- und Kupfer-, Bernstein- und Edelsteinschätzen, die durch die Mythologie dieses Landes funkeln. Ich fragte mich, was für farbige Flammen der Hoffnung im Hinterkopf dieser Männer getanzt haben müssen, während sie unermüdlich ein Experiment nach dem anderen durchführten. Hier ging es um eine Forschung, für die man „einen grünen Daumen" brauchte, nämlich handwerkliches Geschick, unendliche Geduld und intime Vertrautheit mit ihren Rohstoffen. Diese Qualitäten waren es, viel eher als quecksilbrige Brillanz oder kostspieliges Gerät, die erklärten, warum so viele der Elemente in diesem nordöstlichen Randbezirk des europäischen Kontinents entdeckt wurden. Diese Qualitäten und, natürlich, der verschwenderische Reichtum des Bodens.

Europium-Union

Die Seltenen Erden sind nicht selten, aber sie sind unbesungen. Diese Gruppe von Elementen, der so viele der schwedischen Entdeckungen angehören, bevölkert eine Zeile in der Tabelle des Periodensystems, die in der üblichen Darstellung unter dem Rest der Tabelle baumelt, wie ein „Zimmer frei!"-Schild unter einer Motel-Reklame. Zu ihr gehören Skandium, Yttrium, Lanthan, Cer, Praseodym, Neodym, Promethium, Samarium, Europium, Gadolinium, Terbium, Dysprosium, Holmium, Erbium, Thulium, Ytterbium und Lutetium. Sie sind zwar gar nicht so selten, aber dennoch wird man Ihnen leicht verzeihen, wenn Sie bisher noch von keinem dieser Elemente gehört haben.

Sandhaltige „Erden" sind sie eigentlich auch nicht – allesamt sind sie mittelschwere Metalle. Ihre Bezeichnung verdanken sie nur der Tatsache, dass sie sich so lange dagegen gewehrt haben, aus ihren Oxid-Erzen herausgelöst zu werden. Widerspenstigkeit könnte man als den wichtigsten gemeinsamen Charakterzug der Seltenen Erden bezeichnen. Ansonsten sind ihre Eigenschaften fein differenziert; es ist sogar eine Auslegungsfrage der chemischen Semantik, ob einige – Skandium und Yttrium am Anfang der Folge und Lutetium an deren Ende – überhaupt auf die Liste gehören.

In fast allen Fällen war die Isolation der Seltenen Erden – vom Yttrium im Jahr 1794 bis zum Promethium im Jahr 1945 – eine harte Plackerei. Eines zeichnet diese Entdeckungen jedoch aus: Sie wurden (mit Ausnahme des anormalen radioaktiven Promethiums) von richtigen Chemikern gemacht. Sie waren nicht auf eine bestimmte, eher zur Physik zählende Technik angewiesen, wie es bei anderen Gruppen von Elementen der Fall war – den von Davy bei der Elektrolyse entdeckten Alkalimetallen, Ramsays Edelgasen, die in ihren Entladungsröhren leuchteten, oder den Transuranen, die im Teilchenbeschleuniger von Berkeley zusammengeschustert wurden. Die Abscheidung der Seltenen Erden war eine rein chemische Angelegenheit. Das übliche Verfahren bestand darin, ein Erz in Säure zu lösen, um eine Lösung zu erhalten, die ein Gemisch von Salzen enthielt. Dieses ließ man dann langsam abdampfen, so dass die Salze der einzelnen Elemente nach und nach auskristallisierten, während die darüberstehende Flüssigkeit noch andere in Lösung enthielt. Durch sorgfältige, bisweilen tausendfache Wiederholung dieses Prozesses konnten die Chemiker schließlich diese einander sehr ähnlichen Substanzen voneinander trennen und aus ihnen dann die in ihnen steckenden neuen Elemente isolieren. Es war, wie ein Chemiehistoriker trocken bemerkt, „ein gewaltiges Unternehmen, das heute Schwierigkeiten hätte, Zuschüsse zu erhalten".[126]

Monoton war dieses Langzeitprojekt zweifellos, aber es war genau das Richtige für einen bestimmten, experimentell ausgerichteten Typ. Der Schwede Carl Mosander brüstete sich mit seiner Unkenntnis der chemischen Theorie, und wie unwichtig sie war, bewies er, indem er durch bloße Ausdauer am Labortisch mehr Seltene Erden entdeckte als irgendjemand sonst. Wer sich mit diesen Elementen abgibt, kann nur ein Sonderling sein, der sich obsessiv in Kleinarbeit stürzt. Auf die wissenschaftlichen Erkenntnisse von heute gestützt, könnte es einfacher sein, die Geschichten solcher Leute in Worten zu kristallisieren, als es damals war, die Elemente selbst auskristallisieren zu lassen, aber sehr wahrscheinlich wäre es genauso langweilig wie die ursprüngliche Übung.

Ich werde mich daher nicht mit allen befassen, sondern ein oder zwei Elemente herausgreifen, die repräsentativ für die ganze Gruppe sind. Die Unterschiede zwischen ihnen sind auf jeden Fall unerheblich, und sie tun im Großen und Ganzen ähnliche Dinge. Manche dieser Dinge sind nützlich – Seltene Erden werden weithin, wenn auch sparsam, in Keramikglasierungen, Leuchtstofflampen, Fernsehschirmen, Lasern, Legierungen und feuerfesten Materialien eingesetzt –, aber die Entscheidung, welche von ihnen in vielen dieser Anwendungen genutzt werden soll, ist einigermaßen willkürlich. Allerdings nicht immer. Es kommt vor, dass eines dieser Seltenerde-Elemente sich vor allen anderen für die vorgesehene Funktion empfiehlt.

Wenn Sie eine Fünf-Euro-Note unter ultraviolettes Licht halten, werden die mattgelben Sterne, die sich auf der Vorderseite über den klassischen Bogen ziehen, plötzlich in einem intensiven Rot erglühen. Auf der Rückseite scheint eine aus drei Etagen bestehende römische Brücke in einem gespenstischen grünlichen Licht über einem Fluss in Blau zu schweben. Dieses Licht kommt von Spezialtinten, die in die Noten eingearbeitet sind, um eine Fälschung zu erschweren, und durch die starke ultraviolette Strahlung zum Leuchten angeregt werden. Welcher Art die benutzten chemischen Verbindungen sind, wird von den europäischen Banken natürlich geheim gehalten.

Doch im Jahr 2002, nur wenige Monate nachdem der Euro in Umlauf gebracht worden war, beschlossen zwei niederländische Chemiker, sich mit einer ungewöhnlichen spektroskopischen Analyse einen Spaß zu machen. Freek Suijver und Andries Meijerink von der Universität Utrecht beleuchteten Euronoten mit ultraviolettem Licht und maßen die exakten Farbtöne des sichtbaren Lichts, das diese emittierten. Daraus konnten sie ableiten, dass das rote Licht von Ionen des Seltenerde-Elements Europium in einer Komplexverbindung mit zwei Aceton-ähnlichen Molekülen stammte. Bei den anderen Farben waren sie sich nicht ganz sicher, äußerten aber die Vermutung, dass die grüne von noch komplizierteren Ionen ausgehen könnte, an denen Europium in Verbindung mit Strontium, Gallium und Schwefel beteiligt war, und die blaue auf einem Europium-Komplex mit Barium- und Aluminiumoxiden beruhte. An diesem Punkt stellten sie ihre Untersuchungen ein, nicht ohne den warnenden Hinweis, dass „jede weitere Untersuchung der Ursachen der Luminiszenz von Euro-Noten gegen das Gesetz verstoßen würde".[127]

Doch mit der Enthüllung dieses kleinen Geheimnisses sind wir noch nicht beim Kern der Sache. Wir wüssten wirklich gern, warum beschlossen wurde, unter all den vielen Tinten, die diese Aufgabe erfüllen könnten, ausgerechnet solche auf der Basis von Europium zu wählen. Am Ende war es wohl doch eine politische Entscheidung, dass eine Banknote, die die europäische Einheit feiert, heimlich von einem chemischen Element unterstützt wird, das seinen Namen erhielt, um die nämliche Idee zu feiern.

Europium-Metall ist weich wie Blei und muss unter Öl aufbewahrt werden, damit es nicht an der Luft in Flammen aufgeht. Es ist unter den Seltenen Erden die reaktionsfreudigste, und weil es bestrebt ist, sich stark mit anderen Elementen zu verbinden, gehörte es zu den letzten, die entdeckt wurden.

Im Art-Nouveau-geprägten Paris kam Eugène-Anatole Demarçay der Verdacht, die von ihm erworbenen Proben von Samarium und Gadolinium – im Periodensystem die gut ein Jahrzehnt zuvor entdeckten unmittelbaren Nachbarn des künftigen Europiums – könnten nicht rein sein. Demarçay war ein hagerer, ernst wirkender Mann, dessen größter Schmuck sein üppiger Schnurrbart war. Am Beginn seiner Karriere hatte er im Labor eines bekannten Pariser Parfümherstellers gearbeitet, war dann aber bald Freiberufler geworden und hatte sich als Spektroskop einen Namen gemacht – er konnte, wie ein Zeitgenosse bemerkte, das Spektrum einer Substanz lesen wie „die Partitur einer Oper". (Die Curies sollten ihn bald aufsuchen, um sich von ihm ihre Entdeckung der Elemente Polonium und Radium bestätigen zu lassen.) Seit 1896 hatte Demarçay von seinen Samarium- und Gadoliniumproben Salze hergestellt, und durch den erschöpfenden Prozess der Trennung durch Kristallisation hatte er ein neues Salz isolieren können, das immer reicher wurde an einer unbekannten Substanz. Bis 1901 hatte er so viele Belege zusammen, dass sein Verdacht, hier könne es sich um ein neues Element handeln, bestätigt wurde.

Demarçay benannte sein Element nach dem gesamten Kontinent Europa, aber eine Begründung dafür hat er offenbar nicht hinterlassen. Seine Entscheidung stand in auffälligem Gegensatz zur damaligen Tendenz, neue Elemente nach Nationalstaaten zu benennen. Gallium wurde 1875 nach Frankreich benannt, Germanium 1886 nach Deutschland. Noch ganz frisch hatte Demarçay die Entdeckung des Poloniums durch die Curies im Jahr 1898 in Erinnerung, an der er mitgewirkt hatte. Vielleicht wollte er diesem ganzen nationalistischen Eifer etwas entgegensetzen.

Im Europa von 1901 waren weitblickende Köpfe längst von der Ahnung beschlichen worden, dass die Nationalstaaten möglicherweise nicht von Dauer sein würden. Victor Hugo sprach 1848 als Erster von den „Vereinigten Staaten von Europa". Der bretonische Philosoph Ernest Renan wagte es, 1882 in einem berühmten Vortrag an der Sorbonne die Frage zu stellen: „Was ist eine Nation?", und sich auszumalen, dass „die europäische Konföderation sie wahrscheinlich ablösen wird". Diese kosmopolitische Haltung zeigte sich auf der Pariser Weltausstellung von 1900, zu der über fünfzig Millionen Menschen kamen, um die Exponate von vierzig Nationen aus aller Welt zu bestaunen, darunter auch Proben der kürzlich entdeckten Seltenen Erden.

Allerdings ließ die Mehrheit der europäischen Bürger nicht erkennen, dass sie solche Ideale teilte, und nachdem es dem Nationalismus gelungen war, die frisch geeinten Staaten Italien und Deutschland zu schaffen, begann er eine weniger von freiheitlichen Idealen als vielmehr von völkischem und sprachlichem Stammesdenken geprägte Abwärtsspirale auszulösen. Bald konnte offenbar jede Gruppe selbstbewusster Ruritanier, um den Begriff des Historikers Eric Hobsbawm zu benutzen, plötzlich beschließen, sich selbst eine Nation zu nennen. Dem weitgereisten Autodidakten Demarçay, der es gewohnt war, sich seine eigene Meinung zu bilden, fiel es vermutlich nicht schwer, der vorherrschenden Tendenz des Nationalismus zu widerstehen und mit seiner chemischen Entdeckung Flagge zu zeigen. Er hätte die Entstehung der Europäischen Union vermutlich begrüßt, und es hätte ihn gefreut, dass sein Metall zum Bestandteil ihres ökonomischen Gefüges wurde.

Die Europäische Zentralbank scheint jedoch unfähig zu sein, diese Freude zu verbreiten. Meine Anfrage, wer sich für Europium eingesetzt habe, missversteht sie vorsätzlich, und trostlos bittet sie um mein „Verständnis, dass wir uns aus Sicherheitsgründen nicht zu den chemischen Komponenten der Sicherheitsmerkmale der Euro-Banknote äußern können". Dabei kenne ich die chemischen Komponenten; was ich wissen möchte, ist, wer der Witzbold in der Brüsseler Bürokratie war, der dafür sorgte, dass man Europium benutzte. Die Bank verlangt, dass ihr Geld diese Sicherheitsmerkmale enthält, darunter ein fühlbares Relief, Metallstreifen, Wasserzeichen und Hologramme, aber tatsächlich druckt sie das Zeug nicht selbst und schreibt deshalb nicht vor, dass für die leuchtenden Farben Europium oder ein anderes spezielles Material verwendet werden muss. Jedenfalls könnten dafür auch andere verantwortlich gewesen sein.

Aber die führenden Drucker der Euro-Banknoten wollen mir auch nichts verraten.

Bei nochmaliger Lektüre des Artikels von Suijver und Meijerink sehe ich, dass er einen Hinweis enthält. Im Bemühen, eine Bestätigung für ihre Europium-Enthüllung zu erhalten, wandten sich die beiden an die niederländische Nationalbank, und dort wurden sie schließlich mit einem Forscher verbunden. Im Verlauf ihres Gesprächs ließ der Banker zufällig eine Bemerkung fallen, die bei den Chemikern eine Erinnerung weckte. „Vor einigen Jahren haben er und ein Kollege unser Laboratorium besichtigt", erinnert sich Meijerink. „Während seines Besuchs konnten wir ihn mit einer Menge Informationen über leuchtende Materialien versorgen." Haben in Wahrheit also die Utrechter Chemiker die Idee aufgebracht, Europium zu verwenden? Haben sie ihre analytische „Entdeckung" bloß inszeniert, um eine falsche Spur zu legen, oder konnten sie der Versuchung nicht widerstehen, gewissermaßen ihre eigene Vaterschaft an den Europium-Farben im Euro anzumelden? Oder waren es umgekehrt die geheimnisvollen Banker, die bei ihrem Besuch plötzlich auf die geniale Idee kamen, als sie hörten, dass ein Element namens Europium zu denen gehörte, die für die Aufgabe geeignet waren? Momentan scheint niemand bereit zu sein, sich zu dieser genialen Entscheidung als seiner eigenen zu bekennen.

Auerlicht

Das Mädchen ist von der Taille an aufwärts nackt; abwärts von dort ist sie nur in allerdünnste Gaze gehüllt. Sie kniet, den Kopf zur Seite geneigt, und lacht frech unter ihren braunen Locken hervor. In der rechten Hand scheint sie einen blendenden Strahlenkranz weißen Lichts zu halten, in dessen Mittelpunkt ein noch helleres Licht erstrahlt – ich sage „scheint", weil das Licht keine erkennbare Quelle oder Verbindung hat; es ist reine Illumination. Mit der anderen Hand hält sie sich am Stengel einer großen Sonnenblume fest, und sie ist umgeben von den kräftigen Ranken anderer Gewächse. Rechts vor der Bildebene sieht man eine gewöhnliche Straßenlaterne; innerhalb der Bildebene wäre sie ein Anachronismus. Die Botschaft wird deutlich: Diese vestalische Jungfrau verkündet das Versprechen eines neuen Lichts, dem Licht der Sonne gleich, das die Welt erhellen wird.

Giovanni Matalonis Plakat von 1895 warb für die verbesserte Gasbeleuchtung der Firma Auer in Rom („guardarsi dalli contraffazioni" – man hüte sich vor Nachahmungen). Es war eines von Hunderten ähnlicher Bilder, die um die Jahrhundertwende in ganz Europa und Amerika in den Städten auftauchten. Bunt bebilderte Plakate waren der letzte Schrei in der Werbung, und kein Geschäftsbereich bemühte sich emsiger um die Gunst des Publikums als die rasch expandierende Beleuchtungsindustrie, in der Gas und Strom mit konkurrierenden Neuerungen unablässig miteinander wetteiferten.

Den Durchbruch, der es dem Gas ermöglichte, seinen Vorsprung vor der neumodischen elektrischen Beleuchtung in den letzten Jahren des 19. Jahrhunderts noch ein Weilchen zu behaupten, erzielte Carl Auer, später Freiherr von Welsbach, ein Wiener, der sein Studium in Heidelberg bei Robert Bunsen abgeschlossen hatte, dem langjährigen Guru der europäischen Chemiker. 1880 in Heidelberg angekommen, zeigte Auer dem großen Mann eine bescheidene Sammlung von Mineralproben Seltener Erden, die er zusammengetragen hatte, und Bunsen erteilte ihm den Auftrag, sie zu analysieren, wobei er die Einwände Auers, dass die Mengen nicht ausreichten, mit einem Lachen abtat. Dieses Projekt stellte die Weichen für seine Karriere, und mit den Seltenen Erden sollte er ein Vermögen machen. Auers *annus mirabilis* kam 1885 daheim in Wien, wo es ihm gelang, das vermeintliche Element Didym in zwei wirkliche Elemente aufzulösen, die ordnungsgemäß die Namen Praseodym und Neodym erhielten. Mit ihren grünen und pinkfarbenen Verbindungen waren sie attraktiv für den Einsatz bei Keramikwaren und getönten Gläsern für Schutzbrillen.

Bild 60: Plaktat von Mataloni

Auer begnügte sich nicht damit, die Zahl der Seltenen Erden zu vermehren. In seiner Heidelberger Zeit hatte er den schon damals berühmten Brenner seines Lehrers bewundert, dessen regulierbare Flamme auf niedrige und hohe Temperaturen eingestellt werden konnte. Ihm war aufgefallen, dass die Flamme des Bunsenbrenners, wenn sie voll aufgedreht wurde, seine Seltenerde-Erze zum Glühen brachte, so dass sie ihr eigenes Licht ausstrahlten. Er begann, dieses Phänomen mit unterschiedlichen Kombinationen von Metalloxiden zu erkunden. Es war bekannt, dass eine Flamme, die man auf ein Stück Kalk (Kalziumoxid) richtet, ein Leuchten hervorbringt, das als Kalklicht bekannt war. Auer untersuchte die Oxide von Magnesium und Beryllium, die beide eng mit Kalk verwandt sind, sowie die Oxide seiner Seltenen Erden und anderer Elemente.

Mit der Gasbeleuchtung in Straßen und Häusern war man um die Mitte des 19. Jahrhunderts schon vertraut, aber ihr Licht war durch die Leuchtkraft der Flamme begrenzt, die ihrerseits von der Mischung der verbrannten Kohlenwasserstoffe abhing. Kerzen und Glühlampen spendeten ein helleres Licht als Gas, aber eine kontinuierliche Versorgung erlaubte nur das Gas. Auer glaubte, dass eine Lampenkonstruktion, in der seine Seltenerde-Oxide in der Nähe der Gasflamme angebracht waren, ein helleres Licht erzeugen könnte. Über mehrere Jahre hinweg machte er Versuche mit Schläuchen aus Baumwollgewebe, die er mit verschiedenen Mischungen von Seltenen Erden und anderen Salzen tränkte. Diese Schläuche oder Strümpfe wurden getrocknet und, von dem verkrusteten Oxid steif geworden, über die Flamme gestülpt, die das Gewebe wegbrannte und ein zerbrechliches Spitzengeflecht des feuerfesten Oxids zurückließ. Dieses wurde dann von der Hitze der Flamme zu heller Glut gebracht.

Man wusste wenig über die Eigenschaften vieler der Oxide und noch weniger darüber, wie sie sich in Kombination verhielten; es ließ sich daher nicht vorhersagen, welche Zusammensetzung ein weißes Licht erzeugen würde. Als Erstes ließ Auer sich 1885 ein Gaslicht mit einem Strumpf patentieren, der aus einer Mischung von Magnesium-, Lanthan- und Yttriumoxiden bestand, aber wegen seiner Zerbrechlichkeit und der krankhaft grünen Farbe des Lichts kam es beim Publikum nicht an. Doch 1891 hatte er die richtige Mischung gefunden: Thorium- und Ceroxide im Mischungsverhältnis von 99 zu 1 erzeugten ein befriedigendes weißes Licht (Thorium ist keine Seltene Erde, sondern der schwerere – und, was man damals nicht wusste, radioaktive – Cousin von Cer). Strümpfe aus diesem Material waren robuster und fanden rasch Anklang. Auer war, ungewöhnlich für einen Wissenschaftler, ein cleverer Geschäftsmann, und sein Name wurde bald bekannter als der von Bunsen. Der Bunsenbrenner hatte zwar seinen verdienten Platz in den Laboratorien, doch das helle neue Auerlicht, wie man es nannte, war für alle von Nutzen und wurde rasch von verschiedenen Auer-Firmen über einen dankbaren Kontinent verbreitet. Allein im Jahr 1892 wurden rund 90.000 Auerstrümpfe in Wien und Budapest verkauft; rund zwanzig Jahre später betrug die Jahresproduktion 300 Millionen Einheiten.

Auer fand offensichtlich Gefallen daran, seinen Namen an seine Erfindungen anzuhängen. Den Erfolg seines Gasglühstrumpfs setzte er fort mit einem Osmium-Glühfaden, dem Auer-Oslicht – während er noch dabei war, seinen Glühstrumpf zu vervollkommnen, beschäftigte er sich schon mit der technischen Alternative und experimentierte mit Materialien für elektrische Lampen, von denen er ahnte, dass sie eines Tages das Gaslicht verdrängen würden. Im Jahr 1903 ließ er eine Legierung aus Cer und Eisen patentieren – er nannte sie Auermetall I –, die durch Reiben Funken erzeugte. „Zündsteine" aus diesem Material funktionieren bis heute in Feuerzeugen. Alles, was Auer anfasste, schien sich in Licht zu verwandeln. Kein Wunder, dass er anlässlich seiner Erhebung in den Adelsstand für sein Wappen das Motto wählte: „Plus Lucis" – mehr Licht.

Cer ist das am häufigsten vorkommende Element der Seltenen Erden, und es findet sich häufiger als viele vertraute Elemente wie etwa Kupfer. Offenbar ist es ihm bestimmt, seiner Häufigkeit ungeachtet von uns Menschen weitgehend verkannt zu werden. Es wird eingesetzt, um die Eigenschaften und das Verhalten von Gusseisen, Stahl und Aluminiumlegierungen zu verbessern. Sein pulverisiertes Oxid, unter der Bezeichnung Pariser Rot bekannt, ist ein feines Schleifmittel, mit dem Edelsteine und Glas poliert werden. Im 19. Jahrhundert erkannte man, dass Cersalze den Brechreiz hemmen, außerdem tat man sie in Hustensäfte, antibakterielle Mittel gegen Verbrennungen und Tuberkulose – und wie es sich für Arzneimittel gehört, weisen diese Salze obendrein einen charakteristischen süßen Geschmack auf. Für Aufregung sorgte vor einiger Zeit die Entdeckung, dass ein Zusatz von Ceroxid den Wirkungsgrad von Dieselkraftstoff beträchtlich erhöht. Außerdem wird es nach wie vor für Beleuchtungszwecke genutzt: Die mächtigen Strahler am Filmset werden dadurch heller.

Cer wurde von Jöns Jacob Berzelius entdeckt, dem bedeutendsten Chemiker Schwedens. Im Unterschied zu einigen seiner schamhafteren Landsleute veröffentlichte er seine Ergebnisse zügig, außerdem führte er einen lebhaften Briefwechsel mit seinen ausländischen Kollegen, und er empfing Jünger der Chemie, die als Pilger zu ihm kamen, in seinem Laboratorium. Wenn er in gängigen Wissenschaftsgeschichten nicht mehr berücksichtigt wird, liegt das eindeutig an Vorurteilen des Westens.

Die mineralische Welt war nicht die erste Liebe von Berzelius. 1779 geboren, wurde er in einer Zeit erwachsen, in der man bereits glaubte, die glorreichen Jahre der schwedischen Wissenschaft seien vorüber. Der begabte Apotheker Scheele war tot, ebenso die Mineralchemiker Brandt und Gahn, die in den Erzen der königlichen Bergwerke neue eisenähnliche Metalle aufgespürt hatten. Tot war auch der weltberühmte Botaniker Carl Linnaeus, der den kühnen Gedanken gefasst hatte, der Mensch könne die gesamte Natur klassifizieren, und der Sache mit seiner binären Nomenklatur zu einem guten Start verholfen hatte.

Als Mediziner ausgebildet und wie viele Wissenschaftler damals von der Wirkung elektrischer Ströme auf lebende Organismen fasziniert, wünschte Berzelius hinter das Geheimnis des Lebens zu kommen. Dazu musste er zunächst den modischen Theorien des Vitalismus eine Absage erteilen und für die Physiologie von Tier und Mensch eine rationalere Erklärung liefern. Ein Schritt, der ihm dabei weiterhalf, war die Benennung des Faches als „Tier-Chemie". Das war zu Beginn des 19. Jahrhunderts kurzzeitig ein kontroverses Thema unter Wissenschaftlern. Bei der Royal Society in London bildete sich als Interessengruppe ein „Animal Chemistry Club", der Davy zu seinen Stammgästen rechnete, während Berzelius aktives korrespondierendes Mitglied war. Es zeigte sich allerdings, dass die wissenschaftlichen Probleme so gut wie unlösbar waren. Dennoch waren die von der Chemie des Lebens aufgeworfenen Probleme für Berzelius Anlass, an seinen Fähigkeiten als analytischer Chemiker zu arbeiten, und er gewann er die Unterstützung des wohlhabenden Bergwerksbesitzers Wilhelm Hisinger. Trotz seiner offenen Abneigung gegen die anorganische Chemie hatte Berzelius wie so viele schwedische Wissenschaftler vor ihm kaum eine Wahl, als dem Ruf der Erde zu folgen.

Berzelius sorgte dafür, dass uns heute vertraute Artikel des Laborbetriebs wie Filterpapier oder Gummischläuche eingeführt wurden, doch er versäumte es, anders als Bunsen mit seinem Brenner oder Davy mit seiner Grubenlampe, diese Neuerungen mit seinem Namen zu verbinden. Er führte Begriffe und Wörter ein, die sich als viel zu nützlich erwiesen haben, um sie allein für die Wissenschaft zu reservieren: „Katalyse" und „Protein" sind seine Wortschöpfungen. Unschätzbar war sein Beitrag über die Proportionen, in denen Elemente und ihre Verbindungen sich vereinigen, der die Atomtheorie des englischen Quäkers John Dalton bestätigte und der Chemie zum ersten Mal eine solide quantitative Grundlage verschaffte. Auch die Entwicklung einer abgekürzten Schreibweise für die Elemente und die Erfindung moderner chemischer Symbole gehen auf Berzelius zurück. Sein System eines Codes aus ein oder zwei Buchstaben, das oft auf dem lateinischen Namen des Elements basiert, ist inzwischen weit über die Grenzen des Faches hinaus zur Ikone geworden. Diese beiden Dinge – das Symbol für jedes Element und die Einsicht, dass sie sich in feststehenden Proportionen miteinander verbinden – führten dann zwangsläufig zu den ersten chemischen Formeln, diesen Ketten aus Buchstaben und Zahlen, die dem Chemiker alles verraten und allen anderen sinnleer erscheinen.

Dieses Notationssystem erscheint uns vertraut und befremdlich zugleich. Doch 1811, als es aufkam, war es eine graphische Sensation. Die Folgen für das wissenschaftliche Verständnis der Materie waren weitreichend. Nun, da die alchemistische Suche endgültig überwunden war, zeigten aufgeklärte Wissenschaftler in ihren modernen Laboratorien, dass sie einfache Verbindungen, wie sie in der Natur vorkommen, synthetisieren konnten: Lavoisier hatte die Gase Wasserstoff und Sauerstoff kombiniert und nichts als Wasser erhalten; die exotischen entflammbaren Metalle, die Davy isoliert hatte, konnte man verbrennen, um wieder die Oxide zu erhalten, die man in den natürlich vorkommenden Mineralien findet. Berzelius' System machte endgültig Schluss mit Vorstellungen wie etwa der, dass ein aus natürlichen Quellen erhaltenes Material sich von demselben im Labor erzeugten Material in seinem Wesen unterscheidet. Wenn man eine Substanz wie beispielsweise Ammoniak nicht mehr als „Hirschhornsalz", sondern als NH_3 bezeichnet, wird schlagartig klar, dass es nicht mehr wichtig ist, woher es kommt, damit es ist, was es ist.

Bild 61: Von Berzelius beschriftete Chemikalienflaschen

Dies würde schon ausreichen, um einen Ruf als großer Chemiker zu begründen, und doch da ist noch mehr. Berzelius war nämlich nicht nur der Entdecker von Cer, sondern der von drei weiteren chemischen Elementen – Thorium, Selen und Silizium –, die alle ihrer Natur nach sehr erdgebunden sind. Alle diese Entdeckungen beruhten auf seiner engen Verbindung mit Bergbau und Industrie. Die Silikatmineralien, aus denen er schließlich reines Silizium gewann, stellen Schwedens Grundgestein dar. Selen, ein dem Schwefel verwandtes Element, fand er im Sediment einer Schwefelsäurefabrik, an der er eine Kapitalbeteiligung hatte. Thorium und Cer isolierte er aus ungewöhnlichen Mineralproben, die man ihm zur Untersuchung geschickt hatte. Für den Namen Cer ließ Berzelius sich von dem kürzlich entdeckten Zwergplaneten Ceres inspirieren, und er folgte dem Präzedenzfall, der einige Jahre zuvor mit dem Element Uran und dem Planeten Uranus geschaffen worden war.

Die Schweden hatten bei der Suche nach neuen Elementen als Erste die Elektrolyse benutzt, aber für die rechtliche Anerkennung ihrer Priorität gegenüber Davy mussten sie kämpfen. Über ihre Arbeit unterrichtet, bemerkte der französische Chemiker Vauquelin, wenn das Institut de France davon rechtzeitig gewusst hätte, wäre die Napoleon-Medaille nicht nur Davy zuerkannt worden, sondern auch Berzelius.

Berzelius hat möglicherweise darunter gelitten, dass die Geschichte der Chemie unter dem Gesichtspunkt der späteren Erfolge der Deutschen, Franzosen und Briten übertüncht wurde. Doch nach meiner Meinung half schwedische Zurückhaltung in diesem Fall nicht weiter. Ich war auch in der Hoffnung nach Stockholm gekommen, einen Blick auf die Chemikalien zu werfen, die Berzelius gesammelt und in seiner überzeugenden neuen Schreibweise gekennzeichnet hatte. In einer alten Biografie hatte ich sie auf einer farbigen Abbildung gesehen: kleine Glasfläschchen mit klobigen Glaskorken, gefüllt mit Stäuben in Pastelltönen von Blau, Gelb, Grau und einem seifigen Grün, jedes mit einer kennzeichnenden Formel in Berzelius' Handschrift. Aus der Beschriftung ging hervor, dass diese Schätze im Berzelius-Museum gezeigt werden. Doch das Museum steht nicht mehr, und seine Inhalte werden, wie man mir sagte, in großen Kisten bei der königlich-schwedischen Akademie der Wissenschaften aufbewahrt und warten auf den Tag, an dem es wieder jemand für angebracht hält, Berzelius' gewaltigen Beitrag zum Inventar, zur Theorie und zur Sprache der Chemie zu ehren.

Gadolin und Samarski, Jedermänner der Elemente

Im Jahr 1788 entdeckte Carl Axel Arrhenius, Leutnant der schwedischen Armee und Mineraloge (das Interesse an diesem Fach war bei ihm erwacht, als er im Labor der Königlichen Münzanstalt lernte, wie man Schießpulver testet), ein schwarzes, asphaltähnliches Erz, das sich in dem fleischrosa Feldspat der Grube Ytterby angesammelt hatte. Arrhenius war fasziniert von dem Gedanken, es könne eine Quelle des dichten Metalls Wolfram sein, das einige Jahre zuvor entdeckt worden war. Umgehend schickte er eine Probe davon zur Analyse an seinen Freund Johan Gadolin, Professor der Chemie an der Universität in Åbo (heute Turku in Finnland, damals Teil des schwedischen Reiches). Nach längerem Verzug wartete Gadolin mit einer noch interessanteren Nachricht auf: der Leutnant hatte das Erz eines neuen Seltenerde-Elements entdeckt. Gadolin nannte das Erz Yttria, nach der Grube Ytterby, und machte sich Gedanken darüber, was dieser jüngste Fund für die Chemie insgesamt bedeuten könnte. „Nicht ohne große Beklemmung wage ich, von einer neuen Erde zu sprechen, denn sie werden momentan allzu zahlreich", schrieb er, „denn mir scheint es ziemlich fatal zu sein, wenn jede der neuen Erden nur an einem Ort oder nur in einem einzigen Mineral gefunden werden sollte".[128]

Gadolins Befürchtungen wegen eines Überhandnehmens der Seltenen Erden erwiesen sich als begründet. Dieses eine Ytterby-Mineral sollte am Ende nicht nur ein Seltenerde-Element preisgeben, sondern vier, und aufgrund ihrer scheinbar exklusiven Verbindung mit dem Ort ihrer Entdeckung erschien es gerechtfertigt, sie alle danach zu benennen: Yttrium, Erbium, Terbium und Ytterbium. Später separierte Per Cleve aus demselben Erz die Oxide von zwei weiteren neuen Metallen, und er nannte sie, weiter ausgreifend, Holmium, nach Stockholm, und Thulium, nach dem alten Namen für Skandinavien, Thule. Derweil entdeckte Anders Ekeberg in einem anderen Ytterby-Mineral ein weiteres neues Element, aber diesmal war es keine Seltene Erde, sondern ein Metall: Tantal. 1879 war die Ytterby-Grube schließlich die Quelle von sieben chemischen Elementen in einer Liste, die sich damals auf insgesamt siebzig belief.

Das Mineral, aus dem Gadolin sein Yttria erhielt, wurde zunächst Ytterbit genannt, bald darauf aber zu seinen Ehren in Gadolinit umbenannt. Darauf stützte sich jedoch nicht sein einziger oder bedeutendster Anspruch auf wissenschaftliche Unsterblichkeit. Denn später wurde das Element Gadolinium zusammen mit Samarium zum ersten, das nicht nach einer Gestalt der Mythologie benannt wurde und auch nicht nach einem griechischen Neologismus auf der Grundlage seines chemischen Verhaltens, ja, nicht einmal nach dem Ort, wo es gefunden wurde, sondern nach einer realen Person. Samarium wurde 1879 entdeckt und nach einem russischen Bergbauingenieur benannt, nach Wassili Samarski. Gadolinium wurde im folgenden Jahr identifiziert.

Erst im Jahr 1944 wurde ein weiteres Mal ein neues Element nach einer Person benannt. Es ging um Curium. In den fünfziger Jahren folgten weitere Neulinge dieser ehrenvollen Tradition: Einsteinium, Fermium, Mendelevium und Nobelium. Die Namen all dieser Elemente sind Ausdruck der Hochachtung vor Wissenschaftlern, die aufgrund ihrer Leistungen bereits hohes Ansehen genossen. Sie werden vielleicht denken, dass diese Elemente mit unserer Alltagserfahrung recht wenig zu tun haben. Auf jeden Fall scheinen sie weit weniger bekannt zu sein als die Personen, nach denen sie benannt sind. Beim Gadolinium und Samarium verhält es sich wahrscheinlich anders herum: Ihre Entdecker sind noch unbekannter als sie selbst. Auch wenn Sie vielleicht noch nie etwas von diesen zwei Metallen gehört haben, sind sie doch beide häufiger als Zinn, und man findet sie in jedem modernen Haushalt. Gadolinium wird für die magnetische Aufzeichnung von Schallplatten und Tonbändern benutzt, während die winzigen Lautsprecher von Minimusikanlagen auf hochmagnetische Legierungen von

Samarium angewiesen sind. Wer also waren Gadolin und Samarski, bei deren Namen man eher an eine Anwaltskanzlei in Milwaukee denkt? Und wer wünschte sie zu ehren, indem er ihnen auf diese unvergleichlich dauerhafte Weise Tribut zollte?

Johan Gadolin wurde 1760 in Åbo in eine Familie hineingeboren, die der Stadt zwei Bischöfe gegeben hatte. Johans Großvater war von dem in Familien von Geistlichen geübten Brauch, den eigenen Namen in lateinischer Form aufzuwerten (wie es Linnaeus getan hatte), ein wenig abgewichen und hatte den Namen Gadolin angenommen, der aus dem Hebräischen kommt und „groß" bedeutet. Gadolinium sollte dadurch zum einzigen Element werden, das etymologisch im Hebräischen wurzelt. Mit der Untersuchung des von Arrhenius übersandten Minerals kam Gadolin der Entdeckung eines Elements am nächsten. Seine Mineraliensammlung ging unter, als Åbo und seine Universität 1827 durch einen Brand zerstört wurden; Yttriummetall wurde dann im folgenden Jahr von anderen isoliert. Gadolin wurde 93 Jahre alt, alt genug, um noch die Ehre zu genießen, dass das Mineral Gadolinit nach ihm benannt wurde, aber nicht alt genug, um das Erscheinen von Gadolinium zu erleben.

Wassili Efgrafowitsch Samarski-Bychowez stieg im russischen Korps der Bergbauingenieure bis zum Rang eines Obersten auf. 1847 im südlichen Ural stationiert, fiel ihm ein unbekanntes bröckeliges Mineral mit der Farbe von gebranntem Karamell auf, das ihn so neugierig machte, dass er eine Probe davon zur fachmännischen Beurteilung nach Berlin schickte, wo ein deutscher Mineraloge bestätigte, dass es sich um eine Neuheit handelte, und dem Brauch des Faches folgend den Namen Samarskit empfahl; das Element erhielt dann, wie es sich gehörte, den Namen Samarium. Über Samarski, der keinen weiteren Beitrag zur Wissenschaft leistete, ist ansonsten kaum etwas bekannt.

Verglichen mit den Curies oder Pionieren wie Berzelius oder Lavoisier oder Davy, denen es anscheinend bestimmt war, niemals im Periodensystem in Erscheinung zu treten, erscheinen die Beiträge Gadolins und Samarskis geringfügig. Warum wurden diese beiden dann so begünstigt? Wenn ihre Leistungen nicht Empfehlung genug waren, müssen wir die Antwort bei den späteren Erforschern der Elemente suchen.

Paul-Emile Lecoq de Boisbaudran, wohlhabender Sohn eines Brennerei-
besitzers in Cognac, extrahierte 1879 aus einer Samarskit-Probe aus dem
Ural einige Salze eines Seltenerde-Elements, das er für Didym hielt. Als er
die Salzlösung mit einem anderen Reagens kombinierte, entstand nicht das
Präzipitat, das er erwartet hatte, sondern ein Niederschlag mit zwei unterschiedlichen Phasen. „Didym" war gar kein Element, sondern eine komplizierte Mischung aus unbekannten Seltenen Erden. Nachdem er die beiden Ablagerungen voneinander getrennt hatte, konnte er zeigen, dass eine
davon eine Verbindung eines neuen Elements war, das er Samarium nannte.
Jean Charles Galissard de Marignac, der in Genf mit einer anderen Probe
des „Didym"-Minerals arbeitete, isolierte im folgenden Jahr ein weiteres
neues Seltenerde-Oxid. Lecoq bestätigte die Entdeckung de Marignacs und
schlug für dieses neue Element den Namen Gadolinium vor. (Fünf Jahre
später räumte Carl Auer dann endgültig mit „Didym" auf, indem er zeigte,
dass es zwei weitere echte Elemente enthielt, Neodym und Praseodym.)
    Es war also Lecoq, der diese relativ unbedeutenden Figuren zu Stars in
Periodensystem beförderte. Was war sein Motiv? Das letzte Viertel des 19.
Jahrhunderts war, wie wir gesehen haben, der Gipfel des europäischen Nationalismus. Hätte er das Samarium nicht vielmehr nach Frankreich oder
Paris benennen sollen, wo er arbeitete, und das Gadolinium nach Genf
oder der Schweiz, wo sein Freund Marignac lebte? Tatsächlich war es wohl
klug von ihm, es nicht zu probieren, denn er hatte bereits einen Schuss in
diese Richtung abgegeben, und zwar auf ausgesprochen umstrittene Weise.
    Lecoq hatte seinen ersten Beitrag zum Periodensystem 1875 geleistet, als
er aus Zinkerz ein neues Element isolierte. Eine Probe davon präsentierte
er der französischen Akademie der Wissenschaften, und er nannte es Gallium, zu Ehren Frankreichs. Die Probleme begannen einige Jahre später, als
Verdächtigungen laut wurden, die Benennung sei nicht ganz die patriot-
sche Geste gewesen, als die sie erschien, sondern ein listiger Trick Lecoqs,
seine Entdeckung nach ihm selbst zu benennen – denn die lateinische Bezeichnung Frankreichs mochte zwar Gallia lauten, doch es gab auch ein
lateinisches Wort für *coq*, und das war *gallus*. Der Streit tobte derart heftig,
dass Lecoq sich gezwungen sah, in Abrede zu stellen, dass er den Namen
gewählt habe, um sich selbst zu huldigen. Die Episode muss ihm noch

schmerzlich in frischer Erinnerung gewesen sein, als er an den Didym-Mineralen arbeitete.

Es ist denkbar, dass Lecoq nach der Peinlichkeit mit dem Gallium einfach auf Nummer sicher gehen wollte. Und nichts war sicherer, als der anerkannten Benennung des Ursprungsminerals so eng wie möglich zu folgen: Man brauchte die Endung -it des Geologen nur durch das -ium des Chemikers zu ersetzen. Wie es scheint, wählte er Samarium, weil es aus Samarskit gewonnen wurde, und Gadolinium, weil es ohne weitere Umstände aus Gadolinit gewonnen wurde. Wenn das stimmt, dann war es eine Niederlage für die Chemie. Es gibt sehr viel mehr Mineralien, die nach Geologen benannt sind, als Elemente, die nach Chemikern benannt sind, und das nicht nur, weil die Liste der Mineralien im Vergleich zur Liste der chemischen Elemente ziemlich lang ist. Es ist bei den Mineralogen eine lange und schöne Tradition, Mineralien nach den Pionieren auf ihrem Gebiet zu benennen, eine Praxis, der nachzueifern die bescheidenen Chemiker generell abgeneigt waren. Viele Chemiker, die es nie geschafft haben, ihren Namen mit einem Element zu verbinden, haben daher gleichwohl ein Mineral, das ihnen zu Ehren benannt wurde. Darunter sind Cleveit, Tennantit und Wollastonit, deren Namen Chemiker ehren, die Elemente entdeckten. Gadolinium und Samarium sind zwei seltene Beispiel dafür, dass die Gunst erwidert wurde. Gadolinium muss als Denkmal für all die Chemiker stehen, die sich bemühten, ein neues Element von seinem mineralischen Ursprung zu befreien, und Samarium für all die Mineralogen, die dieses ungewöhnliche Mineral überhaupt erst aufspürten, es vom Urgestein abschlugen und der Welt zur Kenntnis brachten. Jedenfalls sind Gadolin und Samarski nicht gerade die bedeutendsten Repräsentanten, die man vielleicht für diese Pflicht hätte auswählen können: Sie sind die Jedermänner der Elemente.

Die Grube Ytterby

Als ich die Geschichten von den Seltenen Erden hörte, hatte ich das Gefühl, allmählich besser zu verstehen, woher die Elemente kamen. Natürlich wusste ich, dass sie alle zusammen aus der Erde, dem Meer und der Luft stammten. Ich wollte über diesen offenkundigen Syllogismus hinaus – da alles aus Elementen besteht, findet man die Elemente überall – und so etwas wie einen *locus classicus* dieser fundamentalen Bestandteile jeglicher Materie finden. Denn universal sind sie ja doch nur in einem Sinne. Gewiss besteht alles aus Elementen, doch die reinen Elemente an sich scheinen eigentümlich ungreifbar zu sein, fast immer eingesperrt in undurchschaubare Minerale und Verbindungen. In der Natur nach den Elementen zu suchen, das war, als würde man eine Bäckerei überfallen und eine Menge Kuchen und Brötchen finden, aber nicht einen Hauch von dem Mehl und Zucker, aus dem sie gemacht sind. Bei einem Spaziergang auf dem Lande findet man keine Aluminiumklumpen oder Quecksilberbäche. Dennoch war ich überzeugt, dass es Orte geben muss, wo man die Aura der Elemente spüren kann.

Es war an der Zeit, ein Bergwerk zu besuchen. Ich wollte nicht zum Großen Kupferberg von Falun fahren, dem riesigen Bergbauzentrum, das im 13. Jahrhundert gegründet wurde und bis 1992 in Betrieb war. Ich wollte auch nicht zu Hisingers Bergwerken im nahegelegenen Västmanland fahren. Berzelius und Hisinger hatten Cer aus den dort abgegrabenen Erzen entdeckt, aber gesucht hatten sie nach Gadolins Yttria, dem Erz, das seinen Namen von dem Dorf Ytterby hatte, dessen kleine Grube der Welt nicht nur Yttrium geschenkt hatte, sondern außerdem sechs weitere Elemente. Ich wollte diese ergiebigste Quelle von Elementen besuchen.

In Ytterby befindet sich die angeblich älteste Feldspat- und Quarzmine Schwedens. Sie liegt auf der Insel Resarö, einer der unzähligen Felsinseln östlich von Stockholm, wo Schweden sich in die Ostsee hinein auflöst. Anfang des 18. Jahrhunderts wurde der hier abgebaute Feldspat zur Porzellanherstellung nach Schwedisch-Pommern geschickt, während der ungewöhnlich reine Quarz für die Glasherstellung nach England ging. Doch für den Elementesammler offenbarte die Mine ihre wahren Schätze erst, als man die Verunreinigungen untersuchte, die die Geschäfte beeinträchtigten.

Wenn Ytterby ein Pilgerziel ist, wer sind dann die Pilger? Die Mine stellte 1933 ihren Betrieb ein. Aber Chemiker und Mineralogen suchen sie noch immer auf. Als Brian Mason von der Smithsonian Institution in Washington 1940 dort war, stand die Grube teilweise unter Wasser, aber noch immer lagen dort große Blöcke von Pegmatit herum, jenem Feldspat- Quarz-Mineral, das die schwarzen Kristalle des Gadolinits mit ihren dreieckigen Facetten trägt. Als er einige Jahre später zurückkehrte, war er enttäuscht, denn die Grube hatte den Besitzer gewechselt, war als Öldepot eingezäunt und die Öffentlichkeit hatte keinen Zutritt mehr. In dem Bericht über seine Besuche listet er 25 Minerale auf, die Unmengen von Yttrium, Tantal, Niob, Beryllium, Mangan, Molybdän und Zirkonium neben häufigeren mineralischen Elementen wie Aluminium und Kalium enthielten.

Mike Morelle, der Lehrer, der mich mit der Faszination der Elemente angesteckt hat, stieß 1960 durch Zufall auf die Grube, als er im Ferienhaus eines Geschäftskollegen in Ytterby zu Gast war. Auf einer Wanderung durch die Wälder der Umgebung geriet er in eine felsige Grube, die ihn an den Krater einer V2 erinnerte, der sich 1945 eines Morgens vor seinem Schlafzimmerfenster aufgetan hatte. Die Hänge waren zugewachsen, und es gab keinen erkennbaren Eingang, aber manches deutete darauf hin, dass hier einmal ein Steinbruch gewesen war. Erst später erfuhr er, welche Bedeutung diese Stätte für die Chemie besaß.

Jim Marshall von der University of North Texas und seine Frau Jenny haben die ganze Welt auf der Suche nach jenen Orten bereist, die etwas mit der Entdeckung von Elementen zu tun haben, und was zuerst ein Ferienprojekt war, hat sich zu einer zehnjährigen Obsession ausgeweitet. Ihr Ziel ist, jedes einschlägige Bergwerk, Laboratorium und Privathaus des betreffenden Chemikers zu besichtigen. Die Idee konkretisierte sich, als die Marshalls im Zuge der Ahnenforschung herausgefunden hatten, woher ihre Vorfahren stammten, und dadurch Geschmack an einer Europareise gefunden hatten. Um in diesem Sinne weiterzumachen, gab es doch nichts Besseres als ein Projekt, das sie zwingen würde, einige der schönsten Städte Europas und dazu noch einige raue, abgelegene Orte zu besuchen, deren Aufnahme in den Reiseplan immer durch das übergeordnete Ziel gerechtfertigt war. Die Reiseroute war lang genug, um sie zu erschrecken, aber wiederum so begrenzt, dass sie am Ende zu schaffen war. Natürlich haben sie die großen Städte wie Paris, Berlin, London, Edinburgh und Kopenhagen besucht, aber auch weniger bekannte Orte wie Strontian oder das finstere siebenbürgische Bergwerk, in dem Tellur erstmals gefunden wurde. Die „Wanderung zu den Elementen" der Marshalls bietet, wie es scheint, die perfekte touristische Verknüpfung des Urbanen mit dem Erhabenen; der Gallium-Pfad zum Beispiel führt sowohl nach Cognac, in die Heimat von Lecoq de Boisbaudran, als auch in die nebelverhangenen Pyrenäen, wo er die Zinkblende herbekam, aus der er das Element gewann. Doch wie ihre schriftlichen und fotografischen Berichte belegen, sind die Reiseziele vielfach leider unmarkiert, vernachlässigt oder überbaut. 2007 fanden Jim und Jenny schließlich nach Ytterby.

In Kunst und Literatur geht vom Atelier bzw. dem Schreibtisch des Schriftstellers bis heute eine gewisse Faszination aus. Dabei ist es unerheblich, wo Newton und Einstein sich befanden, als sie die Gesetze der Physik revolutionierten – Hauptsache, sie taten es. Man kann das Familienhaus in Lincolnshire besichtigen, in das Newton sich zurückzog, als in Cambridge die Pest wütete, jenes Haus, in dem er seine wichtigsten Entdeckungen machte. Im Garten steht ein Apfelbaum, von dem zaghaft behauptet wird, er sei eine Verpfropfung jenes Baumes, der einer Legende zufolge seine Frucht auf den Kopf des großen Mannes fallen ließ. Doch er vermittelt keinerlei Einblick in Newtons Offenbarung hinsichtlich des Gravitationsgesetzes; es ist bloß ein Apfelbaum. Ich hoffte, Ytterby würde anders sein. Die Bedeutung dieses Ortes rührte nicht daher, dass hier zufällig ein menschliches Genie weilte. Die Bedeutung musste in dem Ort stecken, in der einzigartigen materiellen Beschaffenheit eines bestimmten Fleckens Erde.

Der Himmel ist blassgrau, und nachdem es vor kurzem genieselt hat, tropft es von den Bäumen, während mein Bus sich auf Nebenstraßen, die in den graurosa Fels gehauen sind, durch die Stockholmer Vororte schlängelt. Bald scheint alles, was hier von Menschenhand gemacht ist, aus dieser Geologie zu erwachsen – die Straßendecke, die stählernen Leitplanken an der Seite, die Metallverkleidungen der Gewerbegebiete, der ockerfarbene Verputz der imposanteren Gebäude, die rote Verschalung der Häuser (die Farbe heißt *Faluröd*, Falunrot, nach den Minen von Falun, aus deren mageren Kupfererzen das Pigment hergestellt wird). Überall drängen sich rundliche Felsblöcke durch die Vegetation des Spätfrühlings, als wären sie es, die lebendig und sprießend bald das Gras und die Büsche überwältigen werden und nicht umgekehrt.

Während der Fahrt denke ich darüber nach, dass die Chemie fast zu einer Geheimaktivität geworden ist. Die Alchemisten sind diskreditiert und ruhen in ihren Gräbern, doch die Wissenschaft von den Elementen scheint wenig Ansehen gewonnen zu haben. Die Helden und Heldinnen der Chemie werden nicht beachtet. Der Schulunterricht ähnelt immer häufiger einer Als-ob-Veranstaltung, Experimente werden nicht mehr gemacht, nicht einmal vom Lehrer, sondern nur noch beschrieben oder auf DVD betrachtet. Chemikalien sind Dinge, vor denen man Angst haben muss, und diejenigen, die man braucht, haben ihren Platz unter der Küchenspüle (und sind als „Chemikalien" gekennzeichnet, so als seien die Spüle und ihr Inhalt nicht auch Chemikalien). Ich hatte mich abgestrampelt, um an die einfachen Substanzen und Geräte zu kommen, die ich für meine bescheidenen Experimente brauchte; ich hatte eine Fabrik für Feuerwerksartikel besucht, die hinter einer Hecke an einem Parkplatz versteckt lag, ohne ein Firmenschild, das auf sie hinwies; ich hatte von Akademikern gehört, die man aus ihren städtischen Laboratorien in abgelegenes Ödland vertrieben hatte, wo sie dann ihre Experimente machen durften. Als Verfahren, um wissenschaftliche Erkenntnisse zu mehren und Verständnis zu verbreiten, kam mir das merkwürdig vor. Die Elemente, jedenfalls viele, sind frei erhältlich, wenn man weiß, wo man zu suchen hat, aber schon dieses Wissen wird als gefährlich hingestellt, so als sei es nur zu erlangen, wenn man einen Geheimcode kennt: Schwefel bekommt man beim Gärtner, Magnesium beim Schiffsausrüster und Antimon im Künstlerbedarfshandel. Gewiss sollten die universalen Elemente der gesamten Menschheit gehören.

Der Bus überquert einige Meeresarme und setzt mich ab. Ich bin der Einzige, der aussteigt. Der Nieselregen setzt wieder ein, und jetzt verstehe ich, warum die Wanderkarte, die ich mir gekauft habe, in einer Plastikhülle steckt. Ich hatte mir eine Reise von epischen Dimensionen erhofft und bin ein bisschen enttäuscht, dass die Entfernung zwischen Stockholm und Resarö für Pendler bequem zu schaffen ist. Die Karte zeigt die Siedlung Ytterby und ein kantiges G für „gruva" – Grube – am Ende der Insel. Ich kämpfe gut anderthalb Kilometer gegen den Regen an. Bald weichen die felsübersäten Wiesen einer Vorstadtidylle, und der Regen lässt nach. Der Lärm spielender Kinder dringt an mein Ohr. Häuser und Gärten tauchen auf, mit kleinen Gemüsebeeten, dazwischen Blaubeerbüsche und Zwiebelblüten. In etlichen Gärten sieht man hohe Masten, an denen blaugelbe Wimpel fröhlich im Wind flattern.

Ich folge den Hinweisen auf ein Café und lande in einer Werft. Das Café ist nicht mehr als eine seitlich offene Bude mit einer handtuchbreiten Terrasse aufs Wasser hinaus. Die Papierservietten werden von einem Stück des rosa Gesteins festgehalten. Ich frage den Besitzer, ob er die Grube Ytterby mit ihrem Schatz an Elementen kennt. Er kennt sie, war aber noch nicht dort. „Ich wohne erst seit fünf Jahren auf Resarö. Ich bin nicht der Forschertyp."

Die Straße, auf der ich mich befinde, heißt Yttriumvägen und wird mich sicher zum Ziel bringen. Ein Stückchen weiter liegen zwei große Findlinge aus dem rosa Gestein am Straßenrand. Zwischen ihnen führt durch Birken und Kiefern ein Geröllpfad steil bergauf. Der Pfad besteht aus rein weißem und rosa Quarz, wie im Märchen. Ich klettere hinauf. Oben angekommen, sehe ich eine leicht zerklüftete, senkrecht abfallende Felswand vor mir, so groß wie die Front eines Hauses. Ytterby gruva. Das Gestein ist grau und rosa und weiß und schwarz. Am Fuß dieser kleinen Klippe hat jemand die Überreste eines Lagerfeuers sorgsam mit Steinen in den verschiedenen Farben eingekreist.

Bild 62: Grube Ytterby

Einer Mine ähnelt dieser Ort nun gar nicht. Kein Grubenbau, kein Ab-
raumhaufen, noch nicht einmal ein Eingang in die Erde ist zu sehen. Die
geringe Ausdehnung lässt einen trostlosen Eindruck nicht aufkommen.

Die Landschaft ist malerisch, nicht verwüstet oder vernarbt. Walderdbeeren klammern sich an die Spalten im Gestein. Ich frage mich, ob dies wirklich der Schoß sein kann, der so viele Elemente hervorbrachte – denn in der Überlieferung der Bergleute, die hier und anderswo einst tätig waren, ist die Erde tatsächlich die Mutter, und die Erze sind Embryonen, die in ihrem Bauch wachsen und denen sie helfen, zur Welt zu kommen.

Bei genauerem Hinschauen fallen mir doch Anzeichen menschlicher Eingriffe auf. Ich sehe eine Reihe Löcher, in den Fels gebohrt von Bergleuten, die nicht mehr wiederkamen, um den nächsten Block loszueisen, und hier und da eiserne Haken und Ösen, in die Wand getrieben zur Befestigung der Gerüste, auf denen der Stein bergab transportiert wurde. Doch es scheinen nur diese paar Meter zu sein, wo die Felswand bearbeitet wurde. Die rundlichen Felsbrocken, die in der Nähe herumliegen, sind vollkommen unberührt, zeigen noch immer den Schliff, der ihnen vor Jahrtausenden von den Gletschern verpasst wurde. Ich ersteige einen und lasse meinen Blick über die Baumwipfel hinweg in die Ferne schweifen, in der sich eine Unzahl kleiner Inseln bis ans Meer erstreckt. Jetzt beschleicht mich doch so etwas wie Begeisterung. Ich spüre die Rundheit der Welt mitsamt ihrer Substanz unter meinen Füßen.

Zeit, mit dem Hämmern zu beginnen. Ich habe ein Vergrößerungsglas dabei und einen kleinen, aber starken Magneten, um eventuell anfallende Proben zu testen. Aber für einen Angriff auf das nackte Gestein bin ich schlecht gerüstet. Mein kläglicher Herumklopfen an der Quarzwand – Mark Twain hatte vom „harten, widerspenstigen Quarz" gesprochen – verschafft mir einen unmittelbaren Eindruck von der gewaltigen Arbeit, die mit dieser Art von Bergbau verbunden war. Er ist weit härter als Kohle, und es gibt keine Erleichterung durch ein weicheres Material. Die Bergleute benutzten nicht nur Hammer und Meißel – und später Alfred Nobels Dynamit –, sondern auch Feuer und Eis, um den Stein zu sprengen; sie entzündeten vor der Felswand mächtige Holzfeuer, und wenn das Gestein richtig erhitzt war, übergossen sie es mit eiskaltem Wasser. Ich suche den Boden nach Bruchstücken ab, die der winterliche Frost abgesprengt hat, um sie meiner Beute einzuverleiben. Ich nehme ein sauberes Stück weißen Quarz und je ein Stück von dem rosa, grauen und schwarzen Gestein mit. Dann fällt mein Blick auf eine glitzernde Spur, die ich zunächst für Schneckenschleim halte (die Nacktschnecken sind an diesem feuchten Tag in Heerscharen unterwegs), aber dann stellt sich heraus, dass es winzige Scherben eines anderen Minerals sind. Ich lokalisiere die Spalte, aus der die Stücke herunterfallen, und finde sie voller zerbrechlicher dünner Platten, wie Blätterteig, die alle unter demselben Winkel abbrechen, wie kunstvoll geschmiedete Klingen. Die Oberfläche jeder Schicht zeigt einen hellen, zinnartigen Schimmer. Dass etwas, das so offenkundig metallhaltig ist, direkt aus dem Boden kommt, habe ich noch nicht erlebt.

Nach stundenlangem Herumstöbern habe ich eine, wie ich glaube, repräsentative Auswahl von Mineralien zusammengetragen, darunter Quarz, Feldspat, ein graues, nach Schwefel riechendes Gestein und einen vielversprechenden schwärzlichen Stein, der spürbar dichter ist als der Rest und wie Anthrazit glänzt, aber eindeutig metallhaltig ist.

Am Ufer befindet sich unweit der Mine eine kleine Mole, von der aus die Mineralien über die Ostsee verschifft wurden; dort sind, als es noch keine Pendlerbusse gab, wahrscheinlich die neugierigen Steinesammler gelandet. Der örtliche Rotary Club hat eine Hinweistafel zum Gedenken an den aufmerksamen Leutnant Arrhenius aufgestellt, der den wissenschaftlichen Goldrausch auslöste, in dessen Folge sechs Elemente nach diesem Ort benannt wurden. Das Gelände wird zunehmend eingekreist von schicken Ferienhäusern, keines mehr als hundert Jahre alt, die meisten ziemlich neu. Ich versuche mir vorzustellen, wie es hier zu Zeiten von Arrhenius zuging, als der Lärm der Steinbrucharbeiten durch den Kiefernwald drang und mit dem Geschrei der Möwen konkurrierte. Unzugänglich war die Stelle sicher auch damals nicht, trotz der Felsen und des Gestrüpps. Die Landung mit dem Boot war kein Problem, und zum Steinbruch war man schnell hinaufgeklettert. Das Besondere an diesem Ort ist nicht eine erhabene Landschaft oder das Abenteuer, überhaupt hierherzukommen. Es ist etwas Direktes, etwas Materielles. Es ist der Inhalt des Bodens, der Fels, der sich in seiner unverhüllten Vielfalt zeigt, und es ist das Wissen, dass so viele der Elemente genau hier beheimatet sind – einzigartig, wie man einst dachte (und wie Gadolin befürchtete). Dieser Boden ist für mich die Quelle aller Elemente und unseres Wissens über sie, der *fons et origo* all der Spielarten von Materie.

Ich verlasse Resarö mit meiner Mineralienbeute und begebe mich auf die benachbarte Insel Vaxholm, einen vornehmen Erholungsort, der ganz im Zeichen der Festung aus dem 16. Jahrhundert steht, die sich auf einer kleinen Insel mitten in einer schmalen Fahrrinne aus der Stadt erhebt. Die Festung birgt eine kleine Ausstellung über die Grube Ytterby, mit historischen Fotografien und, wie ich erfreut zur Kenntnis nehme, Proben von Yttrium, Erbium, Terbium und Ytterbium, zur Verfügung gestellt von dem Elementehändler Max Whitby. Um die kleinen Glasflaschen mit den Metallen sind – stolz wie Eltern um ihre Kinder – ihre Ursprungsminerale versammelt: Pyrrhotit, Biotit, Anderbergit, Allanit, Chalcopyrit, Molybdänit (es ist so weich, dass es als Bleistift taugt) und das uranreiche Fergusonit, das mit seiner radioaktiven Emanation sichtbare Narben auf dem umgebenden Feldspat hinterlassen hat, in Gestalt winziger Sonnenstrahlen, die in die mineralische Oberfläche geritzt sind. Es macht mir Sorgen, dass keine dieser Proben den kleinen Steinen ähnelt, die ich ergattert habe, und dass ich jetzt möglicherweise gefährlich radioaktives Material mit mir herumtrage. Die Fotos stammen aus dem Jahr 1893, der Glanzzeit der Mine, und zeigen einen ansehnlichen Betrieb, mit Tunnels, Holzhäusern und Schienen für Erzwaggons. Ich erfahre, dass das Areal, einst im Besitz der berühmten Porzellanfabrik Rörstrand, jetzt als „geologisches Kleinod" unter staatlichem Schutz steht. Zu spät lese ich, dass es verboten ist, Mineralien mitzunehmen.

Zurück in London, möchte ich mehr über meine Trophäen erfahren. Irgendwo muss es einen Mineralogen geben, der einen Blick auf die Handvoll meiner Steine wirft und mir alles über sie sagt, wie der Weinverkoster, der nicht nur die Region und den Jahrgang eines Weins benennen kann, sondern auch das Weingut und den Hang, auf dem die Trauben gewachsen sind.

Ich bringe sie zunächst zu Zoe Laughlin, der Freundin, die mir mit ihrem Stimmgabelexperiment die Ohren für die Klangcharakteristik der Elemente geöffnet hat. In den wenigen Tagen seit meiner Rückkehr aus Schweden scheinen einige der Proben sich verändert zu haben. Der von dem grauen Stein ausgehende Schwefelgeruch hat sich verflüchtigt, und das flockige

Mineral mit dem Zinnschimmer wird jetzt transparenter, wie Bögen von Zellophan. Zoe sagt mir, es sei Glimmer (so heißt es auch bei den Schweden). Sie führt einen Geigerzähler über die Proben, und zu meiner Erleichterung lösen sie kaum ein Knacken aus. Auch zeigen sie unter ultraviolettem Licht keine fluoreszierenden Bestandteile. Uran in dem Erz ist damit ausgeschlossen, denn es würde unter dieser Beleuchtung hell aufleuchten. Die vorläufige Vermutung lautet, dass ich vermutlich kein Gadolinit oder andere Minerale erbeutet habe, die reich an Seltenen Erden sind.

Jetzt brauche ich das Gutachten eines Mineralogen. Beim Naturgeschichtlichen Museum gibt es eine Dienststelle – ein Wunder in diesen Tagen, wo alles einen Profit abwerfen muss –, bei der jedermann ohne Formalitäten ungewöhnliche Mineralien, die er gefunden hat, untersuchen lassen kann. Peter Tandy, der Kurator der Mineralienabteilung, schiebt seine Brille hoch und beginnt, meine Steine zu prüfen. Nebenbei erzählt er, dass die meisten seiner Besucher glauben, einen Meteoriten gefunden zu haben (womit sie meistens im Irrtum sind). Einmal stand er selbst wirklich vor einem Rätsel angesichts eines silbrigen Klumpens Metall, den jemand genau in dieser Erwartung hereingebracht hatte, bis ein Kollege einen kurzen Blick darauf warf und erkannte, dass es sich um die Reste einer italienischen Granate aus dem Krieg handelte, und das Bombenentschärfungskommando benachrichtigte. Die meisten meiner Proben erkennt er auf einen Blick, und er bringt sie weg, um mit Hilfe der Röntgenbeugung die Struktur der Kristalle zu ermitteln, anhand derer die Art des Minerals zu erkennen ist. Einige Wochen später hat Peter eine enttäuschende Nachricht für mich: Nichts von dem, was ich mitgebracht habe, ist erwähnenswert.

Natürlich tut es mir leid, dass ich aus Ytterby nicht voll beladen mit Yttrium und dem halben Dutzend weiterer Elemente, die zuerst in seinen Gesteinen identifiziert wurden, zurückgekommen bin. Aber schließlich bin ich, wie schon gesagt, kein geborener Sammler. Ich wollte in diesem Buch zeigen, dass wir allseits von den Elementen umgeben sind, sowohl im materiellen Sinne, dass sie in den Gegenständen, die wir schätzen, ebenso vorhanden sind wie unter unserer Küchenspüle, als auch und noch mächtiger im übertragenen Sinne, in unserer Kunst und Literatur und in unserer

Sprache, in unserer Geschichte und Geographie, und dass der Charakter dieser parallelen Lebenswelten letztlich auf den universalen und unwandelbaren Eigenschaften jedes der Elemente beruht. Wenn wir die Elemente wirklich individuell kennenlernen, dann nicht durch die experimentelle Begegnung in einem Labor, sondern durch dieses kulturelle Leben, und es ist betrüblich, dass der Chemieunterricht in der Regel kaum etwas dafür tut, dass diese reichhaltige Existenz erkannt wird.

Wir sollten unsere notwendige Auseinandersetzung mit den Elementen schätzen und feiern. Es ist vielleicht nicht wünschenswert, dass jeder sich sein eigenes Periodensystem schafft, aber wir sollten zumindest versuchen, uns leichter mit der unausweichlichen Tatsache abzufinden, dass wir auf die eine oder andere Weise von fast allen Elementen abhängig sind. Der Wissenschaftler und Umweltaktivist James Lovelock hat einmal gesagt, er sei bereit, den ganzen hochradioaktiven Abfall aus einem Atomkraftwerk in einem Betonbunker auf seinem Grundstück zu lagern. Aber vielleicht sollten wir alle ein kleines Stück abgebranntes Uran in unserem Garten aufbewahren, um daran erinnert zu werden, dass wir für unsere Energieversorgung darauf angewiesen sind.

Ist das zu viel verlangt? Schon möglich. Aber was ist mit all den anderen Elementen? Mit dem Kupfer, das den durch die Kernreaktion dieses Urans erzeugten Strom unsichtbar in unsere Häuser bringt? Mit den Seltenen Erden in den Phosphorschirmen der Geräte, die durch diesen Strom zum Laufen gebracht werden? Was ist mit dem Kohlenstoff und dem Kalzium, die die gesamte Menschheitsgeschichte mit ihrem Schwarz und Weiß festhalten? Und was ist mit den übrigen Elementen, die unsere Welt bunt machen? Wir sind schon biologisch ganz und gar von den Elementen abhängig, woran wir erinnert werden, wenn wir den Natriumsalzgehalt eines Fertiggerichts kritisieren oder eine Nahrungsergänzungspille einwerfen, die Selen enthält – übrigens das jüngste in einer langen Reihe von Elementen, die schon einmal als modischer Nahrungsbestandteil herausgehoben wurden. Wir essen sie oder meiden sie, wir graben sie aus oder ein, aber selten halten wir inne, um die Elemente als das zu schätzen, was sie sind.

In seinem letzten, unvollendeten Buch, von dem er hoffte, es werde sein Meisterwerk, erfindet Gustave Flaubert zwei stümperhafte Autodidakten,

Bouvard und Pécuchet, die beschließen, in allen intellektuellen Fachgebieten zu dilettieren, welche die moderne Welt zu bieten hat. Bei ihrer unbefriedigenden Erkundung der modernen Wissenschaften untersuchen sie zunächst die Chemie, und sie sind bestürzt, als sie erkennen, dass sie selbst aus denselben universalen Elementen bestehen wie jegliche Materie: „Trotzdem empfanden sie eine gewisse Demütigung bei der Vorstellung, dass ihre Person Phosphor enthielt wie Streichhölzer, Albumin wie das Eiweiß, Wasserstoffgas wie die Straßenlaternen."

Sie haben das – typisch für ihre Dummheit – völlig falsch verstanden. Es ist so, dass die Streichhölzer *unseren* Phosphor enthalten und die Straßenlaternen *unser* Wasserstoffgas, und nicht umgekehrt, und das sollte uns stolz machen.

Epilog

Tom Lehrers Katalogarie der Elemente (damals 102 an der Zahl) endete 1959 mit diesen Worten: „*These are the only ones of which the news has come to Ha'vard/And there may be many others, but they haven't been discarvard.*" Seitdem sind es zehn mehr geworden. Dass die Neulinge die kulturelle Zugkraft ihrer Vorfahren gewinnen werden, ist unwahrscheinlich. Sie sind superschwer, radioaktiv und kurzlebig, und sie werden nie eine vernünftige Anwendung finden. Und man wird sie in so winzigen Mengen herstellen, dass von charakteristischen Farben und Gerüchen keine Rede sein kann. Sie sind aber, wie all die Elemente vor ihnen, universal, sie sind unser – sie gehören genauso zu uns wie der Sauerstoff, den wir atmen. Sie gehören ebenfalls zum Periodensystem, zumindest insofern, als sie die durch Atomzahlen gekennzeichnete Folge fortsetzen. Und doch gelten sie, nicht entdeckt, sondern synthetisiert, nicht gefunden, sondern gemacht, offenbar als etwas anderes.

Ich frage mich, was diejenigen, die eines dieser seltsamen Wesen in die Welt gebracht haben, dabei empfunden haben mögen. Allmählich wird mir klar, dass die Karriere eines Elements in unserer Kultur oft von etwas bestimmt wird, das schon im Moment seiner Entdeckung erkennbar war. Die Bleichkraft des Chlors wurde gleich zu Anfang erkannt, ebenso wie die Regenbogenfarben des Cadmiums. Doch diese neuen Elemente, so zerbrechlich und flüchtig in ihrer Existenz, konnten niemals hoffen, auf diese Weise Eingang in unser Leben zu finden. Sie müssen in mehrfacher Hinsicht unwirklich bleiben, selbst für diejenigen, die sie machen. Könnten diese Entdecker ein ähnliches Hochgefühl empfinden, wie William Ramsay und Morris Travers es empfunden haben, als sie „für einige Momente wie verzaubert" dastanden und den „Glanz des roten Lichts" von Neon bestaunten, oder wie Davy, der angesichts der sprühenden Funken des Natriums in Ekstase durch das Labor tanzte?[129] Glaubten die Wissenschaftler von heute tatsächlich, ihre Elemente könnten diesen farbenprächtigen Darstellern das Wasser reichen? Leider haben sie nicht die fesselnden Schilderungen hinterlassen, die wir von ihren Vorgängern haben, und ich müsste sie wohl direkt fragen, um eine Antwort zu erhalten.

Gern wüsste ich auch, wie weit das Periodensystem theoretisch gehen kann. Angenommen, die allgemein bekannte Tabelle der Elemente hinge jetzt an meiner Schlafzimmerwand, müsste ich dann Platz vorsehen für Zeilen mit leeren Kästchen, in denen künftige Elemente unterzubringen wären? Wenn ja, wie viele? Eine oder vielleicht zwei? Ein Dutzend? Hunderte? Glenn Seaborg, der als Erster Plutonium und die Reihe der daran anschließenden radioaktiven Elemente darstellte, hielt kurz vor seinem Tode – er starb 1999 – einen Vortrag, in dem er eine Tabelle zeigte, die bis zu einem namenlosen Element 168 reichte, nochmals die Hälfte mehr als der Bestand an Elementen, den die Wissenschaft innerhalb von 300 Jahren zusammengebracht hat. War dies bloß eine Grille, der hoffnungslose Traum eines alten Mannes? Noch während des Vortrags schien Seaborg sich von seiner eigenen Zukunftsvision zu distanzieren: „Wir werden gut daran tun, es bei etwa einem halben Dutzend weiterer Elemente zu belassen", sagte er. Aber warum hatte er dann die Tabelle gezeigt? Vielleicht wollte er die Zuhörer auf diese Weise daran erinnern, dass die wissenschaftliche Entdeckung sich noch nie an ihre Regeln gehalten hat. Als die ersten „richtigen" chemischen Elemente entdeckt wurden, konnte man sie jedenfalls nicht als Nummer fünf und Nummer sechs deuten, als Ergänzung des seit langem etablierten aristotelischen Quartetts aus Erde, Luft, Feuer und Wasser. Sie kippten dieses System komplett und forderten ein neues. Auch Lavoisier konnte, als er 1789 seine Liste mit 33 Elementen aufstellte, nicht wissen, wie viele noch unentdeckt in ihren Erzen schlummerten. Mitte des 19. Jahrhunderts, als die Zahl der Entdeckungen eine Zeitlang fast auf null zurückging, mochte der eine oder andere Chemiker gedacht haben, er kenne nun alle Elemente, die es gibt – aber dann wurde das Abenteuer wieder in Gang gesetzt durch die Erfindung des Spektroskops, mit dem es möglich war, sehr viel mehr Elemente anhand ihrer charakteristischen Flamme zu identifizieren. Dmitri Mendelejew hatte zwar Platz für Neulinge vorgesehen, aber als er von der Existenz der Edelgase und der ersten radioaktiven Elemente erfuhr, war er dennoch schockiert. Sie ließen sich relativ leicht in sein Periodensystem einbauen, auch wenn er sich zunächst gegen ihre Aufnahme wehrte. Wird Mendelejews Konstruktion auch künftig so entgegenkommend sein? Oder wird man eines Tages ein neues Element finden, das sich derart exotisch verhält, dass man das ganze System zerlegen und neu zusammensetzen muss?

Was ist es für ein Gefühl, heute ein Element zu entdecken, und mit wie vielen solchen Entdeckungen ist möglicherweise noch zu rechnen? Um Auskunft darüber zu bekommen, muss ich die noch lebenden Entdecker der neueren Elemente und ihre Nachfolger ausfindig machen, die nach wie vor versuchen, weitere zu finden, denn der Aufbau des Periodensystems ist ein Dauerprojekt. Ich habe zwar eine Ausbildung als Chemiker, aber als ich merke, dass ich ihre Namen nicht kenne, bin ich doch einigermaßen entsetzt. Kosmologen und Genetiker, die ständig in den Medien gezeigt werden, kennen wir. Aber diese Pioniere der Chemie kennt man nicht. Unter anderem deshalb, weil sie so dünn gesät sind. Das liegt nicht nur daran, dass die Zahl der Entdeckungen zurückgegangen ist – waren es fast das ganze 19. Jahrhundert hindurch ein bis zwei Elemente pro Jahr, war es im 20. nur noch eins alle drei Jahre –, sondern auch an der aktuellen Tendenz, dass Elemente gebündelt von einigen Forschergruppen entdeckt werden. Dadurch gibt es automatisch weniger Gewinner, die den Ruhm für sich beanspruchen könnten, selbst wenn sie wollten.

Seaborgs Kollege und Nachfolger ist Albert Ghiorso, und er ist auch der Einzige, der es mit seinen Leistungen aufnehmen kann. Er stieß 1944 zu Seaborgs Team, das im Rahmen des Manhattan-Projekts in Illinois arbeitete, und 1971 konnte er für sich in Anspruch nehmen, der Mitentdecker der Elemente 95 bis 105 zu sein. Als es um das Element Nr. 106 ging, sah Ghiorso sich veranlasst, seinen Mentor zu fragen, was er von dem Namen „Seaborgium" hielte. Seaborg, dem man nicht unterstellen kann, niemals an diese Möglichkeit gedacht zu haben, zeigte sich „unglaublich gerührt. Diese Ehrung würde sehr viel größer sein als jeder Preis, denn sie würde ewig währen; sie würde so lange Bestand haben, wie es Periodensysteme gibt. Es gibt im Universum knapp über hundert bekannte Elemente, und davon ist nur eine Handvoll nach Menschen benannt."[130] Ghiorso hat mit 93 Jahren noch immer einen Schreibtisch im Lawrence Berkeley National Laboratory. Ich lege meine Fragen schriftlich vor, aber er antwortet nicht.

Die Lorbeeren für die sechs Elemente, die auf das Seaborgium folgen, gehen an das Zentrum für Schwerionenforschung in Darmstadt. Peter Armbruster war in den 1980er und 1990er Jahren, als diese Entdeckungen gemacht wurden, leitender Wissenschaftler des Zentrums. Diesmal habe ich Glück. Im Gespräch mit mir will er von Ruhm nichts wissen. „Nicht ich habe sie entdeckt. Ich habe immer mit einer Gruppe gearbeitet." Er überrascht mich jedoch mit der Enthüllung, dass die Entdeckung noch immer auf jenen Urmoment zurückgeführt werden kann, in dem etwas Neues in die Sinne eindringt. 1981 versuchten er und sein Team von Kernphysikern, das Element Nr. 107 zu erzeugen. Zur Darstellung der Ergebnisse benutzte das Laboratorium damals statt lautloser Computerbildschirme noch lärmende Drucker. Während das Gerät den Zerfall des kurzlebigen Atoms verzeichnete, „hörten wir eine Serie von klackenden Geräuschen". Waren sie etwa weniger wunderbar als neues Licht in einem Spektroskop?

Die Synthese dieser superschweren Elemente ist im Prinzip eine Sache schlichter Addition. Das schwerste natürlich vorkommende Element im Periodensystem ist Uran. Zur Erzeugung der nächsten Elemente in der Reihe hatten Seaborg und Ghiorso Targets aus Uran – und danach aus Plutonium, Americium und so fort – mit sehr viel leichteren Teilchen beschossen, in der Hoffnung, einige davon würden hängenbleiben und damit ein noch schwereres neues Element entstehen lassen. Die Schwierigkeit dabei war – und sie wurde immer größer –, dass schon die Targets instabil waren. Damit stieg die Wahrscheinlichkeit, dass der Beschuss nur einen Splitterhagel aus kleinen, hochenergetischen Bruchstücken und keine schweren Atome erzeugen würde. Bahnbrechend für die weiteren Erfolge war Armbrusters Einsicht, dass er mit stabilen Targets arbeiten konnte, wenn er für den Beschuss bestimmte mittelschwere Elemente benutzte. Zur Erzeugung des Elements Nr. 107, Bohrium, wurde ein Target aus Bismut mit Chromatomen beschossen; Nr. 112 entstand durch das Zusammenzwingen von Blei- und Zinkatomen. Da das neue Element bis zum Zerfall maximal einige Sekunden überlebt, kann es nicht durch direkte Beobachtung nachgewiesen werden, sondern nur durch Messung der Energie seiner Zerfallsteilchen und Bestimmung der Zusammensetzung des zurückgebliebenen stabilen Kerns. Aus dieser Information lässt sich die Atomzahl des neuen Elements berechnen, das während des kurzen Moments vor dem Zerfall existiert haben muss. Die Entdeckung ist in diesen Fällen nicht eine Sache von Heureka-Erlebnissen oder Äpfeln, die auf Köpfe fallen. Das Vergnügen ähnelt eher dem des Archäologen, der aus wenigen Scherben die Gestalt einer antiken Amphore rekonstruieren kann.

Nun sind die Erforscher dieser fernen Region des Periodensystems zwar Physiker, aber sie teilen den Drang der Chemiker, ihre neuen Elemente zu beschreiben und Verbindungen aus ihnen aufzubauen. Was sie dabei motiviert, ist kein blöder nostalgischer Wunsch, in die Fußstapfen früherer Entdecker von Elementen zu treten, sondern es sind solide wissenschaftliche Prinzipien. Armbrusters Gruppe konnte Verbindungen wie Bohriumsulfat und Hassiumtetroxid aus nur wenigen Atomen dieser Elemente herstellen. Das genügte jedoch für den Nachweis ihrer chemischen Analogie zu den Elementen, die in der Tabelle direkt über ihnen stehen, und damit als Beweis dafür, dass Mendelejews Organisation der Elemente auch in diesen unerforschten Gewässern ihre Gültigkeit behält. „Es hat Spekulationen gegeben, dass Mendelejews System unter den schwereren Elementen zusammenbrechen könnte", erklärt Armbruster. „Wenn man eine Auswirkung der Relativitätstheorie auf Elektronen der inneren Schalen unterstellt, die sich mit annähernder Lichtgeschwindigkeit bewegen, würde die normale Quantenmechanik nicht mehr funktionieren. Wir fanden jedoch, dass Hassium sich wirklich wie Eisen verhält und das Element 112 dem Quecksilber ähnelt."

Ich frage Armbruster nach dem Namen. Die Benennung der Elemente sei nur für den Chemiker wichtig, erklärt der Kernphysiker. Fügt man einem Atomkern ein Proton hinzu, verwandelt man diesen in ein anderes chemisches Element, das um eine Einheit schwerer ist; fügt man ihm nur ein Neutron hinzu, verwandelt man es in ein schwereres Isotop desselben Elements. Dem Physiker erscheint es unbillig, dass nur das Erstere einen neuen Namen rechtfertigt. Ungeachtet dessen hat Armbruster an zahlreichen Namensentscheidungen mitgewirkt. Bis 1992 war es nach seiner Auskunft ein Vorrecht des Entdeckers, einen Namen zu wählen, aber das hat sich in Folge des Prioritätenstreits aus der Zeit des Kalten Krieges geändert, und deshalb werden die Vorschläge der Entdecker nur noch als Anregungen behandelt. Mir fällt auf, dass Armbruster ein bisschen verlegen wirkt, als er sich dafür entschuldigt, dass sein Team das Element 108 Hassium (nach dem Bundesland Hessen) und das Element 110 Darmstadtium genannt hat. Die offizielle Begründung lautet, dass damit eine verschachtelte geographische Menge, zu der auch Europium und Germanium gehören, vervollständigt wurde (Darmstadt, Hessen, Deutschland, Europa) und dass dies eine passende Reaktion auf Seaborg und Ghiorso gewesen sei, die ihre Entdeckungen zuvor Americium, Kalifornium und Berkelium genannt hatten (was den *New Yorker* zu der Witzelei veranlasste, das Werk der Forscher sei erst abgeschlossen, wenn es ihnen gelänge, *„Universitium"* und *„Ofium"* – dieses für das Office des Entdeckers – zu entdecken). „Diese schlechte Tradition wurde von Berkeley begründet. Wir wollten nicht mehr als das Gleiche für Europa", sagt Armbruster. Wie es scheint, bringt Nationalismus nur wieder Nationalismus hervor. Aber hier gibt es außerdem noch einen subtileren patriotischen Subtext – eine historische Bekräftigung deutscher Stärke in der Kernphysik. Denn Armbrusters Liebling unter den sechs Elementen, an deren Benennung er mitgewirkt hat, ist die Nr. 109, Meitnerium, benannt nach der halbjüdischen österreichischen Physikerin Lise Meitner. Sie, die zunächst in Berlin und dann, nach 1938 im Exil, in Kopenhagen und Stockholm tätig war, gehörte zu den Entdeckern der Kernspaltung, bei der Atomkerne ungeheure Mengen Energie freisetzen. (Sie zeigte in ihrer Arbeit außerdem, warum Elemente, die schwerer als Uran sind, nicht stabil sein können.) Meitner schaffe das trotz der Naziverfolgung und Frauendiskriminierung, die ihr auf Schritt und Tritt entgegenschlug. „Nach meiner Überzeugung hat sie in der Kernphysik des 20. Jahrhunderts eine ganz wesentliche Rolle gespielt", sagt Armbruster. „Und dabei hatte sie alle erdenklichen Benachteiligungen zu erdulden."

Zufällig hat Armbruster nur wenige Tage vor unserem Gespräch seinen Vorschlag für die Benennung des Elements Nr. 112 bei der Internationalen

Union für reine und angewandte Chemie (IUPAC) eingereicht, der Organisation, die für eine einheitliche chemische Nomenklatur zuständig ist. Nach den IUPAC-Regeln muss ein neues Element einen Namen haben, der leicht auszusprechen ist und dessen chemisches Symbol man sich leicht merken kann. Die Entscheidung über Nr. 112 wurde dadurch spannend, dass dreißig Vorschläge eingereicht wurden, teils deutsche, teils russische, je nachdem, wie das Team, das die Untersuchung gemacht hatte, zusammengesetzt war. Er möchte sich nicht zu seiner eigenen Empfehlung äußern, deutet aber an, dass diesmal nicht der Patriotismus ausschlaggebend war. „Ich habe alles getan, damit wir nicht mit deutschen Wissenschaftlern und deutschen Städten weitermachen", erklärt er mir.*

Der Schauplatz des jüngsten Streits um die Elemente hat sich nach Russland verlagert. Juri Oganessjan leitet am Vereinigten Institut für Kernforschung in Dubna das Team, das die Elemente 114 und 116 synthetisiert hat (ungradzahlige Elemente sind schwerer zu gewinnen, aus Gründen, die mit der Kernstabilität zusammenhängen). Er schildert die Sache aus einer persönlicheren Sicht. „Die Arbeit ist sehr schwierig, da die Wahrscheinlichkeit der Kernbildung eines neuen Elements verschwindend gering ist. Sehr oft kriegen wir gar nichts. Es kann Jahre dauern", sagt er. „Es ist nicht schwer, die Gefühle der Forscher zu verstehen."

Ich frage ihn nach dem Unterschied zwischen dem „Finden" und dem „Machen" von Elementen. Das bringt Oganessjan in Fahrt: „Ich würde ganz ungeschminkt fragen: Warum entdecken wir eigentlich Elemente?" Wieso müssen wir, nachdem wir Darmstadtium synthetisiert haben, das neunzehnte Element nach dem Uran, auch noch ein zwanzigstes synthetisieren? Warum weitermachen? Seine Antwort zielt auf den Kern dessen, worum es in der Wissenschaft geht. Die Entdeckungen zählen nicht so sehr als Trophäen; wichtiger ist, was sie uns über die Welt insgesamt verraten. Aus dem in Seaborgs Glanzzeit gültigen theoretischen Modell des Atomkerns ging hervor, dass der Katalog der Elemente grundsätzlich begrenzt war und dass es jenseits einer bestimmten Schwelle der Instabilität faktisch unmöglich

---

* Im Februar 2010 genehmigte die IUPAC den Namen Copernicium, nach dem Astronomen Nikolaus Kopernikus, der 1473 im Norden Polens geboren wurde, das damals zu Preußen gehörte.

war, neue Elemente zu synthetisieren. Doch dann deuteten in den 1960er Jahren Fortschritte in der theoretischen Physik darauf hin, dass es „Inseln der Stabilität" geben könnte, die sich um bestimmte Atomzahlen im höheren Bereich scharten. Dieses neue Verständnis gab den Anstoß zu einer Jagd nach Elementen, die man vorher für aberwitzig gehalten hatte – und es hat Seaborg vermutlich ermutigt, über ein Periodensystem zu spekulieren, das bis zu einer Atomzahl 168 reicht. „Erst zu Beginn des gegenwärtigen Jahrhunderts ist es uns gelungen, das Syntheseverfahren zu ändern und Elemente mit Atomzahlen von 112 bis 118 zu erzeugen und zu beweisen, dass die theoretische Hypothese Realität ist", sagt Oganessjan triumphierend.

Unterscheiden sich die aktuellen Entdeckungen also von denen der Vergangenheit? Oganessjan verneint das. Jede ist auf ihre Weise ein Gewinn, aber das sagt nichts darüber aus, wie weit das Projekt noch gehen kann, ob es der Zahl der Elemente, die existieren können, möglicherweise eine neue Grenze setzt, oder ob es neue Tore des Möglichen aufreißt. Seine größere Bedeutung dürfte in dem Beitrag liegen, den es zum umfassenderen Auftrag der Wissenschaft leistet, der Mehrung des menschlichen Wissens. „Die Synthese eines neuen Elements ist kein Selbstzweck. Die Anstrengungen der Forscher galten immer etwas Wichtigerem als dem Ausfüllen der Kästchen im Periodensystem. Ich möchte annehmen, dass es von diesem Motiv keine Ausnahmen gibt."

Oganessjan und seine Kollegen haben jetzt das schwierige Element Nr. 117 ins Visier genommen. Sollte sich zeigen, dass es die Eigenschaften eines Halogens hat, wäre das ein weiterer Beweis für das Genie von Oganessjans Landsmann Mendelejew. Andernfalls wird es die Chemiker veranlassen, sich etwas Neues überlegen. „Es hat den Anschein, als stünde uns eines der schwierigsten Experimente bevor, die jemals durchgeführt wurden."

Danksagung

Es war wohl Andrea Sella, der vor einigen Jahren die Lunte zu diesem Buch anzündete, als er mich auf die sonderbare Tatsache hinwies, dass für die Sicherheitsmarkierungen der Euro-Banknoten das Element Europium benutzt wird. Ausgelegt wurde die Lunte jedoch schon vor längerer Zeit, als es beinahe als unanständig galt, Zusammenhänge zwischen den Natur- und Geisteswissenschaften zu untersuchen. Ich danke meinen Lehrern, insbesondere Mike Morelle und Andrew Szydlo, die mich zu der Grenzübertretung ermutigten, die jetzt in diese Explosion mündete. Mein Bruder John half mir, Erinnerungen an die Schulzeit aufzufrischen. Ich widme *Das wilde Leben der Elemente* in Liebe und Dankbarkeit meinen Eltern, Mary Redfield Aldersey-Williams (23. Juni 1930 – 16. Mai 2004) und Arthur Grosvenor Aldersey-Williams (6. Juni 1929 – 23. Dezember 2008).

Großer Dank gilt meinem Literaturagenten Antony Topping bei Greene & Heaton, der die Möglichkeit erkannte, ein anderes Buch über die Elemente zu schreiben, und mir zutraute, es zu schreiben. Unendlich dankbar bin ich Venetia Butterfield bei Viking Penguin, die mir den Auftrag für ein derart ausschweifendes Projekt erteilte, und ihren Kollegen, die mir mit eigenen Beispielen von Elementen in der Literatur unter die Arme griffen, sowie Sara Granger bei Penguin und Andrew Cochrane bei Clays, dem Drucker dieses Buches, der sich für mich sogar nach dem Ursprung des Geruchs neuer Bücher umgetan hat. Grant Gibson, der Chefredakteur der Zeitschrift *Crafts*, bestellte bei mir einen Artikel, der mir die Möglichkeit gab, einige der Themen, die hier untersucht werden, einzustudieren. Mein Lektor Will Hammond machte mich – offenkundig zu spät – mit dem Ausdruck *„inkhorn"* [„Tintenfass", aber auch „Pedant"; d. Ü.]

bekannt und kümmerte sich dann darum, dass ich nicht als ein solcher rüberkomme.

Des weiteren möchte ich all den Schriftstellern, Künstlern, Handwerkern, Kuratoren, Wissenschaftlern, Wissenschaftshistorikern und anderen danken, die meine Leidenschaft für die Elemente unter diesem oder jenem Aspekt teilen: Santiago Alvarez, Marité Amrani, Paola Antonelli, Peter Armbruster; Ken Arnold, James Peto und Lisa Jamieson bei der Wellcome Collection, London; Peter Atkins, Fiona Banner, Paola Barbarino, Fiona Barclay, Geoffrey Batchen, Bernadette Bensaude-Vincent, Jim Bettle, Michael Bierut, Hasok Chang, David Clarke; Ole Corneliussen, Yanko Tihov und die Leute hinter dem Tresen von Cornelissens Künstlerbedarf; Amelia Courtauld, Malcolm Crowe, Alwyn Davies, Igor Dmitriev, John Donaldson; Darby Dyar, der die spektroskopische Untersuchung der Marsoberfläche beschrieb; Matthew Eagles und Simon Cornwell, Liebhaber der Natrium-Straßenlampen; Michelle Elligott, Richard Emmanuel-Eastes, Martha Fleming, Hjalmar Fors, Katie George, Irene Gil Catalina, Victoria Glendinning; Lisha Glinsman, die herausfand, dass Rodins *Denker* seine Standfestigkeit dem Blei verdankte; Antony Gormley, Clare Grafik bei der Photographers' Gallery; Karl Grandin und Anne de Malleray an der Königlich Schwedischen Akademie der Wissenschaften; Carol Grissom, Domingo Gutierrez, dem Bürgermeister von Boron, Kalifornien; Charlotte und Lutz Haber, Hans de Heij, Julian Henderson, Richard Herrington, Kate Hodgson, Erika Ingham, Frank James an der Royal Institution of Great Britain, David Jollie und Keith White bei Johnson Matthey, Graeme Jones, John Jost von der Internationalen Union für reine und angewandte Chemie, Chris Knight, Susanne Kuechler, Peter Lachmann, Charles Lambert, Ron Lancaster, Petra Lange-Berndt, Lauren Bloemsma vom Telluride Historical Museum; Anders Lundgren, Clare Maddison von Contemporary Applied Arts, Jim Marshall, Marcos Martinón-Torres, Pauline Meakins, Andrew Meharg, Andries Meijerink; Anne Mellows am Museum of Brands, London; Jacqueline Mina; Mark Miodownik, Zoe Laughlin und Martin Conreen, die am King's College London eine werkstoffkundliche Bibliothek betreuen; John Morgan, Andrew Motion, Tessa Murdoch, Thierry Nectoux, Margaret Newman am Royal Naval Museum, die mich über die diversen Schiffe mit dem Namen

Sulphur informierte, William Newman, Pati Núñez, Peter Oakley, Juri Oganessjan, Cornelia Parker, Simon Patterson, David Poston, Pekka Pyykko, Renny Ramakers, Jeffrey Riegel, Charlotte Schepke, Ann Marie Shillito, Sir Reresby Sitwell, Hans Stofer, Freek Suijver, Camilla Sundvall, Grainne Sweeney und Alex Evans am National Glass Centre, Sunderland; Peter Tandy, Nicolas Thomas, Jan Trofast, Janet Vertesi, Luba Vikhanski; Peter Waldron, Paul Robinson und den Mitarbeitern Winsor & Newton; Jo Warburton, Martijn Werts, Gull-Britt Wesslund, Max Whitby, Gavin Whittaker, David Wright.

Mein Dank gilt ferner den Mitarbeitern der Universitätsbibliothek Cambridge, die allein schon durch ihre Bauweise die grenzüberschreitende Erkundung, um die ich mich bemüht habe, sehr erleichtert. John Emsleys meisterhafte *Nature's Building Blocks* waren nie weit von meiner Seite, und eine Reihe von Websites, namentlich die von Peter van der Krogt und Theodore Gray, versorgt mich mit zusätzlicher Hintergrundinformation.

Vor allem danke ich meiner Frau Moira und meinem Sohn Sam, die mir immer zur Seite standen und unermüdlichen Enthusiasmus für dieses eigenartige und wunderbare Projekt aufgebracht haben.

Hugh Aldersey-Williams,
Norfolk, im Juni 2010

Anmerkungen

1   Veblen, S. 131
2   Plinius, S. 133
3   Zitiert in Chevalier und Gheerbrant, S. 441
4   Plinius, S. 133
5   Plinius, S. 287
6   Plinius, S. 292
7   Zitiert in Chevalier und Gheerbrant, S. 442
8   Twain, S. 233
9   Shaw, S. 8
10 Herrington, S. 8
11 Herrington, S. 58
12 Browne, S. 338
13 Geoffroy, S. 281
14 Zitiert in Wilson, S. 221
15 Weeks und Leicester, S. 397
16 Zitiert in McDonald und Hunt, S. 156
17 Der Koran, Stuttgart 1960, Sure 57:25
18 Ruskin, Two Paths, S. 189
19 Knight, S. 101
20 Faraday ist in seiner Berechnung offensichtlich ein Fehler unterlaufen, denn 548 Tonnen entsprechen grob 1,1 Millionen Pfund.
21 Seaborg, S. 52
22 Ebenda, S. 72
23 Ebenda, S. 99
24 Ebenda, S. 72

25 Ebenda

26 Ebenda

27 Ebenda

28 Bernstein, S. 122

29 Seaborg, S. 94

30 Zitiert in Bernstein, S. 105

31 Ebenda, S. 158

32 Zitiert in DSB

33 Zitiert in Gordin, S. 245

34 Zitiert in Gordin, S. 245

35 Seaborg, S. 155

36 Cocteau in einem Interview mit André Fraigneau, übs. Vera Traill, London, n.d. (1952?)

37 Needham, V:13, S. 143

38 Roberts, S. 34

39 Zitiert in Derham, S. 187

40 Zitiert in Derham, S. 187

41 Janet Vertesi: Light and Enlightenment in Joseph Wright of Derby's "The Alchymist", Romanticism and the Midlands Enlightenment Conference, Birmingham, UK, 3. Juli 2004

42 Bray, S. 244

43 Friedrich, S. 113

44 Emsley, S. 158

45 Haber, S. 2

46 Chang und Jackson

47 Zitiert in Knight, S. 97

48 Bensaude-Vincent, S. 227

49 Bensaude-Vincent, S. 385

50 Harn, S. 18

51 Lane, S. 342

52 Zitiert in Quinn, S. 157

53 Quinn, S. 157

54 Harvey, S. 13

55 Zitiert in Quinn, S. 156

56 Hartley, S. 54

57 Zitiert in Knight, S. 65

58 Zitiert in Knight, S. 66

59 Zitiert in Knight, S. 66

60 Zitiert in Hartley, S. 22

61 Zitiert in Nechaev, S. 79

62 Zitiert in Brock, S. 51

63 Zitiert in James, Frank A. J. L.: Of "Medals and Muddles". The Context of the Discovery of Thallium: William Crookes's Early Spectro-Chemical Work, *Notes and Records of the Royal Society*, 39 (1984), S. 91–104

64 Sanders und Lovallo, S. 312f.

65 Janssen, M.: The Total Solar Eclipse of August 1868, *Astronomical Register*, 7 (1869), S. 107–110

66 Zitiert in Weeks und Leicester, S. 760

67 Besant und Leadbeater, S. 1

68 Besant und Leadbeater, S. 3

69 Besant und Leadbeater, S. 9

70 Besant und Leadbeater, S. 41

71 http://www.chem.yale.edu/~chem125/125/history99/8Occult/OccultAtoms.html

72 Besant und Leadbeater, S. 100

73 Zitiert in Nethercot, S. 52

74 Herodot, III.115

75 Plinius, XXXIV; Plinius, IV; Strabon, III.5.11

76 Rickard, S. 339f.

77 Levi, 185

78 Levi, 185

79 Freud, Sigmund: The Theme of the Three Caskets, *Collected Papers*, Bd. 14 (Harmondsworth: Penguin 1966)

80 Zitiert in Arasse, S. 239

81 Auping, S. 37

82 Auping, S. 39

83 Blair, S. 213

84 Zitiert in Jardine, S. 411

85 Jardine, S. 411

86 Zitiert in Jardine, S. 317

87 Zitiert in Jardine, S. 316

88 Zitiert in Thompson, S. 336

89 Veblen, S. 129

90 Bryson, S. 318

91 Binczewski, George J.: The Point of a Monument: A History of the Aluminum Cap of the Washington Monument, *JOM* 47 (11) (1995) S. 20–25

92 Hachez-Leroy, S. 19

93 Mencken, S. 415

94 Heskett, S. 171

95 Clement, S. 7

96 Sparke, S. 138

97 Huxley, *Macmillan's Magazine*, 18 (1868) S. 396–408

98 Vasari, S. 345

99 Festing, S. 125

100 Plinius, 137n2

101 Sennett, S. 186 u. 196

102 Zitiert in *American Scientist*, July–August 1998

103 Storrie, S. 166

104 Zitiert in Feller, Bd. 1, S. 71

105 *Occupational and Environmental Medicine*, 59 (2002) S. 13–17

106 Drexler, Arthur: *Eight Automobiles*. New York: Museum of Modern Art 1951

107 Bayer, Herbert, Walter Gropius u. Ise Gropius (Hg.): *Bauhaus 1919–1928*. London: Secker & Warburg 1975, S. 134

108 *New Yorker*, 28. Oktober 1933

109 Keats, John: *The Insolent Chariots*. Philadelphia: Lippincott 1958

110 Zitiert in Gage, S. 72

111 Gage, S. 71

112 MacCarthy, S. 351

113 *Nature*, 423 (2003), S. 688; *Spectroscopy Europe*, 16 (5) (2004), S. 16–19

114 *Ascidian News*, 51 (Juni 2002)

115 Zitiert in Ostwald, S. 172

116 Jorpes, S. 75

117 Guyton de Morveau et al.

118 *Philosophical Transactions of the Royal Society*, 186A (1895), S. 187

119 Travers, WR, S. 141

120 Zitiert in Travers, S. 174

121 Travers, S. 178

122 Venturi, Scott Brown u. Izenour, S. 20

123 Boyd, S. 157

124 Read, S. 130

125 Read, S. 101–107

126 Evans, S. xviii

127 Suyver, F., und Meijerink, A.: 'Europium beveiligt de Euro', *Chemisch2Weekblad*, 98, 4 (2002) S. 12f.

128 Zitiert in Evans, S. 8

129 Travers, WR, S. 178

130 Seaborg, S. 254

Quellen und Auswahlbibliographie

Agricola, Georg, De re metallica libri XII = Zwölf Bücher vom Berg-
und Hüttenwesen, Wiesbaden: Marixverl. 2006; englisch: Agricola,
Georgius, *De Re Metallica*, trs. Herbert Clark Hoover and Lou
Henry Hoover (New York: Dover, 1950)

Arasse, Daniel, *Anselm Kiefer* (London: Thames & Hudson, 2001);
deutsch: *Anselm Kiefer* (München: Schirmer Mosel, 2007)

Armstrong, Lyn, *Woodcolliers and Charcoal Burning* (Horsham, Sussex:
Coach Publishing House, 1978)

Auping, M., ed., *Anselm Kiefer: Heaven and Earth* (London: Prestel,
2005)

Ball, Philip, *Bright Earth: The Invention of Colour* (London: Penguin,
2001)

Ball, Philip, *H2O: A Biography of Water* (London: Weidenfeld and
Nicolson, 1999)

Ball, Philip, *The Ingredients* (Oxford: Oxford University Press, 2002)

Batchen, Geoffrey, *Burning with Desire: The Conception of Photography*
(Cambridge: MIT Press, 1997)

Bayer, Herbert, Walter Gropius und Ise Gropius, Hrsg., Bauhaus 1919–
1928, Stuttgart: Hatje 1955; englisch: *Bauhaus 1919–1928* (London:
Secker & Warburg, 1975)

Bayfield, Gerald, *Dereham's Forgotten Scientist William Hyde Wollaston*
(Dereham, Norfolk: Dereham Antiquarian Society, 1990)

Belcher, Captain Sir Edward, *Narrative of a Voyage Round the World,
performed in Her Majesty's Ship Sulphur, during the years 1836–1842*
(London: Henry Colburn, 1843)

Bensaude-Vincent, Bernadette, *Lavoisier: Mémoires d'une Révolution* (Paris: Flammarion, 1993)

Bernstein, Jeremy, *Plutonium: A History of the World's Most Dangerous Element* (Washington DC: Joseph Henry Press, 2007)

Besant, Annie, and C.W. Leadbeater, *Occult Chemistry* (London: Theosophical Publishing House, 1919)

Blair, Claude, ed., *The History of Silver* (London: Macdonald, 1987)

Blake, William, *Jerusalem: The Emanation of the Giant Albion* (London: George Allen and Unwin Ltd., 1964)

Bostock, John, *An Elementary System of Physiology* (London: Baldwin, Cradock and Joy, 1824–27)

Boyd, Brian, *Vladimir Nabokov: The American Years* (Princeton: Princeton University Press, 1993); deutsch: *Vladimir Nabokov, Bd. 2: Die amerikanischen Jahre* (Reinbek bei Hamburg: Rowohlt, 2005)

Bray, Warwick, *The Gold of El Dorado* (London: Times Books, 1978); deutsch: *El Dorado, der Traum vom Gold*, (Hannover: Bücher-Büchner, 1979)

Bray, William, ed., *The Diary of John Evelyn*, Vol. 2 (New York: M. Walter Dunne, 1901)

Brock, Alan St H., *A History of Fireworks* (London: Harrap, 1949)

Brock, William H., *The Fontana History of Chemistry* (London: Fontana, 1992)

Bryson, Bill, *A Short History of Nearly Everything* (London: Doubleday, 2003)

Cameron, A.D., *Tarnished Silver* (New York: Midmarch Arts, 1996)

Chang, Hasok, and Catherine Jackson, eds., *An Element of Controversy: The Life of Chlorine in Science, Technology, Medicine and War* (London: British Society for the History of Science, 2007)

Chevalier, Jean, and Alain Gheerbrant, *The Penguin Dictionary of Symbols*, trs. John Buchanan-Brown (London: Penguin, 1996)

Clark, Grahame, *Symbols of Excellence: Precious Materials as Expressions of Status* (Cambridge: Cambridge University Press, 1986)

Clemens, Samuel, *The Writings of Mark Twain*, Vol. 7 (Hartford, CT: American Publishing Company, 1901)

Clement, Mark, *Aluminium: A Menace to Health* (London: Faber and Faber, 1941)

Cologni, Franco, and Eric Nussbaum, *Cartier Le Joaillier du Platine* (Paris: Bibliothèque des Arts, 1995)

Conrad, Peter, *Modern Times, Modern Places* (London: Thames and Hudson, 1998)

Cotterell, Arthur, *Norse Mythology* (New York: Anness Publishing, 2000)

Craddock, Paul, T., *Early Metal Mining and Production* (Edinburgh: Edinburgh University Press, 1995)

Crossley-Holland, Kevin, *The Penguin Book of Norse Myths* (London: Penguin, 1993)

Daintith, John, and Derek Gjertsen, *A Dictionary of Scientists* (Oxford: Oxford University Press, 1999)

Davis, Donald W., and Randall A. Detro, *Fire and Brimstone: The History of Melting Louisiana's Sulphur* (Baton Rouge: Louisiana Geological Survey, 1992)

Derham, W., *Philosophical Experiments and Observations of the Late Eminent Dr Robert Hooke FRS ... and Other Eminent Virtuoso's of his Time* (London: Innys, 1726)

Donovan, Arthur, *Antoine Lavoisier: Science, Administration and Revolution* (Cambridge: Cambridge University Press, 1993)

Drakard, David, and Paul Holdway, *Spode Transfer Printed Ware 1784–1833* (Woodbridge, Suffolk: Antique Collectors' Club, 2002)

Drexler, Arthur, *Eight Automobiles* (New York: Museum of Modern Art, 1951)

Eliade, Mircea, *The Forge and the Crucible* (London: Rider, 1962)

Eliot, T.S., *Das wüste Land* (Frankfurt am Main: Suhrkamp, 1998)

Emsley, John, *Nature's Building Blocks: An A–Z Guide to the Elements* (Oxford: Oxford University Press, 2001)

Emsley, John, *The Shocking History of Phosphorus: A Biography of the Devil's Element* (London: Macmillan, 2000)

Emsley, John, *Vanity, Vitality, and Virility: The Science Behind the Products You Love to Buy* (Oxford: Oxford University Press, 2004)

Evans, C.H., ed., *Episodes from the History of the Rare Earth Elements* (Dordrecht: Kluwer, 1996)

Evans, B. Ifor, *Literature and Science* (London: George Allen & Unwin, 1954)

Faraday, Michael, *The Chemical History of a Candle* (London: Chatto & Windus, 1908)

Feller, Robert L., ed., *Artists' Pigments: A Handbook of Their History and Characteristics*, Vol. 1 (Cambridge: Cambridge University Press, 1986)

Festing, Sally, *Barbara Hepworth: A Life of Forms* (London: Viking, 1995)

Fowles, G., *Lecture Experiments in Chemistry* (London: G. Bell and Sons, 1963)

Friedrich, Jörg, *Der Brand: Deutschland im Bombenkrieg 1940–1945*, ([Berlin, München]: Propyläen, 2002); englisch: *The Fire: The Bombing of Germany, 1940–1945*, trs. Alison Brown (New York: Columbia University Press, 2006)

Gage, John, *Colour and Culture* (London: Thames & Hudson, 1993)

Geoffroy, E.-F., *A Treatise of the Fossil, Vegetable and Animal Substances That Are Made Use of in Physik* (London: Innys, 1736)

Gillespie, C.C., ed., *Dictionary of Scientific Biography* (New York: Scribner's, 1974)

Goethe, Johann Wolfgang, *Faust I*, in: Goethe, *Sämtliche Werke nach Epochen seines Schaffens*. Münchner Ausgabe, Bd. 6.1. (München: Carl Hanser Verlag, 2002)

Gordin, Michael D., *A Well-Ordered Thing: Dmitrii Mendeleev and the Shadow of the Periodic Table* (New York: Basic, 2004)

Greenberg, Arthur, *The Art of Chemistry* (Hoboken, NJ: Wiley, 2003)

Gribbin, John, *Science: A History* (London: Allen Lane, 2002)

Grissom, Carol, *Zinc Sculpture in America: 1850 to 1950* (Newark, NJ: University of Delaware Press, 2009)

Guyton de Morveau, L.-B., et al., *Encyclopédie Méthodique Chimie, Pharmacie et Metallurgie* (Paris: Panckoucke, 1786–1815)

Haber, L.F., *The Poisonous Cloud: Chemical Warfare in the First World War* (Oxford: Clarendon Press, 1986)

Hachez-Leroy, Florence, *L'Aluminium Français* (Paris: CNRS Editions, 1999)

Hampel, Clifford A., ed., *The Encyclopedia of the Chemical Elements* (New York: Reinhold, 1968)

Harn, Orlando C., *Lead, The Precious Metal* (London: Jonathan Cape, 1924)

Hartley, Harold, *Humphry Davy* (London: Nelson, 1966)

Harvie, David I., *Deadly Sunshine: The History and Fatal Legacy of Radium* (Stroud, Glos.: Tempus, 2005)

Haynes, William, *The Stone that Burns* (New York: Van Nostrand, 1942)

Hearn, Chester G., *Circuits in the Sea* (Westport, CT: Praeger, 2004)

Henderson, Julian, *The Science and Archaeology of Materials* (London: Routledge, 2000)

Herrington, Richard, Chris Stanley and Robert Symes, *Gold* (London: Natural History Museum, 1999)

Heskett, John, *Industrial Design* (London: Thames & Hudson, 1980)

Hirsch, Robert, *Seizing the Light: A History of Photography* (New York: McGraw-Hill, 2000)

Hurlbut, Cornelius S., Jr., and Robert C. Kammerling, *Gemology*, 2nd edn. (New York: Wiley, 1991)

Hutchinson, John, et al., *Antony Gormley* (London: Phaidon, 2001)

Huxley, Aldous, *Geblendet in Gaza* (München: Piper, 1987)

Jardine, Lisa, *On a Grander Scale: The Outstanding Career of Sir Christopher Wren* (London: HarperCollins, 2002)

Jorpes, J. Erik, *Jac. Berzelius: His Life and Work*, trs. Barbara Steele (Berkeley: University of California Press, 1970)

Keats, John, *The Insolent Chariots* (Philadelphia: Lippincott, 1958)

Knight, David, *Humphry Davy: Science and Power* (Oxford: Blackwell, 1992)

Lamont-Brown, Raymond, *Humphry Davy: Life Beyond the Lamp* (Stroud, Glos.: Sutton, 2004)

Lane, Nick, *Oxygen: The Molecule that Made the World* (Oxford: Oxford University Press, 2002)

Lecoq de Boisbaudran, P.-E., *Spectres Lumineux* (Paris: Gauthier-Villars, 1874)

Levi, Primo, *The Periodic Table* (London: Michael Joseph, 1985); deutsch: *Das periodische System* (München, Wien: Hanser, 2002)

Lister, T., *Classic Chemistry Demonstrations* (London: Royal Society of Chemistry, 1995)

Loring, F.H., *The Chemical Elements* (London: Methuen, 1923)

MacCarthy, Fiona, *William Morris* (London: Faber and Faber, 1994)

McDonald, Donald, and Leslie B. Hunt, *A History of Platinum and its Allied Metals* (London: Johnson Matthey, 1982)

McEwan, Colin, ed., *Pre-Columbian Gold: Technology, Style and Iconography* (London: British Museum Press, 2000)

McGee, Harold, *On Food and Cooking: The Science and Lore of the Kitchen*, 3rd edn. (London: HarperCollins, 1991)

McLynn, Frank, *Napoleon: A Biography* (London: Pimlico, 1998)

Man, John, *The Terracotta Army* (London: Bantam, 2007)

Meharg, Andrew A., *Venomous Earth* (Basingstoke: Macmillan, 2006)

Melhado, Evan M., and Tore Frängsmyr, eds., *Enlightenment Science in the Romantic Era: The Chemistry of Berzelius and Its Cultural Setting* (Cambridge: Cambridge University Press, 1992)

Mencken, H.L., *The American Language* (New York: Knopf, 1955)

Mèredieu, Florence de, *Histoire Matèrielle et Immatérielle de l'Art Moderne* (Paris: Bordas, 1994)

Milton, John, *Das verlorene Paradies* (Stuttgart: Reclam, 2008)

Morris, Richard, *The Last Sorcerers: The Path from Alchemy to the Periodic Table* (Washington DC: Joseph Henry Press, 2003)

Nassau, Kurt, *The Physics and Chemistry of Color* (New York: Wiley, 2001)

Nechaev, I., *Chemical Elements* (London: Baker & Walls, 1944)

Needham, Joseph, *Science and Civilisation in China* (Cambridge: Cambridge University Press, 1954–2008) deutsch: *Wissenschaft und Zivilisation in China* (Frankfurt am Main: Suhrkamp, o.J.)

Nethercot, Arthur H., *The Last Four Lives of Annie Besant* (Chicago: University of Chicago Press, 1963)

Newton Friend, John A., *Man and the Chemical Elements* (Newark, NJ: Charles E. Graham, 1951)

Owen, Wilfred, „Dulce et decorum est", in: *The Collected Poems of Wilfred Owen* (New York: New Directions, 1965)

Pastoureau, Michel, *Blue: The History of a Color* (Princeton: Princeton University Press, 2001)

Pearce, Emma, *Artists' Materials* (London: Arcturus, 2005)

Perkowitz, Sidney, *Empire of Light* (Washington DC: Joseph Henry Press, 1996); deutsch: *Eine kurze Geschichte des Lichts: die Erforschung eines Mysteriums* (München: Dt. Taschenbuch-Verl., 1998)

Pliny the Elder, *Natural History: A Selection* (London: Penguin, 2004); deutsch: Plinius der Ältere, *Naturalis historia / Naturgeschichte* (Stuttgart: Philipp Reclam jun., 2009)

Quarles, Francis, *Emblems Divine and Moral* (Gale Ecco, Print Editions, 2010)

Quinn, Susan, *Marie Curie: A Life* (London: Heinemann, 1995); deutsch: *Marie Curie: eine Biographie* (Frankfurt am Main, Leipzig: Insel-Verl., 1999)

Read, John, *Humour and Humanism in Chemistry* (London: G. Bell and Sons, 1947)

Rhodes, Richard, *The Making of the Atomic Bomb* (New York: Simon and Schuster, 1986); deutsch: *Die Atombombe oder die Geschichte d. 8. Schöpfungstages* (Nördlingen: Greno, 1988)

Rickard, T.A., *Man and Metals* (New York: McGraw-Hill, 1932)

Roberts, Gareth, *The Mirror of Alchemy: Alchemical Ideas and Images in Manuscripts and Books from Antiquity to the Seventeenth Century* (London: British Library, 1994)

Robinson, Kim Stanley, *The Gold Coast. Three Californias* (New York: Orb Books, 1995)

Roy, Ashok, ed., *Artists' Pigments: A Handbook of Their History and Characteristics*, Vol. 2 (Washington DC: National Gallery of Art, 1993)

Ruskin, John, *The Two Paths* (London: Smith Elder, 1859)

Sacks, Oliver, *Uncle Tungsten* (London: Pan Macmillan, 2001); deutsch: *Onkel Wolfram: Erinnerungen* (Reinbek bei Hamburg: Rowohlt, 2002)

Sanders, Dennis, and Len Lovallo, *The Agatha Christie Companion* (London: W.H. Allen, 1985)

Scerri, Eric R., *The Periodic Table: Its Story and Its Significance* (Oxford: Oxford University Press, 2007)

Schama, Simon, *Landscape and Memory* (London: Harper Perennial, 1995); deutsch: *Der Traum von der Wildnis: Natur als Imagination* (München: Kindler, 1996)

Seaborg, Glenn, *Adventures in the Atomic Age* (New York: Farrar, Straus and Giroux, 2001)

Sebald, W.G., *Die Ringe des Saturn. Eine englische Wallfahrt* (Frankfurt am Main: Eichborn, 1995); englisch: *The Rings of Saturn* (London: Harvill, 1998)

Seibel, Clifford W., *Helium: Child of the Sun* (Lawrence, KS: University Press of Kansas, 1968)

Sennett, Richard, *The Craftsman* (London: Penguin, 2008); deutsch: *Handwerk* (Berlin: Berlin-Verl., 2008)

Shaw, Bernard, *The Perfect Wagnerite: A Commentary on the Niblung's Ring* (New York: Brentano's, 1916); deutsch: *Ein Wagner-Brevier: Kommentar zum Ring des Nibelungen* (Frankfurt am Main: Suhrkamp, 1991)

Sinkankas, John, and Peter G. Read, *Beryl* (London: Butterworth, 1986)

Sparke, Penny, *An Introduction to Design and Culture in the Twentieth Century* (London: Allen & Unwin, 1986); deutsch: *Design im 20. Jahrhundert: die Eroberung des Alltags durch die Kunst* (Stuttgart: Dt. Verl.-Anst., 1999)

Storrie, Calum, *The Delirious Museum* (London: I.B. Tauris, 2006)

Strathern, Paul, *Mendeleyev's Dream: The Quest for the Elements* (London: Hamish Hamilton, 2000); deutsch: *Mendelejews Traum: Von den vier Elementen zu den Bausteinen des Universums* (München: Ullstein, 2000)

Szydlo, Andrew, *Water Which Does Not Wet Hands: The Alchemy of Michael Sendivogius* (Warsaw: Polish Academy of Sciences, 1994)

Taylor, Sherwood F., *The Alchemists: Founders of Modern Chemistry* (London: Heinemann, 1951)

Thompson, Silvanus P., *The Life of William Thomson, Baron Kelvin of Largs* (London: Macmillan, 1910)

Travers, Morris W., *Sir William Ramsay* (London: Edward Arnold, 1956)

Travers, Morris W., *The Discovery of the Rare Gases* (London: Edward Arnold, 1928)

Trifonov, D.N., and V.D. Trifonov, *Chemical Elements: How They Were Discovered* (Moscow: Mir, 1982)

Tylecote, R.F., *A History of Metallurgy*, 2nd edn. (London: Institute of Materials, 1992)

Vasari, Giorgio, *The Lives of the Artists*, Vol. 1 (London: Penguin, 1987); deutsch: *Lebensläufe der berühmtesten Maler, Bildhauer und Architekten* (Zürich: Manesse-Verl., 3. Aufl., 1985)

Veblen, Thorstein, *The Theory of the Leisure Class* (Amherst, NY: Prometheus, 1998); deutsch: *Theorie der feinen Leute: Eine ökonomische Untersuchung d. Institutionen* (Köln, Berlin: Kiepenheuer & Witsch, 1958)

Venturi, Robert, Denise Scott Brown and Steven Izenour, *Learning from Las Vegas* (Cambridge, MA: MIT Press, 1977); deutsch: Lernen von Las Vegas: zur Ikonographie und Architektursymbolik der Geschäftsstadt (Braunschweig, Wiesbaden: Vieweg, 2. Aufl., 1997)

Wagner, Monika, *Das Material der Kunst* (München: C.H. Beck, 2001)

Webster Smith, B., *Sixty Centuries of Copper* (London: Hutchinson, 1965)

Weeks, Mary E., and Henry M. Leicester, *Discovery of the Elements*, 7th edn. (Easton, PA: Journal of Chemical Education, 1968)

White, Michael, *Isaac Newton: The Last Sorcerer* (London: Fourth Estate, 1997)

Wilkin, Simon, ed., *Sir Thomas Browne's Works* (London: William Pickering, 1835)

Wilkinson, J.B., and R.J. Moore, eds., *Harry's Cosmeticology*, 7th edn. (London: George Godwin, 1982)

Williams, Tennessee, *Endstation Sehnsucht. Drama in drei Akten* (Frankfurt am Main: Fischer Verlag, 1988)

Wilson, Arthur, *The Living Rock* (Abington, Cambs.: Woodhead Publishing, 1994)

Zelizer, Barbie, *Visual Culture and the Holocaust* (Piscataway, NJ: Rutgers University Press, 2000)

Abbildungsverzeichnis

Bild- und Textnachweis

Register